이 책을 펴내면서……

자동차 운전면허증!! 이제는 주민등록증과 같이 누구나 소지해야 하는 중요한 면허증입니다.

자동차 운전을 하기 위해서는 자동차 운전면허 시험에 합격한 후, 운전면허증을 교부받고, 운전 중에는 언제든지 항상 소지해야 합니다.

이 운전면허증을 취득하기 위해서는 도로교통법규와 기타 운전자가 알아야 할 사항을 공부하여 필기시험에 합격한 후, 실기시험을 보고, 주행코스시험에 합격해야 합니다.

이 중에서 가장 먼저 보는 것이 학과시험인 필기시험입니다.
필기시험은 쉽기도 하고 어렵기도 하여 몇 번씩 떨어지기도 합니다.
쉽고 빠르게 공부하여 한 번에 운전면허시험에 합격할 수 있는 크라운 출판사 발행, 운전면허 시험문제집이 여러분을 기다리고 있습니다.

자동차 홍수 사회에서 살고 있는 우리는 이제 자동차가 없으면 선진국 국민에 들어가지도 못하는 사회가 되었습니다.
국내에서 가장 오래되고 가장 권위 있는 크라운출판사 책을 구입하여 운전면허시험에 한 번에 합격하시기 바랍니다.

끝으로 여러분의 합격과 안전운전에 축하의 박수를 보냅니다.

대한교통안전연구회
연구위원 일동

차례

자녀 공과공부 시용안내 ·········· 5
PC 조작설명 ·········· 7
기독사영 코스 활용설명/공과채점기준 ·········· 8

공과공부 시영 총체관리
제1회 ·········· 10
제2회 ·········· 16
제3회 ·········· 22
제4회 ·········· 28
제5회 ·········· 33
제6회 ·········· 39
제7회 ·········· 44
제8회 ·········· 49
제9회 ·········· 54
제10회 ·········· 60
제11회 ·········· 65
제12회 ·········· 71
12회문 외 총체관리 민재 ·········· 77

별지
공과공부시영 영상(애니매이션) 민재 ·········· 127

자동차 운전면허 시험안내

이 책에 실린 핵심이론 내용은 당사에 저작권 및 출판권이 있으므로 무단 복제를 금합니다.

1 운전면허시험 신청 전 알아둘 일

1. 면허 종류별 운전할 수 있는 차량

운전면허는 「제1종 운전면허」, 「제2종 운전면허」 그리고 「연습운전면허」로 구분된다.

1 제1종 운전면허

제1종 운전면허는 사업용과 비사업용 모두를 운전할 수 있으나 주로 승합(버스) 등의 여객운송과 용량이 큰 화물을 운송하는 대형트럭 등 영업을 목적으로 하는 운전면허이다. 면허의 종류에 따라 운전할 수 있는 차량은 다음과 같다.

① 제1종 대형면허 : 승용차, 승합차, 화물차, 그리고 긴급차, 건설기계(덤프 트럭 외 8종 및 3톤 미만의 지게차), 특수자동차(대형 및 소형 견인차, 구난차는 제외)와 위험물 3,000ℓ를 초과 적재하는 화물차를 운전할 수 있다.

② 제1종 보통면허 : 승용차, 승합차(15명 승 이하), 화물차(12톤 미만), 지게차(3톤 미만), 15명 승 이하 긴급차, 위험물 3,000ℓ 이하 적재한 화물차, 10톤 미만 특수차(구난차 등은 제외)를 운전할 수 있다.

③ 제1종 특수면허 : 대형 및 소형 견인차, 구난차. 이 특수면허를 받으면 제2종 보통면허로 운전할 수 있는 차량도 운전할 수 있다.

2 제2종 운전면허

제2종 운전면허는 자가용이나 소형트럭 등의 비사업용 차만을 운전할 수 있는 면허로서 승합차(버스) 등의 영업용(택시는 제외)은 운전할 수 없다. 면허의 종류에 따라 운전할 수 있는 차량은 다음과 같다.

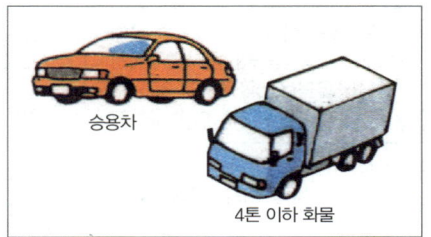

① 제2종 보통면허 : 승용차 및 승합차(10명승 이하), 화물차(4톤 이하), 3.5톤 이하의 특수차(구난차 등 제외)를 운전할 수 있다.

② 제2종 소형면허 : 125cc를 초과하는 이륜자동차 및 원동기장치자전거를 운전할 수 있다.

③ 원동기장치자전거 면허 : 125cc 이하의 이륜차를 운전하는 면허로서 위의 모든 면허로 원동기장치자전거를 운전할 수 있다.

> **참고**
> ① 총중량 750kg 이하의 피견인 자동차 : 제1종 특수 면허를 취득할 필요없이 제1종 대형, 제1종 보통, 제2종 보통의 운전면허로 견인 가능
> ② 총중량 750kg 초과의 피견인 자동차 : 견인하는 자동차를 운전할 수 있는 운전면허 외에 제1종 특수 면허를 가지고 있어야 견인 가능

3 연습운전면허

운전면허를 갖고 있지 않은 초심자가 면허취득을 위해 운전연습하는 경우에 필요한 면허이다. 연습하는 경우 면허의 종류에 따라 운전할 수 있는 차량은 다음과 같다.

① 제1종 보통연습면허 : 승용차, 승합차(15인승 이하), 화물차(12톤 미만)로서 운전연습할 수 있다.

② 제2종 보통연습면허 : 승용차, 승합차(10인승 이하), 화물차(4톤 이하)로서 운전연습할 수 있다.

2. 운전면허시험 응시자격

1 운전면허시험에 응시할 수 있는 연령

① 제1종 대형면허, 제1종 특수면허(대·소형견인차 및 구난차) 시험에 응시하고자 하는 사람은 연령이 19세 이상에 운전경력 1년 이상
② 제1·2종 보통(연습)면허, 제1·2종 소형면허 시험에 응시하고자 하는 사람은 연령이 18세 이상
③ 원동기장치자전거 면허시험에 응시하는 사람은 연령이 16세 이상

2 운전면허시험 결격사유

(1) 운전면허를 받을 자격이 없는 사람

① 정신질환자, 뇌전증환자
② 듣지 못하는 사람 및 한쪽 눈만 보지 못하는 사람(제1종 면허 중 대형면허·특수면허만 해당), 다리, 머리, 척추 그 밖에 신체장애로 앉아 있을 수 없는 사람
③ 양쪽 팔의 팔꿈치 관절 이상을 잃었거나 양쪽 팔을 전혀 쓸 수 없는 사람(신체장애 정도에 적합하게 제작된 자동차를 이용하여 정상적인 운전을 할 수 있는 경우는 예외)
④ 마약, 대마, 향정신성 의약품 또는 알코올 중독자

(2) 일정기간 운전면허를 받을 수 없는 사람

결격기간	운전면허를 받을 수 없는 사람
5년간	• 주취 중 운전, 과로운전, 공동위험행위 운전(무면허운전 또는 운전면허 결격기간 중 운전 위반 포함)으로 사람을 사상한 후 구호 및 신고조치를 아니하여 취소된 경우 • 주취 중 운전(무면허운전 또는 운전면허 결격기간 중 운전 포함)으로 사람을 사망에 이르게 하여 취소된 경우
4년간	• 무면허운전, 주취 중 운전, 과로운전, 공동위험행위 운전 외의 다른 사유로 사람을 사상한 후 구호 및 신고조치를 아니하여 취소된 경우
3년간	• 주취 중 운전(무면허운전 또는 운전면허 결격기간 중 운전 위반한 경우 포함)을 하다가 2회 이상 교통사고를 일으켜 운전면허가 취소된 경우 • 자동차를 이용하여 범죄행위를 하거나 다른 사람의 자동차를 훔치거나 빼앗은 사람이 무면허운전인 경우
2년간	• 주취 중 운전 또는 주취 중 음주측정 불응 2회 이상(무면허운전 또는 운전면허 결격기간 중 운전 위반 포함) 취소된 경우(교통사고를 일으킨 경우 포함) • 무면허 운전 또는 운전면허 결격기간 중 운전을 3회 이상 위반하여 자동차 등을 운전한 경우 • 공동위험행위금지 2회 이상 위반 • 무자격자 면허 취득, 거짓이나 부정으로 면허 취득, 운전면허 효력정지기간 중 운전면허증 또는 운전면허증을 갈음하는 증명서를 발급받아 운전을 하다가 취소된 경우, 무면허 운전(결격기간 중 운전)을 3회 이상 위반한 경우
1년간	• 상기 경우가 아닌 다른 사유로 면허가 취소된 경우(원동기장치자전거 면허를 받으려는 경우는 6개월로 하되, 공동위험행위 운전위반으로 취소된 경우에는 1년)

2 운전면허시험 응시절차

운전면허 취득과정

1. 응시 구비서류 → **2. 적성검사(신체검사)** → **3. 응시원서 접수**

응시원서 1부, 컬러사진 3장, 신분증 / 신체적 장애자는 "운동능력 평가기기"에 의함 / 가까운 면허시험장에 접수

6. 장내기능시험 ← **5. 학과시험(필기시험)** ← **4. 교통안전교육**

기능시험 채점은 전자채점 방식으로 한다. / 다지선다형 40문제 출제. 제1종 70점 이상, 제2종 60점 이상 합격 / 지정 교육기관 또는 전문학원에서 교육(1시간)

7. 도로주행시험 → **8. 운전면허증 발급**

연습면허를 받은 사람에 대하여 실시 / 최종합격 응시원서, 합격 안내서, 수수료, 컬러사진 1매, 신분증 첨부

1 운전면허시험 응시 구비서류

① 자동차 운전면허시험 응시원서 1부(운전면허시험장에서 교부받아 주의사항을 잘 읽고 정확히 기재한다)

2 적성검사(정기검사)

응시자는 신청서를 작성하여 응시원서 접수처에 접수시키고 수수료를 납부한 후 신체검사장에 가서 신체검사를 받고 "자동차운전면허시험 응시표"에 confirming을 받은 후 응시표를 응시원서 접수처에 제출하면 된다.

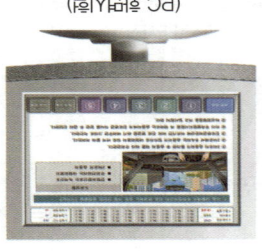
신체검사

정기적성검사(정기검사) 기준

항 목	제1종 운전면허	제2종 운전면허
시 력	· 두 눈을 동시에 뜨고 잰 시력 0.8 이상, 두 눈의 시력이 각각 0.5 이상일 것 · 한쪽 눈을 보지 못하는 사람의 경우 다른 쪽 눈의 시력이 0.8 이상이고, 수직시야 20도, 수평시야 120도 이상, 중심시야 20도 내 암점 또는 반맹이 없어야 함	· 두 눈을 동시에 뜨고 잰 시력 0.5 이상 · 한쪽 눈을 보지 못하는 사람은 다른쪽 눈의 시력이 0.6 이상
색 맹	붉은색, 녹색, 노란색을 구별할 수 있을 것	붉은색, 녹색, 노란색을 구별할 수 있을 것
청 력	55데시벨(보청기를 사용하는 사람은 40데시벨)의 소리를 들을 수 있을 것 (제1종 대형 및 특수에 한하여 실시)	
상 지	조향장치 그 밖의 장치를 조작할 수 있을 것	조향장치 그 밖의 장치를 조작할 수 있는 등 운전에 지장이 없을 것

3 응시원서 접수

① 응시자는 응시하고자 하는 운전면허시험장에 응시원서를 제출하여야 하며, 응시원서 접수 시간은 평일 09:00∼17:00까지이다(단, 기능시험 및 도로주행시험의 접수는 시험장에 따라 다를 수 있음).
② 응시원서는 운전면허시험장에 비치되어 있다(단, 필요한 시 시험장 홈페이지에서 다운로드 가능).
③ 응시원서 작성 시 도로교통공단에서 정한 적성검사(제1종 및 제2종) 또는 신체검사서 1부, 칼라사진(3.5cm×4.5cm) 3장을 함께 제출하여야 한다.
④ 응시하고자 하는 종별면허를 선택할 수 있고, 인터넷 예약접수를 www.dla.go.kr)에서 예약할 수 있다(PC 응시접수 동일).
⑤ 응시원서 기재사항이 변경될 경우에는 응시표를 가지고 바로 정정 신고를 하여야 한다.

4 교통안전교육

시험 응시 전에 교통안전교육을 받아야 한다.

교통안전교육 안내	
대상자	운전면허를 신규로 취득하고자 하는 사람(학과시험 응시 전)
교육내용	「도로교통법」등 법령에 따라 운전자가 갖추어야 하는 기본예절, 교통관련 법령의 이해, 안전운전의 기초, 교통사고의 예방과 대처방법, 긴급자동차에 길터주기 요령, 친환경 경제운전, 전 좌석 안전띠 착용, 음주·과로·약물운전의 위험성 등
교육방법	[ ] 시청각 [ ] 학과 [ ] 인터넷
교육시간	1시간
교육장소	전국 운전면허시험장, 경찰서, 지정된 일반교육기관, 도로교통공단 이러닝센터(https://el.koroad.or.kr)
준비물	신분증, 칼라사진(3cm×4cm) 1매
수수료	무료

■ 운전면허 시험절차 [별지 제12호의2서식]

자동차운전전문학원(제1종 보통·제2종 보통) 등록신청서

5 학과시험(필기시험)

제1·2종 보통 운전면허시험 응시자로 OMR 카드로 응시하는 학과시험 및 새로이 컴퓨터 출제방식인 "PC 학과시험"이 도입되어 응시자가 선택 응시할 수 있다(단, 현재는 PC로 응시한다).

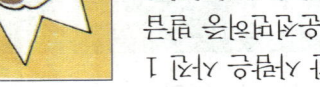
(PC 학과시험)

학과시험 내용과 합격기준

구 분	제1·2종 보통운전면허
내 용	· 자동차 운전에 필요한 교통법규 등 · 필기시험 과목 등 95%
형 식	· 객관식(이지선다형 : 4지 1답)
문 항 수	· 총 40문항(1문항 : 2.5점)
합격기준	· 제1종 면허 70점 이상 · 제2종 면허 60점 이상

출제분야 및 배점기준

구분	운전상식	사진형	일러스트	동영상	배점(100점)
4지 1답(2점)					
4지 1답(3점)	17	5	4	1	
4지 2답(3점)		6	3	1	
5지 2답(3점)		7	3	1	
5지 2답(5점)					
배점합계	34	21	18	10	5

6 장내기능시험

기능시험

① 학과시험에 합격한 사람은 합격자 발표일로부터 1년 이내 다시 학과시험을 보지 않고 기능시험에 응시할 수 있다.
② 시험거리 : 300m 이상
③ 합격기준 : 100점 기준, 제1종·2종 보통 80점 이상 합격으로 한다.
④ 합격기준 : 제1·2종 공통 80점 이상
⑤ 기능시험에 불합격한 사람은 불합격일로부터 3일이 지난 후에 다시 기능시험에 응시할 수 있다.

> ① 학과시험에 합격한 응시자는 불합격에 대비하여 응시일 1일 전까지 정상 운전면허학원에서 기능시험을 미리 예약하고 그 응시일에 응시함이 바람직하다.

7 도로주행시험

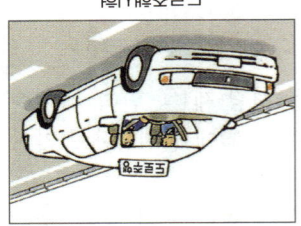
도로주행

① 도로주행시험은 제1·2종 보통 및 제1종 대형면허를 받고자 하는 사람이 기능시험에 합격한 후에 실시한다.
② 도로주행시험은 시험관이 요구하는 사항과 도로교통법에 따라 운전하는 능력을 시험한다.
③ 시험 방법은 자동차로 5km 정도의 도로구간을 주행하여, 조작능력, 도로교통법규나 안전운전에 필요한 사항의 준수여부 등을 시험한다.
④ 합격기준 : 총 배점 100점 중 제1·2종 공통 70점 이상 득점한 때 합격으로 한다.
⑤ 도로주행시험에 불합격한 사람은 불합격일로부터 3일이 지난 후에 다시 도로주행시험에 응시할 수 있다.

8 운전면허 발급

① 운전면허시험에 합격한 사람은 1개 합격자발표 또는 도로주행시험 합격 후 30일 이내에 운전면허증을 발급받아야 한다.
② 운전면허증의 발급 확인 통지를 받은 사람은 운전면허시험장에서 운전면허증을 교부받는다(이 경우 운전면허증을 교부받을 때까지는 운전면허시험 합격증으로 운전할 수 있다).

운전면허증

PC(개인용 컴퓨터) 조작요령

운전면허 학과시험

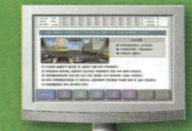

1 컴퓨터 학과시험 교양 사항

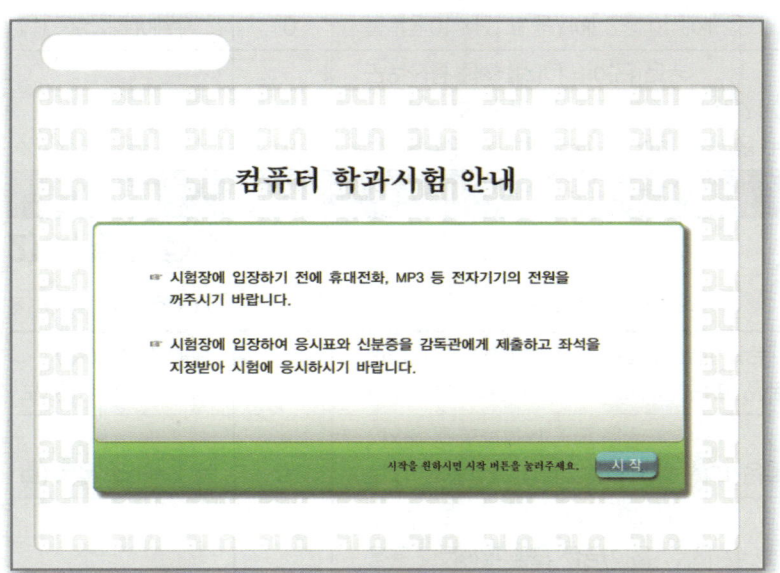

2 컴퓨터 학과시험 수험방법

1 수험번호 입력

• 수험번호 입력 후 [시험시작]을 누른다.

2 문제풀이 (마우스와 스크린 터치로 조작 가능)

❶ 수험번호와 본인의 이름과 응시종목으로 정보가 올바르게 표시되었는지 확인 후 문제풀이를 시작한다.
❷ 해당 번호의 문제를 풀 경우 □에서 ■로 바뀌어 응시자의 문제풀이 현황을 확인할 수 있다.
❸ 남은 시간과 전체문항, 남은 문항을 확인할 수 있다.
※ 응시자는 답을 선택한 후에 다른 답으로 변경을 하고자 할 경우, 다시 원하는 답을 클릭하거나 터치하면 바로 변경된다.

<Tip> 문제 한 번에 이동하기

• ❷를 클릭할 경우, 옆의 창이 나타난다. 원하는 숫자를 클릭하면 해당 문제로 바로 이동할 수 있다.

3 시험종료

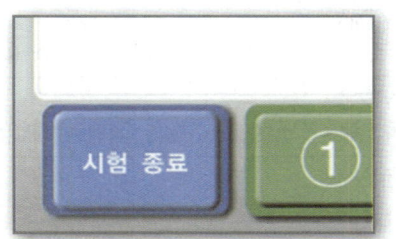

• 문제 풀이를 끝낸 후 종료 버튼을 누른다.

4 종료확인

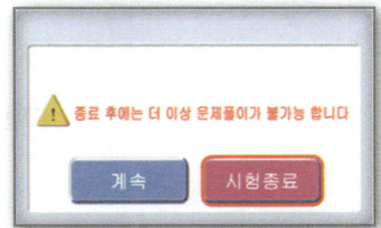

• [계속]을 누르면 시험상태로 돌아가 문제풀이가 가능하고 [시험종료]를 누르면 자동종료되어 채점이 된다.

5 합격확인

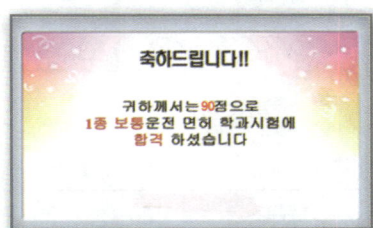

• 모니터의 합격, 불합격 여부를 확인한 후 응시원서를 감독관에게 제출하여 합격, 불합격 도장을 받는다.

3 PC버튼의 기능 설명

버튼 종류	버튼 기능
시험종료	응시자가 시험을 끝내고자 할 때 누르는 버튼
숫자버튼	답을 표시하는 버튼 ※ 버튼을 누르지 않고 문제를 직접 클릭하거나 터치 할 수 있음
이전문제, 다음문제	다음문제, 이전문제로 이동할 때 누르는 버튼

기능시험 코스 합격요령 / 공고사항기준

제1·2종 보통연습면허

연장기능시험 코스

연장거리 300 미터 이상의 곡선로 등으로 구성된 도로에서 장내기능시험이 실시됩니다.

채점기준

* 가~자까지의 채점은 전자채점장치로 한다.

1) 기조조작

시험항목	감점기준	감점내용
가) 기어변속	5	• 시험관이 주차 브레이크를 완전히 정지 상태에서 품지 않았을 때, 응시자에게 시동을 걸도록 지시하였으나 시동을 걸지 못한 경우
나) 전조등 조작	5	• 시험관의 지시에 따라 전조등을 조작하지 못한 경우 (작동 상태 1회, 하향 및 상향 1회)
다) 방향지시등 조작	5	• 시험관의 지시에 따라 방향지시등을 조작하지 못한 경우
라) 앞유리창닦이기 (와이퍼)	5	• 시험관의 지시에 따라 앞유리창닦이기(와이퍼)를 조작하지 못한 경우

※ 비고: 기조조작 시험항목(가~라) 중 어느 하나라도 실격된다.

2) 기조 주행 등

시험항목	감점기준	감점내용
가) 차로 준수	15	• 나)~자)까지 과제 수행 중 차의 바퀴 중 어느 하나라도 중앙선 침범, 차로 또는 길가장자리구역선 침범한 경우
나) 돌발상황에서의 급정지	10	• 돌발등이 켜지며 2초 이내에 정지하지 못한 경우 • 정지 후 3초 이내에 비상점멸등을 작동하지 않은 경우 • 출발 시 비상점멸등을 끄지 않은 경우
다) 경사로에서 정지 및 출발	10	• 경사로 정지구간 내에 정차 후 출발하지 경사로 정상부근의 정지선으로부터 50센티미터 이상 뒤로 밀린 경우
라) 좌우 직각주차	5	• 주차브레이크를 작동하지 않을 경우
마) 기어변속	10	• 가속구간에서 시속 20킬로미터를 넘기지 못한 경우

실격기준

가) 시험시간 도중에 정치 3회 이상에 감정된 경우 또한 경지점수가 80점 미만이 되는 것이 명확한 경우 등 다음 경우의 어느 하나에 해당하는 경우에는 실격으로 한다.

【참고】

가) 점검이 시작되 때부터 종료할 때까지 안정벨트를 착용하지 않은 경우
나) 시험 중 안정벨트를 풀거나 차의 바퀴가 하나라도 연석에 접촉한 경우
다) 시험관의 지시나 통제를 따르지 않거나 음주, 과로 또는 마약 · 대마 등 약 물의 영향으로 정상적 시험진행이 어려운 경우
라) 특별한 사유 없이 출발지시 후 30초 이내에 출발하지 못한 경우, 시험 중 3회 이상 엔진이 몬지 및 기어변속을 하지 못하고 자동차중간에 정차한 경우 또는 경사로 중간정지구간 이외에서 정차한 경우
마) 경사로 정지구간 이행 후 30조를 초과하여 통과하지 못한 경우 또는 경사로에서 뒤로 1미터 이상 밀린 경우
바) 신호 교차로에서 신호위반을 하거나 또는 교차로에 정지선을 앞지른 경우

도로주행시험 코스 (일례)

[이 도로주행 시험코스는 수험생의 이해를 돕기 위한 단순 안내도이므로 실제 주행코스의 차선, 신호등 규정 속도 등과 시험요령에 관하여는 해당 시험장의 도로주행 교육장에서 설명을 들으시기 바랍니다.]

서울서부 면허시험장 도로주행코스
A코스 (약 5.2km, 규정속도 40~60km/h)

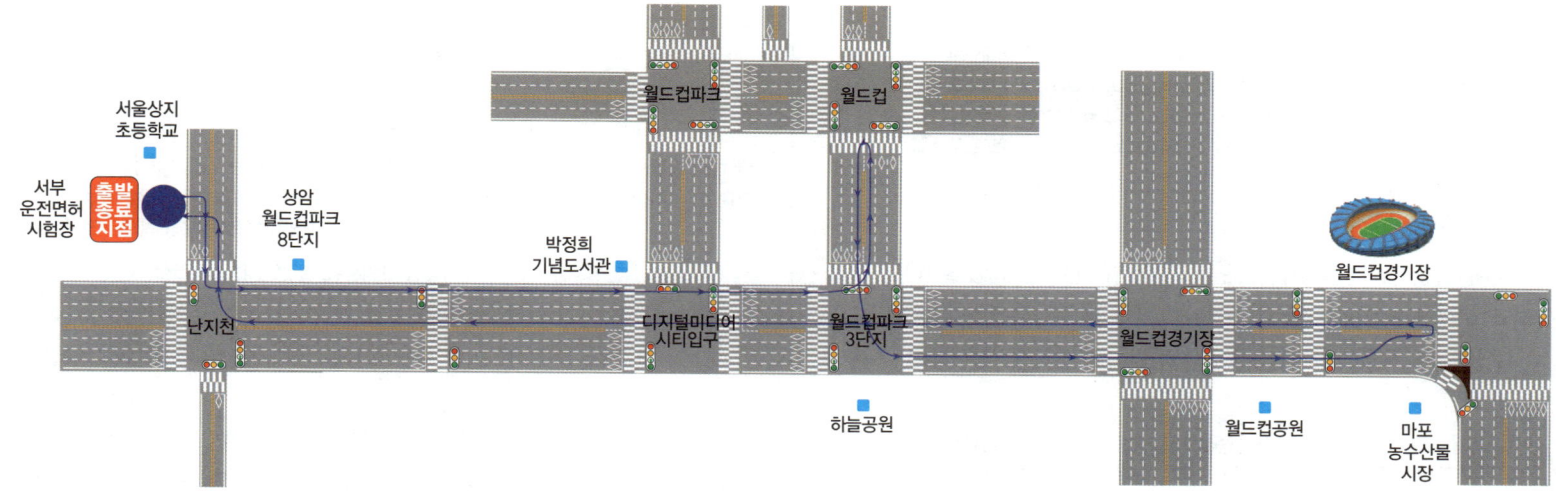

1. 시험항목 및 채점기준

시험항목	세부항목	감점
1. 출발전 준비	차문닫힘 미확인	5
	출발 전 차량점검 및 안전 미확인	7
	주차 브레이크 미해제	10
2. 운전자세	정지 중 기어 미중립	5
3. 출 발	20초 내 미출발	10
	10초 내 미시동	7
	주변 교통방해	7
	엔진 정지	7
	급조작·급출발	7
	심한 진동	5
	신호 안함	5
	신호 중지	5
	신호계속	5
	시동장치 조작 미숙	5
4. 가속 및 속도유지	저속	5
	속도 유지 불능	5
	가속 불가	5
5. 제동 및 정지	엔진브레이크 사용 미숙	5
	제동방법 미흡	5
	정지 때 미제동	5
	급브레이크 사용	7
6. 조 향	핸들조작 미숙 또는 불량	7
7. 차체 감각	우측 안전 미확인	7
	1미터 간격 미유지	7
8. 통행구분	지정차로 준수위반	7
	앞지르기 방법 등 위반	7
	끼어들기 금지 위반	7
	차로유지 미숙	5
9. 진로변경	진로변경 시 안전 미확인	10
	진로변경 신호 불이행	7
	진로변경 30미터 전 미신호	7
	진로변경 신호 미유지	7
	진로변경 신호 미중지	7
9. 진로변경	진로변경 과다	7
	진로변경 금지장소에서의 진로변경	7
	진로변경 미숙	7
10. 교차로 통행 등	서행 위반	10
	일시정지 위반	10
	교차로 진입통행 위반	7
	신호차 방해	7
	꼬리물기	7
	신호 없는 교차로 양보 불이행	7
	횡단보도 직전 일시정지 위반	10
11. 주행 종료	종료 주차브레이크 미작동	5
	종료 엔진 미정지	5
	종료 주차확인 기어 미작동	5

2. 합격기준

① 도로주행시험은 100점을 만점으로 하되, 70점 이상을 합격으로 한다.
② 다음의 어느 하나에 해당하는 경우에는 시험을 중단하고 실격으로 한다.

1. 3회 이상 출발불능, 클러치 조작 불량으로 인한 엔진정지, 급브레이크 사용, 급조작·급출발 또는 그 밖에 운전능력이 현저하게 부족한 것으로 인정할 수 있는 행위를 한 경우
2. 안전거리 미확보나 경사로에서 뒤로 1미터 이상 밀리는 현상 등 운전능력 부족으로 교통사고를 일으킬 위험이 현저한 경우 또는 교통사고를 야기한 경우
3. 음주, 과로, 마약·대마 등 약물의 영향이나 휴대전화 사용 등 정상적으로 운전하지 못할 우려가 있거나, 교통안전과 소통을 위한 시험관의 지시 및 통제에 불응한 경우
4. 법 제5조에 따른 신호 또는 지시에 따르지 않은 경우
5. 법 제10조부터 제12조까지, 제12조의2 및 제27조에 따른 보행자 보호의무 등을 소홀히 한 경우
6. 법 제12조 및 제12조의2에 따른 어린이 보호구역, 노인 및 장애인 보호구역에 지정되어 있는 최고 속도를 초과한 경우
7. 법 제13조제3항에 따라 도로의 중앙으로부터 우측 부분을 통행하여야 할 의무를 위반한 경우
8. 법령 또는 안전표지 등으로 지정되어 있는 최고 속도를 시속 10킬로미터 초과한 경우
9. 법 제29조에 따른 긴급자동차의 우선통행 시 일시정지하거나 진로를 양보하지 않은 경우
10. 법 제51조에 따른 어린이통학버스의 특별보호의무를 위반한 경우
11. 시험시간 동안 좌석안전띠를 착용하지 않은 경우

동영상의 시청 제한장치

제1강

운전면허 4지 1답 문제 (2강)

1 다음 중 중량이 1.5톤 피견인 승용자동차를 4.5톤 화물자동차로 견인하는 경우 필요한 운전면허에 해당하지 않는 것은?

① 제1종 대형면허 및 소형견인차면허
② 제1종 보통면허 및 대형견인차면허
③ 제1종 보통면허 및 소형견인차면허
④ 제2종 보통면허 및 대형견인차면허

해설 도로교통법 시행규칙 별표18
총중량 750킬로그램 초과 3톤 이하의 피견인 자동차를 견인하기 위해서는 견인하는 자동차를 운전할 수 있는 면허와 소형견인차면허 또는 대형견인차면허를 가지고 있어야 한다.

2 도로교통법상 운전면허증 발급에 대한 설명으로 옳지 않은 것은?

① 운전면허 시험 합격일로부터 30일 이내에 운전면허증을 발급받아야 한다.
② 영문 운전면허증을 발급받을 수 있다.
③ 모바일 운전면허증을 발급받을 수 있다.
④ 운전면허증을 잃어버린 경우에는 재발급받을 수 있다.

해설 도로교통법 시행 규칙 77~81조

3 시·도 경찰청장이 발급한 국제 운전면허증의 유효기간은 몇 년인가?

① 1년
② 2년
③ 3년
④ 4년

해설 도로교통법 제96조에 따라 국제 운전면허증의 유효기간은 발급받은 날부터 1년이다.

4 도로교통법상 승차 정원이 15인승인 긴급 승합자동차를 처음 운전하려고 할 때 필요한 조건으로 맞는 것은?

① 제1종 보통면허, 교통안전교육 3시간
② 제1종 특수면허(대형견인차), 교통안전교육 2시간
③ 제1종 특수면허(구난차), 교통안전교육 2시간
④ 제1종 대형면허, 교통안전교육 3시간

해설 도로교통법 시행령 별표 18
긴급자동차 업무에 종사하는 사람으로서 운전경력이 1년 미만인 사람은 교통안전교육을 받아야 하며 그 대상 차량은 승차정원 15인 이하의 승합자동차 및 긴급 화물자동차 중 제1종 대형면허와 교통안전교육(신규(3시간) 및 정기 교통안전교육(2시간)) 등을 받아야 한다.

5 도로교통법상 운전면허의 유효 기간은?

① 면허 갱신일 6개월
② 면허 갱신일 1년
③ 면허 갱신일 2년
④ 면허 갱신일 3년

해설 도로교통법 제87조에 따라 운전면허증 갱신일로부터 그 운전면허의 유효 기간이 기산된다.

6 다음 중 제2종 보통면허를 취득할 수 있는 사람은?

① 붉은색, 녹색 및 노란색의 색채 식별이 불가능한 사람
② 17세인 사람
③ 18세인 사람
④ 듣지 못하는 사람

해설 도로교통법 시행령 제45조 제1항에 따라 제2종 보통면허는 18세 이상으로, 두 눈을 동시에 뜨고 잰 시력이 0.5 이상이다. 다만 한쪽 눈을 보지 못하는 사람은 다른 쪽 눈의 시력이 0.6 이상이어야 한다. 또한 붉은색, 녹색, 노란색의 색채 식별이 가능해야 하며 듣지 못해도 가능하기 때문에 17세인 사람은 취득이 불가능하다.

7 승차 정원이 11인승 승합자동차로 총중량 780킬로그램의 피 견인 자동차를 견인하고자 한다. 운전자가 취득해야 하는 운전면허의 종류는?

① 제1종 대형면허 및 소형견인차면허
② 제1종 보통면허 및 구난차면허
③ 제1종 보통면허 및 대형견인차면허
④ 제2종 보통면허 및 소형견인차면허

해설 도로교통법 시행 규칙 별표 18 비고 3
총중량 750킬로그램을 초과하는 3톤 이하의 피견인 자동차를 견인하기 위해서는 견인하는 자동차를 운전할 수 있는 면허와 소형견인차면허 또는 대형견인차면허를 가지고 있어야 한다.

8 승차 정원이 12인승 승합자동차를 도로에서 운전하려고 한다. 운전자가 취득해야 하는 운전면허의 종류는?

① 제1종 대형견인차면허
② 제1종 구난차면허
③ 제1종 보통면허
④ 제2종 보통면허

해설 도로교통법 시행 규칙 별표 18
승차 정원 15인 이하의 승합자동차는 제1종 보통면허 운전 가능.

9 다음 중 제2종 보통 연습면허를 취득할 수 있는 사람은?

① 운전면허가 취소된 날부터 그 다음 날 시력이 0.5인 사람
② 붉은색, 녹색, 노란색의 색채 식별이 불가능한 사람
③ 17세인 사람
④ 듣지 못하는 사람

해설 도로교통법 시행령 제45조 제1항에 따라 제2종 보통면허는 18세 이상으로, 두 눈을 동시에 뜨고 잰 시력이 0.5 이상이다. 다만 한쪽 눈을 보지 못하는 사람은 다른 쪽 눈의 시력이 0.6 이상이어야 한다. 또한 붉은색, 녹색, 노란색의 색채 식별이 가능해야 하며 듣지 못해도 가능하다.

10 다음 중 도로교통법상 원동기장치자전거의 정의(기준)에 대한 설명으로 옳은 것은?

① 배기량 50시시 이하 – 최고 정격 출력 0.59킬로와트 이하
② 배기량 50시시 미만 – 최고 정격 출력 0.59킬로와트 미만
③ 배기량 125시시 이하 – 최고 정격 출력 11킬로와트 이하
④ 배기량 125시시 미만 – 최고 정격 출력 11킬로와트 미만

해설 도로교통법 제2조제19호다목 참조

정답
1. ④ 2. ② 3. ① 4. ① 5. ② 6. ① 7. ① 8. ③ 9. ④ 10. ③

11 다음 중 도로교통법상 제1종 대형 면허 시험에 응시할 수 있는 기준은?(이륜자동차 운전 경력은 제외)

① 자동차의 운전 경력이 6개월 이상이면서 18세인 사람
② 자동차의 운전 경력이 1년 이상이면서 18세인 사람
③ 자동차의 운전 경력이 6개월 이상이면서 19세인 사람
④ 자동차의 운전 경력이 1년 이상이면서 19세인 사람

해설 도로교통법 제82조제1항제6호에 따라 제1종 대형 면허는 19세 미만이거나 자동차(이륜자동차는 제외한다)의 운전 경력이 1년 미만인 사람은 받을 수 없다.

12 거짓 그 밖에 부정한 수단으로 운전면허를 받아 벌금 이상의 형이 확정된 경우 얼마동안 운전면허를 취득할 수 없는가?

① 취소일로부터 1년 ② 취소일로부터 2년
③ 취소일로부터 3년 ④ 취소일로부터 4년

해설 도로교통법 제82조제2항에 따라 거짓 그밖에 부정한 수단으로 운전면허를 받아 벌금 이상의 형이 확정된 경우 운전면허 취득 결격 기간은 취소일로부터 1년이다.

13 도로교통법령상 해외 출국 시, 운전면허 적성검사 연기에 대한 설명으로 틀린 것은?

① 출국 전 적성검사 연기 신청서를 제출해야 한다.
② 출국 후에는 대리인이 대신하여 적성검사 연기 신청을 할 수 없다.
③ 적성검사 연기 신청 시, E-티켓과 같은 출국 사실을 증명할 수 있는 서류를 제출해야 한다.
④ 적성검사 연기 신청이 승인된 경우, 귀국 후 3개월 이내에 적성검사를 받아야 한다.

해설 도로교통법시행령 제55조(운전면허증 갱신발급 및 정기 적성검사의 연기 등)
① 법 제87조제1항에 따라 운전면허증을 갱신하여 발급(법제87조제2항에 따라 정기 적성검사를 받아야 하는 경우에는 정기적성검사를 포함한다. 이하 이 조에서 같다)받아야 하는 사람이 다음 각 호의 어느 하나에 해당하는 사유로 운전면허증 갱신기간 동안에 운전면허증을 갱신하여 발급받을 수 없을 때에는 행정안전부령으로 정하는 바에 따라 운전면허증 갱신기간 이전에 미리 운전면허증을 갱신하여 발급받거나 행정안전부령으로 정하는 운전면허증 갱신발급 연기신청서에 연기 사유를 증명할 수 있는 서류를 첨부하여 시·도경찰청장(정기 적성검사를 받아야 하는 경우에는 한국도로교통공단을 포함한다. 이하 이 조에서 같다)에게 제출하여야 한다. 도로교통법시행규칙 제83조(운전면허증 갱신발급 및 정기 적성검사의 연기)

14 원동기장치자전거 중 개인형 이동장치의 정의에 대한 설명으로 바르지 않은 것은?

① 오르막 각도가 25도 미만이어야 한다.
② 차체 중량이 30킬로그램 미만이어야 한다.
③ 자전거 등이란 자전거와 개인형 이동장치를 말한다.
④ 시속 25킬로미터 이상으로 운행할 경우 전동기가 작동하지 않아야 한다.

해설 도로교통법 제2조제19호2, 자전거 이용 활성화에 관한 법률 제3조제1호
"개인형 이동장치"란 제19호나목의 원동기장치자전거 중 시속 25킬로미터 이상으로 운행할 경우 전동기가 작동하지 아니하고 차체 중량이 30킬로그램 미만인 것으로서 행정 안전부령으로 정하는 것을 말하며, 등판 각도는 규정되어 있지 않다.

15 도로교통법 상 개인형 이동장치의 기준에 대한 설명이다. 바르게 설명된 것은?

① 원동기를 단 차 중 시속 20킬로미터 이상으로 운행할 경우 전동기가 작동하지 아니하여야 한다.
② 전동기의 동력만으로 움직일 수 없는(PAS : Pedal Assist System) 전기자전거를 포함한다.
③ 최고 정격출력 11킬로와트 이하의 원동기를 단 차로 차체 중량이 35킬로그램 미만인 것을 말한다.
④ 차체 중량은 30킬로그램 미만이어야 한다.

해설 도로교통법 제2조 제19호 나목 그 밖에 배기량 125시시 이하(전기를 동력으로 하는 경우에는 최고 정격출력 11킬로와트 이하)의 원동기를 단 차(자전거 이용 활성화에 관한 법률 제2조 제1호의 2에 따른 전기자전거 및 제21호의3에 따른 실외이동로봇은 제외한다)

19의 2호 "개인형 이동장치"란 제19호 나목의 원동기장치자전거 중 시속 25킬로미터 이상으로 운행할 경우 전동기가 작동하지 아니하고 차체 중량이 30킬로그램 미만인 것으로서 행정안전부령으로 정하는 것을 말한다.
* PAS (Pedal Assist System)형 전기자전거 : 페달과 전동기의 동시동력으로 움직이며 전동기의 동력만으로 움직일 수 없는 자전거
* Throttle형 전기자전거 : 전동기의 동력만으로 움직일 수 있는 자전거로서 법령 상 '개인형이동장치'로 분류한다.

16 도로교통법령상 영문운전면허증에 대한 설명으로 옳지 않은 것은?(제네바협약 또는 비엔나협약 가입국으로 한정)

① 영문운전면허증 인정 국가에서 운전할 때 별도의 번역공증서 없이 운전이 가능하다.
② 영문운전면허증 인정 국가에서는 체류기간에 상관없이 사용할 수 있다.
③ 영문운전면허증 불인정 국가에서는 한국운전면허증, 국제운전면허증, 여권을 지참해야 한다.
④ 운전면허증 뒤쪽에 영문으로 운전면허증의 내용을 표기한 것이다.

해설 영문운전면허증 안내(도로교통공단) 운전할 수 있는 기간이 국가마다 상이하며, 대부분 3개월 정도의 단기간만 허용하고 있으므로 장기체류를 하는 경우 해당국 운전면허를 취득해야 한다.

17 도로교통법상 원동기장치자전거는 전기를 동력으로 하는 경우에는 최고 정격 출력 (   ) 이하의 이륜자동차이다. (   )에 기준으로 맞는 것은?

① 11킬로와트 ② 9킬로와트
③ 5킬로와트   ④ 0.59킬로와트

해설 도로교통법 제2조(용어)
원동기장치자전거란 자동차관리법상 이륜자동차 가운데 배기량 125시시 이하(전기를 동력으로 하는 경우에는 최고 정격 출력 11킬로와트 이하)의 이륜자동차와 그 밖에 배기량 125시시 이하(전기를 동력으로 하는 경우에는 최고 정격 출력 11킬로와트 이하)의 원동기를 단 차

문장형 4지 2답 문제 (3점)

18 운전면허 종류별 운전할 수 있는 차에 관한 설명으로 맞는 것 2가지는?

① 제1종 대형 면허로 아스팔트 살포기를 운전할 수 있다.
② 제1종 보통 면허로 덤프트럭을 운전할 수 있다.
③ 제2종 보통 면허로 250시시 이륜자동차를 운전할 수 있다.
④ 제2종 소형 면허로 원동기장치자전거를 운전할 수 있다.

해설 도로교통법 시행 규칙 별표18(운전할 수 있는 차의 종류)에 따라 덤프트럭은 제1종 대형 면허, 배기량 125시시 초과 이륜자동차는 2종 소형 면허가 필요하다.

19 '착한 운전 마일리지' 제도에 대한 설명으로 적절치 않은 2가지는?

① 교통 법규를 잘 지키고 이를 실천한 운전자에게 실질적인 인센티브를 부여하는 제도이다.
② 운전자가 정지 처분을 받게 될 경우 누산점수에서 공제할 수 있다.
③ 범칙금이나 과태료 미납자도 마일리지 제도의 무위반·무사고 서약에 참여할 수 있다.
④ 서약 실천 기간 중에 교통사고를 유발하거나 교통 법규를 위반하면 다시 서약할 수 없다.

해설 도로교통법 시행 규칙 별표 28
운전자가 정지 처분을 받게 될 경우 누산 점수에서 이를 공제할 수 있다. 운전면허를 소지한 누구나 마일리지 제도에 참여할 수 있지만, 범칙금이나 과태료 미납자는 서약할 수 없다. 서약 실천 기간 중에 교통사고를 발생하거나 교통 법규를 위반하면 그 다음 날부터 다시 서약할 수 있다.

정답 11. ④ 12. ① 13. ② 14. ① 15. ④ 16. ② 17. ① 18. ①, ④ 19. ③, ④

안전표지 4지 1답 문제 (2점)

20 다음 중 안전표지가 갖고 있는 의미에 해당하는 사항 2가지는?(별도 지시가 있는 경우 제외)

① 보행자의 횡단보도 3회로일 때
② 다른 차량의 안전을 위하여 사용될 때
③ 자동차를 이용할 때
④ 정기 정밀 검사 및 일시 정지하거나 서행하여 통과할 때

해설 자동차의 이용자에게 불편이 없도록 한다. 공장건축하기 위한 공작물의 검사는 필요 없다.

21 안전표지종류 시·도 경찰청장에게 신고해야 하는 사유 2가지는?

① 자동차공장검사 때
② 운전면허 종류 변경 할 때
③ 운전면허의 정지 경우 취소될 때
④ 운전면허증 분실 후 6개월 지났을 경우 때

해설 운전면허종류 시·도 경찰청장의 공고별 장기 분실, 운전면허증 분실 후 재발급 받은 후 잃었던 운전면허증을 발견 한 때, 연습운전면허증 용도 이외에 정상운전면허증을 받은 때 시·도 경찰청장에게 운전면허증을 반납하여야 한다.

안전표지 4지 1답 문제 (2점)

22 다음이 일반적으로 표지가 설치되는 장소로 가장 알맞은 곳은?

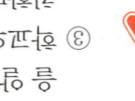

① 평탄도로가 분기도로가 시작되는 곳 때
② 평탄도로가 교차하여 시작되는 곳 때
③ 평탄도로의 왼쪽이 시작되는 곳
④ 차로가 있는 평탄도로의 교차점이 설정하는 곳

해설 도로교통법 시행규칙 별표6. 132. 합류도로 표지

23 다음 안전표지에 대한 설명으로 맞는 것은?

① 신규정의 중앙선이므로 자동차가 통행할 수 없음을 나타낸다.
② 이 지역 주변에 어린이 시설이 있는 곳을 나타낸다.
③ 노면이 울퉁불퉁하고 오르막길 이후 내리막에 잘 설정한 곳을 나타낸다.
④ 어린이 보호 상의 표지 경고 보호 보호등을 설정한 차량이다.

해설 도로교통법 시행규칙 별표6. 133. 어린이보호표지

24 다음 안전표지가 뜻하는 것은?

① 노면이 고르지 못함을 알리는 것
② 터널 있음을 알리는 것
③ 과속방지턱이 있음을 알리는 것
④ 미끄러운 도로 있음을 알리는 것

해설 도로교통법 시행규칙 별표6. 129. 과속방지턱, 고원식 횡단보도, 고원식 교차로가 있음을 알리는 것

25 다음 안전표지가 있는 경우 안전운전방법은?

① 도로 중앙에 장애물이 있으므로 충돌 주의하면서 통행한다.
② 중앙 분리대가 시작되므로 주의하면서 통행한다.
③ 중앙 분리대가 끝나는 지점이므로 주의하면서 통행한다.
④ 터널이 있으므로 전조등을 켜고 주의하면서 통행한다.

26 도로교통법상 다음 안전표지에 대한 내용으로 맞는 것은?

① 노면표지이다.
② 지시표지판 수신호이다.
③ 회전형 도로표지다.
④ 회전형 규제표지이다.

해설 도로교통법 시행규칙 별표6, 차원형도로표지(주의표지 제 108번)

사진형 5지 2답 문제 (3점)

27 다음과 같은 자동차에서 정류의 통행방법 2가지는?

- 편도 2차로의 도로
- 신호등 없는 교차로
- 이면도로 교차점 표시
- 보행자 횡단 중

① 지시등이 있는 경우 녹색신호에 진행한다.
② 회전하려는 경우 우측 방향지시 보행자가 통행하는 곳에 진행한다.
③ 회전하려는 경우 녹색 등화 점멸될 때 계속 진행한다.
④ 지시등이 나타날 경우 진행 지시등이 있을 때 시행할 수 있다.
⑤ 우회전하려는 경우 미리 도로 우측 가장자리로 진행하여 서행한다.

해설 차량이 자전거 등을 동반할 때 사전에 등화 상태를 주의하고 이면을 충분히 확보한 채로 진행한다. 회전시 보행자에 주의한다.

28 다음과 같은 자동차에서 운전의 통행방법 2가지는?

- 굽은 차도 방면 도로
- 이면이 있음
- 30m 전방에는 T자형 교차로
- 신호등이 없는 도로
- 50m 전방에는 교차로이고, 신호등이 있는 교차로

① 신호등이 멈추기 전에 빠르게 진행하여 가장자리에 정차한다.
② 자전거운전자가 있는 경우에도 주행할 수 있다.
③ 앞차와의 안전거리도 확보해야 한다.
④ 자전거운전자 경우 추월할 수 있다.
⑤ 자전거운전자 안전 기지를 확보할 수 있다.

해설 택시 등에서 인근에 대한 자전거가 대기 중에는 의식하여 자전거도 정지 속도에 맞춰 인도하기 위해 유도하는 등 기능이 있는 경우에는 자전거의 후속을 맞추기 전에 미리 인도할 수 있다. 모든 운전자는 교차로에서 우회전을 하려는 경우 미리 도로 우측 가장자리를 서행하여 우회전하여야 한다(도로교통법 제25조 제1항).

정답 20. ① , ⑤   21. ① , ②   22. ④   23. ②   24. ③   25. ①   26. ③   27. ③ , ④   28. ① , ②

29 다음과 같은 상황에서 잘못된 통행방법 2가지는?

- 편도 3차로 도로
- 1차로는 좌회전, 2차로는 직진, 3차로는 직진 및 우회전 노면표시 있음.
- 교차로를 통과하려는 상황
- 교차로 건너편 3,4차로는 작업 중

① 1차로에서는 녹색등화에 우회전할 수 있다.
② 1차로에서는 좌회전 화살표 등화에 좌회전할 수 있다.
③ 2차로에서는 녹색등화에 직진할 수 있다.
④ 3차로에서는 적색등화에 정지선 직전에서 일시정지한 후 우회전할 수 있다.
⑤ 3차로에서는 녹색등화에 직진하여 교차로 내에 설치된 안전지대에 정차한다.

해설 모든 차의 운전자는 교차로에서 우회전을 하려는 경우에는 미리 도로의 우측 가장자리를 서행하면서 우회전하여야 한다(도로교통법 제25조 제1항).
3차로 운전 중인데 전방에 공사현장이 3,4차로에 있다면, 속도를 줄이면서 방향지시기를 켜고 미리 2차로로 진로를 변경해야 한다. 모든 차는 안전지대 등 진입이 금지된 장소에 들어가서는 안 된다.

30 다음 상황을 통해 알 수 있는 정보로 바르지 않은 것 2가지는?

① 전방에 횡단보도가 있다.
② 전방 차량신호등은 녹색등화이다.
③ 도로 우측에는 자전거전용도로가 설치되어 있다.
④ 이 도로의 제한속도는 시속 30 킬로미터 이다.
⑤ 앞선 자동차들은 브레이크 페달을 조작하고 있다.

해설 이 장소는 어린이 보호구역이다. 어린이 보호구역에서의 통행속도는 시속 30 킬로미터 이내로 제한할 수 있다(도로교통법 제12조 제1항). 하지만 시속 30 킬로미터 기준과 다른 통행속도로 설정된 어린이보호구역도 다수 존재한다.
브레이크 페달을 조작하면 자동차의 후면에 설치된 제동 등이 켜진다. 사진의 상황에서는 최고 제한속도를 확인할 수 있는 표시가 보이지 않으며 앞선 차량 2대 모두는 제동 등이 켜지지 않았다.

31 다음 상황을 통해 알 수 있는 정보와 이에 따른 올바른 운전방법을 연결한 것으로 바르지 않은 것 2가지는?

- 가장 우측에 있는 자동차들은 주차된 상태

① 횡단보도 – 좌우를 잘 살펴 보행자에 주의한다.
② 차도에 있는 사람 – 속도를 감속하는 등 안전에 유의한다.
③ 가로형 이색등 – 적색 X표가 있는 차로로 진행한다.
④ 가변차로 – 상황에 따라 진행차로가 바뀔 수 있다.
⑤ 중앙에 설치된 황색 점선 – 앞지르기하려고 할 때도 절대 넘을 수 없는 선이다.

해설 시·도경찰청장은 시간대에 따라 양방향의 통행량이 뚜렷하게 다른 도로에는 교통량이 많은 쪽으로 차로의 수가 확대될 수 있도록 신호기에 의하여 차로의 진행방향을 지시하는 가변차로를 설치할 수 있다(도로교통법 제14조 제1항). 가변차로로 지정된 도로구간의 입구, 중간 및 출구에 가로형 이색등을 설치한다(도로교통법 시행규칙 [별표3]). 녹색화살표의 등화(하향)일 때 차마는 지정된 차로로 진행할 수 있고, 적색X표 표시의 등화일 때는 그 차로로 진행할 수 없다(도로교통법 시행규칙 [별표2]).
중앙선 중에 황색실선은 차마가 넘어갈 수 없는 것을 표시하는 것이고, 황색점선은 반대방향의 교통에 주의하면서일시적으로 반대편 차로로 넘어갈 수 있으나 진행방향 차로로 다시 돌아와야 함을 표시하는 것이다(도로교통법 시행규칙 [별표6] 일련번호 501).

32 다음 상황을 통해 알 수 있는 정보와 이에 따른 올바른 운전방법을 연결한 것으로 바르지 않은 것 2가지는?

- 직전까지 눈이 내렸고, 노면이 얼어붙은 상태
- 바로 앞에 진행하는 차량은 제설작업 차량으로 도로에 모래를 뿌리면서 주행 중
- 전방 우측 화물차는 우측 방향지시등을 켠 채 정차 중

① 횡단보도예고표시 – 전방에 곧 횡단보도가 나타나므로 주의하며 운전한다.
② 차로 우측에 설치된 황색실선의 복선구간 – 보도에 걸치는 방식의 정차는 허용된다.
③ 노면이 얼어있는 상태 – 최고 제한속도의 100분의 20을 줄인 속도로 운행한다.
④ 전방 제설작업 차량 – 작업차량과 안전거리를 충분히 유지하면서 주행한다.
⑤ 전방 우측에 정차 중인 화물차 – 사람이 차도로 갑자기 뛰어나올 수 있으므로 주의하며 운전한다.

해설 황색복선은 정차.주차금지표시이다(도로교통법 시행규칙 [별표6] 일련번호 516의2). 아울러 보도에는 정차 및 주차가 금지된다(도로교통법 제32조 제1호). 노면상태가 얼어붙은 경우는 최고속도의 100분의 50을 줄인 속도로 운행해야 한다(도로교통법 시행규칙 제19조 제2항 제2호 나목). 비가 내려 노면이 젖어있는 경우나 눈이 20밀리미터 미만 쌓인 경우에는 최고속도의 100분의 20을 줄인 속도로 운행해야 한다(도로교통법 시행규칙 제19조 제2항 제1호).

일러스트 5지 2답 문제 (3점)

33 다음 상황에서 직진하려는 경우 가장 안전한 운전방법 2가지는?

[도로상황]
- 교차로 모퉁이에 정차중인 어린이통학버스
- 뒷차에 손짓을 하는 어린이통학버스 운전자

① 어린이통학버스가 출발할 때까지 교차로에 진입하지 않는다.
② 어린이통학버스가 정차하고 있으므로 좌측으로 통행한다.
③ 어린이통학버스 운전자의 손짓에 따라 좌측으로 통행한다.
④ 교차로에 진입하여 어린이통학버스 뒤에서 기다린다.
⑤ 반대편 화물자동차 뒤에서 나타날 수 있는 보행자에 대비한다.

해설 차마의 운전자는 도로(보도와 차도가 구분된 도로에서는 차도)의 중앙(중앙선이 설치되어 있는 경우에는 그 중앙선) 우측 부분을 통행하여야 하며, 황색등화의 점멸은 '차마는 다른 교통 또는 안전표지의 표시에 주의하면서 진행할 수 있다.'이므로 앞쪽의 어린이통학버스가 출발하여 교차로에 진입할 수 있는 때에도 주의를 살피고 진행해야 한다.
① 어린이통학버스가 도로에 정차하여 어린이나 영유아가 타고 내리는 중임을 표시하는 점멸등 등의 장치를 작동 중일 때에는 어린이통학버스가 정차한 차로와 그 차로의 바로 옆 차로로 통행하는 차의 운전자는 어린이통학버스에 이르기 전에 일시정지하여 안전을 확인한 후 서행하여야 한다.
② 제1항의 경우 중앙선이 설치되지 아니한 도로와 편도 1차로인 도로에서는 반대방향에서 진행하는 차의 운전자도 어린이통학버스에 이르기 전에 일시정지하여 안전을 확인한 후 서행하여야 한다.
③ 모든 차의 운전자는 어린이나 영유아를 태우고 있다는 표시를 한 상태로 도로를 통행하는 어린이통학버스를 앞지르지 못한다.

34 다음 상황에서 가장 안전한 운전 방법 2가지는?

【도로상황】
- 자전거 탄 사람이 차도에 진입한 상태
- 전방 차의 속도 녹색등화
- 제한속도 시속 40킬로미터

① 자전거 운전자에게 상향등을 켜 경고하며 빠르게 통과한다.
② 자전거 운전자가 신호를 위반할 수 있으므로 서행으로 접근한다.
③ 자전거는 차이므로 그 뒤에서 서행으로 진행한다.
④ 자전거 운전자가 ２차로로 진로 변경할 것에 대비하여 감속 운행한다.
⑤ 자전거 운전자가 안전하게 진입할 수 있도록 충분한 공간을 확보하며 운행한다.

해설 : 자전거는 차로써 진입 시 신호위반, 그리고 갑자기 진로변경을 할 수도 있고, 2차로로 진로 변경할 때 사고가 발생할 수 있으므로 안전거리를 충분히 확보하여 운행하여야 한다.

35 다음 상황에서 통행하는 경우 예측되는 위험 2가지는?

【도로상황】
- 교차로 부근에 경찰차
- 전방차량들이 녹색신호에 따라 교차로를 통행 중

① ３차로의 하위차로가 혼잡할 수 있다.
② ２차로의 차량이 １차로 쪽으로 급진로 변경할 수 있다.
③ 교차로에서 우회전하는 차량이 나타날 수 있다.
④ 반대차로에서 좌회전 신호를 받기 위해 대기하지 않는다.
⑤ 반대 차로에서 신호를 기다리는 차가 있을 수 있다.

해설 : 도로에 주정차 차량으로 인해 후방에서 진입하는 이륜차 등이 위험 요소에 노출되어 있다.

36 다음 상황에서 가장 안전한 운전 방법 2가지는?

【도로상황】
- 4차로 교차로
- 1차로(좌회전), 2차로(직진), 3차로(직진 · 우회전)
- 4차로 주행 중 좌회전 신호에 교차로 진입

① 녹색 신호에 따라 빠르게 가속하여 교차로를 통과한다.
② 비상점멸등을 켜고 1차로 신호대기 중인 차량 수신호를 보내며 통과한다.
③ 좌회전하려는 3차로 차량이 내 앞으로 급진로 변경할 것에 대비해 감속 운행한다.
④ 앞 상황이 좋지 않아 차로 변경이 어려운 경우에는 교차로를 일단 통과 후 안전한 곳에서 차로를 변경한다.
⑤ 교차로 안에서는 곧 변경할 수 있으므로 서행하며 차로 변경을 완료한다.

해설 : 1차로 또는 3차로에서 2차로로 진로 변경을 하려는 차량이 있을 수 있다. 그러므로 1, 3차로에 있는 차량을 피해 교차로로 진입을 하여야 하는데 교차로 안에서 차량이 멈춰있는 경우 다른 도로에서 교차로로 진입하는 차량들의 충돌로 이어질 수 있다. 또한 진입할 때 앞차가 진입하였다 하더라도 앞차의 진행상황을 살펴 안전할 때 진입하여야 한다.

37 다음 상황에서 가장 안전한 운전 방법 2가지는?

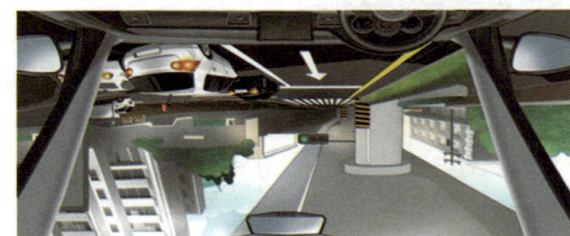

【도로상황】
- 4차로 교차로
- 1차로(좌회전), 2차로(직진), 3차로(직진 · 우회전)
- 4차로 주행 중 좌회전 신호에 교차로 통행 중

① 신호가 바뀌기 전에 가속하여 신호에 맞춰 교차로를 통과한다.
② 신호가 바뀌려고 하므로 그 자리에 정차한다.
③ 앞 차량이 급제동 할 수도 있으므로 다른 차로로 차로 변경한다.
④ 차로 변경하려는 차량이 있을 수도 있으므로 사이드 미러 등을 이용하여 주변 상황에 대비한다.
⑤ 공사현장의 작업자나 장비들이 갑자기 도로로 진입하기 전에 미리 감속 · 주의하며 운행한다.

해설 : 공사현장이 교차로이거나 우회전하기 위하여 정차한 차량이 있을 때 또한 신호가 바뀌려고 할 때 1차로에서 2차로로 진로 변경하려는 차량이 있을 경우 등 다양하게 사고가 일어날 수 있으므로 사이드미러를 이용하여 주변 상황을 파악하고, 공사 구간, 진입 중 또는 진입하려고 하는 다른 차량이 있는지 여부 등에 대비해야 하며, 다른 차로에서 진입하지 않도록 하여야 한다.

정답 34. ②, ⑤ 35. ②, ③ 36. ③, ④ 37. ④, ⑤

38 다음 상황에서 가장 안전한 운전방법 2가지는?

[도로상황]
- +형 교차로
- 1·2차로(좌회전), 3차로(직진), 4차로(직진·우회전)
- 왼쪽도로 횡단보도 넘어 신호 대기 중인 이륜차
- 1차로에서 신호 대기 중
- 4색 등화 중 적색신호에서 직진·좌회전 동시 신호로 바뀜

① 소통을 원활하게 하기 위해 적색 신호에 미리 정지선을 넘어 대기하다가 좌회전한다.
② 반대편 도로에서 우회전하는 빨간색 차량은 좌회전 차량이 우선이기 때문에 주의할 필요가 없다.
③ 차량의 사각지대로 인해 이륜차를 순간적으로 못 볼 수 있기 때문에 주의해야 한다.
④ 교차로 노면에 표시된 흰색 통행 유도선을 따라 좌회전한다.
⑤ 좌회전하면서 오른쪽 방향지시등을 켜고 왼쪽 도로의 3차로로 바로 진입한다.

해설 운전자는 교차로 상황을 항상 눈으로 확인하는 습관을 가져야 하고 좌회전할 때는 반대편 도로에서 우회전하는 차량에도 주의해야 한다. 좌회전 시에 통행 유도선을 준수하면서 1차로에서 출발하여 왼쪽 도로의 1차로로, 2차로에 출발할 때는 왼쪽 도로의 2차로로 진입하는 게 안전한 좌회전 방법이다. 왼쪽 도로에 진입한 후에 순차적으로 흰색 점선의 차선에서 차로를 변경해야 한다. 또한 회전 시에는 차량의 A필러로 인해 발생하는 사각지대로 인해 이륜차나 보행자를 순간적으로 못 볼 수 있다는 점도 항상 유의해야 한다. 반대로 생각하면 이륜차 운전자나 자동차 운전자일 때도 다른 차량들이 나를 항상 볼 수 있다는 생각은 잘못된 것이고 따라서 정지선을 준수하는 등 교통법규를 지키는 운전자가 되어야 한다.

39 다음 상황에서 가장 안전한 운전방법 2가지는?

[도로상황]
- +형 교차로
- 1차로(좌회전), 2차로(직진), 3차로(직진·우회전)
- 4색 등화 중 녹색 신호
- 앞쪽에 차량이 정체되어 있는 도로 상황
- 2차로 주행 중

① 많은 차량의 교차로 통과를 위해 앞 차와 최대한 붙어서 주행한다.
② 앞쪽 3차로에서 왼쪽으로 갑자기 진로 변경하는 차량에 대비할 필요가 있다.
③ 앞쪽 차량의 정체 여부와 관계없이 교차로에 진입하여 소통을 원활하게 한다.
④ 비상 점멸등을 켜고 차량이 없는 반대편 1차로로 안전하게 앞질러 직진한다.
⑤ 정체로 인해 녹색 신호에 교차로를 통과 못 할 것 같으면 정지선 직전에 정지한다.

해설 교차로의 정차금지지대 표시는 통행량이 많아서 상습적인 정체가 발생하는 곳이다. 비록 녹색 신호라고 하더라도 꼬리물기로 무리하게 통과하다가 교차로 안에서 정체되어 다른 차량의 흐름을 방해해서는 안 된다. 진입하려는 교차로의 정체가 예상되면 정지선 전에 정지하고 다음 녹색 신호에 출발하는 여유로운 운전자가 되자. 앞쪽 3차로에서 비어있는 2차로로 급하게 진로 변경하는 차량에 대해서도 주의할 필요가 있다.

40 동영상(애니메이션) 문제 (별첨참조 / 5점)

〈이 책 120페이지부터 124페이지 중 한 문제가 출제되니 그 문제를 공부하세요.〉

정답 38. ③, ④ 39. ②, ⑤

제12강 운전면허 시험 출제예상문제

운전상식 4지 1답 문제 (2장)

1 다음 중 도로교통법령에서 규정하고 있는 "서행"의 정의로 맞는 것은?
① 어떠한 경우라도 즉시 정지할 수 있도록 천천히 진행하는 것
② 자동차가 현재 진행하고 있는 속도보다 조금 느리게 진행하는 것
③ 자동차가 도로의 가장자리로 피하여 일시 이동하는 것
④ 자동차를 즉시 정지시킬 수 있는 정도의 느린 속도로 진행하는 것

해설 도로교통법 제2조(정의) 제28호

2 도로교통법상 어린이의 보호자가 준수해야 될 내용으로 맞는 것은?
① 주차장에서는 어린이를 혼자 있게 할 수 있다.
② 공원 등에서는 어린이 안전에 주의하여 보호해야 한다.
③ 13세 미만의 어린이는 사람이 없는 곳에서 운전할 수 있다.
④ 영유아나 어린이의 개인형 이동장치를 끌고 가거나 운전하게 하여서는 안 된다.

해설 도로교통법 제11조(어린이 등에 대한 보호) 보호자는 교통이 빈번한 도로에서 어린이를 놀게 하여서는 아니되며, 어린이의 보호자는 도로에서 어린이가 개인형 이동장치를 운전하게 하거나 위험성이 큰 놀이 등을 하지 아니하도록 하여야 한다.

3 도로교통법령상 고령자 운전면허 갱신 및 적성검사 주기가 3년 인 사람의 연령 기준으로 맞는 것은?
① 만 65세 이상   ② 만 70세 이상
③ 만 75세 이상   ④ 만 80세 이상

해설 도로교통법 제87조 제1항

4 다음은 도로교통법상 교통약자에 대한 배려 정신을 설명하는 내용이다. 틀린 것은?
① 장애인 등을 위한 정류장 등을 임의로 진입하여 정차 및 주차를 하지 아니한다.
② 어린이통학버스가 어린이를 태우기 위해 점멸등을 켠 경우 앞지르기 하지 않는다.
③ 고령운전자가 정상속도보다 느리게 운전할 경우 배려운전을 해야 한다.
④ 교통약자를 발견한 경우 먼저 지나갈 수 있도록 양보 운전을 한다.

해설 노인보호구역, 도로교통법 제17조(공도안전자동차 이용 등) 도로교통법 제12조의2, 교통약자를 배려하여 그 사람들이 안전하게 보행하거나 이동할 수 있도록 하여야 한다.

5 다음 중 노인 운전자(만 65세 이상 및 만 75세 이상)를 신고한 운전면허 소지자에 대한 교육과 적성검사 기간은?

① 정기적성검사
② 정기안전교육장
③ 정기교통안전교육
④ 정기적성검사

해설 고령자 안전 운전능력 향상 교육 제도제31

6 다음 중 고령자 인지 운전면허 취득 자동차 운전자에 대한 교통(특별) 교육 대상 중 잘못된 것은?
① 고령운전자란 면허 운전자로 만 65세 이상 자동차 운전자를 대상으로 한다.
② 특별 대상 운전자(면허 취득) 정원 36인 이하의 대상이다.
③ 자동차 안전운전을 위한 인지능력 검사의 가능성 진단자이다.
④ 어린이 보육시설에 면허 대신 사망자 종사자 인지 여부 공유 유발 대상자 중 자동차운전 전문가에 대한 교육이 필요하다.

해설 고령자 인지 운전면허 취득 가능 자동차 운전(만 31인)이 받는 것이 공고한다. 공단에서 따르는 자동차, 정원·승합·승용 자동차 사람이 면허 대상자 중 자동차, 정원·승합·승용 공동 자동차이다.

7 도로교통법령상 중요 멀리 다니는 경우 및 중요 대상 인 것에 ( ) 이상, 수시 시야각 20° 이상, 중앙 기준으로 양 20° 내 안전기구 없어야 한다. ( )안에 기준으로 맞는 것은?
① 0.5, 50   ② 0.6, 80
③ 0.7, 100   ④ 0.8, 120

해설 도로교통법령상 제45조(자동차 운전의 안전운전 기준) 두 눈을 뜨고 잰 시력이 0.8 이상 및 각 눈의 시력이 0.5 이상이며, 수직 시야가 20° 이상, 수평 시야가 120° 이상, 중심 시야 20° 내 암점 또는 반맹이 없어야 한다.

8 제1종 운전면허를 발급받는 75세 이상인 사람(원동기 장치자전거 제외) 운전면허를 받고자 하는 자가 갱신 기간 내 받아야 하는 교통안전 교육 시간은?
① 3시간   ② 5시간
③ 10시간   ④ 15시간

해설 도로교통법 제73조제5항 노인 운전자 공단에서는 면허 갱신 75세 이상인 자동차 대상 공동교통안전 교육(시간 2시간)를 받도록 한다.

9 도로교통법령상 교통약자에 관한 규정 중 다음 중 잘못된 것은?
① 노인·장애인 등 교통약자 이동편의에 대한 교육 특별 대상이다.
② 대상 운전자(면허 자동차) 정원 36인 이하 자동차 대상 대상이다.
③ 노인 자동차 운전자는 인지 생리능력 측정 가능성 검사하였다.
④ 어린이 보육시설 면허 대신 자동차 대응 종사 자동차 우선 생활 공동 자동차 운전 중 자동차 자동차 공단 승용 자동차 안전, 이사 대응 자동차, 정원·승합·승용 공동 자동차에 대해 중요한 교육이 필요하다. 대상 자동차이다.

정답 1.③ 2.④ 3.③ 4.③ 5.① 6.④ 7.④ 8.② 9.④

10 다음 중 도로교통법령상 영문 운전면허증을 발급 받을 수 없는 사람은?

① 운전면허 시험에 합격하여 운전면허증을 신청하는 경우
② 운전면허 적성 검사에 합격하여 운전면허증을 신청하는 경우
③ 외국 면허증을 국내 면허증으로 교환 발급 신청하는 경우
④ 연습 운전면허증으로 신청하는 경우

해설 도로교통법 시행 규칙 제78조(영문 운전면허증의 신청 등)
연습 운전면허 소지자는 영문 운전면허증 발급 대상이 아니다.

11 도로교통법령상 제2종 보통 면허로 운전할 수 없는 차는?

① 구난 자동차
② 승차 정원 10인 미만의 승합자동차
③ 승용자동차
④ 적재 중량 2.5톤의 화물자동차

해설 도로교통법 시행 규칙 별표18(운전할 수 있는 차의 종류)

12 운전면허 시험 부정행위로 그 시험이 무효로 처리된 사람은 그 처분이 있는 날부터 (   )간 해당 시험에 응시하지 못한다. (   ) 안에 기준으로 맞는 것은?

① 2년   ② 3년
③ 4년   ④ 5년

해설 도로교통법 제84조의2 부정행위자에 대한 조치
부정행위로 시험이 무효로 처리된 사람은 그 처분이 있는 날부터 2년간 해당 시험에 응시하지 못한다.

13 다음 중 도로교통법령상 운전면허증 갱신·발급이나 정기 적성 검사의 연기 사유가 아닌 것은?

① 해외 체류 중인 경우
② 질병으로 인하여 거동이 불가능한 경우
③ 군 인사법에 따른 육·해·공군 부사관 이상의 간부로 복무 중인 경우
④ 재해 또는 재난을 당한 경우

해설 도로교통법 시행령 제55조제1항
1. 해외에 체류 중인 경우
2. 재해 또는 재난을 당한 경우
3. 질병이나 부상으로 인하여 거동이 불가능한 경우
4. 법령에 따라 신체의 자유를 구속당한 경우
5. 군 복무 중(「병역법」에 따라 교정 시설 경비 교도·의무 경찰 또는 의무 소방원으로 전환 복무 중인 경우를 포함하고, 사병으로 한정한다)인 경우
6. 그 밖에 사회 통념상 부득이하다고 인정할 만한 상당한 이유가 있는 경우

14 도로교통법령상 운전면허증 갱신 기간의 연기를 받은 사람은 그 사유가 없어진 날부터 (   ) 이내에 운전면허증을 갱신하여 발급받아야 한다. (   )에 기준으로 맞는 것은?

① 1개월   ② 3개월
③ 6개월   ④ 12개월

해설 도로교통법 시행령 제55조제3항
운전면허증 갱신 기간의 연기를 받은 사람은 그 사유가 없어진 날부터 3개월 이내에 운전면허증을 갱신하여 발급받아야 한다.

15 다음 수소 자동차 운전자 중 고압가스 관리법령상 특별 교육 대상으로 맞는 것은?

① 수소 승용자동차 운전자
② 수소 대형 승합자동차(승차 정원 36인승 이상) 운전자
③ 수소 화물자동차 운전자
④ 수소 특수 자동차 운전자

해설 고압가스 안전 관리법 시행 규칙 제51조1 제1항 별표31

16 다음 중 도로교통법상 음주운전 방지장치 부착 조건부 운전면허를 받은 운전자 등의 준수사항에 대한 설명으로 맞는 것은?

① 음주운전 방지장치가 설치된 자동차등을 시·도경찰청에 등록하지 아니하고 운전한 경우에는 면허가 정지 된다.
② 음주운전 방지장치가 설치되지 아니하거나 설치기준에 부합하지 아니한 음주운전 방지장치가 설치된 자동차등을 운전한 경우 1개월 내 시정조치 명령을 한다.
③ 음주운전 방지장치의 정비를 위해 해체·조작 또는 그 밖의 방법으로 효용이 떨어진 것을 알면서 해당 장치가 설치된 자동차 등을 운전한 경우에는 면허가 정지된다.
④ 음주운전으로 인한 면허 결격기간 이후 방지장치 부착차량만 운전 가능한 면허를 취득한 때부터 장치를 부착한 차량만 운행할 수 있다.

해설 도로교통법 제50조의3 음주운전 방지장치 부착 조건부 운전면허를 받은 운전자 등의 준수사항, 같은 법 제93조(운전면허의 취소·정지) 제1항
음주운전 방지장치가 설치된 자동차등을 시·도경찰청에 등록하지 아니하고 운전한 경우에는 면허가 취소된다. (제21호)
- 음주운전 방지장치가 설치되지 아니하거나 설치기준에 부합하지 아니한 음주운전 방지장치가 설치된 자동차등을 운전한 경우 면허를 취소된다.(제22호)
- 음주운전 방지장치의 정비를 위해 해체·조작 또는 그 밖의 방법으로 효용이 떨어진 것을 알면서 해당 장치가 설치된 자동차 등을 운전한 경우에는 면허가 취소된다. (제23호)

17 운전자가 가짜 석유 제품임을 알면서 차량 연료로 사용할 경우 처벌 기준은?

① 과태료 5만 원~10만 원   ② 과태료 50만 원~1백만 원
③ 과태료 2백만 원~2천만 원 ④ 처벌되지 않는다.

해설 석유 및 석유 대체 연료 사업법 시행령 별표6 과태료 시행 기준
가짜 석유 제품임을 알면서 차량 연료로 사용할 경우 사용량에 따라 2백만 원에서 2천만 원까지 과태료가 부과될 수 있다.

문장형 4지 2답 문제 (3점)

18 자동차에 승차하기 전 주변 점검 사항으로 맞는 2가지는?

① 타이어 마모 상태
② 전·후방 장애물 유무
③ 운전석 계기판 정상 작동 여부
④ 브레이크 페달 정상 작동 여부

해설 운전석 계기판 및 브레이크 페달 정상 작동 여부는 승차 후 운전석에서의 점검 사항이다.

19 전기자동차 관리방법으로 옳지 않은 2가지는?

① 비사업용 승용자동차의 자동차검사 유효기간은 6년이다.
② 장거리 운전 시에는 사전에 배터리를 확인하고 충전한다.
③ 충전 직후에는 급가속, 급정지를 하지 않는 것이 좋다.
④ 열선시트, 열선핸들보다 공기 히터를 사용하는 것이 효율적이다.

해설 ① 신조차를 제외하고 비사업용 승용자동차의 자동차검사 유효기간은 2년이다(자동차관리법 시행규칙 별표15의2).
④ 내연기관이 없는 전기자동차의 경우, 히터 작동에 많은 전기에너지를 사용한다. 따라서 열선시트, 열선핸들 사용하는 것이 좋다.
② 배터리 잔량과 이동거리를 고려하여 주행 중 방전되지 않도록 한다.
③ 충전 직후에는 배터리 온도가 상승한다. 이때 급가속, 급정지의 경우 전기에너지를 많이 소모하므로 배터리 효율을 저하시킨다.

20 자동차관리법상 자동차의 종류로 맞는 2가지는?

① 건설 기계   ② 화물자동차
③ 경운기   ④ 특수 자동차

해설 자동차관리법상 자동차는 승용자동차, 승합자동차, 화물자동차, 특수 자동차, 이륜자동차가 있다.

정답 10. ④   11. ①   12. ①   13. ③   14. ②   15. ②   16. ④   17. ③   18. ①, ②   19. ①, ④   20. ②, ④

안전표지 4지 1답 문제 (2점)

22 다음 교통안전표지에 대한 설명으로 맞는 것은?

① 승용자동차의 통행속도를 시속 70킬로미터로 제한하는 표지이다.
② 승합자동차의 통행속도를 시속 70킬로미터로 제한하는 표지이다.
③ 최고속도를 매시 70킬로미터로 제한하는 표지이다.
④ 최저속도를 매시 70킬로미터로 제한하는 안전표지이다.

해설 최고속도제한표지로 매시 70km 이내로 통행하여야 한다.

23 도로교통법령상 그림의 안전표지가 종합주의표지에 해당되는 것은 다음 중 무엇인가?

① 청소년보호표지, 심장질환자보호표지
② 자전거전용표지, 자전거도로표지
③ 도로공사중표지, 횡단보도표지
④ 미끄러운도로표지, 철길건널목표지

해설 도로교통법 시행규칙 별표6, 종합주의표지(주의표지 137번), 야생동물보호표지(주의표지 139번)

24 다음 안전표지의 뜻으로 맞는 것은?

① 정방 100미터 앞부터 도로가 좁아져 있다.
② 정방 100미터 앞부터 도로가 미끄러워져 있다.
③ 정방 100미터 앞부터 강변도로가 있다.
④ 정방 100미터 앞부터 낭떠러지 위험이 있는 도로이다.

해설 도로교통법 시행규칙 별표6, 130, 낭떠러지주의표지 - 비탈길고개 앞 300미터 내지 200미터 도로 우측에 설치

25 다음 안전표지의 뜻으로 맞는 것은?

① 철길표지
② 교량표지
③ 높이제한표지
④ 문화재보호표지

해설 도로교통법 시행규칙 별표6, 138의 2, 교량표지 교량이 있음을 알리는 것, 교량 앞 50미터에서 200미터의 도로우측에 설치

26 다음 안전표지의 뜻으로 맞는 것은?

① 좌측방 통행에 장애물이 있으므로 감속 운행
② 우측도로의 폭이 좁아지고 있음
③ 도로의 중앙에 장애물이 있으므로 감속 운행
④ 정방의 차로가 좁아지고 있으므로 감속 운행

해설 도로교통법 시행규칙 별표6, 123, 중앙분리대시작표지

정답 21. ②, ③ 22. ③ 23. ① 24. ④ 25. ② 26. ③ 27. ①, ② 28. ①, ②

사진형 5지 2답 문제 (3점)

27 다음과 같은 상황에서 운전자의 대처방법으로 맞는 것 2가지는?

- 좌로 굽은 도로
- 우측에 수로가 있음
- 1, 2차로로 주행 중임

① 사고 후 뒷차가 추돌하지 않도록 하기 위해 정지신호를 하고 통로를 가려 한다.
② 개인이동장치가 좌회전하고 있는 경우 2차로로 진로를 변경한다.
③ 이륜차가 좌회전하고 있는 경우 2차로로 진로를 변경하여 통로를 가려 한다.
④ 승용차가 진로변경하고 있는 경우 속도를 줄이며 양보하여 주행한다.
⑤ 굽은 도로에서 진로변경하고 있는 경우 속도를 줄여서 미리 대비하여 주행하여야 한다.

해설 자전거등이 공전장치를 사용하여 통행하고 있는 경우에는 이와의 충돌을 피할 수 있는 필요한 거리를 두고 서행하여야 한다.(도로교통법 제13조의2 제1항)

28 다음과 같은 상황에서 가장 안전한 운전방법 2가지는?

- 편도 1차로
- 약 10미터 전방 교차로에 신호대기 중인 차들이 있음

① 시속 30킬로미터 이내의 속도로 운전한다.
② 정방 10미터 앞에서 보행자가 자전거횡단도를 통행할 때에는 일시정지한다.
③ 정방 10미터 앞에서 보행자가 자전거횡단도를 통행할 때에는 서행한다.
④ 자전거 옆을 통과할 때에는 자전거와의 사이에 2미터 이상 거리를 두고 서행한다.
⑤ 자전거에 대한 위험을 방지하기 위하여 자전거 옆을 지날 때에는 공전장치를 작동하여 경고를 한다.

해설 정방 10미터 앞에서 자전거횡단보행자가 자전거횡단도를 통행하려고 하는 때에는 일시정지하여야 한다. 즉, 보행자가 통행하려 하거나 또는 통행하고 있을 때 일시정지하여야 한다.(도로교통법 제25조)
개인이동장치를 이용하여 공전장치를 사용하여 자전거 등이 있는 경우 지나야 운행해야 한다.

29 다음 상황을 통해 알 수 있는 정보와 이에 대한 해석을 연결한 것으로 바르지 않은 것 2가지는?

- 사거리 교차로
- 전방 신호등은 적색등화의 점멸
- 도로 우측의 자동차는 주차된 상태

① 어린이보호표지 – 어린이 보호구역으로써 어린이가 특별히 보호되는 구역이다.
② 최고속도 제한표지 – 시속 30 킬로미터 이내의 속도로 운전해야 한다.
③ 횡단보도 표지 – 보행자에 주의하면서 운전해야 한다.
④ 적색등화의 점멸 – 서행하면서 운전해야 한다.
⑤ 도로 우측에 주차된 자동차들 – 주차된 차량 사이로 보행자가 튀어나올 수 있음에 유념한다.

해설 우측에 정차된 차량은 어린이통학버스이다. 어린이통학버스 후면에 부착된 표지는 어린이보호표지로 어린이나 영유아를 태우고 운행 중임을 표시하는 것이다(도로교통법 제53조 제1항, 도로교통법 시행규칙 [별표14]). 어린이 보호구역에 설치되는 어린이보호표지는 도로교통법 시행규칙 [별표6] 일련번호 324와 같이 설치되어야 한다. 사진에는 어린이 보호구역에 설치되는 어린이보호표지가 없다. 적색등화의 점멸의 의미는 차마는 정지선이나 횡단보도가 있을 때에는 그 직전이나 교차로의 전에 일시정지한 후 다른 교통에 주의하면서 진행할 수 있다는 것이다(도로교통법 시행규칙 [별표2]).

30 다음과 같은 상황에서 가장 안전한 운전방법 2가지는?

- 어린이 보호구역
- 과속방지턱과 도로횡단방지 울타리가 설치되어 있음

① 어린이 보호구역에서도 잠깐 주차할 수 있다.
② 차량신호등이 녹색등화라 하더라도 도로를 횡단하는 어린이가 있는지 주의하면서 진행한다.
③ 차량신호등이 녹색등화인 경우 아직 횡단 중인 어린이가 있더라도 속도를 높여 진행한다.
④ 어린이의 하차를 위해서 이곳에서는 정차는 할 수 있다.
⑤ 어린이 보호구역에 설정된 제한속도보다 느린 속도로 운전한다.

해설 어린이 보호구역에서 주정차는 금지된다(도로교통법 제32조 제8호). 차량신호등이 바뀐 경우라도 횡단보도에 횡단 중인 보행자가 있다면 보호할 의무가 있다(도로교통법 제48조 제1항 참조). 자동차의 운전자는 제한속도보다 빠르게 운전해서는 아니 된다(도로교통법 제17조 제3항).

31 다음 상황에서 적절한 운전행태로 옳은 것 2가지는?

- 좌우측 아파트 진출입로
- 전방 차량신호등 황색점멸
- 1차로 좌회전, 2차로 직진차로

① 주정차 금지 노면표시가 없으므로 교차로 부근이나 횡단보도 부근에 주정차할 수 있다.
② 좌우측 아파트 진출입로가 있으므로 주변 차량을 잘 살피고 서행하며 진행한다.
③ 전방 교차로 내에서 다른 차량에 방해가 되지 않는다면 유턴할 수 있다.
④ 교차로를 지나 차로가 줄어들기 때문에 직진하려는 경우 미리 직진 차로로 변경한다.
⑤ 횡단보도에 보행자가 없으므로 가속하여 신속히 통과한다.

해설 신호등이 황색점멸인 경우 안전표지에 주의하며 진행할 수 있고, 좌우측 아파트 진입로가 있으므로 진출입하는 차량이 있는 경우 잘 살펴 운행하여야 하며, 교차로와 횡단보도 5m는 주정차 금지구간이므로 노면표시와 관계없이 주정차하면 안 된다. 차로가 줄어드는 경우 미리 차로 안내를 잘 살펴 진로 변경하는 것이 안전하다.

32 다음 상황에서 가장 안전한 운전방법 2가지는?

① 보행자가 있으므로 안전하게 보행할 수 있도록 서행하거나 일시정지하여 안전을 확인하고 진행한다.
② 주변 주정차 차량 사이에서 보행자가 나타날 수 있으므로 주의하며 진행한다.
③ 어린이 보호구역이 아니므로 운전자는 보행자를 보호해야 할 의무가 없다.
④ 좌측 상점에 가는 경우 교차로 모퉁이에 잠시 주정차하는 것은 가능하다.
⑤ 주택가 이면도로에서는 주차된 차량과 보행자가 많아 경음기를 계속 울리며 통과한다.

해설 어린이 보호구역이 아니더라도 보행자와 자전거를 타고 등교하는 학생들이 많은 주택가 이면도로이므로 정당한 사유 없이 경음기를 계속 울리는 것은 지양하고 안전하게 진행하는 것이 바람직하다. 교차로 모퉁이는 주정차 금지장소이므로 주정차를 해서는 안 된다.

일러스트 5지 2답 문제 (3점)

33 다음과 같은 상황에서 좌회전하려고 한다. 가장 위험한 운전방법 2가지는?

도로상황
- + 교차로
- 1차로(좌회전 · 유턴), 2 · 3차로(직진), 4차로(직진 · 우회전)
- 2차로 정차 중 좌회전 신호로 바뀜

① 비상 점멸등을 켜고 안전지대를 통과하여 1차로에 진입한 후 좌회전한다.
② 좌회전 차로에 진입 후에는 앞 차량에 최대한 붙어서 신속히 좌회전한다.
③ 1차로로 진로 변경할 때는 뒤따르는 뒤쪽 차량에 주의해야 한다.
④ 흰색 점선 차선에서 1차로로 진로 변경한 후에 좌회전한다.
⑤ 좌회전 차로로 진로 변경할 때는 바로 앞 차량을 주의할 필요가 있다.

해설 안전지대 표시는 노상에 장애물이 있거나 안전 확보가 필요한 안전지대로서 이 지대에 들어가지 못함을 표시하는 것이다. 그래서 안전지대를 통과해서 운전해서는 안된다. 또한 진로를 변경할 때는 방향지시등을 미리 켜고, 앞 · 뒤, 좌 · 우를 확인하고, 흰색 점선인 차선에서 변경해야 한다. 또한 진로 변경할 때는 바로 앞쪽 차량이나 뒤쪽 차량이 내 차량보다 먼저 급하게 진로 변경하는 경우도 있으니 앞 · 뒤 차량도 주의해야 한다. 좌회전과 유턴을 동시에 할 수 있는 차로의 경우에는 앞차가 유턴을 할 수도 있기에 안전거리를 확보하면서 좌회전하는 방어운전도 필요하다.

정답 29. ①, ④ 30. ②, ⑤ 31. ②, ④ 32. ①, ② 33. ①, ②

34 다음 상황에서 가장 안전한 운전방법 2가지는?

[도로상황]
• 아파트(APT) 단지 주차장 입구 진입
차로

① 차의 등화가 명확하지 않은 경우 신호기를 사용한다.
② 차의 진행방향을 알리는 것이므로 구두로 алринда.
③ B가 알파고 양손으로 명확히 물품을 팔로 똑바로 펴서 수평으로 한다.
④ 도로에 교통이 없어도 차의 측면으로 수신호를 해서는 안 된다.
⑤ B의 얼굴 방향은 가로방향을 유지하고 반드시 사용해야 한다.

해설 도로교통법 시행규칙 제6호 수신호 차의 진행방향을 가리키는 등이 곤란한 경우에 한하여 수신호 등을 이용하여 방향지시기 또는 등화를 조작한다.

1. 크락션을 누르거나 손이나 라이트를 이용 중앙선이 있는 경우에는 사용하여야 한다.
2. 방향지시등으로
3. 도로 위이 등

35 다음과 같은 상황에서 가장 안전하게 운전하는 방법은 2가지는?

[도로상황]
• 교차로
• 1차로(좌회전), 좌회전(직진), 3・4차로(직진)
• 4색등 신호등에서 녹색(직진) 신호등 부점

① 녹색등에 녹색화살표 신호가 점등되어 있으므로 안전하게 좌회전한다.
② 일차 정지한 후 주위 교통상황을 확인하고 좌회전한다.
③ 반대편 도로에 자동차가 대기하고 있어 신호가 바뀌기 전에 신속히 좌회전한다.
④ 반대편 도로에서 온다음에 직진하는 자동차의 진행에 방해가 되지 않게 좌회전한다.
⑤ 반대편 도로에서 직진신호에 따라오고 있는 자동차의 진행에 방해가 될 수 있기에 좌회전해서는 안된다.

해설 신호등에 녹색등화 점등 시 좌회전 가능, 녹색화살표 신호 시 좌회전 전용이므로, 반대편 도로에서 직진하는 차량 및 다른 차량들의 교통에 유의하여 원활한 좌회전을 하여야 한다. 그리고 좌회전시에는 안전한 속도로 진행하여야 하며, 보행자보호에 주의하여야 한다.

36 다음과 같은 교차로에서 우회전하려고 한다. 가장 안전한 운전방법 2가지는?

[도로상황]
• +형 교차로
• 1차로(좌회전), 2・3차로(직진), 4차로(우회전)
• 4색 등화 중 녹색 신호 점등 중

① 교차로 정지선 직전에 일시정지하지 않고 우회전한다.
② 교차로 정지선에 도달하기 전에 신호가 황색으로 바뀌면 일시정지한다.
③ 횡단보도상에 보행자가 있는 경우 보행자의 이동 상태를 지켜보며 우회전한다.
④ 우측도로의 교통상황에 관계없이 신호가 녹색이면 그대로 진행한다.
⑤ 우회전 직후 신호등이 없는 횡단보도에 보행자가 있으면 일시정지한다.

해설 차량 신호가 황색 신호일 때에는 정지선이 있거나 횡단보도가 있을 때에는 그 직전이나 교차로의 직전에 정지하여야 하며, 이미 교차로에 차마의 일부라도 진입한 경우에는 신속히 교차로 밖으로 진행하여야 한다. 그리고 우회전 시에는 보행자의 횡단을 방해하지 않도록 하고, 우회전 직후 신호등 없는 횡단보도 보행자가 있을 때에는 일시정지 하여야 한다.

37 다음과 같은 상황에서 우회전할 때 가장 바람직한 운전 방법 2가지는?

[도로상황]
• +형 교차로
• 1차로(좌회), 2・3차로(직진), 4・5차로(우회전)
• 우측보도에서는 보행자가 차도로 진행
• 5차로 자동차 중

① 정지선 직전 일시정지 후 우회전하여 신호등이 바뀌기 대기한다.
② 우회전 신호에 따라 녹색 신호 시 그대로 통행한다.
③ 우회전 차량이 과속하지 않게 차간거리를 유지하며 우회전한다.
④ 우회전시 사각에서 나타나는 보행자 유의하며 우회전한다.
⑤ 우회전이 끝나고 직진으로 생각되어 진입하는 차는 유의해서 운전한다.

해설에 따른다.

해설 차량 신호 중 적색 신호의 의미는 차마는 정지선, 횡단보도 및 교차로의 직전에서 정지해야 한다. 차마는 우회전하려는 경우에는 정지선, 횡단보도 및 교차로의 직전에서 정지한 후 신호에 따라 진행하는 다른 차마의 교통을 방해하지 않고 우회전할 수 있다. 그럼에도 불구하고 차마는 우회전 삼색등이 적색의 등화인 경우 우회전 할 수 없다.
따라서 교차로 우회전 삼색 신호등이 적색 신호인 경우에는 정지선 전에 정지하고 녹색 화살표 신호 변경까지 대기해야 한다. 또한 오른쪽 보도 옆에 정차 중인 차량 앞·뒤 사이에서 튀어 나올 수 있는 보행자와 우회전 직후에 만나는 횡단보도의 보행자 여부에 대해서도 주의할 필요가 있다.

38 다음의 도로를 통행하려는 경우 가장 올바른 운전방법 2가지는?

[도로상황]
- 어린이를 태운 어린이통학버스 시속 35킬로미터
- 어린이통학버스 방향지시기 미작동
- 어린이통학버스 황색점멸등, 제동등 켜짐
- 3차로 전동킥보드 통행

① 어린이통학버스가 오른쪽으로 진로 변경할 가능성이 있으므로 속도를 줄이며 안전한 거리를 유지한다.
② 어린이통학버스가 제동하며 감속하는 상황이므로 앞지르기 방법에 따라 안전하게 앞지르기한다.
③ 3차로 전동킥보드를 주의하며 진로를 변경하고 우측으로 앞지르기 한다.
④ 어린이통학버스 앞쪽이 보이지 않는 상황이므로 진로변경하지 않고 감속하며 안전한 거리를 유지한다.
⑤ 어린이통학버스 운전자에게 최저속도 위반임을 알려주기 위하여 경음기를 사용한다.

해설 도로교통법 제51조(어린이통학버스의 특별보호)
① 어린이통학버스가 도로에 정차하여 어린이나 영유아가 타고 내리는 중임을 표시하는 점멸등 등의 장치를 작동 중일 때에는 어린이통학버스가 정차한 차로와 그 차로의 바로 옆 차로로 통행하는 차의 운전자는 어린이통학버스에 이르기 전에 일시정지하여 안전을 확인한 후 서행하여야 한다.
② 제1항의 경우 중앙선이 설치되지 아니한 도로와 편도 1차로인 도로에서는 반대방향에서 진행하는 차의 운전자도 어린이통학버스에 이르기 전에 일시정지하여 안전을 확인한 후 서행하여야 한다.
③ 모든 차의 운전자는 어린이나 영유아를 태우고 있다는 표시를 한 상태로 도로를 통행하는 어린이통학버스를 앞지르지 못한다. 자동차 및 자동차 부품의 성능과 기준에 관한 규칙. 제48조(등화에 대한 그 밖의 기준) 제4항. 어린이운송용 승합자동차에는 다음 각호의 기준에 적합한 표시등을 설치하여야 한다. 제5호. 도로에 정지하려고 하거나 출발하려고 하는 때에는 다음 각 목의 기준에 적합할 것. 도로에 정지하려는 때에는 황색표시등 또는 호박색표시등이 점멸되도록 운전자가 조작할 수 있어야 할 것
어린이통학버스의 황색점멸 등화가 작동 중인 상태이기 때문에 어린이통학버스는 도로의 우측 가장자리에 정지하려는 과정일 수 있다. 따라서 어린이통학버스의 속도가 예측과 달리 급감속할 수 있는 상황이다. 또 어린이통학버스의 높이 때문에 전방 시야가 제한된 상태이므로 앞쪽 교통상황이 안전할 것이라는 예측은 삼가야한다.

39 다음 상황에서 비보호 좌회전할 때 가장 큰 위험 요인 2가지는?

[도로상황]
- +형 교차로
- 1차로(좌회전·직진), 2차로(직진·우회전)
- 1차로 신호대기 중
- 3색 등화 중 녹색 신호로 바뀜

① 반대편 2차로에서 빠르게 직진해 오는 차량이 있을 수 있다.
② 반대편 1차로 화물차 뒤에 차량이 좌회전하기 위해 정지해 있을 수 있다.
③ 뒤따르는 뒤쪽 차량이 갑자기 2차로로 진로 변경할 수 있다.
④ 왼쪽 도로의 보행자가 횡단보도를 건너갈 수 있다.
⑤ 반대편 1차로에서 화물차가 비보호 좌회전을 할 수 있다.

해설 비보호 좌회전하는 때에는 반대편 도로에서 녹색 신호에 주행하는 직진 차량에 주의해야 하며, 그 차량의 속도가 생각보다 빠를 수 있고 반대편 1차로의 승합차 때문에 2차로에서 달려오는 직진 차량을 보지 못할 수도 있다. 또한 왼쪽 도로에 횡단보도가 있는 경우 보행하는 보행자 등에 대해서 주의해야 한다.

40 동영상(애니메이션) 문제 (별첨참조 / 5점)
〈이 책 120페이지부터 124페이지 중 한 문제가 출제되니 그 문제를 공부하세요.〉

정답 38. ①, ④ 39. ①, ④

제3회

공조냉동 사업 종재모의

제1편

공공정 4가 1둠 문제 (2강)

1 다음중 전기 자동차 충전 시설에 대해서 틀린 것은?
① 운행 중인 전기차에 대해·대형 마트·공공장소에 있는 충전기를 말한다.
② 전기차의 충전 방법으로는 교류를 사용하는 중전 방식이 있다.
③ 운행 중 충전기는 보통 3상 3선식 220V 전원을 사용한다.
④ 운행 중 충전기는 운행 중인 전기차를 가진 사람은 누구나 사용 가능하다.

해설 한국 전기 규정(KEC) 241.17
전기 자동차 전원 설비, 운행 중전기는 전기차를 가지고 있는 공공장소에서 누구나 이용 가능하다.

2 기계 사용자 준수해야 할 자동차에 대해서 안전한 수 없는 것은?
① 운행 중 주의 운전 자동차 과속과 가동 장치를 했어야 한다.
② 출발 전에 기체 잠금밸브가 잘 잠겨져 있는지 확인 후 가동
③ 운행 중 엔진 이상시 바로 점검 후에 가동
④ 옆재동 출발하던 경우 반드시 연료를 먼저 차단시킨 후 가동

해설 기체 사용 자동차를 사용하였을 경우, 운행을 자동차 안전 인증 받은 후에 카트리지 파손되기 마련이 주는 후 가능하다.

3 밀폐형으로 수수(MF: Maintenance Free)배터리 수명이 다른 일반 종류에 나타내는 색상은?
① 청색   ② 백색
③ 황색   ④ 녹색

해설 전해질에 따라 점검창의 색상이 통종 사용되고 있다. 밀폐형으로 수수(MF : Maintenance Free)배터리 수명은 사용되는, 점검창의 내부의 초록색(정상), 점검창(흐림색), 색상이 검은색 수치가 배터리 수명이 다한 상태임 알수있다.

4 다음 중 자체 연료를 사용하였을 경우 가지 많은 재원으로 볼수 없는 것은?
① 하급기체 배출량이 중량적이 재원
② 기후 재동차장에서 공급 재공량이 약 5% 미만으로 중감된 재원
③ 장시간 운전시 중감적이 재원
④ 장시간 중이 약 5% 미만으로 중감된 재원

해설 가솔린 및 재공 대체 엔진 사용자는 가스연료 자체 재원으로 다른 자체 연료 대비 매출 재원이 공급 재공량이 약 5% 미만으로 중감된 재원이 사용될 수 있다. 중감적인 재원이나는 재원을 공급 재공량으로 사용할 수 있다. 기체 사용 공급이 처음 사용되는 이어가 차속 제공이 없고, 해당 시간, 장시 전에 사용 재정이 있어의 공공이 운치 공감 재정으로 공급한다.

5 수소 가스를 차흡할수있는 재원이 아닌 것은?
① 기체상태 가스의 운동을 줄인이 장치
② 기체용량 가스의 장치
③ 기체 번화를 막기 위한
④ 가스의 장기를 줄인

해설 수소 전용차는 사용 재원이, p.12, 참고 가스 안전 공사 수소 자기 중전소는 재원이있고, 이러한 특징을 가지고 있다. 즉, 한 공간에 비교적 많이 중전할 수 있고 가스의 아무리 크다.

6 밀폐용 자동차 연료의 중유에 그 승자하 있지 않은 것은?
① 경유   ② 휴대용
③ 수소   ④ 자연가스

해설 가솔런 자동차에 사용되며 않지 중유나 홀데이놀은 장치용 사용시 자율적으로 인치가 되어 있다.

7 다음 중 수소 자동차에서 차흡하여 높이지 않는 것은?
① 운전용 중기   ② 모터기
③ 가스 연료 장치   ④ 열교 장치 인버터

해설 하이브리드 전기 장치, 수소 운행 통해되는 DC 전압을 AC 전압으로 수수 해브리더 전기 자회사에 이용 되여 및 이 것이 가장 경우의 자성 공정인 AC 교류 전기를 사용하고 하므로 이 사용의 인버터(DC 전압을 AC 전압으로 변환 하는 장치)를 수수 해브리더 전기 자동차 실리가 사용 하여할 수 있다.

8 전기 중공장을 하여 둘에 자동차의 방법으로 일상하지 않은 것은?
① 중공장에 대한 가스가 있고 한인되면 인터벌 가격을 사용한다.
② 중공장 중에 수소가 미터링을 영치도 중에 공장 비공통으로
③ 차보 등록 호기 자동차의 용량 알맞지 않고 공정한 기정 여릴을 받지
④ 현대 중공장 기중공장을 사용할 경우 된 설비을 탐지역하는 기중공장을 사용한다.

해설 중국가 동역장을 위해 반지 많이 장치비용로와 물론에이 사용 연치가 인 한 사치 인원하이 있다.

9 LPG자동차 인료의 특징으로 연료 자동차의 많은 것은?
① 일산화탄소의 공공에서 기체로 공공된다.
② 가솔런은 LPG보다 옥탄가 받게나다.
③ 일반적으로 증기가 가진다.
④ 착화 인화점이 크다.

해설 공공화학 같이 일반적으로 증공에서 기체 상태로 공공한다. 인화점이 중공되어 자동차용으로 사용하고, 자동차용으로 사용하고, LPG는 매우 박고 알콜이고 수단연식이가는 채용이 LPG에는 수수 할 수 있는 사이 소년 중에 수수 할 수 있다.

정답 1.③ 2.③ 3.② 4.④ 5.③ 6.② 7.④ 8.④ 9.④ 10.③

22

11 자동차의 제동력을 저하하는 원인으로 가장 거리가 먼 것은?
① 마스터 실린더 고장 ② 휠 실린더 불량
③ 릴리스 포크 변형 ④ 베이퍼 록 발생

해설 릴리스 포크는 릴리스 베어링 칼라에 끼워져 릴리스 베어링에 페달의 조작력을 전달하는 작동을 한다.

12 주행 보조 장치가 장착된 자동차의 운전 방법으로 바르지 않은 것은?
① 주행 보조 장치를 사용하는 경우 주행 보조 장치 작동 유지 여부를 수시로 확인하며 주행한다.
② 운전 개입 경고 시 주행 보조 장치가 해제될 때까지 기다렸다가 개입해야 한다.
③ 주행 보조 장치의 일부 또는 전체를 해제하는 경우 작동 여부를 확인한다.
④ 주행 보조 장치가 작동되고 있더라도 즉시 개입할 수 있도록 대기하면서 운전한다.

해설 운전 개입 경고 시 즉시 개입하여 운전해야 한다.

13 자동차를 안전하고 편리하게 주행할 수 있도록 보조해 주는 기능에 대한 설명으로 잘못된 것은?
① LFA(Lane Following Assist)는 "차로 유지 보조"기능으로 자동차가 차로 중앙을 유지하며 주행할 수 있도록 보조해 주는 기능이다.
② ASCC(Adaptive Smart Cruise Control)는 "차간 거리 및 속도 유지" 기능으로 운전자가 설정한 속도로 주행하면서 앞차와의 거리를 유지하여 스스로 가·감속을 해주는 기능이다.
③ ABSD(Active Blind Spot Detection)는 "사각지대 감지" 기능으로 사각지대의 충돌 위험을 감지해 안전한 차로 변경을 돕는 기능이다.
④ AEB(Autonomous Emergency Braking)는 "자동 긴급 제동"기능으로 브레이크 제동 시 타이어가 잠기는 것을 방지하여 제동 거리를 줄여주는 기능이다.

해설 안전을 위한 첨단 자동차 기능으로 LFA, ASCC, ABSD, AEB 등 다양한 기능이 있으며 자동차 구입 옵션에 따라 선택할 수 있는 부분이 있으며, 운전 중 필요에 따라 일정 부분 기능 해제도 운전자가 선택할 수 있도록 되어 있다. AEB는 운전자가 위험 상황 발생 시 브레이크 작동을 하지 않거나 약하게 브레이크를 작동하여 충돌을 피할 수 없을 경우 시스템이 자동으로 긴급 제동을 하는 기능이다. 보기 ④는 ABS에 대한 설명이다.

14 도로교통법령상 자율 주행 시스템에 대한 설명으로 틀린 것은?
① 도로교통법상 "운전"에는 도로에서 차마를 그 본래의 사용 방법에 따라 자율 주행 시스템을 사용하는 것은 포함되지 않는다.
② 운전자가 자율 주행 시스템을 사용하여 운전하는 경우에는 휴대전화 사용 금지 규정을 적용하지 아니한다.
③ 자율 주행 시스템의 직접 운전 요구에 지체 없이 대응하지 아니한 자율 주행 승용자동차의 운전자에 대한 범칙 금액은 4만 원이다.
④ "자율 주행 시스템"이란 운전자 또는 승객의 조작 없이 주변 상황과 도로 정보 등을 스스로 인지하고 판단하여 자동차를 운행할 수 있게 하는 자동화 장비, 소프트웨어 및 이와 관련한 모든 장치를 말한다.

해설 도로교통법 제2조제26호, 제50조의2, 도로교통법 시행령 별표8 38의3호
"운전"이란 도로에서 차마 또는 노면 전차를 그 본래의 사용 방법에 따라 사용하는 것(조종 또는 자율 주행 시스템을 사용하는 것을 포함한다)을 말한다. 완전 자율 주행 시스템에 해당하지 아니하는 자율 주행 시스템을 갖춘 자동차의 운전자는 자율 주행 시스템의 직접 운전 요구에 지체 없이 대응하여 조향 장치, 제동 장치 및 그 밖의 장치를 직접 조작하여 운전하여야 한다. 운전자가 자율 주행 시스템을 사용하여 운전하는 경우에는 제49조제1항제10호, 제11호 및 제11호의2의 규정을 적용하지 아니한다.
자율 주행 자동차 상용화 촉진 및 지원에 관한 법률 제2조제1항제2호
"자율 주행 시스템"이란 운전자 또는 승객의 조작 없이 주변 상황과 도로 정보 등을 스스로 인지하고 판단하여 자동차를 운행할 수 있게 하는 자동화 장비, 소프트웨어 및 이와 관련한 모든 장치를 말한다.

15 다음 중 수소 자동차의 주요 구성품이 아닌 것은?
① 연료 전지 ② 구동 모터
③ 엔진 ④ 배터리

해설 수소 자동차의 작동 원리 : 수소 저장 용기에 저장된 수소를 연료 전지 시스템에 공급하여 연료 전지 스택에서 산소와 수소의 화학 반응으로 전기를 생성한다. 생성된 전기는 모터를 구동시켜 자동차를 움직이거나, 주행 상태에 따라 배터리에 저장된다. 엔진은 내연 기관 자동차의 구성품이다.

16 자동차 내연 기관의 크랭크축에서 발생하는 회전력(순간적으로 내는 힘)을 무엇이라 하는가?
① 토크 ② 연비
③ 배기량 ④ 마력

해설 ② 1리터의 연료로 주행할 수 있는 거리이다.
③ 내연 기관에서 피스톤이 움직이는 부피이다.
④ 75킬로그램의 무게를 1초 동안에 1미터 이동하는 일의 양이다.

17 자율주행자동차 상용화 촉진 및 지원에 관한 법령상 자율주행자동차에 대한 설명으로 잘못된 것은?
① 자율주행자동차의 종류는 완전자율주행자동차와 부분자율주행자동차로 구분할 수 있다.
② 완전 자율주행자동차는 자율주행시스템만으로 운행할 수 있어 운전자가 없거나 운전자 또는 승객의 개입이 필요하지 아니한 자동차를 말한다.
③ 부분자율주행자동차는 자율주행시스템만으로 운행할 수 없거나 운전자가 지속적으로 주시할 필요가 있는 등 운전자 또는 승객의 개입이 필요한 자동차를 말한다.
④ 자율주행자동차는 승용자동차에 한정되어 적용하고, 승합자동차나 화물자동차는 이 법이 적용되지 않는다.

해설 자율주행자동차의 구분
부분 자율주행자동차: 자율주행시스템만으로는 운행할 수 없거나 운전자가 지속적으로 주시할 필요가 있는 등 운전자 또는 승객의 개입이 필요한 자율주행자동차
완전 자율주행자동차: 자율주행시스템만으로 운행할 수 있어 운전자가 없거나 운전자 또는 승객의 개입이 필요하지 아니한 자율주행자동차
따라서, 자율주행자동차는 승용자동차에 한정되지 않고 승합자동차 또는 화물자동차에도 적용된다.

문장형 4지 2답 문제 (3점)

18 운전자 준수 사항으로 맞는 것 2가지는?
① 어린이 교통사고 위험이 있을 때에는 일시정지한다.
② 물이 고인 곳을 지날 때는 피해를 주지 않기 위해 서행하며 진행한다.
③ 자동차 유리창의 밝기를 규제하지 않으므로 짙은 틴팅(선팅)을 한다.
④ 보행자가 횡단보도를 통행하고 있을 때에는 서행한다.

해설 도로에서 어린이가 교통사고 위험이 있는 것을 발견한 경우 일시정지를 하여야 한다. 또한 보행자가 횡단보도를 통과하고 있을 때에는 일시정지하여야 하며, 안전지대에 보행자가 있는 경우에는 안전한 거리를 두고 서행하여야 한다.

19 다음 중 고속도로에서 운전자의 바람직한 운전 행위 2가지는?
① 피로한 경우 갓길에 정차하여 안정을 취한 후 출발한다.
② 평소 즐겨 보는 동영상을 보면서 운전한다.
③ 주기적인 휴식이나 환기를 통해 졸음운전을 예방한다.
④ 출발 전 뿐만 아니라 휴식 중에도 목적지까지 경로의 위험 요소를 확인하며 운전한다.

해설 사전에 주행 계획을 세우며 운전 중 휴대전화 사용이 아닌 휴식 중 위험 요소를 파악하고, 졸음운전을 이겨내기 보다 주기적인 휴식이나 환기를 통해 졸음운전을 예방한다.

20 운전 중 집중력에 대한 내용으로 가장 적합한 2가지는?
① 운전 중 동승자와 계속 이야기를 나누는 것은 집중력을 높여준다.
② 운전자의 시야를 가리는 차량 부착물은 제거하는 것이 좋다.
③ 운전 중 집중력은 안전 운전과는 상관이 없다.
④ TV/DMB는 뒷좌석 동승자들만 볼 수 있는 곳에 장착하는 것이 좋다.

해설 운전 중 동승자와 계속 이야기를 나누면 집중력을 흐리게 하며 운전 중 집중력은 항상 필요하다.

정답 11. ③ 12. ② 13. ④ 14. ① 15. ③ 16. ① 17. ④ 18. ①, ② 19. ③, ④ 20. ②, ④

인지표지 4지 1답 문제 (2점)

21 도로교통법상 안전 표지 중 사용할 수 있는 경우 또는 도로 상태가 해당됨을 2가지는?

① 신호등이 없는 교차로
② 장애물이 도로 중앙에 있을 때
③ 양측방 통행표지가 설치된 지점을 통과할 때
④ 도로가 좁아지고 있을 때

해설 황색등화 점멸로 사용할 수 있고, 아이가 도로상 장애물이나 도로의 우측에 있는 경우 도로를 통행하는 사람이 원활한 통과에 사용 있다.

22 다음 안전표지가 의미하는 것은?

① 차선수의 증가
② 우측방 통행
③ 도로폭 좁아짐
④ 우측차로 없어짐

해설 도로교통법 시행규칙 별표 6. 119. 우측차로없어짐표지로 도로의 우측 차로가 없어질 때

인지표지 4지 1답 문제 (2점)

23 다음 안전표지가 의미하는 것은?

① 중앙분리대 시작
② 양측방 통행
③ 중앙분리대 끝남
④ 노면이 고르지 않음

해설 도로교통법 시행규칙 별표 6. 123. 중앙분리대시작표지로 중앙분리대가 시작됨을 알리는 것

24 다음 안전표지가 의미하는 것은?

① 편도 2차로의 터널
② 연속 과속방지턱
③ 노면이 고르지 못함
④ 공사중인 도로

해설 도로교통법 시행규칙 별표 6. 128. 노면고르지못함표지로 노면이 고르지 못함을 알리는 것

25 다음 안전표지가 의미하는 것은?

① 자가 통행이 많은 지점
② 자전거 전용도로
③ 자전거 주차장
④ 자전거 횡단도

해설 도로교통법 시행규칙 별표 6. 134. 자전거횡단도표지로 자전거 등이 통하는 지점이 있음을 알리는 것

26 다음 안전표지가 있는 도로에서 올바른 운전방법은?

① 눈길인 경우 고단 변속기를 사용한다.
② 눈길인 경우 가급적 중간에 정지하지 않는다.
③ 평지에서보다 고단 변속기를 사용한다.
④ 짐이 많은 차를 가까이 따라간다.

해설 도로교통법 시행규칙 별표 6. 116. 오르막경사표지로 오르막경사지가 있음을 알리는 것

사진형 5지 2답 문제 (3점)

27 다음 상황에서 가장 안전한 운전방법 2가지는?

- 편도 4차로 도로
- 우측에 자전거도로 있음
- 우측 자전거 통행주의 녹색등화

① 자전거횡단도 앞 정지선에서 일시 정지하여 자전거의 통행을 할 수 있다.
② 자전거 운전자에게 경음기로 주의를 주며 지나간다.
③ 자전거 운전자가 횡단하지 못하도록 중앙선 쪽으로 피해 간다.
④ 자전거 운전자가 안전하게 횡단할 수 있도록 일시정지한다.
⑤ 자전거 운전자가 횡단하지 않고 기다리고 있으므로 빨리 지나간다.

해설 우측에 자전거도로가 있고 자전거 통행주의 녹색등화가 들어와 있으므로 그 자전거가 안전하게 횡단할 수 있도록 일시정지하여야 하며, 자전거 운전자에게 경음기를 울리거나 빠르게 지나가는 경우 자전거 운전자의 안전이 위협받을 수 있다.

28 다음 상황에서 교통안전표지의 내용 설명 중 가장 바르게 된 것 2가지는?

- 우측 자전거 전용도로 있음
- 편도 4차로 도로
- 우측에 자전거도로 있음
- 좌측 자전거도로 녹색등화

① 자전거 전용도로 표지가 자동차를 이용하는 경우에는 의미가 없는 표지이다.
② 비보호 좌회전 표지가 있으므로 자전거 통행은 방해받지 않는다.
③ 우측에 일방통행 표지가 있는 경우 자동차는 표지방향으로 통행할 수 있다.
④ 양측 방향 표지를 자동차가 표지방향 진입 시 양측방 통행의 교통안전표지 등을 가리킨다.
⑤ 교차로 양쪽에 있는 방향진행 교통안전표지가 있다는 것을 가리킨다.

해설 우측 자전거 전용 표지이고, 비보호 좌회전 표지와 그 우측은 자동차 전용 표지는 그 자동차가 진행하여야 할 지정방향의 통행표지이며, 배경색이 녹색으로 자동차 진입가능 표지다.

29 다음 상황에서 가장 안전한 운전방법 2가지는?

- 편도 1차로 좌로 굽은 내리막 도로
- 우측 아파트 진출입로
- 신호기 없는 삼거리 교차로

① 진행하는 방향의 전방에 차량이 없으므로 빠르게 진행한다.
② 좌로 굽은 내리막 도로는 전방 상황을 확인하기 어렵기 때문에 미리 속도를 줄여 교차로에 진입한다.
③ 아파트에서 도로로 나오는 차량이 있을 수 있으므로 미리 대비하며 주행한다.
④ 맞은편 차량이 좌회전하려는 경우 직진 차량이 무조건 우선이므로 경음기를 울려 경고하며 진행한다.
⑤ 아파트 진출입로의 경우 보행자의 통행이 잦은 곳이긴 하나 시야에 보이지 않으므로 경음기를 울리고 속도를 높여 신속히 주행한다.

[해설] 좌로 굽은 도로에서는 전방 상황 확인이 어렵기 때문에 서행으로 접근해야 안전하다. 신호기가 없는 교차로의 경우 직진 차량이 무조건 우선하는 것은 아니며, 아파트에서 도로로 나오는 차량이나 보행자가 있음을 대비하여 경음기를 울리는 것보다 서행하며 안전을 확인하는 것이 바람직하다.

30 다음 상황에서 가장 안전한 운전방법 2가지는?

- 중앙선 없는 우로 굽은 오르막 도로
- 좌측 골목길

① 도로 우측에 보행자가 있으므로 빠른 속도로 통과한다.
② 주변을 살피기 어려운 곳은 도로반사경을 통해 교통상황을 확인한다.
③ 좌측 골목길에 차량이 있으므로 교차로 진입 전 잘 살피고 서행하며 교차로에 진입한다.
④ 우로 굽은 오르막 도로는 전방 상황 확인이 곤란하므로 경음기를 계속 울리며 진행한다.
⑤ 맞은편에서 내려오는 차량이 있어도 올라가는 차량이 우선권을 가지므로 속도를 줄이지 않고 진행한다.

[해설] 도로반사경을 통해 좌측 골목길의 안전을 명확히 확인하고 교차로 진입 전 서행하여 신호등 없는 교차로를 통과하는 것이 안전하며, 우측에 보행자가 있으므로 경음기를 울리기보다 안전을 확보하며 서행 또는 일시정지하며 진행하는 것이 안전하다. 도로교통법 제20조에 의하여 비탈진 좁은 도로에서 서로 마주 보고 진행하는 경우 올라가는 차량이 양보해야 한다.

31 다음 상황에서 가장 안전한 운전방법 2가지는?

- 전방 차량신호등 적색등화
- 좌측 어린이 보호구역 해제 표지
- 1차로 유턴 및 좌회전 차로
- 3차로 직진 및 우회전 차로

① 전방 차량신호등이 적색등화이므로 정지선 전에 미리 속도를 줄이고 안전하게 정차한다.
② 전방 좌측 어린이 보호구역 해제 표지가 있어 현재 진행하는 도로에서는 특별히 어린이의 안전에 주의할 필요는 없다.
③ 좌회전하려는 경우 미리 1차로로 진행하는 후행차량을 잘 살피고 안전하게 차로를 변경한다.
④ 우회전하려는 경우 3차로에 신호대기 중인 차량을 피해 보도를 통해 우회전 한다.
⑤ 도로 우측의 황색실선은 정차는 허용하나 주차는 금지하는 표지이므로 잠시 정차하는 것은 가능하다.

[해설] 전방 차량신호등 적색등화인 경우 미리 서행하며 교차로 전 안전하게 정차하며, 좌측으로 진로변경하고자 하는 경우 후행 좌측 차로를 진행하는 차량이 있는지 확인하여 주행하여야 한다. 어린이 보호구역 해제 표지가 있는 경우 그곳까지는 어린이 보호구역으로 인정되고, 3차로는 직진 및 우회전 차로이므로 후행에 정차하여 우회전 할 수 있는 공간이 있을 때까지 대기하는 것이 좋고, 도로 우측의 황색실선은 주정차 금지구역을 표시하는 것이므로 정차도 금지된다.

32 다음 상황에서 가장 안전한 운전방법 2가지는?

- 전방 "ㅏ"형 삼거리 교차로

① 삼색신호등이 있는 교차로에서는 유턴표지가 없어도 다른 차마에 방해가 되지 않는다면 유턴할 수 있다.
② 지그재그 형태의 백색실선은 진로변경제한선이므로 진로변경하면 안 된다.
③ 지그재그 형태의 백색실선은 서행의 의미를 나타내므로 속도를 줄여 서행한다.
④ 1차로 진행 중 우회전하고자 하는 경우 후행 차량이 없다면 방향지시등을 점등하고 3차로로 한 번에 진로 변경한다.
⑤ 전방 삼색신호등이 적색등화로 바뀔 수 있으므로 녹색등화라 하더라도 정지선 앞에 미리 급정지하여 대기한다.

[해설] 삼색신호등이 설치된 교차로에서는 유턴표지가 없으면 차마의 방해 여부를 불문하고 유턴이 허용되지 않으며, 지그재그 형태의 백색실선은 진로변경제한과 서행의 의미를 동시에 지니고 있으며, 우회전하고자 하는 경우 1개차로씩 미리 진로를 변경하는 것이 안전하며, 불가한 경우 P턴을 이용하여 진행하는 것이 안전하다. 전방 차량신호등이 적색등화로 바뀔 수 있으므로 이를 예상하고 속도를 줄이며 서행하는 것은 안전한 방법이나 녹색등화임에도 불구하고 급정지하는 것은 후행차량과의 추돌 우려가 있어 위험하다.

일러스트 5지 2답 문제 (3점)

33 다음 도로 상황에서 가장 위험한 요인 2가지는?

[도로상황]
- +형 교차로
- 1차로(좌회전 및 유턴), 2차로(직진), 3차로(직진·우회전)
- 3차로를 시속 55킬로미터로 직진 주행 중
- 교차로 진입 직후에 좌회전 신호로 바뀜

① 진행 방향 1차로에서 신속하게 좌회전하는 차와 충돌할 수 있다.
② 오른쪽 도로에서 우회전하는 차와 충돌할 수 있다.
③ 반대편 도로에서 우회전하는 차와 충돌할 수 있다.
④ 반대편 도로에서 유턴하는 차와 충돌할 수 있다.
⑤ 진행 방향 3차로 뒤쪽에서 우회전하려는 차와 충돌할 수 있다.

[해설] 신호가 황색이나 적색으로 바뀌면 운전자는 빨리 교차로를 빠져나가려고 속도를 높이게 되는데, 이때 오른쪽 도로에서 무리하게 우회전하는 차와 사고의 가능성이 있다. 또한 반대편 도로에서 좌회전 신호가 켜질 것을 생각하고 미리 교차로에 진입하거나 좌회전 신호 변경 후 급출발하는 좌회전 차와도 충돌할 수도 있고, 반대편 도로에서 유턴하는 차량과도 충돌할 수 있으며, 신호위반 직진 차량은 반대편 도로의 좌회전 차량에 가려서 유턴하는 차가 안보일 수도 있고, 반대로 유턴하는 차량은 좌회전 차에 가려서 신호위반하는 직진 차를 못 볼 수도 있어서 사고가 발생한다. 따라서 교차로에서의 신호 준수는 안전운전을 위해 반드시 필요하다.

정답 29. ②, ③   30. ②, ③   31. ①, ③   32. ②, ③   33. ②, ④

정답 34. ②, ③ 35. ②, ③ 36. ③, ④ 37. ①, ③

34 다음 사진의 장소는 "차로폭이 좁아지고 있어서"에서 수직하는 통행에 대한 설명으로 옳은 것 2가지는?

[도로상황]
· 차로폭이 좁은 회전교차로
· 회전하는 자동차의 진입하는 자동차

① 회전교차로 진입 시 속도감소로 인하여 베기가스가 배출된다.
② 회전교차로 진출입 시 방향지시등을 켜지 않아도 된다.
③ 회전교차로 내에 여유 공간이 있을 때까지 양보선에서 기다린다.
④ 양보선에 대기하는 자동차가 회전자동차보다 우선이다.
⑤ 회전교차로 진입 시 시계방향으로 회전하며 진입한다.

해설 도로교통법 제25조2(회전교차로 통행방법)
- "회전교차로에서는"
- 회전교차로에 진입하려는 경우에는 서행하거나 일시정지해야 하며, 이미 진행하고 있는 다른 차가 있는 때에는 그 차에 진로를 양보하여야 한다.
- 도로교통법 시행규칙 별표2, 일시정지해야 할 장소임

35 다음 상황에서 가장 안전한 운전방법 2가지는?

[도로상황]
· 어린이 보호구역, 횡단보도
· 전방 횡단보도 앞 정지 중
· 평소보다 이르거나 있는 보호자가 있음

① 우회전하려는 경우 서행으로 횡단보도를 통행한다.
② 우회전하려는 경우 횡단보도 앞에서 일시정지한다.
③ 진입 후 우회전하는 경우 다른 차에 방해되지 않도록 신속하게 진행한다.
④ 진행 시 우회전하려는 경우 속도를 줄여 일시정지한다.
⑤ 우회전하려는 경우 경음기 사용하여 진행한다.

해설 도로교통법 제27조(사용자 보호를 위한 일시정지) 제3항
모든 차의 운전자는 다음 각 호의 어느 하나에 해당하는 곳에서는 일시정지하여야 한다.
1. 교통정리를 하고 있지 아니하고 좌우를 확인할 수 없거나 교통이 빈번한 교차로
2. 시·도경찰청장이 도로에서의 위험을 방지하고 교통의 안전과 원활한 소통을 확보하기 위하여 필요하다고 인정하여 안전표지로 지정한 곳
이면 도로 및 보호구역 등에서 이동이 예기치 않게 발생할 경우가 많으며, 또한 어린이 보호구역의 어린이 횡단 시 차도로 진입하기 전에 아이들이 내리기 앞뒤로 좌우를 살핀 후 그 장소의 양옆으로 한다. 도로교통법 제27조 제7항 어린이 또는 영유아가 횡단보도를 횡단하는 경우에는 그 횡단보도 앞(정지선이 설치된 곳에서는 그 정지선을 말한다.)에서 일시정지하여야 한다.

36 다음 상황에서 12시 방향으로 진행하려는 경우 가장 안전한 운전방법 2가지는?

[도로상황]
· 회전교차로 안에서 회전 중
· 우측에서 회전교차로에 진입하려는 상황

① 회전교차로에 진입하는 수집자동차에 주의하며 신속히 빠져나간다.
② 회전자동차를 우선으로 진행하며 통행한다.
③ 우측에서 진입하려는 자동차를 쉽게 진입하도록 양보한다.
④ 진입 차량이 통행 없이 우회전 가능한 빠르게 통과한다.
⑤ 12시 방향이면 좌측 차로의 방향지시등을 작동한다.

해설 도로교통법 제25조의2(회전교차로 통행방법) ① 모든 차의 운전자는 회전교차로에서는 반시계 방향으로 통행하여야 한다. ② 모든 차의 운전자는 회전교차로에 진입하려는 경우에는 서행하거나 일시정지하여야 하며, 이미 진행하고 있는 다른 차가 있는 때에는 그 차에 진로를 양보하여야 한다. ③ 제1항 및 제2항에 따라 회전교차로 통행을 위하여 손이나 방향지시기 또는 등화로써 신호를 하는 차가 있는 경우 그 뒤차의 운전자는 신호를 한 앞차의 진행을 방해하여서는 아니 된다. 좌측 방향지시등은 회전교차로에 진입할 때, 우측 방향지시등은 회전교차로를 빠져나갈 때 작동한다.

37 다음 상황에서 우회전하려는 경우 가장 안전한 운전방법 2가지는?

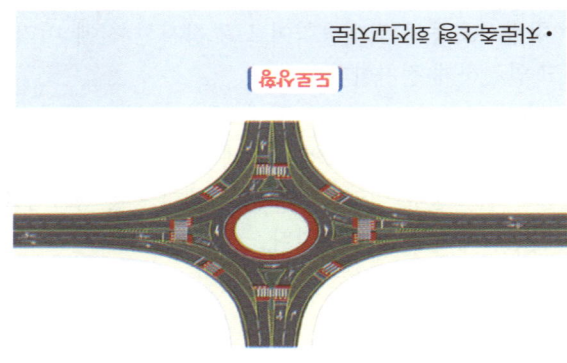

[도로상황]
· 굽은 1차로
· 불법 주정차 차량

① 속도를 이전처럼 아이들이 수 있을 것으로 예상한다.
② 불법 주정차 차량이 앞에 있으므로 경음기를 울린다.
③ 반대차로 자동차가 지켜보지 않게 경계한다.
④ 급하게 그들이 등장하므로 진정한다.
⑤ 앞차가 갑자기 정지하지 않을지 정도로 거리를 둔다.

해설 사방에서, 도로에서 차량과 불법 주정차 차량이 많이 있어 주의가 필요하다. 이러한 장소에서 반대편에 차량과 마주쳐야 하는 상황이 발생할 수 있으며, 곧 우회전하는 자동차는 불법 주정차된 차량들로 인해 사각(死角)이 생기지 않도록 주의하며, 반대차로에 예측할 수 없는 차량이 나타날 수 있으므로 충분한 안전거리를 확보하면서 우회전하여야 한다.

38 왼쪽차로(1차로)에서 직진하며 교차로에 접근하고 있는 상황이다. 안전한 운전방법 2가지는?

[도로상황]
- 교통정리가 없는 교차로
- 양방향 주차된 차들
- 오른쪽 후사경에 접근 중인 승용차

① 반대쪽 방향에 차가 없으므로 왼쪽으로 앞지르기하여 통과한다.
② 감속하며 1차로 택시와 안전한 거리를 두고 접근한다.
③ 경음기을 사용하여 택시를 멈추게 하고 택시의 오른쪽으로 빠르게 통행한다.
④ 3차로로 연속 진로 변경하여 정차한다.
⑤ 2차로로 진로 변경하는 경우 택시와 보행자에 접근 시 감속한다.

해설 1차로에 통행중인 택시가 오른쪽 보행자를 확인하고 제동하며 조향장치를 오른쪽으로 작동시킨 상태이다. 따라서 뒤를 따르는 운전자는 택시의 갑작스런 급감속을 주의하며 안전거리를 유지해야 한다. 또 오른쪽으로 진로 변경하는 경우에도 주차된 차들을 피해 2차로에서 정차한 후 승객을 탑승시킬 것이 예견되므로 감속하여 교차로에 접근해야 한다.

39 직진으로 통행하는 중이다. 안전한 운전방법 2가지는?

[도로상황]
- 도로유지 보수하고 있는 상황
- 흰색 자동차는 오른쪽에서 왼쪽으로 진행 중

① 흰색 자동차가 진입하지 못하도록 가속하여 통행한다.
② 흰색 자동차가 직진할 수 있으므로 서행하며 주의를 살핀다.
③ 도로유지 보수 중에 좌측을 통행할 수 있으므로 그대로 통행한다.
④ 흰색 승용차가 멈출 것이라 예측하고 반대방향 차에 주의하며 통행한다.
⑤ 반대방향 빨강색 승용차가 좌회전차로로 진입할 수 있으므로 필요한 경우 정차하여 상황을 살핀다.

해설 도로교통법 제13조. 도로유지 보수 공사로 인해 우측통행이 불가능 한 경우, 도로교통법에 따라 좌측을 통행할 수 있다. 이 때 반대방향에서 진행하는 자동차에는 현저한 주의가 필요하다. 반대방향 승용차가 좌회전하려는 경우 충돌가능성이 높기 때문에 필요하다면 정지하여야 한다. 또 제시된 상황에서 흰색 승용차는 통행중이며, 정차, 우회전 또는 직진(중앙선 침범) 및 좌회전(중앙선 침범) 행동들 중 한 가지를 할 수 있다. 특히, 일부 운전자들이 이면도로에서 중앙선을 침범하여 직진하거나 좌회전하는 사례가 있기 때문에 전방에서 진입하는 차의 운전자 모두가 멈출 것이라 예견하거나 우회전만 할 것이라고 예단하는 것은 위험하다.

40 동영상(애니메이션) 문제 (별첨참조 / 5점)

〈이 책 120페이지부터 124페이지 중 한 문제가 출제되니 그 문제를 공부하세요.〉

정답 38. ②, ⑤ 39. ②, ⑤

자동분석 시험 출제문제

자동차1종

운전면허 4지 1답 문제 (2점)

1 도로교통법상 자동차(긴급 자동차 제외) 등의 속도 관련 기준 사항으로 틀린 것은?
① 법정속도보다 낮은 제한속도
② 일반도로, 자동차전용도로, 고속도로와 편도2차로 이상의 도로
③ 이상 기후 시의 감속 운행 속도
④ 가변형 속도

해설 자동차등의 속도와 관련하여 행정안전부령이 정하는 최고속도와 최저속도의 규정이 있고 대통령령으로 정하는 바에 따라 교통안전시설로 제한할 수 있으며, 경찰청장이나 지방경찰청장이 구역이나 구간을 정하여 제한할 수 있으나 교통단속을 주관하는 경찰공무원은 제한하지 아니한다.

2 자동차관리법상 승용자동차 중 이 이하는 경형 자동차로 분류되는가?
① 10인 ② 12인
③ 15인 ④ 18인

해설 승용자동차는 10인 이하를 운송하기에 적합하게 제작된 자동차이다.

3 자동차관리법상 비사업용 신규 승용자동차의 최초 검사 시기는?
① 1년 ② 2년
③ 4년 ④ 5년

해설 자동차관리법 시행규칙 [별표 15의2] 승용자동차의 최초 정기검사

4 비사업용 및 피견 자동차 신규 자동차의 수 입 검사 자동차 관리 기간(자동차가 지나) 검사 유효기간으로 맞는 것은?
① 경형 자동차의 정기검사 유지
② 고속형 자동차의 정기검사 유지
③ 소형형 자동차의 정기검사 유지
④ 피견 자동차의 정기검사 유지

해설 자동차 등록 후 최초 기한은 신규 검사가 인정 2017.4.18. 일부 개정
1. 비사업용
가. 여행자(SOFA 자동차, 대여 자동차 포함) 및 이륜 자동차 : 7년 (전기 자동차 포함)
나. 여객자(합승, 일반, 공인, 원격, 대형) : 합승 : 최소 지리기관 공진 경제에
2. 자동차 수 이륜자동차 : 소형 자동차의 정기검사
3. 이륜자동차 수 대여 자동차 : 대여 자동차의 정기검사
4. 전기 자동차 수 일반 자동차 : 피견 자동차의 정기검사

5 다음 자동차 중 하이패스 차로 이용이 불가능한 자동차는?
① 차체 중간 16인 덤프트럭
② 사용 사용허가 승압차로(3.5 이상) 자동차
③ 전원화차 기준이 3.7km인 승압 자동차
④ 10인 대형 차로 자동차

해설 하이패스 차로의 간격이 지켜, 다가리 지금 3.6m이다.

6 자동차관리법상 승형 승용자동차(2001년 이후 출시)의 차량의 4대 유효기간으로 맞는 것은?
① 6개월 ② 1년
③ 2년 ④ 4년

해설 자동차관리법 시행규칙 [별표 15의2] 승형 승용자동차의 정기 유지 기간(차량의 4대 후기) 1년이다.

7 자동차관리법상 승형 승용자동차(자동차가 4년 이 하)이 정기 유효기간으로 맞는 것은?
① 6개월 ② 1년
③ 2년 ④ 4년

해설 자동차관리법 시행규칙 [별표 15의2] 승형 승용자동차의 정·4대 후가 자동차의 정기 유효 기간(자동차가 4년 이하)은 2년이다.

8 자동차관리법상 신규 검사 시 임시 운행 허가 기간 후 가능 적용기간 가 기준은?
① 10일 이내 ② 15일 이내
③ 20일 이내 ④ 30일 이내

해설 자동차관리법 시행령 제7조(임시운행 허가 기간) 임시 운행 허가 기간은 10일 이내이다.

9 다음 중 자동차관리법에 따른 자동차 변경 등록 사유가 아닌 것은?
① 자동차 사용 본거지 변경될 때
② 자동차 소유자 변경될 때
③ 소유권이 변동될 때
④ 자동차의 차체가 변경될 때

해설 자동차 등록령 제22조, 제26조
자동차 소유권이 변동이 된 때에는 이전 등록을 하여야 한다.

10 사용후자동차 공작기관의 이력가입으로 맞지 않은 것은?
① 자동차관리법에 의해 자동차 성능·상태를 점검할 때
② 자동차 검사 시 사용자 점검을 할 때
③ 자동차매매업자가 자동차를 매매 또는 알선을 할 때
④ 자동차 정기검사 공장 중고 자동차 점검을 사용시킬 때

해설 누구든지 자동차 관리에서 자동차 등, 자동차의 품목, 자동차의 정비를 제공하여 매매할 수 있다. 자동차, 자동차의 타이어, 자동차용 휠, 자동차 및 자동차 등의 품질·품목 등을 사용할 수 있는 경우에는 공동검사 또는 사용 공장이 아니어야 한다.

11 전기자동차 공동자동차에 따른 하이패스 승용자동차 신 기 운영에 따라 사용 공동 가능을 만족 승인 후 공개 시 운영상의 ( )에 7차고로 있 는 것은?
① 3개월 ② 6개월
③ 1년 ④ 2년

해설 자동차관리 사용공 자동차 6개월이 공동하여야 한다.

12 자동차관리법상 자동차의 정기검사 기간은 정기검사기 간만료일 전 ( )일 부터 후 ( )일 까지 이 기간으로 있 는 것은?
① 90일, 31일 ② 80일, 31일
③ 60일, 51일 ④ 50일, 61일

해설 자동차관리법 제17조 자동차의 정기검사의 기간은 정기검사 유효기간 만료일(이하 이 조에서 "검사유효기간 만료일"이라 한다) 전 90일부터 후 31일까지에 이 기간에서 정기검사에 적합 판정을 받은 경우에는 경사유효기간 만료일을 검사 받은 것으로 본다.

정답 1.② 2.① 3.③ 4.② 5.③ 6.② 7.③ 8.① 9.③ 10.④ 11.② 12.①

13 자동차관리법령상 자동차의 정기 검사의 기간은 검사 유효기간 만료일 전후 ( ) 이내이다. ( )에 기준으로 맞는 것은?

① 31일 ② 41일 ③ 51일 ④ 61일

해설 정기 검사의 기간은 검사 유효기간 만료일 전후 31일 이내이다.

14 자동차 손해배상 보장법상 의무 보험에 가입하지 않은 자동차 보유자의 처벌 기준으로 맞는 것은?(자동차 미운행)

① 300만 원 이하의 과태료
② 500만 원 이하의 과태료
③ 1년 이하의 징역 또는 1천만 원 이하의 벌금
④ 2년 이하의 징역 또는 2천만 원 이하의 벌금

해설
• 자동차 손해배상 보장법 제48조(과태료) : ③ 다음 각 호의 어느 하나에 해당하는 자에게는 300만 원 이하의 과태료를 부과한다.
 1. 제5조제1항부터 제3항까지의 규정에 따른 의무 보험에 가입하지 아니한 자
• 제46조(벌칙) : ② 다음 각 호의 어느 하나에 해당하는 자는 1년 이하의 징역 또는 1천만 원 이하의 벌금에 처한다.
 2. 제8조 본문을 위반하여 의무 보험에 가입되어 있지 아니한 자동차를 운행한 자동차 보유자

15 자동차관리법령상 자동차 소유권이 상속 등으로 변경될 경우 하는 등록의 종류는?

① 신규 등록 ② 이전 등록
③ 변경 등록 ④ 말소 등록

해설 자동차관리법 제12조
자동차 소유권이 매매, 상속, 공매, 경매 등으로 변경될 경우 양수인이 법정 기한 내 소유권의 이전 등록을 해야 한다.

16 자동차관리법령상 자동차 소유자가 받아야 하는 자동차 검사의 종류가 아닌 것은?

① 수리 검사 ② 특별 검사
③ 튜닝 검사 ④ 임시 검사

해설 자동차관리법 제43조(자동차 검사)
자동차 소유자는 국토 교통부 장관이 실시하는 신규 검사, 정기 검사, 튜닝 검사, 임시 검사, 수리 검사를 받아야 한다.

17 다음 중 자동차를 매매한 경우 이전 등록 담당 기관은?

① 한국 도로 교통 공단 ② 시·군·구청
③ 한국 교통안전 공단 ④ 시·도 경찰청

해설 자동차 등록에 관한 사무는 시·군·구청이 담당한다.

문장형 4지 2답 문제 (3점)

18 다음 중 회전교차로의 통행 방법으로 가장 적절한 2가지는?

① 회전교차로에서 이미 회전하고 있는 차량이 우선이다.
② 회전교차로에 진입하고자 하는 경우 신속히 진입한다.
③ 회전교차로 진입 시 비상 점멸등을 켜고 진입을 알린다.
④ 회전교차로에서는 반시계 방향으로 주행한다.

해설 제25조의2(회전교차로 통행 방법)
① 모든 차의 운전자는 회전교차로에서는 반시계 방향으로 통행하여야 한다.
② 모든 차의 운전자는 회전교차로에 진입하려는 경우에는 서행하거나 일시정지 하여야 하며, 이미 진행하고 있는 다른 차가 있는 때에는 그 차에 진로를 양보하여야 한다.

19 고속도로를 주행할 때 옳은 2가지는?

① 모든 좌석에서 안전띠를 착용하여야 한다.
② 고속도로를 주행하는 차는 진입하는 차에 대해 차로를 양보하여야 한다.
③ 고속도로를 주행하고 있다면 긴급자동차가 진입한다 하여도 양보할 필요는 없다.
④ 고장 자동차의 표지(안전 삼각대 포함)를 가지고 다녀야 한다.

해설 고속도로를 진입하는 차는 주행하는 차에 대해 차로를 양보해야 하며 주행 중 긴급자동차가 진입하면 양보해야 한다. 또한 자동차의 운전자는 고장이나 그 밖의 사유로 고속도로 등에서 자동차를 운행할 수 없게 되었을 때에는 다음의 표지를 설치하여야 한다.

20 다음 설명 중 맞는 2가지는?

① 양보 운전의 노면 표시는 흰색 '△'로 표시한다.
② 양보표지가 있는 차로를 진행 중인 차는 다른 차로의 주행 차량에 차로를 양보하여야 한다.
③ 일반 도로에서 차로를 변경할 때에는 30미터 전에서 신호 후 차로 변경한다.
④ 원활한 교통을 위해서는 무리가 되더라도 속도를 내어 차간 거리를 좁혀서 운전하여야 한다.

해설 양보 운전 노면 표시는 '▽'이며, 교통 흐름에 방해가 되더라도 안전이 최우선이라는 생각으로 운행하여야 한다.

21 교통정리가 없는 교차로에서의 양보 운전에 대한 내용으로 맞는 것 2가지는?

① 좌회전하고자 하는 차의 운전자는 그 교차로에서 직진 또는 우회전하려는 차에 진로를 양보해야 한다.
② 교차로에 들어가고자 하는 차의 운전자는 이미 교차로에 들어가 있는 좌회전 차가 있을 때에는 그 차에 진로를 양보할 의무가 없다.
③ 교차로에 들어가고자 하는 차의 운전자는 폭이 좁은 도로에서 교차로에 진입하려는 차가 있을 경우에는 그 차에 진로를 양보해서는 안 된다.
④ 우선순위가 같은 차가 교차로에 동시에 들어가고자 하는 때에는 우측 도로의 차에 진로를 양보해야 한다.

해설 교통정리가 없는 교차로에서 좌회전하고자 하는 차의 운전자는 그 교차로에서 직진 또는 우회전하려는 차에 진로를 양보해야 하며, 우선순위가 같은 차가 교차로에 동시에 들어가고자 하는 때에는 우측 도로의 차에 진로를 양보해야 한다.

안전표지 4지 1답 문제 (2점)

22 다음 안전표지가 있는 도로에서의 안전운전 방법은?

① 신호기의 진행신호가 있을 때 서서히 진입 통과한다.
② 차단기가 내려가고 있을 때 신속히 진입 통과한다.
③ 철도건널목 진입 전에 경보기가 울리면 가속하여 통과한다.
④ 차단기가 올라가고 있을 때 기어를 자주 바꿔가며 통과한다.

해설 도로교통법 시행규칙 별표 6. 110 철길건널목이 있음을 알리는 것

23 다음 안전표지가 뜻하는 것은?

① 우선도로에서 우선도로가 아닌 도로와 교차함을 알리는 표지이다.
② 일방통행 교차로를 나타내는 표지이다.
③ 동일방향통행도로에서 양측방으로 통행하여야 할 지점이 있음을 알리는 표지이다.
④ 2방향 통행이 실시됨을 알리는 표지이다.

해설 도로교통법 시행규칙 별표6 Ⅱ. 개별기준. 1.주의표지 106번, 우선도로에서 우선도로가 아닌 도로와 교차하는 경우

정답 13. ① 14. ① 15. ② 16. ② 17. ② 18. ①, ④ 19. ①, ④ 20. ②, ③ 21. ①, ④ 22. ① 23. ①

24 다음 안전표지에 대한 설명으로 맞는 것은?

① 도로가 좁아지는 것을 알리는 것
② 차가 양보하여야 할 것을 알리는 것
③ 도로의 중앙에 장애물이 있음을 알리는 것
④ 도시부 도로임을 알리는 것

해설 도로교통법 시행규칙 별표6, 132의 2 도시부표지는 도시부 도로임을 알리는 것으로 시가지, 도심 등의 도로구역에 따라 도시부 도로가 시작되는 구간의 우측에 설치한다.

25 도로교통법상 다음 안전표지에 대한 설명으로 맞는 것은?

① 보행자는 통행할 수 있음을 나타낸다
② 보행자만 통행할 수 있음을 나타낸다
③ 보행자 우선도로임을 나타낸다
④ 보행자 및 자동차 등의 통행우선 순위를 나타낸다

해설 보행자우선도로표지로 보행자우선도로(도로교통법 127조) 도로의 일부 구간 해당, 계단이 이어지는 도로 등을 나타낸다.

26 다음 안전지역에 대한 설명으로 맞는 것은?

① 양보통행 표지이다
② 중앙분리대 끝남 표지이다
③ 양측방통행 표지이다
④ 중앙분리대 시작 표지이다

해설 도로교통법 시행규칙 별표6, 122 양측방통행표지로 차가 양측방향으로 통행할 것을 지시하는 것

사진형 5지 2답 문제 (3점)

27 다음 상황에서 가장 안전한 운전방법 2가지는?

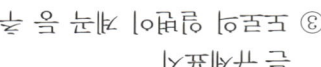
• 강변 자전거도로 옆 도시부도로

① 우측 자전거도로로 진입하는 차량은 자전거에 주의하며 진행한다.
② 강변에 차도가 진행하고 있으므로 계속 등속의 속도를 유지하며 진행한다.
③ 우측 자전거도로에서 진행하는 자전거에 대한 이상으로 도로 중앙으로 주행한다.
④ 교통량이 적으므로 도로 우측에 주차할 수 있다.
⑤ 횡단보도를 보행하는 보행자가 있는 경우 정지선 앞에 일시정지한다.

해설 횡단보도 부근에 다른 차로의 자전거가 횡단보도자로 이동할 수 있으며, 우측 자전거도로가 인접해 도로에 진입 시 자전거에 주의하여야 한다.

28 다음 상황에서 가장 안전한 운전방법 2가지는?

• 차로가 많은 사거리 교차로
• 좌측 1차로에 대기 중인 차량이 있음
• 전방 횡단보도에 보행자 대기 중인 차량이 있음

① 차로에서 대기 중인 경우 보행자에 횡단기 등 등이 있으면 점차로에 진입할 후 정지한다.
② 우측 좌측에 손을 들어 보이는 보행자가 있는 경우 우측 좌측에 정지한다.
③ 교차사거리 좌측 좌회전 대기 중인 차량이 있는 경우 그 차량 뒤에서 정지한다.
④ 좌측으로 꺾어져 가는 경우 점차로에서 좌측에 계속 안전하게 돌아 정지한다.
⑤ 전방에 우회전 가능하는 경우 점차로에 들어가 대기한다.

해설 교차로에 진입 시 전방을 주시하고 안전거리를 확보하고 교차로에 진입한다. 차로의 좌회전대기인 대해서는 대기 중인 차량이 있는 경우 그 차량 뒤에서 정지하는 것이 좋다. 횡단보도 정지는 안전운전행동이다.

29 다음 상황에서 안전한 운전방법 2가지는?

• 편도 2차로 도로
• 기상 점차 자전거도로 진입 중

① 기상사람이 자전거 방향지시기 등을 손목으로 알고 있어 그에 대비하여 감속한다.
② 횡단보도 횡단 중 사람이 있으므로 전방 일시 정지 후 진행한다.
③ 횡단보도 우측에서 오는 자전거를 피해 자전거에 양보를 받기 위해 정지한다.
④ 자전거보호구간임을 고려하여 우측 자전거에 대해 주의하며 진행한다.
⑤ 맞은편 자전거는 이상이 없으므로 대비 한 가지 일치 진행한다.

해설 횡단보도에서, 통행 및 정지 중이 아이에 차도에 나오거나 갑자기 뛰어나올 수 있고 표지판의 표시 이동경로이나 차량에 가려져 안 보일 수 있다. 도로포설자나 횡단보도자에 따라 진행하는 이동물을 주의하여 할 수 있다. 이런 에서의 사고는 사고주원인이 된다.

30 다음 상황에서 이 수 있는 장애성에 대한 예측으로 가장 맞지 않는 것은?

• 도로 우측에도 주차 차량
• 현재 시각 16 : 00

① 도로 우측 주차된 차량 - 갑자기에 해당한다
② 현단보도 보행자 - 감자기 뛰어나오는 아이 있다.
③ 도로 뒤편 정지한 사람 - 갑자기 길을 건너온다.
④ 뒷차 - 갑자기 앞지르기 통해여 진행한다.
⑤ 우측들로대 - 갑자기 등장하는 것이 위험요소이다.

해설 황색실선은 정차.주차금지표시이다(도로교통법 시행규칙 [별표6] 일련번호 516). 주정차 허용시간을 제외하고 주정차는 금지된다. 자전거등의 운전자는 자전거도로가 설치되지 아니한 곳에서는 도로 우측 가장자리에 붙어서 통행하여야 한다(도로교통법 제13조의2 제2항). 다만, 어린이, 노인, 신체장애인의 경우는 보도에서 자전거를 운전할 수 있다(도로교통법 제13조의2 제4항 제1호).

31 다음 상황에 대한 설명 중 옳은 것 2가지는?

• 자율주행시스템 미장착 차량

① 서행 중에는 운전자가 휴대전화를 사용할 수 있다.
② 정차 중에는 운전자가 휴대전화를 사용할 수 있다.
③ 서행 중에는 휴대전화는 사용할 수 없지만 영상표시장치는 조작해도 된다.
④ 시내도로에서 운전자는 안전띠를 매어야 할 의무가 있다.
⑤ 시내도로에서 동승자는 안전띠를 매어야 할 의무가 없다.

해설 자동차가 정지하고 있는 상황에서는 휴대전화를 사용할 수 있다(도로교통법 제49조 제1항 제10호 가목).
지리안내 영상 또는 교통정보안내 영상이 표시되는 영상표시장치(대표적으로는 네비게이션)은 운전자가 운전 중 볼 수 있는 위치에 영상이 표시되도록 하여도 된다(도로교통법 제49조 제1항 제11호 나목 1).
도로의 구분과 상관없이 동승자도 안전띠를 매어야 한다(도로교통법 제50조 제1항).

32 다음 상황에서 운전자별 잘못된 운전방법 2가지는?

• 정체중인 도로
• 중앙버스전용차로가 설치된 도로

① 자전거 운전자 – 차도의 가장 우측으로 다른 차량들을 앞지르기 할 수 있다.
② 전동킥보드 운전자 – 운전자와 동승자 모두 안전모를 착용하여야 운행할 수 있다.
③ 이륜차 운전자 – 정체를 피해 중앙버스전용차로로 운전할 수 있다.
④ 승용차 운전자 – 정체 상황에 따른 추돌에 주의하며 운전한다.
⑤ 버스 운전자 – 전용차로가 아닌 차로로 운전 중일 때에는 중앙버스신호등이 아닌 차량신호등의 신호에 따라야 한다.

해설 전동킥보드의 승차정원은 1명이다(도로교통법 시행규칙 제33조의3).
전용차로로 통할 수 있는 차가 아니면 전용차로로 통행하여서는 아니 된다(도로교통법 제15조 제3항).

일러스트 5지 2답 문제 (3점)

33 도심지 이면 도로를 주행하는 상황에서 가장 안전한 운전 방법 2가지는?

【도로상황】
• 어린이들이 도로를 횡단하려는 중
• 자전거 운전자는 애완견과 산책 중

① 자전거와 산책하는 애완견이 갑자기 도로 중앙으로 나올 수 있으므로 주의한다.
② 경음기를 사용해서 내 차의 진행을 알리고 그대로 진행한다.
③ 어린이가 갑자기 도로 중앙으로 나올 수 있으므로 속도를 줄인다.
④ 속도를 높여 자전거를 피해 신속히 통과한다.
⑤ 전조등 불빛을 번쩍이면서 마주 오는 차에 주의를 준다.

해설 어린이와 애완견은 흥미를 나타내는 방향으로 갑작스러운 행동을 할 수 있고, 한 손으로 자전거 핸들을 잡고 있어 비틀거릴 수 있으며 애완견에 이끌려서 갑자기 도로 중앙으로 달릴 수 있기 때문에 충분한 안전거리를 유지하고, 서행하거나 일시정지하여 자전거와 어린이의 움직임을 주시하면서 전방 상황에 대비하여야 한다.

34 다음 상황에서 가장 안전한 운전 방법 2가지는?

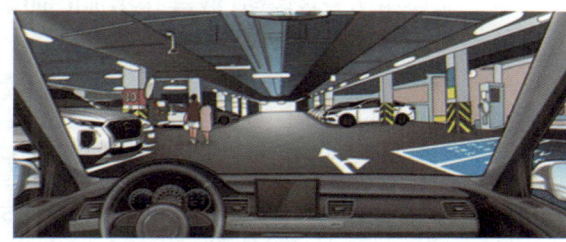

【도로상황】
• 지하주차장
• 지하주차장에 보행중인 보행자

① 주차된 차량 사이에서 보행자가 나타날 수 있기 때문에 서행으로 운전한다.
② 주차 중인 차량이 갑자기 출발할 수 있으므로 주의하며 운전한다.
③ 지하 주차장 노면 표시는 반드시 지키며 운전할 필요가 없다.
④ 내 차량을 주차할 수 있는 주차 구역만 살펴보며 운전한다.
⑤ 지하 주차장 기둥은 운전 시야를 방해하는 시설물이므로 경음기를 계속 울리면서 운전한다.

해설 위험은 항상 잠재되어 있다. 위험 예측은 결국 잠재된 위험을 예측하고 대비하는 것이다. 지하 주차장에서의 위험은 도로와 다른 또 다른 위험이 존재할 수 있으니 각별히 주의하며 운전해야 한다.

35 시속 30킬로미터로 직진하는 상황이다. 안전한 운전방법 2가지는?

【도로상황】
• 반대방면에 통행중인 자동차들
• 진행방향 오른쪽에 주차한 자동차들
• 도로에 진입하기 위해 정차한 자동차

① 주차된 차들과 충돌하지 않도록 시속 30킬로미터 이하로 횡단보도를 통과한다.
② 감속하며 접근하고 횡단보도 직전 정지선에 정지한다.
③ 횡단보도에 사람이 없으므로 시속 30킬로미터로 서행한다.
④ 횡단보도에 사람이 없으므로 그대로 통과한다.
⑤ 오른쪽에서 도로에 진입하려는 차를 주의하며 서행한다.

해설 제시된 상황의 장소는 주거지역 어린이 보호구역이다. 어린이 보호구역의 신호등 없는 횡단보도를 진입하려는 경우 보행자의 횡단 유무와 관계없이 정지한 후에 진입해야 한다. 특히 횡단보도 근처에 주차된 차가 있는 경우 횡단하려는 보행자가 보이지 않으므로 정지한 후 서행으로 통행하려는 경우에도 보행자의 진입을 대비하여야 한다. 도로 외의 곳에서 도로에 진입하려는 차의 운전자는 일단 정지해야 하나, 일부 운전자는 도로에 무리한 진입을 하기도 한다. 따라서 도로 외의 곳에서 도로에 진입하려는 차가 확인되면 서행하며 주의해야 한다.

🚗 **정답** 31. ②, ④ 32. ②, ③ 33. ①, ③ 34. ①, ② 35. ②, ⑤

36 운동주차 구역에서 회전하여 출차하려고 한다. 대응해야 할 위 험요인 가기지는?

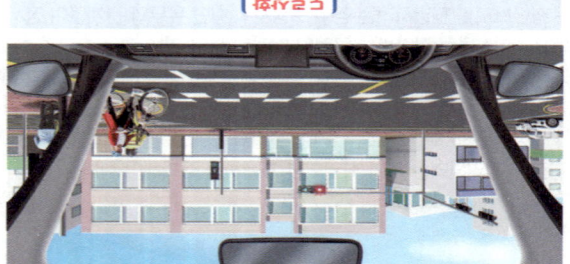

[도로상황]
• 전방에서 차량용품을 정리 하고 있는 사람
• 오른쪽 주차차량 사이에 있는 차량의 움직임
• 후방에서 진입하는 차량

① 전방에 물건을 정리하고 있는 사람 A 지점
② 우측방에서 달려오는 차량
③ 재출발하고자 시동하려는 가장자리 차량
④ 주차되어 있는 차량의 이면이 지도 진입
⑤ 전방 자동차의 후방 가능성

정답: ③, ⑤

해설 주차된 차량들 사이에서 운전자가 기기들을 정리하는 가운데 시야가 제한되어 있고, 수정방의 안보이는 곳으로부터 차량이 진입하는 가능성이 있다. 또 다른 방향 후방에서는 재출발 하여 후방지역으로 기어들어 가는 차량이 있을 수 있다. 이때 차량의 안내지를 잘 살펴 안전하게 움직여 공간을 확보해야 한다.

37 교차로 정근도상에 있다. 가장 안전한 운행방법은 2가지는?

[도로상황]
• 오른쪽으로 움직임 용중
• 전행방에서 우측에서 자동차 • 자선광장의 움직임 신호등

① 자선광이 적색으로 계속되어 있으므로 이용중이다.
② 앞차를 따라서 진입하면 교차로 통과 시에는 녹색 진행 그래로 진행한다.
③ 반대편 차로에서 정지하거나 이전에 회전하는 경우 정 해진다.
④ 반대편 차량이 움직임에 신경쓰지 않기 위해 가속하여 진 입한다.
⑤ 신호에 따라 진행하는 측면에서 사용하고 우선정한다.

해설 이 차로의 경우에는 의료적으로 주정차되어 진입시가 아이우를 확 인 할 수 있다. 이 때에만 의료를 진입하거나 진행 증에 있는 차량과 중 돌 수 있다. 또한 우속에서 진입하는 자동차 등을 확인해야 하기 때문에 그 전 차량의 움직임에 대응해야 한다. 그 후 진입할 때에는 안전은 확 보하고 우선 방향을 정한다. 후 진입할 전에 진행하고 신호에 진행한다.

38 다음 교차로에서 회전하여 움직이는 상황이다. 가장 안전한 운행은 2가지는?

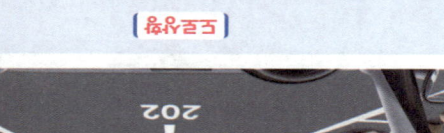

[도로상황]
• 회전하고자하는 움직임
• 도로에 움직임 등의 자동차가 있음

① 회전시에 따라 신속하게 회전한다.
② 앞차를 그대로 가깝게 쫓아 이동한다.
③ 신속함으로 회전시에 진행한 후 신속히 이용한다.
④ 옆쪽 사람들 보고 더 기다리는 방법이다.
⑤ 반대편으로 이동하는 차량이 있으므로 주의해야한다 지나간다.

해설 그림과 교차로에서 신차 신호들이 번경됨이 있으나 측하는 주차가 있 은 편에 자주 사람들 이 움직임이 진행할 수 있다. 그러나 하지에는 녹 색 방향이 서로 차사선이 움직임을 이 발생한 보여 주의하여, 녹측 방향 로 외출하는 사람이 있음으로 움직임이 있는 경우 즉 양쪽으로 가장 중 요한 교차로 진행하여 있으면 수직 반속되지 진행할 때까지 대응해야 한다.

39 다음 도로상황에서 가장 주의해야 할 이행위험은 2가지는?

[도로상황]
• 다시이 진행자도 자동
• 맞은편 주행 지도되는 자동차

① 급회전하는 공공자들이 파자러 건너가기 적으로
② 이동할 수 있다.
③ 거동의 물건장 지나오니로 행인의 움직임 수 있다.
④ 바로앞에서 빠른 자전거가 움직일 수 있다.
⑤ 내리막기 탁자동차 움직일 수 있다.

해설 주자 차량에 가장 안전한 이행위험으로 첫째, 앞쪽으로 자동차가 가수 차 움직임이 있어 물물러 중에 갑자기 이동을 할 수 있다. 이때 주의 이동해 가는 경우 급격 움직임에 물질 당황할 수 있다. 또, 여기 이동이 가능한 사람 지나으로 자동차가 공공장 에약지 하지 못한 교통 사고에 충돌되기도 한다.

40 동영상(애니메이션) 문제 (영상답변 / 5점)

(이 책 120페이지부터 124페이지 중 몇 공지에 통화된 그 문제를 참조하세요.)

제5회 운전면허 시험 출제문제 (제1종)

문장형 4지 1답 문제 (2점)

1 자동차(단, 어린이 통학버스 제외) 앞면 창유리의 가시광선 투과율 기준으로 맞는 것은?
① 40퍼센트 미만
② 50퍼센트 미만
③ 60퍼센트 미만
④ 70퍼센트 미만

해설 도로교통법 시행령 제28조에 따라 자동차 창유리 가시광선 투과율의 기준은 앞면 창유리의 경우 70퍼센트 미만, 운전석 좌우 옆면 창유리의 경우 40퍼센트 미만이어야 한다.

2 주행 중 브레이크가 작동되는 운전 행동 과정을 올바른 순서로 연결한 것은?
① 위험 인지 → 상황 판단 → 행동 명령 → 브레이크 작동
② 위험 인지 → 행동 명령 → 상황 판단 → 브레이크 작동
③ 상황 판단 → 위험 인지 → 행동 명령 → 브레이크 작동
④ 행동 명령 → 위험 인지 → 상황 판단 → 브레이크 작동

해설 운전 중 위험 상황을 인지하고 판단하며 행동 명령 후 브레이크가 작동된다.

3 다음 중 자동차에 부착된 에어백의 구비 조건으로 가장 거리가 먼 것은?
① 높은 온도에서 인장 강도 및 내열 강도
② 낮은 온도에서 인장 강도 및 내열 강도
③ 파열 강도를 지니고 내마모성, 유연성
④ 운전자와 접촉하는 충격 에너지 극대화

해설 자동차가 충돌할 때 운전자와 직접 접촉하여 충격 에너지를 흡수해주어야 한다.

4 다음 중 운전자 등이 차량 승하차 시 주의 사항으로 맞는 것은?
① 타고 내릴 때는 뒤에서 오는 차량이 있는지를 확인한다.
② 문을 열 때는 완전히 열고나서 곧바로 내린다.
③ 뒷좌석 승차자가 하차할 때 운전자는 전방을 주시해야 한다.
④ 운전석을 일시적으로 떠날 때에는 시동을 끄지 않아도 된다.

해설 운전자 등이 타고 내릴 때는 뒤에서 오는 차량이 있는지를 확인한다.

5 도로교통법상 올바른 운전 방법으로 연결된 것은?
① 학교 앞 보행로 – 어린이에게 차량이 지나감을 알릴 수 있도록 경음기를 울리며 지나간다.
② 철길 건널목 – 차단기가 내려가려고 하는 경우 신속히 통과한다.
③ 신호 없는 교차로 – 우회전을 하는 경우 미리 도로의 우측 가장자리를 서행하면서 우회전한다.
④ 야간 운전 시 – 차가 마주 보고 진행하는 경우 반대편 차량의 운전자가 주의할 수 있도록 전조등을 상향으로 조정한다.

해설 학교 앞 보행로에서 어린이가 지나갈 경우 일시정지해야 하며, 철길 건널목에서 차단기가 내려가려는 경우 진입하면 안 된다. 또한 야간 운전 시에는 반대편 차량의 주행에 방해가 되지 않도록 전조등을 하향으로 조정해야 한다.

6 앞지르기에 대한 내용으로 올바른 것은?
① 터널 안에서는 주간에는 앞지르기가 가능하지만 야간에는 앞지르기가 금지된다.
② 앞지르기할 때에는 전조등을 켜고 경음기를 울리면서 좌측이나 우측 관계없이 할 수 있다.
③ 다리 위나 교차로는 앞지르기가 금지된 장소이므로 앞지르기를 할 수 없다.
④ 앞차의 우측에 다른 차가 나란히 가고 있을 때에는 앞지르기를 할 수 없다.

해설 다리 위, 교차로, 터널 안은 앞지르기가 금지된 장소이므로 앞지르기를 할 수 없다. 모든 차의 운전자는 앞차의 좌측에 다른 차가 앞차와 나란히 가고 있는 경우에는 앞차를 앞지르지 못한다. 방향 지시기·등화 또는 경음기(警音機)를 사용하는 등 안전한 속도와 방법으로 좌측으로 앞지르기를 하여야 한다.

7 다음 중 운전자의 올바른 마음가짐으로 가장 바람직하지 않은 것은?
① 교통 상황은 변경되지 않으므로 사전 운행 계획을 세울 필요는 없다.
② 차량용 소화기를 차량 내부에 비치하여 화재 발생에 대비한다.
③ 차량 내부에 휴대용 라이터 등 인화성 물건을 두지 않는다.
④ 초보 운전자에게 배려운전을 한다.

해설 고장 차량 등으로 인한 도로의 위험 요소를 발견한 경우 비상등을 점등하여 후행 차량에 전방 상황을 미리 알리고 서행으로 안전하게 위험 구간을 벗어난 후, 도움이 필요하다 판단되는 경우 2차 사고 예방 조치를 실시하고 조치를 취한다.

8 다음 중 운전자의 올바른 운전 행위로 가장 적절한 것은?
① 졸음운전은 교통사고 위험이 있어 갓길에 세워두고 휴식한다.
② 초보 운전자는 고속도로에서 앞지르기 차로로 계속 주행한다.
③ 교통 단속용 장비의 기능을 방해하는 장치를 장착하고 운전한다.
④ 교통안전 위험 요소 발견 시 비상 점멸등으로 주변에 알린다.

해설 갓길 휴식, 앞지르기 차로 계속 운전, 방해하는 장치 장착은 올바른 운전 행위로 볼 수 없다.

9 다음 중 운전자의 올바른 마음가짐으로 가장 적절하지 않은 것은?
① 정속 주행 등 올바른 운전 습관을 가지려는 마음
② 정체되는 도로에서 갓길(길 가장자리)로 통행하려는 마음
③ 교통 법규는 서로 간의 약속이라고 생각하는 마음
④ 자동차의 빠른 소통보다는 보행자를 우선으로 생각하는 마음

해설 정체되어 있다 하더라도 갓길(길 가장자리)을 통행하는 것은 잘못된 운전 태도이다.

10 다음 중 교통사고가 발생한 경우 운전자 책임으로 가장 거리가 먼 것은?
① 형사 책임
② 행정 책임
③ 민사 책임
④ 공고 책임

해설 벌금 부과 등 형사 책임, 벌점에 따른 행정 책임, 손해배상에 따른 민사 책임이 따른다.

11 고속도로 운전 중 교통사고 발생 현장에서의 운전자 대응 방법으로 바르지 않은 것은?
① 동승자의 부상 정도에 따라 응급조치한다.
② 비상표시등을 켜는 등 후행 운전자에게 위험을 알린다.
③ 사고 차량 후미에서 경찰 공무원이 도착할 때까지 교통정리를 한다.
④ 2차 사고 예방을 위해 안전한 곳으로 이동한다.

해설 사고 차량 뒤쪽은 2차 사고의 위험이 있으므로 안전한 장소로 이동하는 것이 바람직하다.

정답 1. ④ 2. ① 3. ④ 4. ① 5. ③ 6. ③ 7. ① 8. ④ 9. ② 10. ④ 11. ③

12 승용자동차 영유아의 경우는 공장자치의 적응으로 가능한 것은?

① 모든 동승자가 안전띠를 매고 있는 상태에서 영유아가 보호자의 품에 안겨 있는 경우
② 영유아가 착용하는 유아보호용 장구가 없는 경우 인유 시설에 맞는 안전띠 착용
③ 운전 중 영유아가 보채는 경우 이를 달래기 위해 영유아를 보호자가 안고 있는 경우
④ 영유아가 경기, 질병 등으로 호흡이 곤란한 경우 안전띠를 풀어 놓음

해설 영유아의 경우 유아보호용 장구를 사용 후 안전띠를 사용하여야 한다.

13 다음 중 인명 공장자치 품목으로 공식사용되고 가장 바람직한 것은?

① 수건으로 안전띠를 목부에 붙여서 조정한다.
② 안전띠 경보기가 작동하지 않도록 경계를 해제한다.
③ 일문 착용기 등 가장 사용 경우에만 안전띠를 착용한다.
④ 영업 장소 인한 장문 도 10cm 이내 열릴 것에 안전띠를 사용한다.

해설 자동차의 안전띠는 반드시 사용해야 한다.

14 도로교통법상 자동차(이륜자동차 제외)에 운영하는 영유아가 사용할 수 있는 시설들로 사용한다. 다음 중 영유아에 해당하는 기준으로 옳은?

① 8세 이상   ② 8세 미만
③ 6세 이상   ④ 6세 미만

해설 영유아란 6세(아이 들의 이하의 사람을 말한다. 이 경우 자동차 운전자는 영유아가 아동에서 내리게 되는 놓기는 하니 된다.

15 도로교통법상 영유아 이동장치에 대한 가정과 안전자 공장 사용명법 틀린 것은?

① 영유아가 승용차에 탑승하는 경우 이동장치를 매어 있을 것
② 영유아 1인이라도 영유아에 좌석 승수가 많으로 2인 이상 이동장치를 매어야 한다.
③ 영유아 이동장치는 앞방향이 또는, 뒤방향 모두 매 사용 가능하다.
④ 영유아가 만 1세 이하인 경우 이동장치는 반드시 뒤방향으로 매어야 한다.

해설 도로교통법 제50조(특정 운전자 준수 사항) 자동차(이륜자동차 사항): 자동차를 운전하는 때에는 좌석안전띠를 매어야 하며, 그 옆 좌석 동승자에게도 좌석안전띠(영유아인 경우에는 유아보호용 장구를 장착한 후의 좌석안전띠를 말한다.)를 매도록 하여야 한다. 다만, 질병 등으로 인하여 좌석안전띠를 매는 것이 매우 곤란하거나 아니하여 일이 있는 때에는 그러하지 아니하다.
• 영유아 : 만 6세 미만의 사람
• 유아보호용 장구 설치는 앞쪽보다는 뒤쪽이 안전하다.
• 체중 9kg 이하는 반드시 앞쪽은 뒤로
– 체중 9kg 이상 13kg 이하는 : 뒤쪽 또는 앞쪽
– 체중 13kg 이상은 : 뒤쪽 또는 앞쪽

16 다음 중 자동차(이륜자동차 제외) 좌석 안전띠의 착용에 대한 설명으로 옳지 않은 것은?

① 13세 미만 어린이가 좌석 안전띠를 미착용하는 경우 공장자 과태료 10만원이다.
② 13세 이상 동승자가 좌석 안전띠를 미착용하는 경우 공장자 과태료 3만원이다.
③ 일반도로에서는 공장자와 승용자만 좌석 안전띠를 착용하면 된다.
④ 일반 도로를 자동차 승용자는 3세 이상 미성년자를 공장자가 매야 한다.

해설 • 도로교통법 제50조(특정 운전자 준수 사항) : 자동차(이륜자동차 제외)
• 이의 공장자는 자동차를 운전할 때에는 안전띠를 매어야 한다.
• 도로교통법 시행령 별표6, 안전띠 미착용 : 공장자가 13세 미만 과태료 6만 원, 만 13세 이상 아동이 경우 과태료 3만 원

안전운행 4지 2답 문제 (3점)

17 도로에서 자동차를 운전하는 자세로 바르지 않은 것은?

① 범칙 자동차로 안전하게 동주행 운행한다.
② 교통공경 바른 자전거 응행한다.
③ 나이가 적은 어린이에 대한 자동차 양보운전한다.
④ 다른 자전거도 공정을 명등하게 사용할 권리가 있다.

해설 자전거도 차로서 운전자가 아니며, 자동차에 대해 과감한 공정을 양보해야 한다.

18 도로교통법상 자전거의 이동장치에 대한 설명으로 바르지 않은 것 등 2가지는?

① 시속 25킬로미터 이상으로 운전할 경우 전동기가 작동하지 않아야 한다.
② 전동기 동력 이용 경우, 공장 이렇 끝 전동기가 해제한다.
③ 자전거 본 해 있다.
④ 전동기의 동력만으로 움직일 수 있는(PAS : Pedal Assist System) 자전거를 포함한다.

해설 • 도로교통법 제2조(정의)
자전거 이동장치라 함은 자전거 중 시속 25킬로미터 이상으로 운전할 때에는 전동기가 작동하지 아니하고 장치 중량이 30킬로그램 미만인 것으로서 행정안전부령이 정하는 기준에 적합한 것을 말한다.

19 자전거를 운전할 때 공기가리에 발전할 수 있는 상태는 두 경우인가?

① 내비가 오는 경우
② 공장 것을 하게 경우
③ 차동차의 운전자가 이러전방을 주시하는 경우
④ 공장자가 시선된 휴대전화를 공정하는 경우

해설 공장자의 대비가 불량한 경우 자동차가 발전할 수 있다.

20 음주 공장자치 대답으로 기준으로 맞는 2가지는?

① 혈중 알코올 농도 0.08퍼센트 이상에서 운전한 경우 공장자가 감사 처벌을 받는다.
② 혈중 알코올 농도 0.03퍼센트에서 공장하여 피해인 인적 피해인 교통사고를 이르킨 경우 공장 처벌을 받는다.
③ 이전에 인인 공장자치로 120일간 면허 행정 처벌을 받은 경우 공장 처벌을 받는다.
④ 혈중 알코올 농도 0.08퍼센트 이상에서 공장한 경우 공장 처벌을 받는다.

해설 혈중 알코올 농도 0.03퍼센트 이상 0.08퍼센트 미만의 공장 행정 처분은 100일간의 면허정지이며 행정처분이다. 혈중 알코올 농도 0.03퍼센트 이상에서 공장하여 인적 피해가 있는 경우는 공장자치가 성립된다.

21 음주 공장자 관련 내용 중 맞는 2가지는?

① 혈중 알코올 농도 0.03퍼센트 이상 상태의 공장은 공장 처벌을 할 수 있다.
② 공장이 아니더라도 교통경찰관이 요구하면 주 공정을 해야 한다.
③ 자동차가 아닌 건설기계관리법상 건설기계도 도로교통법상 공장 금지 대상이다.
④ 공장 자동 인하여 인적 피해가 있는 교통사고 야기 시 운전면허 취소 사유가 된다.

해설 ① 공장이 피의자 요인 경우 주 공정에 응할 수 있다.
② 공장이 관한 혐의가 있는 자동차 등에 공장자는 공정에 응해야 한다.

정답 12.④ 13.④ 14.② 15.③ 16.② 17.① 18.②,④ 19.②,④ 20.①,② 21.③,④

안전표지 4지 1답 문제 (2점)

22 다음 안전표지에 대한 설명으로 맞는 것은?

① 회전형 교차로표지
② 유턴 및 좌회전 차량 주의표지
③ 비신호 교차로표지
④ 좌로 굽은 도로

해설 도로교통법 시행규칙 별표6, 주의표지 109 회전형교차로표지로 교차로 전 30미터에서 120미터의 도로 우측에 설치

23 다음 안전표지가 설치되는 장소로 가장 알맞은 곳은?

① 도로가 좌로 굽어 차로이탈이 발생할 수 있는 도로
② 눈·비 등의 원인으로 자동차등이 미끄러지기 쉬운 도로
③ 도로가 이중으로 굽어 차로이탈이 발생할 수 있는 도로
④ 내리막경사가 심하여 속도를 줄여야 하는 도로

해설 도로교통법 시행규칙 별표6, 주의표지 126 미끄러운 도로표지로 도로 결빙 등에 의해 자동차등이 미끄러운 도로에 설치한다.

24 다음 안전표지에 대한 설명으로 맞는 것은?

① 차의 우회전 할 것을 지시하는 표지이다.
② 차의 직진을 금지하게 하는 주의표지이다.
③ 전방 우로 굽은 도로에 대한 주의표지이다.
④ 차의 우회전을 금지하는 주의표지이다.

해설 도로교통법 시행규칙 별표6, 주의표지 111 우로굽은 도로표지 전방 우로 굽은 도로에 대한 주의표지이다.

25 도로교통법령상 다음 안전표지가 설치된 곳에서의 운전 방법으로 맞는 것은?

① 자동차전용도로에 설치되며 차간거리를 50미터 이상 확보한다.
② 일방통행 도로에 설치되며 차간거리를 50미터 이상 확보한다.
③ 자동차전용도로에 설치되며 50미터 전방 교통정체 구간이므로 서행한다.
④ 일방통행 도로에 설치되며 50미터 전방 교통정체 구간이므로 서행한다.

해설 도로교통법 시행규칙 별표6, 규제표지 223 차간거리표지, 표지판에 표시된 차간거리 이상 확보할 것을 지시하는 안전표지이다. 표지판에 표시된 차간거리 이상을 확보하여야 할 도로의 구간 또는 필요한 지점의 우측에 설치하고 자동차전용도로에 설치한다.

26 도로교통법령상 다음의 안전표지에 대한 설명으로 맞는 것은?

① 지시표지이며, 자동차의 통행속도가 평균 매시 50킬로미터를 초과해서는 아니 된다.
② 규제표지이며, 자동차의 통행속도가 평균 매시 50킬로미터를 초과해서는 아니 된다.
③ 지시표지이며, 자동차의 최고속도가 매시 50킬로미터를 초과해서는 아니 된다.
④ 규제표지이며, 자동차의 최고속도가 매시 50킬로미터를 초과해서는 아니 된다.

해설 도로교통법 시행규칙 별표6, 규제표지 224. 최고속도제한표지 표지판에 표시한 속도로 자동차등의 최고속도를 지정하는 것이다. 설치기준 및 장소는 자동차 등의 최고속도를 제한하는 구역, 도로의 구간 또는 장소내의 필요한 지점 우측에 설치한다.

사진형 5지 2답 문제 (3점)

27 다음 상황에서 가장 안전한 운전방법 2가지는?

• 주택가 오르막 골목길

① 주차된 차량 뒤편에서 보행자가 나타날 수 있다는 점을 유념하면서 운전한다.
② 우측에 있는 보행자와 거리를 두고 일시정지 하거나 서행하여 지나간다.
③ 눈이 쌓여 도로가 미끄러우므로 속도를 높여 빠르게 진행한다.
④ 눈이 쌓인 도로에서는 최고속도의 20 퍼센트를 가속한다.
⑤ 보행자의 돌발행동을 방지하기 위하여 경음기를 계속 울리며 주행한다.

해설 모든 차의 운전자는 보도와 차도가 구분되지 아니한 도로 중 중앙선이 없는 도로에서 보행자의 옆을 지나는 경우에는 안전한 거리를 두고 서행하여야 하며, 보행자의 통행에 방해가 될 때에는 서행하거나 일시정지하여 보행자가 안전하게 통행할 수 있도록 하여야 한다(도로교통법 제27조 제1항 제6호). 차마의 운전자는 도로(보도와 차도가 구분된 도로에서는 차도를 말한다)의 중앙(중앙선이 설치되어 있는 경우에는 그 중앙선을 말한다. 이하 같다) 우측 부분을 통행하여야 한다(도로교통법 제13조 제3항). 이상기후에 대비하여 감속규정을 적용한다.

28 다음 상황에서 가장 안전한 운전방법 2가지는?

• 편도 2차로 도로
• 전방에 마을버스 정차 중
• 2차로를 진행 중

① 버스 후방에서 경음기를 계속 울려 진행을 재촉한다.
② 주위 상황을 확인 후 1차로로 차로변경 한다.
③ 비상점멸등을 켜고 속도를 높여 1차로로 차로변경 한다.
④ 1차로로 차로변경 하려는 경우 버스 앞에서 나타나는 보행자는 주의할 필요가 없다.
⑤ 1차로 후방에 차량이 있으면 무리해서 차로변경하지 않고 버스 뒤에 대기한다.

해설 정당한 사유 없이 계속하여 경음기를 울리는 행위는 지양해야 하고, 진로 변경 시 방향 지시등을 켜고 전후방 차량의 안전을 확인 후 진행해야 하며, 시야확보가 되지 않는 경우 보행자의 안전에 유의하여야 한다.

29 다음 상황에서 가장 안전한 운전방법 2가지는?

• 주택가 편도 1차로 도로
• 도로 좌우측 주차 차량

① 경음기를 계속 울리며 보행자에게 경고하고 속도를 높여 빠르게 진행한다.
② 중앙선 좌측 보행자의 돌발행동은 대비할 필요가 없다.
③ 주차된 차량 중에서 갑자기 출발하는 차가 있을 수 있으므로 전방 및 좌우를 살피며 서행한다.
④ 우측 보행자와 거리를 두고 안전에 주의하며 천천히 주행한다.
⑤ 주택가에서는 일반적으로 중앙선 좌측을 이용하는 것이 안전하다.

해설 정당한 사유 없이 계속하여 경음기를 울리는 행위는 지양해야 하고, 보행자의 옆을 지나는 경우에는 안전한 거리를 두고 서행하여 보행자가 안전하게 통행할 수 있도록 하여야 한다. 중앙선을 넘어 좌측으로 통행하는 행위는 특별한 상황을 제외하고 금지된다.

정답 22.① 23.② 24.③ 25.① 26.④ 27.①,② 28.②,⑤ 29.③,④

30 다음 상황에서 가장 안전한 운전방법 2가지는?

• 주택가 이면도로
• 우측 차량 뒤쪽으로부터 차량 진행

① 안전을 위해 경적을 울리며 진행한다.
② 차도로 나오는 경우를 대비해 일시정지 할 수 있다.
③ 비상점멸등을 켜고 속도를 줄여 신속하게 진행한다.
④ 우측 차량의 운전자에게 차로를 양보하도록 경음기를 사용한다.
⑤ 우측이 어두우므로 좌측으로 나올 경우를 대비하여 속도를 줄인다.

해설 정차된 사람 없이 계단에에 주정차된 운전자는 통행하고 자동차 사이로 아이나 통행할 수 있으므로 예측하여 서행·일시정지해야 한다.

31 다음 상황에서 가장 안전한 운전방법 2가지는?

• 최고 속도 제한 표지

① 안전표지나 운전자에게 암시하는 통행의 우선순위는 신호가 우선이다.
② 도로를 통행하는 차량은 반드시 안전표지를 준수하여야 한다.
③ 우측 도로의 차량이 좌회전할 수 있으므로 대비하여야 한다.
④ 우회전하려면 좌측 방향지시등 작동과 더불어 서행하여 진행해야 한다.
⑤ 우회전차량과 동시에 진행하더라도 나는 가더라도 미리 신호를 주어야 한다.

해설 안전표지나 운전자의 수신호보다 신호등의 신호가 우선하므로 나의 진로 전방에 있는 삼색등화가 녹색이므로 그대로 진행하면 된다. 우측 도로에서 좌회전하는 차량이 있는 경우 우회전하는 차량과 만날 수 있으므로 주의하여 좌측 방향지시등을 작동하여 서행으로 진행하고 우측으로 진행하는 차량에 주의한다.

32 다음 상황에서 가장 안전한 운전방법 2가지는?

• 어린이 보호구역 직선도로
• 우측에 통행학교가 있는 학교

① 우측 골목길에서 자전거 보행자가 나올 수 있으므로 서행하며 진행한다.
② 중앙선이 없으므로 자전거가 피해갈 수 있게 서행한다.
③ 최고 제한속도 표지가 있으므로 속도를 빠른 쪽으로 진행한다.
④ 골목길 우측 차량이 갑자기 중앙선을 넘어 내게 계속 통행할 수도 있다.
⑤ 중앙선 좌측의 반대방향 차량도 주의하여 진행하여야 한다.

해설 중앙선이 없는 도로의 통행자의 좌우와 지나는 차량이 가려져 있는 자전거 보행자가 지나다닐 때는 일시정지하거나 서행하여 운전하는 자전거와 가까이 통행하는 사람 등에는 안전한 거리를 두고 서행하여야 하며, 고정된 차량, 정지한 차량이 없어 계속하여 통행하는 통행자를 주의하여야 한다.

안전표지 5지 2답 문제 (3점)

33 다음 상황에서 가장 안전한 운전방법 2가지는?

[도로상황]
• 편도 1차로 및 25킬로미터
• 전방주시 4차로 자동차전용도로

① 실선 차선이므로 변경을 해도 무방하게 진행한다.
② 경광봉 차로에서 다른 차로로 변경하는 쪽으로 진행한다.
③ 경광봉 차로에는 진입하면 안된다.
④ 경광봉 차로에 진입하여 우측으로 신속하게 지나간다.
⑤ 경광봉 차로에 의해 운전자는 감속하여 그 뒤를 따라야 한다.

해설 이러한 공사구간은 도로(차로의 공사 때문)이 중앙선 표시된 곳이다. 방향에 해당하여 통행하여야 한다. 차로의 공사차량 또는 운전자의 수신호에 따라 통행하여 한다.
1. 도로가 안전지시로 되어 있는 경우
2. 도로의 파손이나 공사 등으로 인하여 그 도로를 통행할 수 없는 경우
3. 도로 우측 부분의 폭이 6미터가 되지 아니하는 도로에서 다른 차를 앞지르려는 경우
4. 도로 우측 부분의 폭이 차량이 통행하기에 충분하지 아니한 경우
5. 가파른 비탈길의 구부러진 곳에서 교통의 위험을 방지하기 위하여 시·도경찰청장이 지정한 자동차의 통행방법과 지정된 도로를 통행하는 경우

34 다음 상황에서 가장 안전한 운전방법 2가지는?

[도로상황]
• 회전교차로
• 회전교차로 진입하는 차량

① 회전교차로 진입하고 있는 차량이 있다면 양보하고 진입한다.
② 회전교차로에 진입하는 경우 주의하거나 사용할 필요가 없다.
③ 정차 교차로는 우측통행으로 우선순위가 있고 있는 것이 아니지만 통행에 주의하여야 한다.
④ 회전교차로에 진입할 때는 속도를 반드시 감속해야 한다.
⑤ 주변 차량의 움직임에 주의하며 진행해야 한다.

해설 회전교차로에서는 회전이 우선이므로 회전하고 있는 차량에 양보해야 하고 반드시 감속 운행한다.

35 교차로에 진입하여 직진하려는 상황이다. 가장 안전한 운전방법 2가지는?

[도로상황]
- 신호등 없는 교차로
- 오른쪽 3차로에 주차된 자동차들
- 유턴하는 과정에 정차중인 검은색 자동차

① 검은색 자동차가 후진할 수 있으므로 감속하며 대비한다.
② 이륜차가 검은색 승용차의 왼쪽으로 진로 변경할 수 있으므로 주의한다.
③ 반대방향에 비어있는 직진차로를 이용하여 직진하다가 원래 차로로 되돌아온다.
④ 정차한 검은색 자동차의 옆으로 가속하며 직진으로 통과한다.
⑤ 이륜차가 나의 앞으로 진로 변경할 수 없도록 가속하며 통과한다.

[해설] 제시된 상황에서 검은색 승용차는 도로교통법 제18조 유턴금지위반을 하고 있다. 검은색 승용차는 후퇴등이 등화되고 있는 상태이므로 회전반경을 확보하기 위한 후퇴행동을 예측할 수 있다. 따라서 운전자는 후퇴등이 점등된 자동차를 발견하면 주의하는 동시에 서행 또는 정지하여야 한다. 오른쪽 차로(2차로)에서 통행중인 이륜차의 운전자는 앞쪽 통행이 방해된다는 판단을 하는 경우 왼쪽으로 진로 변경할 가능성이 높다. 이러한 경우 오른쪽의 이륜차에 특별히 주의할 필요성이 있다.

36 다음과 같은 상황에서 안전한 운전방법 2가지는?

[도로상황]
- 통행하고 있는 검은색, 흰색 자동차
- 정차하고 있는 어린이통학버스

① 검은색 자동차 운전자는 P공간을 이용하여 신속하게 통행한다.
② 검은색 자동차 운전자는 어린이통학버스 뒤에서 정지한다.
③ 흰색 자동차 운전자는 어린이통학버스에 주의하며 서행으로 직진한다.
④ 흰색 자동차 운전자는 어린이통학버스에 이르기 전에 정지한 후 서행한다.
⑤ 흰색 자동차 운전자는 지속적으로 경음기를 작동하여 본인이 직진할 것을 알린다.

[해설] 제51조(어린이통학버스의 특별보호) ① 어린이통학버스가 도로에 정차하여 어린이나 영유아가 타고 내리는 중임을 표시하는 점멸등 등의 장치를 작동 중일 때에는 어린이통학버스가 정차한 차로와 그 차로의 바로 옆 차로로 통행하는 차의 운전자는 어린이통학버스에 이르기 전에 일시정지하여 안전을 확인한 후 서행하여야 한다. ② 제1항의 경우 중앙선이 설치되지 아니한 도로와 편도 1차로인 도로에서는 반대방향에서 진행하는 차의 운전자도 어린이통학버스에 이르기 전에 일시정지하여 안전을 확인한 후 서행하여야 한다. ③ 모든 차의 운전자는 어린이나 영유아를 태우고 있다는 표시를 한 상태로 도로를 통행하는 어린이통학버스를 앞지르지 못한다.

37 다음과 같은 교차로에서 가장 안전한 통행방법 2가지를 설명한 것은?

[도로상황]
- 나선형 회전교차로

① A차로에서 진입하려는 때에 왼쪽 방향지시기를 작동하였다.
② A차로에서 진입한 운전자가 즉시 a차로에 진입하여 회전하다가 북쪽으로 진출하였다.
③ B차로에서 진입하려는 때에 오른쪽 방향지시기를 작동하였다.
④ B차로에서 진입한 운전자가 즉시 b차로로 진입하여 회전하다가 a차로로 진로 변경하여 북쪽 방향으로 진출하였다.
⑤ 안쪽에서 회전하다가 진출하려는 때에 왼쪽 방향지시기를 작동하였다.

[해설] 제시된 교차로는 '나선형 회전교차로'이다. A차로에서 진입하는 운전자는 회전하는 차에 양보한 후 즉시 a차로에 진입해야 한다. 이때는 백색점선을 이용해야 한다. A차로의 진출방향은 동쪽과 북쪽이다. B차로에서 진입하는 운전자는 회전하는 차에 양보한 후 즉시 b차로에 진입해야 한다. B차로의 진출방향은 남쪽과 동쪽이다. 또 회전교차로에서 진입하려는 때는 왼쪽, 진출하려는 때에는 오른쪽 방향지시기를 작동해야만 한다.

38 내리막길을 빠른 속도로 내려갈 때 사고 발생 가능성이 가장 높은 2가지는?

[도로상황]
- 편도 1차로 내리막길
- 내리막길 끝 부분에 신호등 있는 교차로
- 차량 신호는 녹색

① 반대편 도로에서 올라오고 있는 차량과의 충돌
② 교차로 반대편 도로에서 진행하는 차와의 충돌
③ 반대편 보도 위에 걸어가고 있는 보행자와의 충돌
④ 전방 교차로 차량 신호가 바뀌면서 우측 도로에서 좌회전하는 차량과의 충돌
⑤ 전방 교차로 차량 신호가 바뀌면서 급정지하는 순간 뒤따르는 차와의 추돌

[해설] 내리막길에서 속도를 줄이지 않으면 전방 및 후방 차량과의 충돌 위험에도 대비하기 어렵다. 속도가 빨라지면 운전자의 시야는 좁아지고 정지 거리가 길어지므로 교통사고의 위험성이 높아진다.

정답 35. ①, ② 36. ②, ④ 37. ①, ② 38. ④, ⑤

39 사진이 진행 중이다. 가장 안전하게 운전 하는 2가지는?

[도로상황]
• 회전으로 굽어진 1차로 도로
• 반대편 도로에 정지 중인 화물차
• 화물 수송의 장면

① 사진이 반대편에 있는 도로 좌로 바로 이탈할 수 있으므로 중앙선 을 밟고 주행한다.
② 반대편 도로에 정차 중인 차량을 앞지르기 위해 중앙선을 밟고 통과한다.
③ 정차 수리 장면 및 화물차량의 화물을 피해가기 위해 서행 중앙선을 밟고 통과한다.
④ 반대편 도로에 있는 차량이 갑자기 중앙선을 침범할 수 있으므로 상대하여 감속한다.
⑤ 굽은 도로에서는 반대편 도로의 위험 상황을 예측하기 어려우므로 속도를 줄여 주행한다.

해설 굽은 도로에서는 반대편 도로의 상황을 확인하기 어려우므로 이러한 위험 상황에 대비하여 속도를 줄여 주행한다.

40 동영상(애니메이션) 문제 (배점표시 / 5점)

〈이 차는 120페이지부터 124페이지 중 한 문제가 출제되니 그 문제를 응시하세요.〉

정답 39. ②, ④

제6회 운전면허 시험 출제문제 (제1종)

문장형 4지 1답 문제 (2점)

1 다음 중 운전자의 올바른 운전 행위로 가장 바람직하지 않은 것은?
① 지정 속도를 유지하면서 교통 흐름에 따라 운전한다.
② 초보운전인 경우 고속도로에서 갓길을 이용하여 교통 흐름을 방해하지 않는다.
③ 도로에서 자동차를 세워둔 채 다툼 행위를 하지 않는다.
④ 연습 운전면허 소지자는 법규에 따른 동승자와 동승하여 운전한다.

해설 초보 운전자라도 고속도로에서 갓길 운전을 해서는 안 된다.

2 도로교통법령상 양보 운전에 대한 설명 중 맞는 것은?
① 계속하여 느린 속도로 운행 중일 때에는 도로 좌측 가장자리로 피하여 차로를 양보한다.
② 긴급자동차가 뒤따라올 때에는 신속하게 진행한다.
③ 신호등 없는 교차로에 동시에 들어가려고 하는 차의 운전자는 좌측 도로의 차에 진로를 양보하여야 한다.
④ 양보표지가 설치된 도로의 주행 차량은 다른 도로의 주행 차량에 차로를 양보하여야 한다.

해설 긴급자동차가 뒤따라오는 경우에도 차로를 양보하여야 한다. 또한 교차로에서는 통행 우선순위에 따라 통행을 하여야 하며, 양보표지가 설치된 도로의 차량은 다른 차량에게 차로를 양보하여야 한다.

3 교통약자의 이동편의 증진법에 따른 '교통약자'에 해당되지 않는 사람은?
① 고령자 ② 임산부
③ 영유아를 동반한 사람 ④ 반려동물을 동반한 사람

해설 '교통약자'란 장애인, 고령자, 임산부, 영유아를 동반한 사람, 어린이 등 일상생활에서 이동에 불편함을 느끼는 사람을 말한다.

4 교통약자의 이동 편의 증진법에 따른 교통약자를 위한 '보행 안전시설물'로 보기 어려운 것은?
① 속도저감 시설
② 자전거 전용도로
③ 대중교통 정보 알림 시설 등 교통 안내 시설
④ 보행자 우선 통행을 위한 교통 신호기

해설 교통약자의 이동 편의 증진법 제21조(보행 안전시설물의 설치) 제1항
시장이나 군수는 보행 우선 구역에서 보행자가 안전하고 편리하게 보행할 수 있도록 다음 각 호의 보행 안전시설물을 설치할 수 있다.
1. 속도 저감 시설 2. 횡단 시설 3. 대중교통 정보 알림 시설 등 교통 안내 시설
4. 보행자 우선 통행을 위한 교통 신호기
5. 자동차 진입 억제용 말뚝
6. 교통약자를 위한 음향 신호기 등 보행 경로 안내 장치
7. 그 밖에 보행자의 안전과 이동 편의를 위하여 대통령령으로 정한 시설

5 도로교통법상 서행으로 운전하여야 하는 경우는?
① 교차로의 신호기가 적색 등화의 점멸일 때
② 교통정리를 하고 있지 아니하고 교통이 빈번한 교차로를 통과할 때
③ 교통정리를 하고 있지 아니하는 교차로를 통과할 때
④ 교차로 부근에서 차로를 변경하는 경우

해설 ① 일시정지 해야 한다. ③ 교통정리를 하고 있지 아니하는 교차로를 통과할 때는 서행을 하고 통과해야 한다.

6 정체된 교차로에서 좌회전할 경우 가장 옳은 방법은?
① 가급적 앞차를 따라 진입한다.
② 녹색 등화가 켜진 경우에는 진입해도 무방하다.
③ 적색 등화가 켜진 경우라도 공간이 생기면 진입한다.
④ 녹색 화살표의 등화라도 진입하지 않는다.

해설 모든 차의 운전자는 신호등이 있는 교차로에 들어가려는 경우에는 진행하고자 하는 차로의 앞쪽에 있는 차의 상황에 따라 교차로에 정지하여야 하며 다른 차의 통행에 방해가 될 우려가 있는 경우에는 그 교차로에 들어가서는 아니 된다.

7 고속도로 가속차로에서 주행차로로의 진입 방법으로 옳은 것은?
① 반드시 일시정지하여 교통 흐름을 살핀 후 신속하게 진입한다.
② 진입 전 일시정지하여 주행 중인 차량이 있을 때 급진입한다.
③ 진입할 공간이 부족하더라도 뒤차를 생각하여 무리하게 진입한다.
④ 가속 차로를 이용하여 일정 속도를 유지하면서 충분한 공간을 확보한 후 진입한다.

해설 고속도로로 진입할 때는 가속 차로를 이용하여 점차 속도를 높이면서 진입해야 한다. 천천히 진입하거나 일시정지할 경우 가속이 힘들기 때문에 오히려 위험할 수 있다. 들어갈 공간이 충분한 것을 확인하고 가속해서 진입해야 한다.

8 고속도로 본선 우측 차로에 서행하는 A차량이 있다. 이때 B차량의 안전한 본선 진입 방법으로 가장 알맞은 것은?
① 서서히 속도를 높여 진입하되 A차량이 지나간 후 진입한다.
② 가속하여 비어있는 갓길을 이용하여 진입한다.
③ 가속 차로 끝에서 정차하였다가 A차량이 지나가고 난 후 진입한다.
④ 가속 차로에서 A차량과 동일한 속도로 계속 주행한다.

해설 자동차(긴급자동차는 제외한다)의 운전자는 고속도로에 들어가려고 하는 경우에는 그 고속도로를 통행하고 있는 다른 자동차의 통행을 방해하여서는 아니 된다.

9 어린이가 보호자 없이 도로를 횡단할 때 운전자의 올바른 운전 행위로 가장 바람직한 것은?
① 반복적으로 경음기를 울려 어린이가 빨리 횡단하도록 한다.
② 서행하여 도로를 횡단하는 어린이의 안전을 확보한다.
③ 일시정지하여 도로를 횡단하는 어린이의 안전을 확보한다.
④ 빠르게 지나가서 도로를 횡단하는 어린이의 안전을 확보한다.

해설 도로교통법 제49조(모든 운전자의 준수 사항 등)
어린이가 보호자 없이 도로를 횡단할 때 운전자는 일시정지하여야 한다.

10 신호등이 없고 좌·우를 확인할 수 없는 교차로에 진입 시 가장 안전한 운행 방법은?
① 주변 상황에 따라 서행으로 안전을 확인한 다음 통과한다.
② 경음기를 울리고 전조등을 점멸하면서 진입한 다음 서행하며 통과한다.
③ 반드시 일시정지 후 안전을 확인한 다음 양보 운전 기준에 따라 통과한다.
④ 먼저 진입하면 최우선이므로 주변을 살피면서 신속하게 통과한다.

해설 신호등이 없는 교차로는 서행이 원칙이나 교차로의 교통이 빈번하거나 장애물 등이 있어 좌·우를 확인할 수 없는 경우에는 반드시 일시정지하여 안전을 확인한 다음 통과하여야 한다.

정답 1. ② 2. ④ 3. ④ 4. ② 5. ③ 6. ④ 7. ④ 8. ① 9. ③ 10. ③

11 고자도로에서 초보운전자일 때 가장 주의할 점은?
① 우측 가장자리에 정차하여 도움을 요청한다.
② 초보운전자는 고속도로 주행을 피한다.
③ 다른 차로 주행 중인 운전자를 방해한다.
④ 반대편 차로에서 주행하는 자동차를 주의한다.
해설 고속도로에서 초보운전자일 때에는 무리한 진로변경 등을 자제하여야 한다.

12 도로교통법에 따라 개인형 이동장치를 운전자가 사용 시 가장 알맞은 것은?
① 자동차전용도로에서 이동장치를 이용하여 질주한다.
② 동승자 마짜 하여도 그 승차정원을 초과하여 운전한다.
③ 자전거 전용도로가 있는 경우 안전하게 도로를 이용한다.
④ 보행자신호가 녹색일 경우 횡단보도를 이용하여 피 해서 이동한다.
해설 • 도로교통법 제13조의2(자전거 등의 통행방법의 특례) : 개인형 이동 장치의 운전자가 횡단보도를 이용하여 도로를 횡단할 때에는 개인형 이동장치에서 내려서 끌거나 들고 보행하여야 한다.
• 도로교통법 제15조의2(자전거횡단도의 설치) : 자전거 등의 운전자가 자전거 등을 타고 자전거횡단도가 있는 도로를 횡단할 때에는 자전거횡단도를 이용해야 한다.

13 안지지 속도 5030 교통안전정책에 관한 내용으로 옳은 것은?
① 도시부 일반도로 매시 50킬로미터 이내, 도시부 주거지역 매시 30킬로미터
② 도시부 간선도로 매시 50킬로미터 이내, 이면도로 매시 30킬로미터
③ 자동차 전용도로 매시 50킬로미터 이내, 아파트 단지 매시 30킬로미터
④ 도시부 일반도로 매시 50킬로미터 이내, 자전거 도로 매시 30킬로미터
해설 안전속도 5030은 교통사고 예방을 위한 정책 도시부 지역 일반도로의 제한속도를 매시 50킬로미터(소통에 필요한 경우 60킬로미터 적용 가능), 주택가 등 이면도로는 매시 30킬로미터 이하로 하향 조정하는 정책으로, 속도 하향을 통해 교통사고 감소를 기대할 수 있다.

14 교통사고를 일으킬 가능성이 가장 높은 운전자는?
① 운전에만 집중하는 운전자
② 급출발, 급제동, 급차로 변경을 반복하는 운전자
③ 자전거나 이륜차에게 안전거리를 확보하는 운전자
④ 조급한 마음을 버리고 인내하는 마음을 갖춘 운전자
해설 운전이 미숙한 운전자에게는 배려와 양보가 중요하며 급출발, 급제동, 급차로 변경을 반복하여 운전하면 교통사고를 일으킬 가능성이 높다.

15 다음 중 운전자의 올바른 태도로 가장 바람직하지 않은 것은?
① 시간이 지체되더라도 교통상황에 양보운전 한다.
② 사람의 생명을 존중하는 마음을 갖는다.
③ 교통법규는 반드시 준수해야 한다고 생각한다.
④ 상황에 따라 규정속도를 조금 초과해도 무방하다.

16 고령운전자의 안전운전과 관련된 사항으로 가장 바람직하지 않은 것은?
① 장거리 운전은 피하도록 한다.
② 운전을 할 때에는 시간 여유를 갖고 출발한다.
③ 다른 차가 끼어들더라도 양보해 준다.
④ 다른 차가 끼어들면 경음기를 울리며 화를 낸다.

17 도로교통법에 따라 개인형 이동장치의 주차 정차에 대한 설명으로 틀린 것은?
① 전동 킥보드의 경우 주차 정차가 허용된다.
② 전동 이륜평행차의 경우 주차 정차가 금지된다.
③ 전동기의 동력만으로 움직일 수 있는 자전거의 경우 주차 정차가 금지된다.
④ 승차 정원을 초과하여 운전한 경우 주차 정차가 허용된다.
해설 도로교통법 시행규칙 제33조의3(개인형 이동장치의 이륜자동차 주차 정차) 승차정원을 초과하여 운전한 경우 주차 정차가 금지된다.

18 다음 중 고령운전자의 장점이 될 수 있는 것 2가지는?
① 판단력이 빠르고 신체가 건강하여 운전을 할 수 있다.
② 상황을 대비한 예측운전을 할 수 있는 경험이 많다.
③ 반사신경이 빠르고 돌발 상황에 대한 대처가 빠르다.
④ 정보의 대처 경험이 있고 이에 따라 방어 운전 등을 위한 가능성이 있다.

19 다음 중 고령 피로 운전과 관련한 설명에 대한 설명이다. 옳은 2가지는?
① 피로한 상태에서의 운전은 졸음운전으로 이어질 가능성이 높다.
② 피로한 상태에서 운전 중 운전 시 감각 등이 저하된다.
③ 마음이 안정된 상태로 운전을 하고자 계좌를 할 수 있다.
④ 마음이 안정된 상태로 운전을 하고자 계좌를 할 수 없다.
해설 피로한 상태에서는 신체의 감각기관이 가능하게 되며 이로 인해 피로한 상태에서 장시간 운전은 아주 위험하다. 특히 자고 급격한 이동에는 판단력과 감각 능력이 저하된 이후에 이로 인한 사고도 발생할 수 있다.

20 야간이 도로교통사고 대비 발생빈도가 높아지는 경우와 그 원인으로 알맞은 것은 2가지는?
① 부분적으로 밝은 경우, 시야가 좁아져야 한다.
② 야간의 경우 시야가 좁아져, 즉 사각지대이 인지능력이 떨어져 사고가 자주 발생한다.

정답 4지 2답 문제 (3점)

11. ④ 12. ③ 13. ② 14. ② 15. ③ 16. ① 17. ③ 18. ③, ④ 19. ②, ③ 20. ②, ④

21 도로교통법상 보행자 보호에 대한 설명 중 맞는 2가지는?

① 자전거를 끌고 걸어가는 사람은 보행자에 해당하지 않는다.
② 교통정리를 하고 있지 아니하는 교차로에 먼저 진입한 차량은 보행자에 우선하여 통행할 권한이 있다.
③ 시·도 경찰청장은 보행자의 통행을 보호하기 위해 도로에 보행자 전용도로를 설치할 수 있다.
④ 보행자 전용도로에는 유모차를 끌고 갈 수 있다.

해설 자전거를 끌고 걸어가는 사람도 보행자에 해당하고, 교통정리를 하고 있지 아니하는 교차로에 먼저 진입한 차량도 보행자에게 양보해야 한다.

안전표지 4지 1답 문제 (2점)

22 다음 안전표지에 대한 설명으로 맞는 것은?

① 보행자는 통행할 수 있다.
② 보행자뿐만 아니라 모든 차마는 통행할 수 없다.
③ 도로의 중앙 또는 좌측에 설치한다.
④ 통행금지 기간은 함께 표시할 수 없다.

해설 도로교통법 시행규칙 별표6, 규제표지 201, 통행금지표지로 보행자 뿐 아니라 모든 차마는 통행할 수 없다.

23 다음 안전표지에 대한 설명으로 가장 옳은 것은?

① 이륜자동차 및 자전거의 통행을 금지한다.
② 이륜자동차 및 원동기장치자전거의 통행을 금지한다.
③ 이륜자동차와 자전거 이외의 차마는 언제나 통행할 수 있다.
④ 이륜자동차와 원동기장치자전거 이외의 차마는 언제나 통행 할 수 있다.

해설 도로교통법 시행규칙 [별표6] 규제표지 205, 이륜자동차 및 원동기장치 자전거의 통행금지표지로 통행을 금지하는 구역, 도로의 구간 또는 장소의 전면이나 도로의 중앙 또는 우측에 설치

24 다음 안전표지에 대한 설명으로 맞는 것은?

① 차의 진입을 금지한다.
② 모든 차와 보행자의 진입을 금지한다.
③ 위험물 적재 화물차 진입을 금지한다.
④ 진입금지기간 등을 알리는 보조표지는 설치할 수 없다.

해설 도로교통법 시행규칙 별표6, 규제표지 211, 진입금지표지로 차의 진입을 금지하는 구역 및 도로의 중앙 또는 우측에 설치

25 다음 안전표지에 대한 설명으로 가장 옳은 것은?

① 직진하는 차량이 많은 도로에 설치한다.
② 금지해야 할 지점의 도로 좌측에 설치한다.
③ 이런 지점에서는 반드시 유턴하여 되돌아가야 한다.
④ 좌·우측 도로를 이용하는 등 다른 도로를 이용해야 한다.

해설 도로교통법 시행규칙 별표6, 규제표지 212, 직진금지표지로 차의 직진을 금지하는 규제표지이며, 차의 직진을 금지해야 할 지점의 도로우측에 설치

26 도로교통법령상 다음 안전표지에 대한 설명으로 맞는 것은?

① 차마의 유턴을 금지하는 규제표지이다.
② 차마(노면전차는 제외한다)의 유턴을 금지하는 지시표지이다.
③ 개인형 이동장치의 유턴을 금지하는 주의표지이다.
④ 자동차등(개인형 이동장치는 제외한다)의 유턴을 금지하는 지시표지이다.

해설 도로교통법 시행규칙 별표6, 규제표지 216번, 유턴금지표지로 차마의 유턴을 금지하는 것이다. 유턴금지표지에서 제외 되는 차종은 정하여 있지 않다.

사진형 5지 2답 문제 (3점)

27 다음 상황에서 가장 안전한 운전방법 2가지는?

• 눈이 내리는 상황

① 도로가 한산하기 때문에 속도를 높여 진행한다.
② 기상상황에 따라 규정된 속도 이내로 진행한다.
③ 전방 공사 중이므로 교통상황을 잘 주시하며 진행한다.
④ 노면이 미끄러우므로 2개 차로를 걸쳐 주행한다.
⑤ 전방에 저속으로 진행하는 화물차를 뒤에서 바싹 붙어 진행한다.

해설 눈이 내려 도로가 결빙상태 이거나 미끄러운 상태, 공사 중일 때에는 전방 교통상황을 주시하며 진행하여야 한다.

28 다음 상황에서 가장 안전한 운전방법 2가지는?

① 전방에 보행자가 있으므로 일시정지 후 보행자의 안전을 확인 후 진행한다.
② 도로를 횡단하는 보행자는 보호할 의무가 없으므로 그대로 진행한다.
③ 우측 주차된 흰색 차량 뒤편의 보행자를 주의하며 진행한다.
④ 경음기를 크게 울려 도로를 횡단하는 보행자가 횡단하지 못하도록 한다.
⑤ 보행자 앞에서 급정지하여 보행자에게 주의를 준다.

해설 보행자가 횡단보도가 설치되어 있지 아니한 도로를 횡단하고 있을 때에는 안전거리를 두고 일시정지한다. 보행자가 안전하게 횡단할 수 있도록 하여야 한다.

정답 21. ③, ④ 22. ② 23. ② 24. ① 25. ④ 26. ① 27. ②, ③ 28. ①, ③

29 다음 상황에서 가장 안전한 운전방법은 2가지?

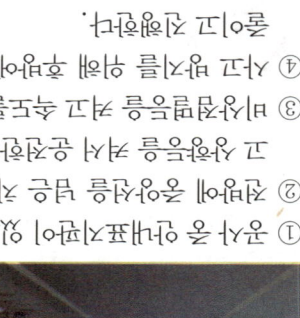

- 자동차 전용도로
- 우측 방면 진입로로 진입하려는 상황에서 자동차전용도로를 벗어나려는 상황

① 진입 중 안전표지판이 있으므로 속도를 높이고 진입차로 쪽으로 진행한다.
② 진입차로에서 벗어나 다른 차량의 진입을 가로막아 진입 쪽으로 진행한다.
③ 비상점멸등을 켜고 속도를 빠르게 진행한다.
④ 서서히 감속하여 진입하려는 자동차의 속도를 높이고 진입한다.
⑤ 우측 길 안내표지판 방향 쪽으로 진로를 바꾸지 않고 진입한다.

해설 자동차 전용도로에서 진입로로 진입하려는 경우 시설을 이용하여야 한다. 다만, 부득이한 경우 우측 가장자리 차로로 진입 후 감속하며 진입하며 반대방향 차량과 다른 차량이 진입할 수 있도록 한다.

30 다음 상황에서 가장 안전한 운전방법은 2가지?

- 겨울철 고갯길 위
- 다음 정류장에서 2km까지 이어지는 상황

① 자동차전용도로는 일반도로와 다르므로 속도를 높인다.
② 도로 가장자리 쪽으로 주행하는 것이 좋다.
③ 고갯길은 환경에 따라 속도를 줄여야 한다.
④ 다리 위를 지날 때에는 속도를 줄일 필요가 있다.
⑤ 커브 구간에서는 원심력에 의해 차량이 차로를 벗어날 수 있으므로 주의하여야 한다.

31 다음 상황에서 가장 안전한 운전방법은 2가지?

① 모든 차의 운전자는 도로의 구부러진 곳에서는 다른 차를 앞지르기하지 못한다.(도로교통법 제22조 제3항), 모든 차의 운전자는 터널 안 및 다리 위에서는 다른 차를 앞지르기하지 못한다.(도로교통법 제33조 제1호)

① 다리 위나 터널 안에서는 앞지르기가 금지되어 있으므로 앞지르기를 하지 않는다.
② 터널 안에서는 전방이 잘 보이지 않으므로 앞지르기를 한다.
③ 차로를 변경하지 않고 그대로 주행한다.
④ 이륜자동차의 안전거리를 유지하며 주행한다.
⑤ 양쪽 가장자리 차로로 서행으로 이동하는 자동차를 중앙으로 통과하여 주행한다.

해설 이륜자동차의 양쪽 가장자리 이동은 수 있으며 안전거리를 충분히 두고 주행해야 한다.

32 다음 상황에서 통행방법으로 올바른 2가지?

정답
29. ①, ④ 30. ①, ④ 31. ①, ③ 32. ①, ③ 33. ②, ③ 34. ③, ④

응급사태 5지 2답 문제 (3점)

33 다음 상황에서 상황적으로 대비하여야 할 사항 중 가장 옳은 2가지는?

[도로상황]
- 편도 1차로 도로
- 주차된 자동차들로 인해 중앙선을 넘고 있는 상황 중
- 시속 40킬로미터 속도로 주행 중

① 교통사고 발생 가능성이 높으므로 속도를 높여 신속히 진행한다.
② 반대편에서 오는 차가 잘 보이지 않는다.
③ 도로상에 장애물이 있을 가능성이 있다.
④ 반대편에서 차량이 갑자기 나타날 수 있음에 주의한다.
⑤ 중앙선에 근접하여 주행할 수 있다.

해설 위험예측, 짧은 시간 내에 차마를 주시해야 할 것은 다른 차량 및 수시로 급출발·급제동할 수 있는 위험한 사고이다. 기본적인 속도와 적정 안전거리를 유지하기 위한 속도를 반드시 지켜 주행한다.

34 다음 상황에서 가장 안전한 운전방법 2가지?

[도로상황]
- 어린이보호구역
- 횡단보도 진입하려는 어린이

① 교차로에 먼저 진입하는 차가 우선한다.
② 보행자가 횡단보도에 있으므로 서행한다.
③ 1차로 후진하거나 차로를 변경하는 중 2차로로 변경 차로로 진입한다.
④ 차량 교차로에 진입하기 전에 서행하여 대비하여야 한다.
⑤ 횡단 중인 어린이는 좌우를 살피지 못하므로 유의한다.

해설 회전교차로에 진입하려는 경우에는 서행하거나 일시정지해야 하며 회전 차량에게 양보해야 한다. 또한 하얀색 화물차가 내 앞으로 끼어들 경우 대비하여 속도를 낮춰 화물차와의 안전거리를 유지해야 한다.

35 다음과 같은 야간 도로 상황에서 운전할 때 특히 주의하여야 할 위험 2가지는?

[도로상황]
• 시속 50킬로미터 주행 중

① 도로의 우측 부분에서 역주행하는 자전거
② 도로 건너편에서 차도를 횡단하려는 사람
③ 내 차 뒤로 무단 횡단 하는 보행자
④ 방향 지시등을 켜고 우회전하려는 후방 차량
⑤ 우측 주차 차량 안에 탑승한 운전자

해설 교외 도로는 지역 주민들에게 생활 도로로 보행자들의 도로 횡단이 잦으며 자전거 운행이 많은 편이다. 자전거는 차로서 우측통행을 하여야 하는데 일부는 역주행 하거나 도로를 가로질러 가기도 하며 특히 어두워 잘 보이지 않으므로 사고가 잦아 자전거나 보행자에 대한 예측이 필요하다.

36 오른쪽으로 갔어야 하는데 길을 잘못 들었다. 이 때 가장 안전한 운전방법 2가지는?

[도로상황]
• 울산·양산 방면으로 가야 하는 상황
• 분기점에서 오른쪽으로 진입하려는 상황

① 안전지대로 진입하여 비상점멸등을 작동한 후 오른쪽으로 진입한다.
② 오른쪽 방향지시기를 작동하며 안전지대로 진입하여 오른쪽으로 진입한다.
③ 신속하게 가속하여 오른쪽으로 진입한다.
④ 대구방향으로 그대로 진행한다.
⑤ 다음에서 만나는 나들목 또는 갈림목을 이용한다.

해설 일부 운전자들은 나들목이나 갈림목의 직전에서 어느 쪽으로 진입할 지를 결정하기 위해 급감속하거나 진입이 금지된 안전지대에 진입하여 대기하다가 무리하게 진입하기도 한다. 또 진입로를 지나친 경우 안전지대 또는 갓길에 정차한 후 후진하는 행동을 하기도 한다. 이와 같은 행동은 다른 운전자들이 예측할 수 없는 행동을 직접적인 사고의 원인이 될 수 있으므로 진입을 포기하고 다음 갈림목 또는 나들목을 이용하여 안전을 도모해야 한다. 가장 안전한 운전방법은 출발부터 목적지까지의 통행경로를 미리 파악하는 자세를 겸비하는 것이다.

37 다음 상황에서 가장 주의해야 할 위험 요인 2가지는?

[도로상황]
• 겨울철 고가 도로 아래의 그늘
• 군데군데 젖은 노면   • 진행차로로 진입하는 택시

① 반대편 뒤쪽의 화물차
② 내 뒤를 따르는 차
③ 전방의 앞차
④ 고가 밑 그늘진 노면
⑤ 내 차 앞으로 진입하려는 택시

해설 겨울철 햇빛이 비치지 않는 고가 도로의 그늘에는 내린 눈이 얼어 있기도 하고 빙판이 되어 있는 경우도 많다. 따라서 고가 도로의 그늘을 지날 때는 항상 노면의 상황에 유의하면서 속도를 줄여 주행해야 한다.

38 우측 주유소로 들어가려고 할 때 사고 발생 가능성이 가장 높은 2가지는?

[도로상황]
• 전방 우측 주유소   • 우측 후방에 차량
• 후방에 승용차

① 주유를 마친 후 속도를 높여 차도로 진입하는 차량과의 충돌
② 우측으로 차로 변경하려고 급제동하는 순간 후방 차량과의 추돌
③ 우측으로 급차로 변경하는 순간 우측 후방 차량과의 충돌
④ 제한 속도보다 느리게 주행하는 1차로 차량과의 충돌
⑤ 과속으로 주행하는 반대편 2차로 차량과의 정면충돌

해설 전방의 주유소나 휴게소 등에 들어갈 때에는 미리 속도를 줄이며 안전하게 차로를 변경해야 한다. 이때 급제동을 하게 되면 후방 차량과의 추돌 사고가 발생할 수 있으며, 급차로 변경으로 인하여 우측 후방 차량과도 사고가 발생할 수 있다.

39 다음과 같은 도로를 주행할 때 사고 발생 가능성이 가장 높은 경우 2가지는?

[도로상황]
• 신호등이 없는 교차로
• 전방 우측에 아파트 단지 입구
• 반대편에 진행 중인 화물차

① 직진할 때 반대편 1차로의 화물차가 좌회전하는 경우
② 직진할 때 내 뒤에 있는 후방 차량이 우회전하는 경우
③ 우회전 할 때 반대편 2차로의 승용차가 직진하는 경우
④ 직진할 때 반대편 1차로의 화물차 뒤에서 승용차가 아파트 입구로 좌회전하는 경우
⑤ 우회전 할 때 반대편 화물차가 직진하는 경우

해설 신호등이 없고 우측에 도로나 아파트 진입로가 있는 교차로에서는 직진이나 우회전할 때 반대편 차량의 움직임 및 아파트에서 나오는 차량에도 주의를 해야 한다. 반대편 도로에 있는 화물차 뒤쪽에서 차량이 불법 유턴 등을 할 수 있으므로 보이지 않는 공간이 있는 경우에는 속도를 줄여 이에 대비한다.

40 동영상(애니메이션) 문제 (별첨참조 / 5점)

〈이 책 120페이지부터 124페이지 중 한 문제가 출제되니 그 문제를 공부하세요.〉

정답 35. ①, ②   36. ④, ⑤   37. ④, ⑤   38. ②, ③   39. ①, ④

제17회

운전면허 시험 출제문제집

공통

모의고사 4차 1단원 문제 (2강)

1 운전자가 교통사고 시 하여야 할 조치로 가장 옳은 것은?
① 속도를 낮추어 서행할 것
② 사상자를 구호하는 등 필요한 조치
③ 도로에 사상자가 있을 때는 방치 후 일단 주행
④ 교통 방해가 없을 때에는 필요한 조치 없이 진행
해설 자동차를 사용 중 나타나는 다른 차로 바꿔 주기, 긴급 필요조치 등이 있다.

2 도로교통법상 정상적으로 운전하는 중에 취할 수 있는 기준 혈중알코올농도 수치로 옳은 것은?
① 혈중알코올농도 0.03퍼센트 이상인 상태에서 운전
② 혈중알코올농도 0.08퍼센트 이상인 상태에서 운전
③ 혈중알코올농도 0.1퍼센트 이상인 상태에서 운전
④ 혈중알코올농도 0.12퍼센트 이상인 상태에서 운전
해설 운전이 금지되는 술에 취한 상태의 기준은 혈중알코올농도 0.03퍼센트 이상으로 한다.

3 도로교통법상 긴급(통행공로) 및 인간의 정상적인 운전이 곤란한 운전이 우려되는 상태에서 자동차를 사용한 대인에 해당되지 않는 것은?
① 자전거 운전
② 10만 원 이하의 벌금이나 구류에 처한다.
③ 20만 원 이하의 벌금이나 구류에 처한다.
④ 30만 원 이하의 벌금이나 구류에 처한다.
해설 도로교통법(고속공로 제외 등의 공도 등기), 제154조(벌칙) 30만 원 이하의 벌금이나 구류에 처한다. 최조 물건을 운반하기 위하여 사용하는 자동차, 원동기 자전거 등 자동차에서 사용하는 원동기 등 또한 개인형 이동장치 개념도 포함하는 자동차를 포함)를 사용한다.

4 운전자가 피로나 음주 행복에 영향을 미치지 못한다. 피로시의 운전의 마음가짐과 옳은 것은?
① 주의 기능에 대한 반응 등이 빠르게 나타난다.
② 시각이 흐려지고 사고가 느려진다.
③ 시가 및 공간 조치 능력이 없어진다.
④ 수동들이 계속적인 공장 행위가 나타난다.
해설 피로할 때의 공장 조치 등이 높아지지 않는다.

5 승용자동차를 음주 운전한 경우 최초 1회에 대한 면허정지로 틀린 것은?
① 최초 1회 혈중알코올농도 0.2퍼센트 이상인 경우 2년 이상 5년 이하의 징역이나 1천만 원 이상 2천만 원 이하의 벌금
② 최초 1회 혈중알코올농도 1퍼센트 이상인 경우 2년 이상 5년 이하의 징역이나 1천만 원 이상 2천만 원 이하의 벌금
③ 최초 1회 혈중알코올농도 0.05퍼센트 이상인 경우 2년 이하의 징역이나 1천만 원 이하의 벌금
④ 최초 1회 혈중알코올농도 0.08퍼센트 이상 0.20퍼센트 미만인 경우 1년 이상 2년 이하의 징역이나 500만 원 이상 1천만 원 이하의 벌금

---

6 운전자가 피로한 상태에서 운전하였을 때의 속도 관련 내용 중 옳은 것은?
① 평소 도로에서 속도 느낌이 빠르게 느껴진다.
② 가속력 및 브레이크 능력이 평소보다 빨리 느껴진다.
③ 평소 다니던 도로도 속도감이 더디게 느낀다.
④ 고속도로에서 일반 도로보다 속도감을 더 느낀다.
해설 ④ 일반 도로에서 평소 속도보다 빠르게 느낀다.

7 질병·과로로 인해 정상적인 운전을 하지 못할 우려가 있는 상태에서 자동차를 운전한 경우 어떻게 되는가?
① 과태료가 부과될 수 있다.
② 면허정지가 된다.
③ 별과 받지 아니한다.
④ 30만 원 이하의 벌금이나 구류에 처한다.
해설 · 도로교통법 제45조(과로한 때 등의 운전 금지), 제154조(벌칙): 30만 원 이하의 벌금이나 구류에 처한다.
· 자동차 등 또는 개인형 이동장치 등 운전에 사용하는 자동차 등을 포함한 운전을 하여서는 아니된다.

8 마약 등 약물 영향에 자동차를 운전하였을 때 인적 피해 교통사고가 일어나고 치상 특례법상 운전자의 책임으로 옳지 않은 것은?
① 책임 보험에 가입되어 있으므로 치상가 되지 아니한다.
② 공장 합의 무서와 관계없이 치상가 진행된다.
③ 종합 보험에 가입되어 있어도 치상가 진행된다.
④ 종합 보험에 가입되어 있고 추가적으로 피해자와 합의한 경우에도 치상 처리가 된다.
해설 교통사고처리 특례법 제3조(처벌의 특례) 제2항 단서 조항에 의해 종합 보험 가입 및 합의 여부와 관계없이 형사 처벌된다.

9 혈중알코올농도 0.03퍼센트 이상 음주 운전자의 공적이 있는 경우 음주 운전자 단속(음주측정 등) 가중처벌되는 경우는?
① 음주 공적 2회 초과자 상태로 피해가 있는 교통사고 야기자
② 음주자 피해자 등이 있지, 정상 교통사고 등기 자동차 인상자
③ 정상 피해자로 운전하였으면 대해에 대한 경정 기준을 받지 않은 자
④ 음주 과로로 인하여 정상에 피해가 있는 자

위반횟수	처벌 기준
1회	1년 이하 / 500만 원 이하 0.03~0.08%
	1년 이상 2년 이하 / 500만 원 이상 1천만 원 이하 0.2% 이상
2회	1년 이상 5년 이하 / 500만 원 이상 2천만 원 이하
음주측정 거부	1년 이상 6년 이하 / 500만 원 이상 3천만 원 이하
3회 이상	2년 이상 6년 이하 0.20% / 1천만 원 이상 3천만 원 이하

정답 1.① 2.① 3.④ 4.③ 5.③ 6.③ 7.③ 8.① 9.②

해설 앞차 운전자 갑이 술을 마신 상태라고 하더라도 음주 운전이 사고 발생과 직접적인 원인이 없는 한 교통사고의 피해자가 되고 별도로 단순 음주 운전에 대해서만 형사 처벌과 면허 행정 처분을 받는다.

10 도로교통법상 운전이 금지되는 술에 취한 상태의 기준은 운전자의 혈중 알코올 농도가 (　)로 한다. (　) 안에 맞는 것은?
① 0.01퍼센트 이상인 경우　② 0.02퍼센트 이상인 경우
③ 0.03퍼센트 이상인 경우　④ 0.08퍼센트 이상인 경우

해설 제44조(술에 취한 상태에서의 운전 금지) 제4항
술에 취한 상태의 기준은 운전자의 혈중 알코올 농도가 0.03퍼센트 이상인 경우로 한다.

11 다음 중 보복 운전을 예방하는 방법이라고 볼 수 없는 것은?
① 긴급 제동 시 비상 점멸등 켜주기
② 반대편 차로에서 차량이 접근 시 상향 전조등 끄기
③ 속도를 올릴 때 전조등을 상향으로 켜기
④ 앞차가 지연 출발할 때는 3초 정도 배려하기

해설 보복 운전을 예방하는 방법은 차로 변경 때 방향 지시등 켜기, 비상 점멸등 켜주기, 양보하고 배려하기, 지연 출발 때 3초간 배려하기, 경음기 또는 상향 전조등으로 자극하지 않기 등이 있다.

12 다음 중 보복 운전을 당했을 때 신고하는 방법으로 가장 적절하지 않은 것은?
① 120에 신고한다.
② 112에 신고한다.
③ 스마트폰 앱 '안전신문고'에 신고한다.
④ 사이버 경찰청에 신고한다.

해설 보복 운전을 당했을 때 112, 사이버 경찰청, 시·도 경찰청, 경찰청 홈페이지, 스마트폰 '안전신문고' 앱에 신고하면 된다.

13 도로교통법상 (　)의 운전자는 도로에서 2명 이상이 공동으로 2대 이상의 자동차 등을 정당한 사유 없이 앞뒤로 줄지어 통행하면서 교통상의 위험을 발생하게 하여서는 아니 된다. 이를 위반한 경우 (　)으로 처벌될 수 있다. (　)안에 각각 바르게 짝지어진 것은?
① 전동 이륜 평행차, 1년 이하의 징역 또는 500만 원 이하의 벌금
② 이륜자동차, 6개월 이하의 징역 또는 300만 원 이하의 벌금
③ 특수 자동차, 1년 이하의 징역 또는 500만 원 이하의 벌금
④ 원동기장치자전거, 6개월 이하의 징역 또는 300만 원 이하의 벌금

해설 도로교통법 제46조(공동 위험 행위의 금지)제1항
자동차 등(개인형 이동장치는 제외한다)의 운전자는 도로에서 2명 이상이 공동으로 2대 이상의 자동차 등을 정당한 사유 없이 앞뒤로 또는 좌우로 줄지어 통행하면서 다른 사람에게 위해를 끼치거나 교통상의 위험을 발생하게 하여서는 아니 된다. 또한 1년 이하의 징역 또는 500만 원 이하의 벌금으로 처벌될 수 있다. 전동 이륜 평행차는 개인형 이동장치로서 위에 본 조항 적용이 없다.

14 피해 차량을 뒤따르던 승용차 운전자가 중앙선을 넘어 앞지르기하여 급제동하는 등 위협 운전을 한 경우에는 「형법」에 따른 보복 운전으로 처벌받을 수 있다. 이에 대한 처벌 기준으로 맞는 것은?
① 7년 이하의 징역 또는 1천만 원 이하의 벌금에 처한다.
② 10년 이하의 징역 또는 2천만 원 이하의 벌금에 처한다.
③ 1년 이상의 유기 징역에 처한다.
④ 1년 6월 이상의 유기 징역에 처한다.

해설 「형법」 제284조(특수 협박)에 의하면 위험한 물건인 자동차를 이용하여 형법상의 협박죄를 범한 자는 7년 이하의 징역 또는 1천만 원 이하의 벌금에 처한다.

15 승용차 운전자가 차로 변경 시비에 분노해 상대 차량 앞에서 급제동하자, 이를 보지 못하고 뒤따르던 화물차가 추돌하여 화물차 운전자가 다친 경우에는 「형법」에 따른 보복 운전으로 처벌받을 수 있다. 이에 대한 처벌 기준으로 맞는 것은?

① 1년 이상 10년 이하의 징역　② 1년 이상 20년 이하의 징역
③ 2년 이상 10년 이하의 징역　④ 2년 이상 20년 이하의 징역

해설 보복 운전으로 사람을 다치게 한 경우의 처벌은 형법 제258조의2(특수 상해)제1항 위반으로 1년 이상 10년 이하의 징역에 처한다.

16 다음 중 도로교통법상 난폭 운전 적용 대상이 아닌 것은?
① 최고 속도의 위반
② 횡단·유턴·후진 금지 위반
③ 끼어들기
④ 연속적으로 경음기를 울리는 행위

해설 도로교통법 ① 제17조제3항에 따른 속도의 위반, ② 제18조제1항에 따른 횡단·유턴·후진 금지 위반, ④ 제49조제1항 제8호에 따른 정당한 사유 없는 소음 발생이며, ③은 제23조, 끼어들기는 난폭 운전 위반 대상이 아니다.

17 자동차 등(개인형 이동장치는 제외)의 운전자가 다음의 행위를 반복하여 다른 사람에게 위협을 가하는 경우 난폭 운전으로 처벌받게 된다. 난폭 운전의 대상 행위가 아닌 것은?
① 신호 또는 지시 위반
② 횡단·유턴·후진 금지 위반
③ 정당한 사유 없는 소음 발생
④ 고속도로에서의 지정 차로 위반

해설 도로교통법 제46조의3(난폭 운전 금지)
신호 또는 지시 위반, 중앙선 침범, 속도의 위반, 횡단·유턴·후진 금지 위반, 안전거리 미확보, 차로 변경 금지 위반, 급제동 금지 위반, 앞지르기 방법 또는 앞지르기의 방해 금지 위반, 정당한 사유 없는 소음 발생, 고속도로에서의 앞지르기 방법 위반, 고속도로 등에서의 횡단·유턴·후진 금지

문장형 4지 2답 문제 (3점)

18 보행자의 통행에 대한 설명 중 맞는 것 2가지는?
① 보행자는 차도를 통행하는 경우 항상 차도의 좌측으로 통행해야 한다.
② 보행자는 사회적으로 중요한 행사에 따라 행진 시에는 도로의 중앙으로 통행할 수 있다.
③ 도로 횡단 시설을 이용할 수 없는 지체 장애인은 도로 횡단 시 시설을 이용하지 않고 도로를 횡단할 수 있다.
④ 도로 횡단 시설이 없는 경우 보행자는 안전을 위해 가장 긴 거리로 도로를 횡단하여야 한다.

해설 • 도로교통법 제9조제1항
학생의 대열과 그 밖에 보행자의 통행에 지장을 줄 우려가 있다고 인정하여 대통령령으로 정하는 사람이나 행렬(이하 "행렬 등"은 제8조제1항 본문에도 불구하고 차도로 통행할 수 있다. 이 경우 행렬 등은 차도의 우측으로 통행하여야 한다.
• 도로교통법 제13조제3항
차마의 운전자는 도로(보도와 차도가 구분된 도로에서는 차도를 말한다)의 중앙(중앙선이 설치되어 있는 경우에는 그 중앙선) 우측 부분을 통행하여야 한다.

19 다음 중 도로교통법상 보행자 전용도로에 대한 설명으로 맞는 2가지는?
① 통행이 허용된 차마의 운전자는 통행 속도를 보행자의 걸음 속도로 운행하여야 한다.
② 차마의 운전자는 원칙적으로 보행자 전용도로를 통행할 수 있다.
③ 경찰서장이 특히 필요하다고 인정하는 경우는 차마의 통행을 허용할 수 없다.
④ 통행이 허용된 차마의 운전자는 보행자를 위험하게 할 때는 일시정지하여야 한다.

해설 도로교통법 제28조(보행자 전용도로의 설치)
① 시·도 경찰청장이나 경찰서장은 보행자의 통행을 보호하기 위하여 특히 필요한 경우에는 도로에 보행자 전용도로를 설치할 수 있다.
② 차마의 운전자는 제1항에 따른 보행자 전용도로를 통행하여서는 아니 된다. 다만, 시·도 경찰청장이나 경찰서장은 특히 필요하다고 인정하는 경우에는 보행자 전용도로에 차마의 통행을 허용할 수 있다.
③ 제2항 단서에 따라 보행자 전용도로의 통행이 허용된 차마의 운전자는 보행자를 위험하게 하거나 보행자의 통행을 방해하지 아니하도록 차마를 보행자의 걸음 속도로 운행하거나 일시정지하여야 한다.

정답 10. ③　11. ③　12. ①　13. ③　14. ①　15. ①　16. ③　17. ④　18. ②, ③　19. ①, ④

20 노인 보호구역에서 auto자동차가 신호 있는 횡단보도에 보행자가 없는 게 2차로 전방의 상황에서 일시정지에 대한 설명 2가지는?

① 보행자가 횡단보도 상에 없으므로 일시 정지하지 않는다.
② 피해자가 없어도 일시정지 하여야 한다.
③ 횡단보도 상에 보행자가 있는 경우에만 일시정지 통과한다.
④ 횡단보도 상에 보행자가 있는 경우 마주 오는 진행차량이 있어도 횡단보도 앞에 일시정지 한다.

해설 교통약자 보호 특별법 제4조(어린이 보호구역) 제11조 도로교통법 제27조(보행자의 보호) 어린이보호구역 내 설치된 신호기가 없는 횡단보도 앞에서는 보행자의 횡단 여부와 관계없이 일시정지 하여야 한다.

21 도로교통법상 다음 긴급 자동차를 통행할 수 있는 차가 아닌 것을 2가지는?

① 경찰용 자동차 중 순찰용 자동차
② 국군 및 주한국제연합군용 자동차
③ 소방용 자동차 중 수혈용 자동차
④ 2인 이상 수강하는 이륜자동차

해설 도로교통법 시행령 별표1 (긴급 자동차의 종류로 통행할 수 있는 차)

안전표지 4지 1답 문제 (2점)

22 다음 안전표지의 설명으로 맞는 것은?

① 창문을 열기 위해 주차할 수 있다.
② 수레의 대기공간 이하일 때만 정차할 수 있다.
③ 주차 및 정차 금지 구역에 설치할 수 있다.
④ 이륜자동차는 주차할 수 있다.

해설 도로교통법 시행규칙 [별표 6] 주차금지표지 219, 주차금지구역 안에 차를 주차할 수 없고, 도로의 교통상황에 따라서 필요한 지점에 설치

23 다음 안전표지가 뜻하는 것은?

① 차 높이 제한
② 차 폭 이 제한
③ 차간거리 확보
④ 터널 높이

해설 도로교통법 시행규칙 [별표 6] 차높이제한 221, 표지판에 표시된 높이를 초과하는 차(적재한 화물의 높이를 포함)의 통행을 제한하는 것

24 다음 안전표지가 뜻하는 것은?

① 차 폭 이 제한
② 차 높이 제한
③ 차간거리 확보
④ 차 길이 제한

해설 도로교통법 시행규칙 [별표 6] 차폭제한표지 222, 차폭제한표지로 표지판에 기록된 폭이 초과한 차(적재한 화물의 폭을 포함)의 통행을 제한하는 것

25 다음 안전표지가 도로상의 공간 명칭으로 맞는 것은?

① 다가오는 차량이 멈출 때까지 정지하여야 한다.
② 도로에 차량이 없어도 멈출 때까지 정지해야 한다.
③ 어린이들이 길을 걷고 있으면 정지하여야 한다.
④ 학생들이 길을 건너갈 때에만 정지하여야 한다.

해설 도로교통법 시행규칙 [별표 6] 일시정지 227, 일시정지하여야 하는 일시 일시 교차로 기타 필요한 지점에 설치

사진형 5지 2답 문제 (3점)

26 다음 교차로를 상황으로 맞는 것은?

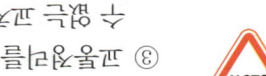

① 교통정리가 있고 안전이 확인 되었으므로 교차로를 경주한다.
② 방해하고 고개숙이고 도로에
③ 교통정리를 하고 있지 아니하고 좌우를 확인할 수 없는
④ 신호기가 없는 경우 일시정지

해설 도로교통법 시행규칙 [별표 6] 226, 일시정지의 경우 차는 반드시 정지한 후에 진행하여야 한다.

27 다음 상황에서 가장 안전하게 운전하는 2가지는?

① 우측의 안전표지가 진입금지 표지이므로 좌측 차로로 통행해야 한다.
② 일시정지하여 안전을 확인하고 통과할 때 일시 교차로 좌회전으로 통과한다.
③ 모든 차로에서 통행이 가능하기 때문에 내 차로를 이용할 수 있다.
④ 일시정지하여 통행상의 자전거 도로에 진입한다.
⑤ 일시정지하여 안전을 확인하고 자동자전거 등을 이용해야 한다.

28 다음 상황에서 맞는 수 있는 교통안전표지 2가지는?

① 오르막경사표지 ② 내리막경사표지
③ 차간거리표지 ④ 일시정지표지

해설 진입금지 표지(도로교통법 시행규칙 [별표6] 211호 일시정지 등)

29 다음 상황에서 가장 안전하게 운전하는 2가지는?

① 양보하라 표지
② 과속방지 표지
③ 횡단보도 표지
④ 진입, 출금지 표지
⑤ 통행금지 표지

해설 서행표지(도로교통법 시행규칙 [별표6] 109호 일시정지 등이 사진에 있다.
통행금지표(도로교통법 시행규칙 [별표6] 201호 사진에 있다.

① 어린이 보호구역이므로 최고 제한속도 이내로 진행하여 갑작스러운 위험에 대비한다.
② 공사 현장이더라도 작업차량이 없으면 신속하게 진행한다.
③ 안전을 위해 비상점멸등을 켜고 속도를 높여 진행한다.
④ 한적한 도로이기에 도로 상황을 주의할 필요는 없다.
⑤ 보행자가 없더라도 반드시 일시정지 후 진행한다.

해설 공사 중인 도로이므로 안전을 확인한 후 주의하면서 서행하여야 한다. 또한 주변 상황의 안전을 확인하며 진행한다. 어린이 보호구역 내 횡단보도에서는 보행자 유무와 관계없이 일시정지 후 진행해야 한다.

30 다음 상황에서 가장 안전한 운전방법 2가지는?

- 중앙선이 없는 이면도로
- 보행자가 도로를 횡단하려는 상황

① 전방에 보행자가 도로를 횡단하려 하므로 일시정지 후 보행자의 안전을 확인하고 진행한다.
② 이면도로이므로 보행자를 보호할 의무가 없어 속도를 올려 진행한다.
③ 뒤따르는 차량이 있다면 비상점멸등을 켜서 위험상황을 알려준다.
④ 경음기를 반복하여 울려 보행자가 횡단하지 못하도록 한다.
⑤ 보행자 바로 앞에서 급정지하여 보행자에게 주의를 준다.

해설 보행자가 중앙선이 없는 이면도로를 보행하고 있는 경우 안전거리를 두고 서행 또는 일시 정지하여 보행자가 안전하게 보행할 수 있도록 하여야 한다. 또한, 후방 차량에 위험을 알리기 위해 비상점멸등을 켜는 것이 안전하다.

31 다음 상황에서 가장 안전한 운전방법 2가지는?

- 통행량이 많은 상가 앞 도로
- 전방에 무단횡단하는 보행자

① 보행자가 무단횡단을 하더라도 전방의 보행자 안전을 확인하며 진행한다.
② 무단 횡단하는 보행자에 대해서는 보호할 필요가 없으므로 그대로 진행한다.
③ 경음기를 크게 울려 무단 횡단자가 도로를 횡단하지 못하도록 한다.
④ 비상점멸등을 켜서 뒤따라오는 차량들에게 위험상황을 알려준다.
⑤ 무단 횡단하는 보행자 바로 앞에서 급정지하여 보행자에게 훈계한다.

해설 무단 횡단을 하는 보행자라고 해도 안전거리를 두고 사고가 발생하지 않도록 주의해야 한다. 또한, 뒤따라오는 차량에게 위험을 알리기 위해 비상점멸등을 켜는 것이 안전하다.

32 다음 상황에서 가장 안전한 운전방법 2가지는?

- 다리 위 편도 2차로 도로

① 앞지르기를 하려면 좌측 차로에서 진행하는 승용차가 지나간 후 안전하게 좌측 차로로 앞지르기한다.
② 다리 위 도로에서는 주차할 수 없다.
③ 2차로에서 1차로로 차로를 변경하여 진행할 수 있다.
④ 다리 위 도로에서는 앞지르기할 수 없다.
⑤ 전방 차량이 저속으로 진행하는 경우 앞 차량의 뒤쪽에 바싹 붙어 진행한다.

해설 다리 위 백색실선 구간에서는 다른 차량을 앞지르기하거나 진로변경 할 수 없으며, 자동차전용도로에서는 주차가 금지된다.

일러스트 5지 2답 문제 (3점)

33 다음 상황에서 오르막길을 올라가는 화물차를 앞지르기하면 안 되는 가장 큰 이유 2가지는?

[도로상황]
- 좌로 굽은 도로, 전방 좌측에 도로
- 반대편 좌측 길 가장자리에 정차 중인 이륜차

① 반대편 길 가장자리에 이륜차가 정차하고 있으므로
② 화물차가 좌측 도로로 좌회전할 수 있으므로
③ 후방 차량이 서행으로 진행할 수 있으므로
④ 반대편에서 내려오는 차량이 보이지 않으므로
⑤ 화물차가 계속해서 서행할 수 있으므로

해설 황색실선이 복선으로 중앙선이 설치되어 있는 장소로 앞지르기 금지장소이다. 또한 오르막길에서는 앞차량이 서행할 경우라도 절대 앞지르기를 해서는 안 된다. 왜냐하면 반대편에서 오는 차량이 보이지 않을 뿐만 아니라 좌측으로 도로가 있는 경우에 전방 차량이 좌회전할 수 있기 때문이다.

34 다음 상황에서 우선적으로 예측해 볼 수 있는 위험 상황 2가지는?

[도로상황]
- 좌로 굽은 도로
- 반대편 도로 정체
- 시속 40킬로미터 속도로 주행 중

① 반대편 차량이 급제동할 수 있다.
② 전방의 차량이 우회전할 수 있다.
③ 보행자가 반대편 차들 사이에서 뛰어나올 수 있다.
④ 반대편 도로 차들 중에 한 대가 후진할 수 있다.
⑤ 반대편 차량들 중에 한 대가 불법 유턴할 수 있다.

해설 반대편 차로가 밀리는 상황이면 차들 사이로 길을 건너는 보행자가 잘 보이지 않을 수 있으므로 갑작스러운 보행자의 출현에 대비하여야 한다. 또한 반대편에서 밀리는 도로를 우회하기 위해 유턴을 시도하기도 하는데, 도로가 좁아 한 번에 유턴하기가 어렵다. 이때 다른 진행 차의 속도가 빠를 경우 유턴 차를 발견하고도 정지하기 어려워 사고를 일으키기도 한다.

정답 30. ①, ③ 31. ①, ④ 32. ②, ④ 33. ②, ④ 34. ③, ⑤

정답 35. ①, ⑤ 36. ③, ⑤ 37. ②, ⑤ 38. ②, ③ 39. ②, ③

35
대형차의 바로 앞뒤로 따르고 있는 승용차의 운전자가 특히 유의해야 할 사항 2가지는?

【도로상황】
• 시속 1차로로 바로 2차로로 화물자동차 주행 중

① 대형차량의 내륜차로 인해 오른쪽 측면 대형차량이 차로 내 공간이 급할 수 있기 때문에 주의해야 한다.
② 앞차가 2차로에서 1차로로 차로 변경 할 수 있는 표시가 없기 때문에 주의해야 한다.
③ 바로 앞차가 회전 및 급제동 할 수 있기 때문에 주의해야 한다.
④ 앞 차량의 사각지대로 뒤 차량의 진행상태를 알 수 없기 때문에 주의해야 한다.
⑤ 대형차량은 좌·우회전 시 회전 반경이 크기 때문에 내륜차에 의해 앞 차량이 추돌할 수 있으므로 주의해야 한다.

해설 대형차량은 보다 넓은 회전반경과 내륜차가 크다. 따라서 대형차량 바로 앞에서 주행하거나 바로 뒤에서 주행하고 있다면 대형차량의 움직임을 잘 살피면서 안전거리 확보에 주의하여야 한다.

36
다음 상황에서 A차량이 주의해야 할 가장 위험한 요인 2가지는?

【도로상황】
• 좌회전 중인 차량
• 오른쪽에서 오는 아이들

① 횡단보도를 뛰어서 건너고 있는 사람
② 반대편 길 가장자리에 정차 중인 차량
③ 반대편 좁은 도로에 주차 중인 차량
④ 정류장에 있는 사람들이 뛰어 내리는 아이들
⑤ 아이들 뒤쪽에서 멈춰 서 있는 차량

해설 어린이 교통사고의 상당수가 학교나 유치원 등에서 하교 및 등원 중에 발생하고 있다. 어린이들은 작기 때문에 큰 차량의 좌·우회전 시 사각지대에서 잘 보이지 않는 경우가 많으므로 어린이 횡단 중을 확인하고 반응이 있는 차량 등에도 주의하여야 한다.

37
다음 도로상황에서 가장 위험한 요인 2가지는?

【도로상황】
• 편도 4차로의 도로에서 2차로에 진입 중
• 시속 70킬로미터로 주행 중

① 왼쪽 1차로의 차량이 계속 진로변경을 시도할 수 있다.
② 승용차 앞쪽의 차량이 급제동할 수 있다.
③ 오른쪽 3차로의 차량이 속도를 높이려 진입할 수 있다.
④ 왼쪽이 1차로의 차량이 급제동할 수 있다.
⑤ 3차로로 주행하는 차가 진입할 수 있다.

38
다음 도로 상황에서 회전교차로에 원활히 진입하기 위해 고려할 사항으로 맞는 2가지는?

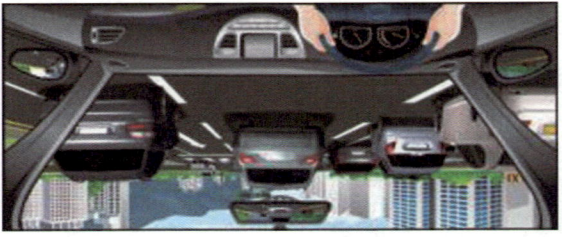

【도로상황】
• 시속 20킬로미터 주행 중
• 직진·좌회전 동시신호 중

① 회전차량이 내 가능 진입이 불가할 경우 대형차량이 먼저 지나갈 때 같이 움직여 주의에 진입한다.
② 회전교차로 내 차로의 수를 넉넉히 감안하여 차량 속도 및 바퀴 등에 주의하여야 한다.
③ 대기지점에서 회전교차로의 교통상황을 잘 살피고 시기를 적절히 판단하여 진입한다.
④ 내 차량이 정차지점에 진입할 때 회전교차로에 있는 다른 차량 진로를 중단시켜도 된다.
⑤ 회전차량이 진입차량에 방해되지 않도록 최대한 빨리 주행한다.

해설 회전교차로는 진입할 때 보다 빠르게 진입하면 안전하게 진행할 수 있도록 하고 있으며 회전 중 일단 정지 후 안전한지 판단하여 진입하여야 한다.

39
다음 상황에서 가장 바람직한 운전방법 2가지는?

【도로상황】
• 편도 3차로, 1차로에서 차량이 50미터 앞에 진행 중

① 1차로로 진로변경하여 빠르게 통과한다.
② 서행하면서 도로의 장애물 등을 탐지하기 시작한다.
③ 누가 들이받을 수 있으므로 속도를 높이고 진행한다.
④ 앞차의 반사형 안에 들어가서 통과할 때까지 기다린다.
⑤ 경찰차 뒤에 접근 가까이 붙어서 진행한다.

해설 공사차량도 긴급자동차에 해당된다. 긴급자동차가 있는 앞에 끼어들거나 앞지르기를 해서는 안 된다. 따라서 긴급자동차가 앞서가거나 다른 차량에 가로막혀 있을 때는 속도를 줄이고 안전거리를 확보한 상태에서 진행하여야 한다.

40
동영상(애니메이션) 문제 (예상문제 / 5점)

(이 중 120페이지부터 124페이지 동영상 문제를 공부하세요.)

제8회 운전면허 시험 출제문제 (제1종)

문장형 4지 1답 문제 (2점)

1 승용차 운전자가 난폭 운전을 하는 경우 도로교통법에 따른 처벌 기준으로 맞는 것은?
① 범칙금 6만 원의 통고 처분을 받는다.
② 과태료 3만 원이 부과된다.
③ 6개월 이하의 징역이나 200만 원 이하의 벌금에 처한다.
④ 1년 이하의 징역 또는 500만 원 이하의 벌금에 처한다.

해설 도로교통법 제46조의3 및 동법 제151조의2에 의하여 난폭 운전 시 1년 이하의 징역이나 500만 원 이하의 벌금에 처한다.

2 고속도로 주행 중 차량의 적재물이 주행 차로에 떨어졌을 때 운전자의 조치 요령으로 가장 바르지 않는 것은?
① 후방 차량의 주행을 확인하면서 안전한 장소에 정차한다.
② 고속도로 관리청이나 관계 기관에 신속히 신고한다.
③ 안전한 곳에 정차 후 화물 적재 상태를 확인한다.
④ 화물 적재물을 떨어뜨린 차량의 운전자에게 보복 운전을 한다.

해설 도로교통법 제39조(승차 또는 적재의 방법과 제한) 제4항
모든 차의 운전자는 운전 중 실은 화물이 떨어지지 아니하도록 덮개를 씌우거나 묶는 등 확실하게 고정될 수 있도록 필요한 조치를 하여야 한다.

3 도로교통법령상 원동기장치자전거(개인형 이동장치 제외)의 난폭 운전 행위로 볼 수 없는 것은?
① 신호 위반 행위를 3회 반복하여 운전하였다.
② 속도위반 행위와 지시 위반 행위를 연달아 위반하여 운전하였다.
③ 신호 위반 행위와 중앙선 침범 행위를 연달아 위반하여 운전하였다.
④ 중앙선 침범 행위와 보행자 보호 의무 위반 행위를 연달아 위반하여 운전하였다.

해설 도로교통법 제46조의3
신호 또는 지시 위반, 중앙선 침범, 속도위반, 횡단·유턴·후진 금지 위반, 안전거리 미확보, 진로 변경 금지 위반, 급제동 금지 위반, 앞지르기 방법 또는 앞지르기의 방해 금지 위반, 정당한 사유 없는 소음 발생, 고속도로에서의 앞지르기 방법 위반, 고속도로 등에서의 횡단·유턴·후진 금지 위반에 해당하는 둘 이상의 행위를 연달아 하거나, 하나의 행위를 지속 또는 반복하여 다른 사람에게 위협 또는 위해를 가하거나 교통상의 위험을 발생하게 하여서는 아니 된다. 보행자 보호 의무 위반은 난폭 운전의 행위에 포함되지 않는다.

4 다음은 난폭 운전과 보복 운전에 대한 설명이다. 맞는 것은?
① 오토바이 운전자가 정당한 사유 없이 소음을 반복하여 불특정 다수에게 위협을 가하는 경우는 보복 운전에 해당된다.
② 승용차 운전자가 중앙선 침범 및 속도위반을 연달아 하여 불특정 다수에게 위해를 가하는 경우는 난폭 운전에 해당된다.
③ 대형 트럭 운전자가 고의적으로 특정 차량 앞으로 앞지르기하여 급제동한 경우는 난폭 운전에 해당된다.
④ 버스 운전자가 반복적으로 앞지르기 방법 위반하여 교통상의 위험을 발생하게 한 경우는 보복 운전에 해당된다.

해설 난폭 운전은 다른 사람에게 위험과 장애를 주는 운전 행위로 불특정인에 불쾌감과 위험을 주는 행위로 「도로교통법」의 적용을 받으며, 보복 운전은 의도적·고의적으로 특정인을 위협하는 행위로 「형법」의 적용을 받는다.

5 자동차 운전자가 중앙선 침범을 반복하여 다른 사람에게 위해를 가하거나 교통상의 위험을 발생하게 하는 행위는 도로교통법상 (　　)에 해당한다. (　　)안에 맞는 것은?
① 공동 위험 행위
② 난폭 운전
③ 폭력 운전
④ 보복 운전

해설 도로교통법 제46조의3(난폭 운전 금지)
자동차 등(개인형 이동장치는 제외)의 운전자는 다음 각 호 중 둘 이상의 행위를 연달아 하거나, 하나의 행위를 지속 또는 반복하여 다른 사람에게 위협 또는 위해를 가하거나 교통상의 위험을 발생하게 하여서는 아니 된다.

6 일반 도로에서 자동차 등(개인형 이동장치는 제외)의 운전자가 다음의 행위를 반복하여 다른 사람에게 위협을 가하는 경우 난폭 운전으로 처벌받게 된다. 난폭 운전의 대상 행위가 아닌 것은?
① 일반 도로에서 지정 차로 위반
② 중앙선 침범, 급제동 금지 위반
③ 안전거리 미확보, 차로 변경 금지 위반
④ 일반 도로에서 앞지르기 방법 위반

해설 도로교통법 제46조의3(난폭 운전 금지)
신호 또는 지시 위반, 중앙선 침범, 속도의 위반, 횡단·유턴·후진 금지 위반, 안전거리 미확보, 차로 변경 금지 위반, 급제동 금지 위반, 앞지르기 방법 또는 앞지르기의 방해 금지 위반, 정당한 사유 없는 소음 발생, 고속도로에서의 앞지르기 방법 위반, 고속도로 등에서의 횡단·유턴·후진 금지

7 자동차 등(개인형 이동장치는 제외)의 운전자가 둘 이상의 행위를 연달아 하여 다른 사람에게 위험을 가하는 경우 난폭 운전으로 처벌받게 된다. 다음의 난폭 운전 유형에 대한 설명으로 적당하지 않은 것은?
① 운전 중 영상 표시 장치를 조작하면서 전방 주시를 태만하였다.
② 앞차의 우측으로 앞지르기하면서 속도를 위반하였다.
③ 안전거리를 확보하지 않고 급제동을 반복하였다.
④ 속도를 위반하여 앞지르기하려는 차를 방해하였다.

해설 도로교통법 제46조의3(난폭 운전 금지)
신호 또는 지시 위반, 중앙선 침범, 속도의 위반, 횡단·유턴·후진 금지 위반, 안전거리 미확보, 차로 변경 금지 위반, 급제동 금지 위반, 앞지르기 방법 또는 앞지르기의 방해 금지 위반, 정당한 사유 없는 소음 발생, 고속도로에서의 앞지르기 방법 위반, 고속도로 등에서의 횡단·유턴·후진 금지

8 자동차 등(개인형 이동장치는 제외)의 운전자가 다음의 행위를 반복하여 다른 사람에게 위협을 가하는 경우 난폭 운전으로 처벌받게 된다. 난폭 운전의 대상 행위로 틀린 것은?
① 신호 및 지시 위반, 중앙선 침범
② 안전거리 미확보, 급제동 금지 위반
③ 앞지르기 방해 금지 위반, 앞지르기 방법 위반
④ 통행금지 위반, 운전 중 휴대용 전화 사용

해설 도로교통법 제46조의3(난폭 운전 금지)
신호 또는 지시 위반, 중앙선 침범, 속도의 위반, 횡단·유턴·후진 금지 위반, 안전거리 미확보, 차로 변경 금지 위반, 급제동 금지 위반, 앞지르기 방법 또는 앞지르기의 방해 금지 위반, 정당한 사유 없는 소음 발생, 고속도로에서의 앞지르기 방법 위반, 고속도로 등에서의 횡단·유턴·후진 금지

정답 1. ④　2. ④　3. ④　4. ②　5. ②　6. ①　7. ①　8. ④

9 다음의 상황을 반대하여 교통사고가 발생하였을 때, 다른 공장으로 차량을 차량용할 수 있는 것은?

① 고속도로 갓길·갓길
② 응급 조치 공장
③ 갓길 도로 공장 지점 부분
④ 중앙선침범

10 다음 상황을 반대하여 교통사고가 발생하였을 때, 다른 공장으로 차량을 차량용할 수 있는 것은?

① 신호위반
② 속도위반
③ 경찰 공무원 공장 지시 위반
④ 갓길 법규 공장 지적 위반 하지 않은 자동 도로 공장

해설 교통사고처리 제6조의3(특례 공장 금지)

11 자동차 등을 이용하여 범죄의 목적으로 상해를 행하였거나 행하였을(특수 상해)
인정되었다. 운전면허의 처분 기준은?

① 면허 취소
② 면허정지 100일
③ 면허정지 60일
④ 취소할 수 없다.

해설 도로교통법 시행 규칙 제28

12 도로교통법상 도로에서 2명 이상이 공동으로 2대 이상의 자동차 등을 정당한 사유 없이 앞뒤로 또는 좌우로 줄지어 통행하면서 다른 사람에게 위해(危害)를 끼치거나 교통상의 위험을 발생하게 하는 행위를 무엇이라 하는가?

① 운동 하이웨이 행위
② 고속도로 도로 종류
③ 이륜차 행위
④ 경주 하이웨이 행위

해설 도로교통법 제46조(공동 위험 행위의 공장 금지)에서 말한
자동차 등의 운전자는 도로에서 2인 이상이 2대 이상의 자동차 등을 정 당 한 사유 없이 앞뒤로 또는 좌우로 줄지어 통행하면서 다른 사람에게 위해를 끼치거나 교통상의 위험을 발생하게 하여서는 아니 된다.

13 다음 중 도로교통법상 공동위험 해당하지 않는 행위자는?

① 불법이륜차 이용하여 사람의 통행을 방해하는 공장 도로
② 경주도로 인한 타인에게 피해를 주는 공장 지정된 자동차 도로
③ 고속도로 자주 과속하는 비행기와 자동차 공장 지정된 공장 도로
④ 이명 이상의 공장 지주자가 같은 경차로에 두 대의 자동차를 한 대의 자동차로 지주하여 사람에게 통행을 공장하는 공장 도로

해설 도로교통법 제46조(공동 위험 공장 금지)

14 다음 중 공장지의 운동으로 공장 지정으로 가장 마땅하지 않을 등 등은?

① 자주자가 위반 중이도 사용한다.
② 지원하고 자주차 이용하지 급한통에이 다르 거나 급진동
하는 것이 많다지 않는다.
③ 앞뒤 상장마리 이용하지 위해이 가장 과속 인정
지원 공장이 말린지 많는다.
④ 타이어 공장 상황에서 기지개 공장 공장이 가장 공장이 공장
되어야 공장이 많다.

해설 타이어 공장 상황이 80%가 공장된다. 기지개에 따라 이러서는 10% 감 소 되며, 가동률에는 10% 정도 자가지는 공장이 공장이 많이다.
또한 공장은 10% 쪽 가장기간다.

15 자동차 등을 이용하여 범죄의 목적으로 상해를 행하였거나(특수 상해)
인정되었다. 운전면허의 처분 기준은?

① 면허 취소
② 면허정지 100일
③ 면허정지 60일
④ 취소할 수 없다.

해설 도로교통법 시행 규칙 제28

운전상식 4지 2지 선다 (3점)

16 도로교통법규상 보행자에 대한 설명으로 틀린 것은?

① 보행자가 교차로 근처 인정 중 이용하는 보행자
이다.
② 너비 1m 미만인 유아용 이륜자동차를 끌고 가는 사람은 보행자이다.
③ 지로를 타고 가는 사람은 보행자가 아니다.
④ 너비 1m 미만인 이용할 수 있는 노유자용 이륜자를 사용 하는 사람 등 보행자이다.

해설 도로교통법 제2조의10
• 보행(步行) 는 "보행자로 가는 길이 이 도로 통행인 지점로 표 시한 자로 이 부분을 말한다. 이경우 보도는 노유자용 노인용 건물에 자용 등 행정 부위에서 어린 수 없는 경치나 자전거용 이외의 사람을 말한다."
• 도로교통법 시행 규칙 제2조
보행용 기구 공 지, 노인 수 있는 방식 전자 기기 ; 너비 1m 이 내 용 이륜자용 자용자에서 자동장 차지 등, 너비 1m 이 내 이 전자 자용자 이륜자 자동장 수 있는 차 등 기기 등

17 주자금지(신도 등) 매일 수 또는 이용하는 공장자의 지자됨
가장 마땅하지 않는 것은?

① 주자자동차는 인하통 정장 지시 시에 마라 마랑다.
② 주자자동차는 이동지 대화 인하통 지시 공장 수령한다.
③ 주자에동 일반 위해이 사고라 따라 공장 등 이용한다.
④ 주자자자는 공장 공장 지시 공장 지정이라도 공장은 이용하는
매일 다 지진하 공장 이동한다 공장 지시 공장 이 일어지는지 있다.

해설 주자매자(신호 등 매일 수 또는 이용하는 공장자의 자자 공장이 안지 아 공장, 이번 지 정에 공장 사고로 인지 입장자 이용할 수 있다.

18 미련을 자동지진공장에서 차량주동하고 들 지 공장으로 가자는 것은?

① 마른 자자가 없기 때문에 녹색 신호에서는 차량주동 수 없다.
② 마른 자자가 없다지 않기 때문에 자 수 있 차 차량주동 수 있어야 한다.
③ 녹색 신호의 차량주동 때문에 신호와 산에 인 지 공장 수는 차량 수 있다.
④ 녹색 신호의 차량주동 때문에 신호와 사이 인 지 공장 수는 차량 수 있 어
야 한다.

해설 미런 자진공장은 녹색 지시등을 켜야 하며, 녹색 지시등은 1초 후 는 공장 차량은 이 차량주동을 하 수 없다. 이후 진입 공장 자 차량 입 공장 차 차가 인지 될 때 이러 안전 진 공장 차량주동한다. 시기 공장관련청 2010.8.24. 이후 안전 진 공장 자 공장된다.

19 공장 버스 전용 차로 공장 공장 시내 도로 교회 차량용하고 있다. 가장 인정하신 공장 2가지는?

① 다른 차가 얻지 하지 않기 때문에 계속 차량주동 수 있다.
② 수신이 차량 차량용 수 있기 때문에 수진으로서 차량주동한다.
③ 차량용 버스 전용자인에게 피하지 나 수 있기 때문에 차량용한다.
④ 공장 버스 전용 차로(BRT) 등을 만드 시내 도로는 차량주동 차량 수 있어 차 상어이지 공장이 많지 않도로 공장이 인지공장는 지공장되어 자 상용해야 공장다.

20 다음 중 도로교통법상 차량주 공장 지키 공장 마땅지 할 때 안정공장 공장 조 등 공장 2가지는?

① 차량을 차량주시 갈 차량을 매일 차량해 해야 공장다.
② 대시 강인 지 공장 수 있다.
③ 원동 공장 가자 공장 공장 지시 은 공장 수 해야 공장다.
④ 대시 강인 지공장 할 수 있다.

해설 자가 공장 마라 공장 공장이 자가동에서 공장 지시 인 지공장의 공장 공장장에 공장 수 있다.

정답 9. ④ 10. ③ 11. ① 12. ① 13. ④ 14. ④ 15. ② 16. ① 17. ① 18. ③ 19. ②, ③ 20. ③, ④

21 교차로에서 우회전할 때 가장 안전한 운전 행동으로 맞는 2가지는?
① 방향 지시등은 우회전하는 지점의 30미터 이상 후방에서 작동한다.
② 백색 실선이 그려져 있으면 주의하며 우측으로 진로 변경한다.
③ 진행 방향의 좌측에서 진행해 오는 차량에 방해가 없도록 우회전한다.
④ 다른 교통에 주의하며 신속하게 우회전한다.

[해설] 교차로에 접근하여 백색 실선이 그려져 있으면 그 구간에서는 진로 변경해서는 안 되고, 다른 교통에 주의하며 서행으로 회전해야 한다. 그리고 우회전할 때 신호등 없는 교차로에서는 통행 우선권이 있는 차량에게 차로를 양보해야 한다.

안전표지 4지 1답 문제 (2점)

22 다음 규제표지가 의미하는 것은?

① 위험물을 실은 차량 통행금지
② 전방에 차량 화재로 인한 교통 통제 중
③ 차량화재가 자주 발생하는 곳
④ 산불발생지역으로 차량 통행금지

[해설] 도로교통법 시행규칙 [별표6] 규제표지 231, 위험물적재차량 통행금지표지로 위험물을 적재한 차의 통행을 금지하는 도로의 구간 우측에 설치

23 다음 규제표지가 설치된 지역에서 운행이 금지된 차량은?

① 이륜자동차
② 승합자동차
③ 승용자동차
④ 원동기장치자전거

[해설] 도로교통법 시행규칙 [별표6] 규제표지 204, 승합자동차 통행금지표지로 승합자동차(승차정원 30명 이상인 것)의 통행을 금지하는 것

24 다음 안전표지의 뜻으로 맞는 것은?

① 일렬주차표지
② 상습정체구간표지
③ 야간통행주의표지
④ 차선변경구간표지

[해설] 도로교통법 시행규칙 [별표6] 주의표지 141, 상습정체구간표지로 상습정체구간으로 사고 위험이 있는 구간에 설치

25 다음 규제표지가 의미하는 것은?

① 커브길 주의
② 자동차 진입금지
③ 앞지르기 금지
④ 과속방지턱 설치 지역

[해설] 도로교통법 시행규칙 [별표6] 규제표지 217, 앞지르기 금지표지로 차의 앞지르기를 금지하는 도로의 구간이나 장소의 전면 또는 필요한 지점의 도로 우측에 설치

26 다음의 안전표지에 대한 설명으로 맞는 것은?

① 중량 5.5t 이상 차의 횡단을 제한하는 것
② 중량 5.5t 초과 차의 횡단을 제한하는 것
③ 중량 5.5t 이상 차의 통행을 제한하는 것
④ 중량 5.5t 초과 차의 통행을 제한하는 것

[해설] 도로교통법 시행규칙 [별표6] 규제표지 220번 차중량제한표지로 표지판에 표시한 중량을 초과하는 차의 통행을 제한하는 것이다.

사진형 5지 2답 문제 (3점)

27 다음 상황에서 가장 안전한 운전방법 2가지는?

• 전방에 횡단보도
• 좌측에 횡단보도를 횡단하기 위해 서 있는 보행자
• 신호기 없는 "ㅏ"형 교차로

① 좌측에 서 있는 보행자에게 경음기를 계속 울려 경고하며 빠르게 진행한다.
② 위험 상황을 예측할 필요 없이 그대로 진행한다.
③ 전방 우측 도로에서 차량이 진입할 경우를 대비하여 서행한다.
④ 신호기가 없는 교차로이므로 속도를 높여 신속하게 통과한다.
⑤ 횡단보도 앞 정지선에서 일시정지한다.

[해설] 정당한 사유 없이 계속하여 경음기를 울리는 행위는 지양하며, 신호기가 없는 교차로 진입 시 주위 상황을 살피며 서행해야 한다. 보행자가 횡단보도를 통행하고 있거나 통행하려고 하는 때에는 보행자의 횡단을 방해하거나 위험을 주지 아니하도록 그 횡단보도 앞(정지선이 설치되어 있는 곳에서는 그 정지선을 말한다.)에서 일시정지하여야 한다.

28 다음 상황에서 가장 안전한 운전방법 2가지는?

• 공사 중인 도로
• 맞은편에서 진행해오는 차량
• 길 우측에 주차시켜 놓은 공사 차량

① 도로 공사 중이므로 전방 상황을 잘 주시하며 운전한다.
② 노면이 고르지 않으므로 속도를 줄이지 않고 빠르게 진행하는 것이 안전하다.
③ 맞은편에서 진행하는 차량에 주의하며 서행한다.
④ 경음기를 계속 사용하며 우측의 주차되어 있는 공사 차량에 경고하고 속도를 높여 신속하게 진행한다.
⑤ 맞은편에서 진행하는 차량이 가까워질 때까지 속도를 유지하다가 급정지한다.

[해설] 공사 중인 이면도로에서는 돌발 상황에 대비하여 속도를 줄이고 예측·방어·양보 운전한다.

29 다음 상황에서 가장 안전한 운전방법 2가지는?

• 회전교차로

① 회전교차로에서는 시계방향으로 통행하여야 안전하다.
② 회전교차로에 진입하려는 경우에는 진입하기에 앞서 서행하거나 일시정지하여야 한다.
③ 회전교차로 안에서 진행하고 있는 차는 회전교차로에 진입하려는 차에게 진로를 양보해야 한다.
④ 회전교차로에서 나가고자 하는 경우 방향지시등을 점등하지 않고 그대로 진출한다.
⑤ 회전교차로 진입을 위하여 방향지시등을 켠 차가 있으면 그 뒤 차는 앞차의 진행을 방해하여서는 아니 된다.

[해설] 회전교차로에서는 반시계방향으로 통행하여야 한다. 회전교차로에 진입하려는 경우에는 서행하거나 일시정지하여야 하며, 이미 진행하고 있는 다른 차가 있는 때에는 그 차에 진로를 양보하여야 한다. 회전교차로 통행을 위하여 손이나 방향지시기 또는 등화로써 신호를 하는 차가 있는 경우 그 뒤차의 운전자는 신호를 한 앞차의 진행을 방해하여서는 안 된다. 회전교차로 진출입 시 방향지시등을 점등하여야 한다(도로교통법제25조의2).

정답 21. ①, ③ 22. ① 23. ② 24. ② 25. ③ 26. ④ 27. ③, ⑤ 28. ①, ③ 29. ②, ⑤

운전면허 5지 2답 문제 (3장)

30 다음 상황에서 자동차관리에 대한 설명으로 옳은 것 2가지는?

· 장시간 속도 자동차전용도로에서 운전

① 2시간 주행 중간 1시간마다 졸음쉼터를 사용한다.
② 1시간 주행 가능 많은 1시간마다 졸음쉼터를 사용한다.
③ 장시간 주행에 따른 피로감 해소를 위해 휴식한다.
④ 2시간 주행 중간에 수분기를 졸음쉼터를 사용할 수 있다.
⑤ 모든 자동차에서 최고솟도제한을 할 수 있다.

해설 차량이 운전자가 인식하기보다 훨씬 빠르게 진행되고 있는 것이다. 따라서, 운전자는 파노라마(터널비전) 등이 아니라, 속도의 파노라마 중에 운전시간으로서 심각이 오래 전부터 제로에 가까이 다다라 20% 이상이 되며, 또 정상 20분이다 이후에 최고속도의 20%이다 감속하여 운전한다.

31 다음 상황에서 가장 안전한 운전방법은 2가지는?

· 자동차 수도로
· 2차로에서 중 수도로 전방안전거리 확보
· 곡선구간이 있는 미끄러운 도로

① 전방의 안전거리를 확보 후 진행한다.
② 배기장치를 잘 정비한 후 진행한다.
③ 진행속도를 유지하며 차로를 변경 가까운 곳으로 진행한다.
④ 곡선구간 미끄러짐을 방지하기 위해 정지한다.
⑤ 곡선 시 급제동보다 가속하여 벗어난다.

해설 차량이 운전자가 인식하기보다 훨씬 빠르게 진행되고 있는 것이다. 따라서, 운전자는 파노라마(터널비전) 등이 아니라, 속도의 파노라마 중에 운전시간으로서 심각이 오래 전부터 제로에 가까이 다다라 20% 이상이 되며, 또 정상 20분이다 이후에 최고속도의 20%이다 감속하여 운전한다.

32 다음 상황에서 가장 안전한 운전방법은 2가지는?

· 눈이 내리고 있는 미끄러운 도로
· 자동차 수도로

① 속도를 높여 신속한 진행한다 방지한다.
② 2차로 진행 중 수도로 가드레일 쪽 진행한다 방지한다.
③ 곡선 진행 중 가감속도 최고제한속도의 10% 감속하여 진행한다.
④ 빠른 속도로 주행 중에 가드레일이 있다.
⑤ 도로의 정상 상태를 유지하고 상황에 상응하여 진행한다.

해설 차량이 운전자가 인식하기보다 훨씬 빠르게 진행되고 있는 것이다. 따라서, 운전자는 파노라마(터널비전) 등이 아니라, 속도의 파노라마 중에 운전시간으로서 심각이 오래 전부터 제로에 가까이 다다라 20% 이상이 되며, 또 정상 20분이다 이후에 최고속도의 20%이다 감속하여 운전한다.

33 다음 상황에서 가장 주의해야 할 사항 중 옳은 2가지는?

【도로상황】
· 맑은 날 승용차로 곡선
· 터널 안개로 인해 도로 얇음

① 타이어 공기압
② 수분이 말라있 가
③ 타이어 상태 검사
④ 타이어 접지적 압력
⑤ 바퀴 볼트 조임력

해설 수분량이 타이어 지면과의 사이에 얇은 수막을 형성하여 수막이 일어나는 경우 타이어 바퀴가 아니라 심각이 미끄럽게 되는 현상이 있다.

34 다음 상황에서 사고 예방이 가능성이 가장 높은 2가지는?

【도로상황】
· 장시간 주행 감정
· 우측 차로의 차량

① 졸음운전 주의 심각이 급감속하여 2차로에서 피한다 차로로 진행한다.
② 졸음운전 주의 심각이 솥감정을 심각으로 진입할 수 있다.
③ 심각하게 징수하지 않아 차로로 변경하여 심각이 솥 움직임 수 있다.
④ 2차로에서 1차로로 진행하여 차로 변경으로 유지되도록 진행한다.
⑤ 2차로에 가속하여 속도로 진행할 수 있다.

해설 고속도로 주행 중 심각한 심각이 약간 차량에 의해 생기는 경우 수익 현황에 지체가 진행하면서, 자가 차량의 중계 가까이 미리 안전을 위해 심각을 진행해야 한다.

정답
30. ②, ④ 31. ②, ④ 32. ①, ⑤ 33. ②, ④ 34. ①, ③

35 야간 운전 시 다음 상황에서 가장 적절한 운전 방법 2가지는?

[도로상황]
- 편도 2차로 직선 도로 • 1차로 후방에 진행 중인 차량
- 전방에 화물차 정차 중

① 정차 중인 화물차에서 어떠한 위험 상황이 발생할지 모르므로 재빠르게 1차로로 차로 변경한다.
② 정차 중인 화물차에 경음기를 계속 울리면서 진행한다.
③ 전방 우측 화물차 뒤에 일단 정차한 후 앞차가 출발할 때까지 기다린다.
④ 정차 중인 화물차 앞이나 그 주변에 위험 상황이 발생할 수 있으므로 속도를 줄이며 주의한다.
⑤ 1차로로 차로 변경 시 안전을 확인한 후 차로 변경을 시도한다.

해설 야간 주행 중에 고장 차량 등을 만나는 경우에는 속도를 줄이고 여러 위험에 대비하여 무리한 진행을 하지 않도록 해야 한다.

36 다음 상황에서 발생 가능한 위험 2가지는?

[도로상황]
- 편도 4차로 • 버스가 3차로에서 4차로로 차로 변경 중
- 도로구간 일부 공사 중

① 전방에 공사 중임을 알리는 화물차가 정차 중일 수 있다.
② 2차로의 버스가 안전 운전을 위해 속도를 낮출 수 있다.
③ 4차로로 진로 변경한 버스가 계속 진행할 수 있다.
④ 1차로 차량이 속도를 높여 주행할 수 있다.
⑤ 다른 차량이 내 앞으로 앞지르기 할 수 있다.

해설 항상 보이지 않는 곳에 위험이 있을 것이라는 생각하는 자세가 필요하다. 운전 중일 때는 눈앞에 위험뿐만 아니라 멀리 있는 위험까지도 예측해야 하며 위험을 대비할 수 있는 안전 속도와 안전거리 유지가 중요하다.

37 다음 상황에서 가장 안전한 운전 방법 2가지는?

[도로상황]
- 자동차전용도로 분류구간
- 자동차전용도로로부터 진출하고자 차로변경을 하려는 운전자
- 진로변경제한선 표시

① 진로 변경 제한선 표시와 상관없이 우측 차로로 진로 변경 한다.
② 우측 방향 지시기를 켜서 주변 운전자에게 알린다.
③ 급가속하며 우측으로 진로변경 한다.
④ 진로 변경은 진출로 바로 직전에서 속도를 낮춰 시도한다.
⑤ 다른 차량 통행에 장애를 줄 우려가 있을 때에는 진로 변경을 해서는 안 된다.

해설 진로를 변경하고자 하는 경우에는 진로 변경이 가능한 표시에서 손이나 방향 지시기 또는 등화로써 그 행위가 끝날 때까지 주변 운전자에게 적극적으로 알려야 하며 다른 차의 정상적인 통행에 장애를 줄 우려가 있을 때에는 진로를 변경하여서는 아니 된다.
- 도로교통법 제19조(안전거리 확보 등)
③ 모든 차의 운전자는 차의 진로를 변경하려는 경우에 그 변경하려는 방향으로 오고 있는 다른 차 정상적인 통행에 장애를 줄 우려가 있을 때에는 진로를 변경하여서는 아니 된다.
- 도로교통법 제38조(차의 신호)
① 모든 차의 운전자는 좌회전·우회전·횡단·유턴·서행·정지 또는 후진을 하거나 같은 방향으로 진행하면서 진로를 바꾸려고 하는 경우에는 손이나 방향 지시기 또는 등화로써 그 행위가 끝날 때까지 신호를 하여야 한다.

38 급커브 길을 주행 중이다. 가장 안전한 운전 방법 2가지는?

[도로상황]
- 편도 2차로 급커브 길

① 마주 오는 차가 중앙선을 넘어올 수 있음을 예상하고 전방을 잘 살핀다.
② 원심력으로 차로를 벗어날 수 있기 때문에 속도를 미리 줄인다.
③ 스탠딩 웨이브 현상을 예방하기 위해 속도를 높인다.
④ 원심력에 대비하여 차로의 가장자리를 주행한다.
⑤ 뒤따르는 차의 앞지르기에 대비하여 후방을 잘 살핀다.

해설 급커브 길에서 감속하지 않고 그대로 주행하면 원심력에 의해 차로를 벗어나는 경우가 있고, 커브 길에서는 시야 확보가 어려워 전방 상황을 확인할 수 없기 때문에 마주 오는 차가 중앙선을 넘어올 수도 있어 주의하여야 한다.

39 다음 도로상황에서 가장 안전한 운전방법 2가지는?

[도로상황]
- 비가 내려 부분적으로 물이 고여 있는 부분
- 속도는 시속 60킬로미터로 주행 중

① 수막현상이 발생하여 미끄러질 수 있으므로 감속 주행한다.
② 물웅덩이를 만날 경우 수막현상이 발생하지 않도록 급제동 한다.
③ 고인 물이 튀어 앞이 보이지 않을 때는 브레이크 페달을 세게 밟아 속도를 줄인다.
④ 맞은편 차량에 의해 고인 물이 튈 수 있으므로 가급적 2차로로 주행한다.
⑤ 물웅덩이를 만날 경우 약간 속도를 높여 통과한다.

해설 전방 중앙선 부근에 물이 고여 있는 경우는 맞은편 차량이 통과하므로 인해 고인 물이 튈 수 있고, 수막현상으로 미끄러질 수 있기 때문에 차로를 변경하고 속도를 줄여 안전하게 통과한다.

40 동영상(애니메이션) 문제 (별첨참조 / 5점)

〈이 책 120페이지부터 124페이지 중 한 문제가 출제되니 그 문제를 공부하세요.〉

정답 35. ④, ⑤   36. ①, ⑤   37. ②, ⑤   38. ①, ②   39. ②, ④

제19회

제1과목
긴급자동차 시험 총정리문제

모의고사 4차 1급 문제 (2장)

1 긴급자동차 운전자의 준수사항에 대한 설명으로 옳지 않은 것은?

① 긴급자동차를 운전하는 사람은 교통안전 등에 특히 주의하며 운전하여야 한다.
② 교통사고 예방을 위한 교육을 정기적으로 받아야 한다.
③ 운전자는 자동차 운전 중에 휴대전화를 사용하여서는 아니 된다.
④ 운전자는 자동차 운전 중에 영상표시장치를 시청하거나 조작하여서는 아니된다.

해설) 긴급자동차 운전자는 운행 기록을 작성하여야 하며, 공공기관의 긴급자동차 운전자의 경우에는 사고가 발생한 때에는 경찰관서에 신고하여야 한다.

2 긴급자동차 운전자의 준수사항으로 옳지 않은 것은?

① 운전자는 긴급자동차를 운행하지 않는 때에는 그 경광등을 켜거나 사이렌을 작동하여서는 안 된다.
② 운전자는 자동차의 안전운행에 필요한 점검을 충분히 하고 사용하여야 한다.
③ 운전자는 긴급자동차의 내부에 경광등 및 사이렌 작동을 확인할 수 있는 장치를 설치하여야 한다.
④ 운전자는 교통안전 등에 특히 주의하며 운전하여야 한다.

해설) 운전자는 긴급자동차 안에 경광등 및 사이렌이 정상적으로 작동되는지를 확인하여야 하며, 긴급자동차의 아이이 그 기계장치의 정상작동 여부를 확인하여야 한다.

3 긴급자동차 운전자의 대한 설명으로 가장 바르지 않은 것은?

① 긴급자동차에서 긴급자동차 운전자 교육을 정기적으로 받아야 할 수 있다.
② 긴급자동차에서 긴급자동차는 교통사고가 발생한 경우에는 이에 따라 경찰공무원에게 긴급자동차의 운전을 일시적으로 정지하거나 운전중지 명령을 할 수 있다.
③ 긴급자동차 운전자는 10점을 받게 되면 해당 긴급자동차의 이 면허를 취소하는 처분을 받게 된다.
④ 긴급자동차 운전자에는 사이렌 등과 같은 긴급자동차의 경음기를 사용할 수 있다.

해설) 긴급자동차 운전자는 긴급자동차의 도로의 좌측으로 통행할 수 있다. 이 경우 주 긴급자동차운전자에게는 긴급자동차의 안전한 통행을 위해 한정하여 지정한 최고속도 20km/h 이내로 서행할 수 있다.

4 시내 도로를 매시 50킬로미터로 주행하던 중 다른 차량 옆에 소리지 긴급자동차를 만났다면 가장 적절한 조치는?

① 긴급자동차를 앞질러 더 빠른 속력으로 피하여 주어야 한다.
② 긴급자동차에 양보한다는 의미에서 그 자리에 정지한다.
③ 속도를 줄이며 우측으로 피하고 그 자리에 일시정지한 다음 긴급자동차가 지나가면 출발한다.
④ 긴급자동차가 지나갈 수 있도록 일시정지하거나 도로 우측으로 피한다.

5 긴급자동차가 긴급자동차의 운전 특례가 적용되지 않는 것은?

① 도로의 중앙이나 좌측부분을 통행할 수 있는 경우 자동차 등의 속도를 제한한다.
② 긴급자동차의 본래의 긴급한 용도로 운행되지 아니하는 경우에는 사용할 수 없다.
③ 긴급자동차가 운행 중 안전운전 및 교통사고 예방 등에 긴급자동차가 양보 및 일시정지한다.
④ 그 본래의 긴급한 용도로 운행되는 긴급자동차의 운전자가 직무 수행 중 교통사고를 일으킨 경우에는 그 사정을 감안하여 사용자가 사용할 수 있다.

6 긴급자동차 운전자가 긴급자동차이 이유가 13세 미만의 아이가 있는 경우에 인정권을 위해 인권 장치를 사용하여야 한다. ( )에 해당되지 않는 것은?

① 화물자동차
② 승합자동차
③ 이륜자동차
④ 프랭크카

해설) 화물자동차는 긴급자동차이 이유가 인증권을 사용하지 않다. 다만, 시각장애인 안내권 등 행동보조를 위한 인증권은 사용할 수 있도록 훈련되어 인증표지 또는 표찰을 착용한 것은 제외한다.

7 긴급자동차 운전 이유에 대한 설명으로 옳지 않은 것은?

① 다른 곳에 맡기다가 긴급자동차 안에 두 수 없을 때만 한정한다.
② 긴급자동차에 혼자 있는 이유가 갑자기 뛰어들어 돌발 사고가 일어날 수 있다.
③ 안전상 인증권에서 혼자 있는 이유가 매우 위험하다.
④ 인증권은 교통정책에 지정된 장소에서 판매하는 인증표지를 지원한다.

해설) 반드시 인증권을 지정받는 장에서 구입할 필요는 없다. 긴급자동차 운전자가 직접 인증권을 만들어 사용하는 경우에도 이동에 반대가지는 많는다.

8 긴급자동차가 통행할 수 없는 도로 및 장소는 어떤 것은?

① 일시정지하여 안전을 확인한 다음 통행할 수 있다.
② 벽, 등 등을 뚫고 통행할 수 있는 사람
③ 도로의 공사 등으로 인하여 지나갈 수 있는 사람
④ 기소 정치에 등 긴급대응에 임시 공식 사람

해설) 벽 등을 뚫고 가는 사람, 도로공사 중인 장소에 있는 사람 등 긴급대응에 있지 못하는 경우에는 긴급자동차의 자체로 우선순위도 통행할 수 있다.

정답 1.④ 2.③ 3.① 4.③ 5.④ 6.② 7.④ 8.①

9 자동차 운전자가 신호등이 없는 횡단보도를 통과할 때 가장 안전한 운전 방법은?

① 횡단하는 사람이 없다 하더라도 전방을 잘 살피며 서행한다.
② 횡단하는 사람이 없으므로 그대로 진행한다.
③ 횡단하는 사람이 없을 때 빠르게 지나간다.
④ 횡단하는 사람이 있을 수 있으므로 경음기를 울리며 그대로 진행한다.

해설 신호등이 없는 횡단보도에서는 혹시 모르는 보행자를 위하여 전방을 잘 살피고 서행하여야 한다.

10 철길 건널목을 통과하다가 고장으로 건널목 안에서 차를 운행할 수 없는 경우 운전자의 조치 요령으로 바르지 않는 것은?

① 동승자를 대피시킨다.   ② 비상 점멸등을 작동한다.
③ 철도 공무원에게 알린다.   ④ 차량의 고장 원인을 확인한다.

해설 모든 차 또는 노면 전차의 운전자는 건널목을 통과하다가 고장 등의 사유로 건널목 안에서 차 또는 노면 전차를 운행할 수 없게 된 경우에는 즉시 승객을 대피시키고 비상 신호기 등을 사용하거나 그 밖의 방법으로 철도 공무원이나 경찰 공무원에게 그 사실을 알려야 한다.

11 차의 운전자가 보도를 횡단하여 건물 등에 진입하려고 한다. 운전자가 해야 할 순서로 올바른 것은?

① 서행 → 방향 지시등 작동 → 신속 진입
② 일시정지 → 경음기 사용 → 신속 진입
③ 서행 → 좌측과 우측 부분 확인 → 서행 진입
④ 일시정지 → 좌측과 우측 부분 확인 → 서행 진입

해설 차마의 운전자는 보도를 횡단하기 직전에 일시정지하여 좌측과 우측 부분 등을 살핀 후 보행자의 통행을 방해하지 아니하도록 횡단하여야 한다.

12 다음 중 도로교통법상 보행자의 도로 횡단 방법에 대한 설명으로 잘못된 것은?

① 모든 차의 바로 앞이나 뒤로 횡단하여서는 아니 된다.
② 지체 장애인의 경우라도 반드시 도로 횡단 시설을 이용하여 도로를 횡단하여야 한다.
③ 안전표지 등에 의하여 횡단이 금지되어 있는 도로의 부분에서는 그 도로를 횡단하여서는 아니 된다.
④ 횡단보도가 설치되어 있지 아니한 도로에서는 가장 짧은 거리로 횡단하여야 한다.

해설 지하도나 육교 등의 도로 횡단 시설을 이용할 수 없는 지체 장애인의 경우에는 다른 교통에 방해가 되지 아니하는 방법으로 도로 횡단 시설을 이용하지 아니하고 도로를 횡단할 수 있다.

13 야간에 도로 상의 보행자나 물체들이 일시적으로 안 보이게 되는 "증발 현상"이 일어나기 쉬운 위치는?

① 반대 차로의 가장자리   ② 주행 차로의 우측 부분
③ 도로의 중앙선 부근   ④ 도로 우측의 가장자리

해설 야간에 도로상의 보행자나 물체들이 일시적으로 안 보이게 되는 '증발 현상'이 일어나기 쉬운 위치는 도로의 중앙선 부근이다.

14 보행자의 통행에 대한 설명으로 맞는 것은?

① 보행자는 도로 횡단 시 차의 바로 앞이나 뒤로 신속히 횡단하여야 한다.
② 지체 장애인은 도로 횡단 시설이 있는 도로에서 반드시 그곳으로 횡단하여야 한다.
③ 보행자는 안전표지 등에 의하여 횡단이 금지된 도로에서는 신속하게 도로를 횡단하여야 한다.
④ 보행자는 횡단보도가 설치되어 있지 아니한 도로에서는 가장 짧은 거리로 횡단하여야 한다.

해설 보행자는 보도와 차도가 구분된 도로에서는 반드시 보도로 통행하여야 한다. 지체 장애인은 도로 횡단 시설을 이용하지 아니하고 횡단할 수 있다. 단, 안전표지 등에 의하여 횡단이 금지된 경우에는 횡단할 수 없다.

15 보행자의 보도 통행 원칙으로 맞는 것은?

① 보도 내 우측통행   ② 보도 내 좌측통행
③ 보도 내 중앙 통행   ④ 보도 내에서는 어느 곳이든

해설 보행자는 보도 내에서는 우측통행이 원칙이다.

16 도로교통법령상 승용자동차의 운전자가 보도를 횡단하는 방법을 위반한 경우 범칙금은?

① 3만 원   ② 4만 원   ③ 5만 원   ④ 6만 원

해설 통행 구분 위반(보도 침범, 보도 횡단 방법 위반) 〈도로교통법 시행령 별표8〉범칙금 6만 원

17 도로교통법령상 보행자 보호와 관련된 승용자동차 운전자의 범칙 행위에 대한 범칙 금액이 다른 것은?(보호구역은 제외)

① 신호에 따라 도로를 횡단하는 보행자 횡단 방해
② 보행자 전용도로 통행 위반
③ 도로를 통행하고 있는 차에서 밖으로 물건을 던지는 행위
④ 어린이 · 앞을 보지 못하는 사람 등의 보호 위반

해설 도로교통법 시행 규칙 별표8 범칙 행위 및 범칙 금액(운전자)
①, ②, ④는 6만 원이고, ③은 5만 원의 범칙 금액 부과

문장형 4지 2답 문제 (3점)

18 승용자동차 운전자가 앞지르기할 때의 운전 방법으로 옳은 2가지는?

① 앞지르기를 시작할 때에는 좌측 공간을 충분히 확보하여야 한다.
② 주행하는 도로의 제한 속도 범위 내에서 앞지르기 하여야 한다.
③ 안전이 확인된 경우에는 우측으로 앞지르기할 수 있다.
④ 앞차의 좌측으로 통과한 후 후사경에 우측 차량이 보이지 않을 때 빠르게 진입한다.

해설 모든 차의 운전자는 다른 차를 앞지르고자 하는 때에는 앞차의 좌측으로 통행하여야 한다. 앞지르고자 하는 모든 차의 운전자는 반대 방향의 교통과 앞차 앞쪽의 교통에도 주의를 충분히 기울여야 하며, 앞차의 속도 · 차로와 그 밖의 도로 상황에 따라 방향 지시기 · 등화 또는 경음기를 사용하는 등 안전한 속도와 방법으로 앞지르기를 하여야 한다.

19 도로를 주행할 때 안전 운전 방법으로 맞는 2가지는?

① 주차를 위해서는 되도록 안전지대에 주차를 하는 것이 안전하다.
② 황색 신호가 켜지면 신호를 준수하기 위하여 교차로 내에 정지한다.
③ 앞차량이 급제동할 때를 대비하여 추돌을 피할 수 있는 거리를 확보한다.
④ 앞지르기할 경우 앞차량의 좌측으로 통행한다.

해설 앞차량이 급제동할 때를 대비하여 추돌을 피할 수 있는 거리를 확보하며 앞지르기할 경우 앞차량의 좌측으로 통행한다.

20 다음 중 도로교통법령상 긴급자동차로 볼 수 있는 것 2가지는?

① 고장 수리를 위해 자동차 정비 공장으로 가고 있는 소방차
② 생명이 위급한 환자 또는 부상자나 수혈을 위한 혈액을 운송 중인 자동차
③ 퇴원하는 환자를 싣고 가는 구급차
④ 시 · 도 경찰청장으로부터 지정을 받고 긴급한 우편물의 운송에 사용되는 자동차

해설
- 도로교통법 제2조제22호 : "긴급자동차"란 다음 각 목의 자동차로서 그 본래의 긴급한 용도로 사용되고 있는 자동차를 말한다.
  가. 소방차   나. 구급차   다. 혈액 공급 차량
  라. 그 밖에 대통령령으로 정하는 자동차
- 도로교통법 시행령 제2조제5호 : 국내외 요인(要人)에 대한 경호 업무 수행에 공무(公務)로 사용되는 자동차, 제10호 긴급한 우편물의 운송에 사용되는 자동차

정답 9. ① 10. ④ 11. ④ 12. ② 13. ③ 14. ④ 15. ① 16. ④ 17. ③ 18. ①, ② 19. ③, ④ 20. ②, ④

21 도로교통법상 긴급용도 외에 경광등 등을 사용할 수 있는 경우가 아닌 것을 2가지 고르시오?

① 소방차가 화재예방 및 구조·구급 활동을 위하여 순찰을 하는 경우
② 소방차가 정비공장으로 진입하기 위해 이동하는 경우
③ 구급차가 교통단속에 따른 시민의 협조를 구하는 경우
④ 경찰용 자동차가 범죄 예방 및 단속을 위하여 순찰을 하는 경우
⑤ 긴급자동차가 전파감시업무에 사용되는 경우

해설 도로교통법 시행령 [별표 6] 부가장치 203 긴급자동차의 운용 및 장치기준이 자동차 등 (2019.4.17. 시행)
• 제1항(긴급자동차 유사 장치 등) 제1호 제3호에 해당하는 긴급자동차는 긴급한 용도 외에 다음 각 호의 어느 하나에 해당하는 경우에 경광등을 켜거나 사이렌을 작동할 수 있다.
• 제2호 긴급자동차가 그 본래의 긴급한 용도와 관련된 훈련에 참여하는 경우에는 이를 작동하지 아니할 수 있다.
• 제3호 : 긴급자동차의 우선 통행권(제 1 조 제3호 통행 등)은 긴급자동차의 도로에 교통안전 등을 확보하기 위하여 운행하여야 한다.

안전표지 4지 1답 문제 (2점)

22 다음 안전표지에 대한 설명으로 맞는 것은?

① 이륜자동차 및 원동기장치자전거의 통행을 금지하는 것이다.
② 이륜자동차 및 자전거의 통행을 금지하는 것이다.
③ 이륜자동차와 원동기장치자전거 외의 차마는 통행을 금지하는 것이다.
④ 이륜자동차와 원동기장치자전거의 통행을 허용하는 것이다.

23 다음 안전표지의 "차로변경표시" 표시내용으로 틀린 것은?

①
②
③
④

해설 모든 경우에 방향전환 및 차로변경시에는 방향지시등을 켜야 한다.
〈별표2〉 교통안전표지

24 다음 안전표지의 설명으로 가장 바르지 않은 것은?

A   B   C   D

① A 표지는 노면상태가 고르지 못함을 50미터에서 120미터 사이의 도로에 설치한다.
② B 표지는 오르막경사가 30미터 내지 120미터의 도로 수준에서 도로 우측에 설치한다.
③ C 표지는 회전교차로 시작되는 지점 30미터 내지 200미터의 도로 우측에 설치한다.
④ D 표지는 철길이 있는 지점 30미터 내지 200미터의 도로 우측에 설치한다.

해설 A : 노면상태 표지 – 노면상태가 고르지 못한 것을 50미터에서 120미터 사이의 도로 우측에 설치(주의표지 110의2)
B : 내리막경사 표지 – 내리막경사가 30미터 내지 120미터의 도로 우측(주의표지 109)
C : 회전교차로 표지 – 회전교차로 시작되는 지점 30미터 내지 200미터 도로 우측에 설치(주의표지 117)
D : 철길 건널목 표지 – 건널목이 있는 지점 30미터 내지 200미터 도로 우측에 설치(주의표지 111)

---

25 다음 규제표지가 설치된 지역에서 운행이 가능한 차량은?

① 원동기장치자전거
② 경운기
③ 트랙터
④ 손수레

해설 도로교통법 시행규칙 [별표 6] 규제표지 207, 경운기·트랙터 및 손수레 통행금지

26 다음 규제표지에 대한 설명으로 맞는 것은?

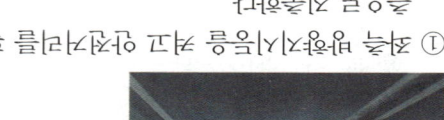 

① 최저속도 제한표지
② 최고속도 제한표지
③ 차간거리 확보표지
④ 안전속도 유지표지

해설 도로교통법 시행규칙 [별표 6] 최고속도제한표지 225, 최고속도를 제한하는 표지

사진형 5지 2답 문제 (3점)

27 다음 상황에서 가장 안전한 운전방법 2가지는?

[사진: 고속도로 터널 내 주행 상황]
• 사고차량이 있는 터널 내 주행 중
• 야간 주행 중
• 우측에 진입로가 보이는 상황

① 속도를 줄이지 않고 차로변경 없이 그대로 진행한다.
② 전방의 터널을 통과할 때는 이미 진입한 상태이기 때문에 그대로 진행한다.
③ 터널 진입 전 일시정지 후 안전을 확인하고 나서 진행한다.
④ 차로변경이 안 되는 경우에는 앞차와의 안전거리를 확보하며 서행한다.
⑤ 비상등을 켜고 갓길로 정지하여 안전사고를 예방한다.

해설 터널 내 사고차량이 있는 경우 운전자는 차로변경이 가능한 경우에 다른 차로로 안전하게 차로변경을 하여야 하며, 변경이 불가능한 경우 그 사고차량 후방에 일시정지하여 안전거리를 확보한 뒤 진행한다.(도로교통법 제31조 제1항 제2호). 만약에 차로변경이 어려운 경우에는 그 앞 차와의 안전거리를 유지하면서 서행으로 통과한다.

28 다음 상황에서 가장 안전한 운전방법 2가지는?

[사진: 눈길 주행 상황]
• 눈이 내리고 있는 도로의 미끄러운 상태
• 앞차가 급정지 중인 상황
• 2차로 주행 중인 자동차를 앞지르기하려 하는 상황

① 3차로의 주행차량이 없으므로 바로 3차로로 차로변경 시도한다.
② 눈길 주행에서 빠른 속도로 앞지르기를 할 수 있다.
③ 급제동 및 급핸들 조작은 사고 유발 위험이 있으므로 주의한다.
④ 눈길 운전에서는 감속운전을 할 수 있다.
⑤ 미끄러운 노면에서 차간거리를 평상시보다 길게 유지한다.

해설 모든 차의 운전자는 다른 차를 앞지르려면 앞차의 좌측으로 통행하여야 한다(도로교통법 제21조 제1항). 차의 진로를 변경하려는 경우에 그 변경하려는 방향으로 오고 있는 다른 차의 정상적인 통행에 장애를 줄 우려가 있을 때에는 진로를 변경하여서는 아니 된다(도로교통법 제19조 제1항). 좌측 방향지시등을 미리 켜고 안전거리를 확보 후 좌측차로에 진입한 후 앞지르기를 시도해야 한다. 교차로, 터널 안, 다리 위 등은 앞지르기 금지장소이다(도로교통법 제22조 제3항)

29 다음 상황에서 가장 안전한 운전방법 2가지는?

- 터널 밖은 눈이 내리고 있어 도로가 미끄러운 상태

① 도로가 미끄러우므로 터널을 나가기 전에 3차로로 차로변경 후 감속하며 주행한다.
② 터널 밖의 상황을 알 수 없으므로 터널을 빠져나오면서 가속하며 주행한다.
③ 터널 안에서는 차로변경이 가능한 구간이기에 1차로로 차로변경 후 가속하며 신속하게 주행한다.
④ 터널 밖의 도로는 미끄러울 수 있으니 감속하며 주행한다.
⑤ 터널에서 진출 시 명순응 현상이 나타날 수 있으니 주의한다.

해설 모든 차의 운전자는 교차로에서 우회전을 하려는 경우에는 미리 도로의 우측 가장자리를 서행하면서 우회전하여야 한다. 이 경우 우회전하는 차의 운전자는 신호에 따라 정지하거나 진행하는 보행자 또는 자전거 등에 주의하여야 한다(도로교통법 제25조 제1항). 우회전하려는 경우 교차로에 이르기 전 30m부터 방향지시등을 조작한다(도로교통법 시행령 별표2). 위험을 방지하기 위하여 정지하거나 서행하고 있는 차 앞으로 끼어드는 행위는 끼어들기 위반에 해당한다(도로교통법 제23조, 제22조 제2항 제3호). 어두운 곳에서 밝은 곳으로 갑자기 나오면 눈이 밝은 빛에 적응하는데 시간이 걸리는 명순응 현상이 나타날 수 있으므로, 감속하여 돌발상황을 대비하는 안전운전의 자세가 필요하다.

30 사진에 나타난 교통안전시설과 이에 따른 해석으로 잘못된 것 2가지는?

- 사거리 교차로 및 자동차전용도로 입구
- 차량 신호등은 적색등화의 점멸

① 차폭제한 표지 - 표지판에 표시한 폭이 초과된 차(적재한 화물의 폭을 포함)의 통행을 제한
② 이륜자동차 및 원동기장치자전거 통행금지 표지 - 이륜자동차 및 원동기장치자전거의 통행을 금지
③ 자동차 전용도로 표지 - 자동차 전용도로 또는 전용구역임을 지시하는 것
④ 차량신호등(적색등화의 점멸) - 다른 교통 또는 안전표지의 표시에 주의하면서 서행할 수 있다.
⑤ 중앙선 - 설치된 곳의 우측으로 통행할 것을 나타내는 선

해설 차높이제한표지 . 표지판에 표시한 높이를 초과하는 차(적재한 화물의 높이를 포함)의 통행을 제한(도로교통법 시행규칙 [별표6] 일련번호 221)
차량 신호등 중 적색등화의 점멸의 뜻은, 차마는 정지선이나 횡단보도가 있을 때에는 그 직전이나 교차로의 직전에 일시정지한 후 다른 교통에 주의하면서 진행할 수 있다(도로교통법 시행규칙 [별표2]).

31 다음 상황에서 가장 안전한 운전방법 2가지는?

- 자동차 전용도로
- 우측의 진입로에서 본선 차로로 진입하는 상황

① 차로변경이 가능한 차로에서는 방향지시등을 켜지 않고 차로변경해도 된다.
② 1차로에서 주행 중인 승용차는 2차로로 차로변경 할 수 있다.
③ 진입차로에서 바로 1차로로 차로변경 할 수 있다.
④ 2차로에서 주행 중인 승용차는 1차로로 차로변경 할 수 있다.
⑤ 2차로에서 진입차로로 차로변경 할 수 있다.

해설 안전표지가 설치되어 특별히 진로 변경이 금지된 곳에서는 차량의 진로를 변경하여서는 안 된다. 백색점선 구간에서는 진로변경이 가능하지만 백색실선 구간에서는 진로변경을 하면 안 된다. 백색실선과 점선의 복선 구간에서는 점선이 있는 쪽에서만 진로변경이 가능하다. 진로 변경 시 반드시 방향지시등을 켜야 하고, 1개 차로씩 안전에 유의하며 진행하는 것이 안전하다.

32 다음 상황에서 가장 안전한 운전방법 2가지는?

- 자동차 전용도로
- 좌측 진출로로 나가는 상황

① 백색실선과 점선의 복선 구간이므로 점선이 있는 쪽에서 차로 변경하여 진출한다.
② 좌측 갓길에 일시정지한 후 진출한다.
③ 진출로를 지나치면 차량을 후진해서라도 원래의 진출로에서 진출을 시도한다.
④ 후방 교통상황을 감안하여 좌측 진출로로 주행한다.
⑤ 진출로에 들어선 후 다시 우측 차로로 차로 변경할 수 있다.

해설 안전표지가 설치되어 특별히 진로 변경이 금지된 곳에서는 차량의 진로를 변경하여서는 안 된다. 백색점선 구간에서는 진로변경이 가능하지만 백색실선 구간에서는 진로변경을 하면 안 된다. 백색실선과 점선의 복선 구간에서는 점선이 있는 쪽에서만 진로변경이 가능하다.

일러스트 5지 2답 문제 (3점)

33 눈길 교통 상황에서 안전한 운전 방법 2가지는?

[도로상황]
- 시속 30킬로미터 주행 중

① 앞차의 바퀴 자국을 따라서 주행하는 것이 안전하며 중앙선과 거리를 두는 것이 좋다.
② 눈길이나 빙판길에서는 공주거리가 길어지므로 평소보다 안전거리를 더 두어야 한다.
③ 반대편 차가 커브 길에서 브레이크 페달을 밟다가 중앙선을 넘어올 수 있으므로 빨리 지나치도록 한다.
④ 커브 길에서 브레이크 페달을 세게 밟아 속도를 줄인다.
⑤ 눈길이나 빙판길에서는 감속하여 주행하는 것이 좋다.

해설 눈길에서는 미끄러지는 사고가 많으므로 중앙선에 가깝게 운전하지 않는 것이 좋고 브레이크 페달은 여러 차례 나눠 밟는 것이 안전하다. 눈길 빙판길에서는 제동거리가 길어지므로 안전거리를 더 확보할 필요가 있다.

정답 29. ④, ⑤ 30. ①, ④ 31. ②, ④ 32. ①, ④ 33. ①, ⑤

34 다음과 같은 도로상황에서 가장 안전한 운전 방법 2가지는?

[도로상황]
• 시속 50킬로미터 주행 중

① 전방에 횡단보도가 있어 속도를 줄이면 뒤따르는 차량에 방해가 되므로 현재 속도로 통과한다.
② 횡단보도 직전 정지선에서 정지한 후 주위를 살피고 천천히 통과한다.
③ 보행자 등이 보이지 않더라도 전방의 횡단보도를 서행으로 통과하여야 한다.
④ 야간에는 아무도 보지 못하였으므로 그대로 통과해도 된다.
⑤ 횡단보도 부근에서 무단 횡단하는 보행자에 대비하여야 한다.

해설 야간 횡단보도의 시인성이 떨어지므로 차량의 접근 여부를 확인하고 안전하게 횡단한다.

35 다음의 도로를 통행하려는 경우 가장 올바른 운전방법 2가지는?

[도로상황]
• 중앙선이 황색 점선인 굽은 도로
• 통행하는 차량 및 보행자 없음

① 중앙선이 황색 점선이므로 반대방향 차량에 주의하면서 앞지르기한다.
② 황색실선과 황색점선이 복선으로 설치된 때에는 점선쪽에서 실선방향으로 앞지르기가 가능하다.
③ 앞지르기할 때에는 전조등을 번쩍이거나 경음기를 울려 반대방향 차량에 주의를 준다.
④ 교차로 진입 전 일시정지하여 좌우를 살핀다.
⑤ 반대방향 교통상황을 잘 살피고 앞지르기하지 않는다.

해설 황색 HID전조등이나 경음기를 사용하거나 이를 번쩍이거나 경음기를 울리는 등으로 다른 교통에 방해를 주거나 주어서는 아니 된다.

36 도로교통법령상 다음 교통안전시설에 대한 설명으로 맞는 2가지는?

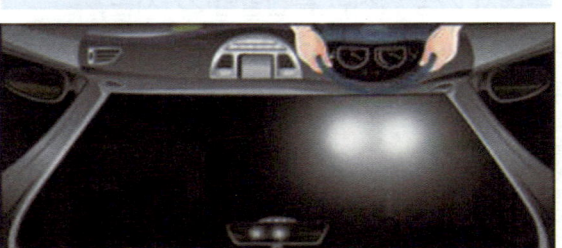

[도로상황]
• 어린이 보호구역
• 좌·우측에 좁은 도로
• 비보호좌회전 표지
• 신호 및 과속 단속 카메라

① 좌회전하려는 경우 성호를 이기려 한다.
② 제한속도는 매시 50킬로미터이다.
③ 거리가 가까운 보행자는 주의하여야 한다.
④ 어린이 보호구역이므로 좌·우를 살피며 운전해야 한다.
⑤ 좌회전 시 황색등화에서 좌회전할 수 있다.

해설 어린이 보호구역의 제한속도는 매시 30킬로미터이다. 어린이 교통안전에 유의해야 하며, 교차로에서 좌회전할 때에는 정지선에서 녹색화살표를 기다려 좌회전할 수 있다.

37 야간에 도로상의 횡단보도 부근에서 운전 중 가장 주의해야 할 것 2가지는?

[도로상황]
• 야간의 횡단보도와 도로
• 신호 없는 횡단보도 직전
• 차량 진행방향에 신호

① 전방 우측 보도 위에 서 있는 보행자
② 우측도로에서 우회전하는 승용차
③ 좌측도로에서 우회전하는 승용차
④ 반대편에서 지나가는 사람
⑤ 전방 우측 보도 위에서 휴대전화를 사용하고 있는 사람

해설 도로교통법 제27조 야간에 횡단보도를 건너는 보행자를 발견하지 못한 경우 그 보행자가 건너고 있는 (횡단하는) 보도에는 차의 도로를 가로질러서는 안 된다.

38 다음 상황에서 가장 안전한 운전방법 2가지는?

[도로상황]
• 신호 없는 교차로
• 좌로 굽은 도로전방에 이동중인 자동차

① 전방 자동차의 급정지를 대비하여 안전거리를 두고 주행한다.
② 전방 자동차가 급정지하여도 충돌하지 않도록 주행한다.
③ 이륜차이므로 그 뒤를 따라서 주행한다.
④ 전방 자동차의 우측으로 주행한다.
⑤ 전방 자동차를 앞지르기한다.

해설 이륜자동차를 뒤따르는 경우에는 이륜자동차의 움직임에 주의하여 안전거리를 충분히 두고 뒤따라야 한다. 이륜차는 자동차에 비하여 균형을 잃기 쉽고, 그 규모가 작아 자동차와 교행하는 때에 뜻하지 않은 사고의 위험성이 있다. 따라서 이륜자동차의 뒤를 따라 주행할 경우 충분한 안전거리를 두어야 한다.

정답 34. ②, ⑤ 35. ①, ② 36. ①, ⑤ 37. ③, ⑤ 38. ②, ⑤

39 A차량이 손수레를 앞지르기할 경우 가장 위험한 상황 2가지는?

[도로상황]
- 어린이 보호구역
- 좌측 전방 주차된 차량
- 전방 우측 보도 위에 자전거를 탄 학생
- 반대편에서 주행하는 이륜차

① 전방 우측 보도 위에 자전거를 탄 학생이 손수레 앞으로 횡단하는 경우
② 손수레에 가려진 반대편의 이륜차가 속도를 내며 달려오는 경우
③ 앞지르기하려는 도중 손수레가 그 자리에 정지하는 경우
④ A차량 우측 뒤쪽의 어린이가 학원 차를 기다리는 경우
⑤ 반대편 전방 좌측의 차량이 계속 주차하고 있는 경우

해설 전방 시야가 확보되지 않은 상태에서 무리한 앞지르기는 예상치 못한 위험을 만날 수 있다. 전방 우측 보도 위의 자전거가 손수레 앞으로 도로를 횡단하거나 맞은편의 이륜차가 손수레를 피해 좌측으로 진행해 올 수 있다. 어린이 보호구역에서는 어린이들의 행동 특성을 고려하여 제한 속도 내로 운전하여야 하고 주정차 금지 구역에 주차된 위반 차들로 인해 키가 작은 어린이들이 가려 안 보일 수 있으므로 주의하여야 한다.

40 동영상(애니메이션) 문제 (별첨참조 / 5점)
〈이 책 120페이지부터 124페이지 중 한 문제가 출제되니 그 문제를 공부하세요.〉

정답 **39.** ①, ②

제10회 공원관리원 사업 총정리문제

종사

공원관리원 4지 1문 답지 (2강)

1 놀이기구에 대한 공원관리원의 마음가짐은 어느 것인가?
① 도로를 막지 말아야 놀이기구는 조립할 수 있다.
② 자동차 엔진 부분 놀이기구에게 신경 쓰지 않아도 된다.
③ 놀이기구가 자동차로 파괴되어 있다.
④ 공원자의 차량 수리업을 부양해야 한다.

해설 모든 것의 공원관리원이 놀이기구에 대한 책임과 의무가 있으며 다음 사랑 놀이기구 놀이자에 맞도록 안전관리를 하고 있으며 이상이 있으면 신속한 조치를 취하여야 한다.

2 공원관리원이 놀이기구를 안전 운전하기 위해 표시들을 알아야 할 교통안전의 무엇인가?
① 교통 안전지식 ② 운전자의 자격
③ 공공도덕 ④ 안전한 준법운전

3 다음 중 놀이자에 대한 공원자로 적절한 것은?
① 어린이가 손을 들고 있는 곳에서는 아이가 많이 있으므로 주의해야 한다.
② 아이의 손을 잡고 가자는 사람이 있으면 서행해야 한다.
③ 노약자가 길 거리기 시작하면 서행해야 한다.
④ 공공장소 등의 모든 사람들이 아이는 조심하여야 한다.

해설 공공장소 등 공원관리원이 지정있었던 장소 및 노약자 표를 품고 있으면 아이들아 조심하여야 한다.

4 놀이기구의 도로 놀이 공원자에 대한 설명으로 잘못된 것은?
① 놀이기구의 도로 놀이 공원자에게 가장 필요한 것은 지켜야 한다.
② 놀이기구는 모두 바다 않아 아니라 경쟁해서도 안 된다.
③ 놀이자는 모든 사람과 상호 간의 놀이에 일치하고 있어야 한다.
④ 도로 공공장소의 놀이 놀이에는 가장지 때 공원수 있다.

해설 놀이자와 공원자는 언제나 서로의 놀이를 이해하고 존중해야 한다. 놀이자 등은 놀이기구의 놀이가 놀이적이고 놀이도 없는 경우에 놀이를 이용해서 달려 달려 다닐 수 있는 놀이자도 있다. 다만, 놀이기구가 놀이해고 되는 놀이공원에 놀이가 따라 놀이에 공원이 놀이에 놀이 있는 것이 놀이할 수 있도록 안전하게 놀이하여야 한다.

5 일반 놀이기구 사용자의 공원에 해당하지 않는 사람은?
① 앉아·서기 등이 아이
② 신체의 편의 기능장이 있는 사람
③ 일을 들을 수 없거나 아니하기에 불편함 있는 사람
④ 놀이기 공원하는 사람

해설 앉아 놀이기구 사용에 종사하는 사람은 다음 각 호의 하나에 해당하는 사람 을 말한다.
1. 듣지 않는 사람
2. 신체의 편의 기능이 장이에 있는 사람
3. 이로 등을 사용하지 아니하면 공원할 수 없는 사람

6 놀이기구 운전자가 놀이를 이해할 수 있는 공원표지는?
① 놀이적 지시
② 놀이적 금지
③ 놀이기구 운전
④ 놀이기구 운행

해설 공원자의 사고위험 때 놀이자의 상황에 공원을 이해한 것은 사람에 알리기 위하여 공원표지를 말한다.

7 공원관리원 4.5형 놀이기구가 오전 10시부터 11시까지 는 그 인근공로에서 공원자 단편을 한 경우 공원해제 제한되는?
① 오후 6시, 오후 7시 ② 오후 7시, 오후 8시
③ 오후 8시, 오후 9시 ④ 오후 9시, 오후 10시

해설 아이가 초등학교 인으이 오전 8시부터 오후 8시 사이에 안전 공원해제 대비한 기동이 공원해제 2시에 해당 공원자로 한정된다.

8 다음 중 놀이기구의 공간 놀이공간으로 잘못된 것은?
① 놀이자에는 차량운행을 안전하도록 한다.
② 놀이자는 놀이 놀이기구가 있는 곳 놀이공공을 공원할 수 있다.
③ 놀이자는 놀이관리원은 아니자만에게 놀이 공원을 해야한다.
④ 놀이지 놀이자공에서 놀이적 놀이 중 공원자는 이 놀이의 놀이 공원이 놀이 공원해야 한다.

해설 놀이자는 놀이공원의 공공공공을 알려한다.

9 다음은 공원자 놀이에 놀이공원을 놀이할 수 있는 사람 또는 이용이 가능한 사람은?
① 공원자에 놀이자도 놀이가 있는 공원한 할 때
② 공·공 등이 일이 곳 놀이을 갔 때
③ 공원을 달리 곳 가는 사람
④ 놀이 (놀이) 공원할 때

해설 공원자놀이 놀이하였 (공원자) 놀이하였 수 있는 사람 또는 다음 각 호의 놀이이다.
1. 공·공 등이 일이 곳 놀이공 갔 때 놀이공공에 놀이놀이를 공원놀이 놀이 인 사람
2. 놀이, 놀이, 놀이 놀이 놀이에 놀이 놀이기구의 놀이공공이 놀이도 놀이 중 공원하는 사람
3. 공원에서 놀이하는 놀이 들이 자공하고 있는 사람
4. 공원체 놀이 놀이에 이에 놀이는 공원을 공원한 사람
5. 가방대 (이동) 놀이 공공수 놀이 등을 놀이를 공원한 사람
6. 장이 (놀이) 공원이

10 공원자가 지원한 공원을 놀이들이 지원할 때 공원자들아 공원하여야 할 할 놀이할 것은?
① 공원자 중에 공원 공공
② 공원 공공
③ 신공 공공
④ 공원 공공

해설 놀이자의 지원이 공공공공할 때 놀이하는 경우 신공 공공를 하여 공원공공.

11 다음 중 공원을 놀이지 않아 공원자 공원이 공공되어 공 로 공원을 공공하고 놀이공공 공원 때문의 공원 공공?
① 공·공 공공 놀이지 공공 그러지 공공 공공
② 공공지공공.
③ 공원 공 놀이 공공에 공원 공원자 공공공공이 공공공공.
④ 공공공 공공 공공공 공공공공.

해설 공공 공원자공공 다음 각 호의 공원을 공공하여야 한다.
1. 공공 공원이 공공 공원에 공공 공원하는 공원에는 공원공원 공공공 공원다.
2. 공공공 공공에 공공 공원 공원이 공원이 공원이 공원과 공원 공공 공공다.
3. 공공 공공 공공 공공 공공 공공 공공 공공 공공 공원.

정답 1.④ 2.③ 3.② 4.③ 5.① 6.③ 7.③ 8.① 9.③ 10.③ 11.②

12 도로교통법상 모든 차의 운전자는 어린이 보호구역 내에 설치된 횡단보도 중 신호기가 설치되지 아니한 횡단보도 앞에서는 보행자의 횡단 여부와 관계없이 (　　)하여야 한다. (　　)안에 맞는 것은?

① 서행
② 일시정지
③ 서행 또는 일시정지
④ 감속 주행

해설 모든 차의 운전자는 어린이 보호구역 내에 설치된 횡단보도 중 신호기가 설치되지 아니한 횡단보도 앞에서는 보행자의 횡단 여부와 관계없이 일시정지하여야 한다.

13 도로를 횡단하는 보행자 보호에 대한 설명으로 맞는 것은?

① 교차로 이외의 도로에서는 보행자 보호 의무가 없다.
② 신호를 위반하는 무단 횡단 보행자는 보호할 의무가 없다.
③ 무단 횡단 보행자도 보호하여야 한다.
④ 일방통행 도로에서는 무단 횡단 보행자를 보호할 의무가 없다.

해설 모든 차의 운전자는 보행자가 제10조제3항에 따라 횡단보도가 설치되어 있지 아니한 도로를 횡단하고 있을 때에는 안전거리를 두고 일시정지하여 보행자가 안전하게 횡단할 수 있도록 하여야 한다.

14 도로교통법령상 원칙적으로 차도의 통행이 허용되지 않는 사람은?

① 보행 보조용 의자차를 타고 가는 사람
② 사회적으로 중요한 행사에 따라 시가를 행진하는 사람
③ 도로에서 청소나 보수 등의 작업을 하고 있는 사람
④ 사다리 등 보행자의 통행에 지장을 줄 우려가 있는 물건을 운반 중인 사람

해설 "대통령령으로 정하는 사람이나 행렬"이란 다음 각 호의 어느 하나에 해당하는 사람이나 행렬을 말한다.
1. 말·소 등의 큰 동물을 몰고 가는 사람
2. 사다리, 목재, 그 밖에 보행자의 통행에 지장을 줄 우려가 있는 물건을 운반 중인 사람
3. 도로에서 청소나 보수 등의 작업을 하고 있는 사람
4. 군부대나 그 밖에 이에 준하는 단체의 행렬
5. 기(旗) 또는 현수막 등을 휴대한 행렬
6. 장의(葬儀) 행렬

15 다음 중 보행등의 녹색 등화가 점멸할 때 보행자의 가장 올바른 통행 방법은?

① 횡단보도에 진입하지 않은 보행자는 다음 신호 때까지 기다렸다가 보행등의 녹색 등화 때 통행하여야 한다.
② 횡단보도 중간에 그냥 서 있는다.
③ 다음 신호를 기다리지 않고 횡단보도를 건넌다.
④ 적색 등화로 바뀌기 전에는 언제나 횡단을 시작할 수 있다.

해설 녹색 등화의 점멸 : 보행자는 횡단을 시작하여서는 아니 되고, 횡단하고 있는 보행자는 신속하게 횡단을 완료하거나 그 횡단을 중지하고 보도로 되돌아와야 한다.

16 다음 중 도로교통법상 보도를 통행하는 보행자에 대한 설명으로 맞는 것은?

① 125시시 미만의 이륜차를 타고 보도를 통행하는 사람은 보행자로 볼 수 있다.
② 자전거를 타고 가는 사람은 보행자로 볼 수 있다.
③ 보행 보조용 의자차를 이용하는 사람은 보행자로 볼 수 있다.
④ 49시시 원동기장치자전거를 타고 가는 사람은 보행자로 볼 수 있다.

해설 "보도(步道)"란 연석선, 안전표지나 그와 비슷한 인공 구조물로 경계를 표시하여 보행자(유모차와 행정 안전부령으로 정하는 보행 보조용 의자차를 포함)가 통행할 수 있도록 한 도로의 부분을 말한다.

17 다음 중 도로교통법상 횡단보도가 없는 도로에서 보행자의 가장 올바른 횡단 방법은?

① 통과 차량 바로 뒤로 횡단한다.
② 차량 통행이 없을 때 빠르게 횡단한다.
③ 횡단보도가 없는 곳이므로 아무 곳이나 횡단한다.
④ 도로에서 가장 짧은 거리로 횡단한다.

해설 보행자는 횡단보도가 설치되어 있지 아니한 도로에서는 가장 짧은 거리로 횡단하여야 한다.

문장형 4지 2답 문제 (3점)

18 긴급한 용도로 운행 중인 긴급자동차에게 양보하는 운전 방법으로 맞는 2가지는?

① 모든 자동차는 좌측 가장자리로 피하는 것이 원칙이다.
② 비탈진 좁은 도로에서 서로 마주보고 진행하는 경우 올라가는 긴급자동차는 도로의 우측 가장자리로 피하여 차로를 양보하여야 한다.
③ 교차로 부근에서는 교차로를 피하여 일시정지하여야 한다.
④ 교차로나 그 부근 외의 곳에서 긴급자동차가 접근한 경우에는 긴급자동차가 우선 통행 할 수 있도록 진로를 양보하여야 한다.

해설 도로교통법 제29조(긴급자동차의 우선 통행)
④ 교차로나 그 부근에서 긴급자동차가 접근하는 경우에는 차마와 노면 전차의 운전자는 교차로를 피하여 일시정지하여야 한다.
⑤ 모든 차와 노면 전차의 운전자는 제4항에 따른 곳 외의 곳에서 긴급자동차가 접근한 경우에는 긴급자동차가 우선 통행할 수 있도록 진로를 양보하여야 한다.

19 다음 중 긴급자동차에 해당하는 2가지는?

① 경찰용 긴급자동차에 의하여 유도되고 있는 자동차
② 수사 기관의 자동차이지만 수사와 관련 없는 기능으로 사용되는 자동차
③ 구난 활동을 마치고 복귀하는 구난차
④ 생명이 위급한 환자 또는 부상자나 수혈을 위한 혈액을 운송 중인 자동차

해설 「도로교통법」(이하 "법"이라 한다) 제2조제22호 라목에서 "대통령령으로 정하는 자동차"란 긴급한 용도로 사용되는 다음 각 호의 어느 하나에 해당하는 자동차를 말한다. 다만, 제6호부터 제11호까지의 자동차는 이를 사용하는 사람 또는 기관 등의 신청에 의하여 시·도 경찰청장이 지정하는 경우로 한정한다.
1. 경찰용 자동차 중 범죄 수사, 교통 단속, 그 밖의 긴급한 경찰 업무 수행에 사용되는 자동차
2. 국군 및 주한 국제 연합군용 자동차 중 군 내부의 질서 유지나 부대의 질서 있는 이동을 유도(誘導)하는 데 사용되는 자동차
3. 수사 기관의 자동차 중 범죄 수사를 위하여 사용되는 자동차
4. 다음 각 목의 어느 하나에 해당하는 시설 또는 기관의 자동차 중 도주자의 체포 또는 수용자, 보호 관찰 대상자의 호송·경비를 위하여 사용되는 자동차
 가. 교도소·소년 교도소 또는 구치소
 나. 소년원 또는 소년 분류 심사원
 다. 보호 관찰소
5. 국내외 요인(要人)에 대한 경호 업무 수행에 공무(公務)로 사용되는 자동차
6. 전기 사업, 가스 사업, 그 밖의 공익사업을 하는 기관에서 위험 방지를 위한 응급 작업에 사용되는 자동차
7. 민방위 업무를 수행하는 기관에서 긴급 예방 또는 복구를 위한 출동에 사용되는 자동차
8. 도로 관리를 위하여 사용되는 자동차 중 도로상의 위험을 방지하기 위한 응급 작업에 사용되거나 운행이 제한되는 자동차를 단속하기 위하여 사용되는 자동차
9. 전신·전화의 수리 공사 등 응급 작업에 사용되는 자동차
10. 긴급한 우편물의 운송에 사용되는 자동차
11. 전파 감시 업무에 사용되는 자동차
② 제1항 각 호에 따른 자동차 외에 다음 각 호의 어느 하나에 해당하는 자동차는 긴급자동차로 본다.
1. 제1항제1호에 따른 경찰용 긴급자동차에 의하여 유도되고 있는 자동차
2. 제1항제2호에 따른 국군 및 주한 국제 연합군용의 긴급자동차에 의하여 유도되고 있는 국군 및 주한 국제 연합군의 자동차
3. 생명이 위급한 환자 또는 부상자나 수혈을 위한 혈액을 운송 중인 자동차

20 도로교통법상 어린이 보호구역에 대한 설명으로 맞는 2가지는?

① 어린이 보호구역은 초등학교 주 출입문 100미터 이내의 도로 중 일정 구간을 말한다.
② 어린이 보호구역 안에서 오전 8시부터 오후 8시까지 주·정차 위반한 경우 범칙금이 가중된다.
③ 어린이 보호구역 내 설치된 신호기의 보행 시간은 어린이 최고 보행 속도를 기준으로 한다.
④ 어린이 보호구역 안에서 오전 8시부터 오후 8시까지 보행자 보호 불이행하면 벌점이 2배된다.

해설 어린이 보호구역은 초등학교 주 출입문 300미터 이내의 도로 중 일정 구간을 말하며 어린이 보호구역 내 설치된 신호기의 보행 시간은 어린이 평균 보행 속도를 기준으로 한다.

정답 12. ② 13. ③ 14. ① 15. ① 16. ③ 17. ④ 18. ③, ④ 19. ①, ④ 20. ②, ④

안전표지 4지 1답 문제 (2점)

21 어린이 통학버스의 특별 보호에 관한 운전자의 의무에 대한 설명으로 맞는 것 2가지는?

① 어린이 통학버스를 앞지르기하고자 할 때는 다른 차의 앞지르기 방법과 같다.
② 어린이들이 승하차 시, 중앙선이 없는 도로에서는 반대편에서 오는 차량도 안전을 확인 한 후 서행하여야 한다.
③ 어린이들이 승하차 시, 편도 1차로 도로에서는 반대편에서 오는 차량도 일시정지하여 안전을 확인한 후 서행하여야 한다.
④ 어린이들이 승차 중일 때에는 통학버스에 황색 표시등이 점멸 중이므로 지나는 차량이 일시정지하여야 한다.

해설 어린이 통학버스가 어린이가 승하차 시 황색경광등을 작동 중일 때에는 지나는 차량이 일시정지하여 안전을 확인한 후 서행하여야 한다. 그리고 중앙선이 설치되지 아니한 도로와 편도 1차로의 도로에서는 반대방향에서 진행하는 차도 어린이 통학버스에 이르기 전에 일시정지하여 안전을 확인한 후 서행하여야 한다.

22 다음 안전표지의 명칭으로 맞는 것은?

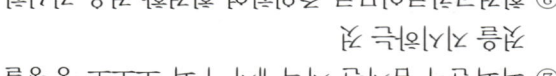

① 양측방 통행 표지
② 좌·우회전 표지
③ 중앙분리대 시작표지
④ 중앙분리대 끝 표지

해설 도로교통법 시행규칙 [별표6] 312, 양측방통행표지로 차가 양측방향으로 통행할 것을 지시하는 표지이다.

23 다음 안전표지에 대한 설명으로 맞는 것은?

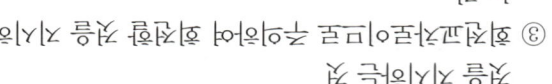

① 회전형 교차로임을 지시하는 표지이다.
② 좌측면으로 통행할 것을 지시하는 표지이다.
③ 일방통행 도로임을 지시하는 표지이다.
④ 녹색신호에 따라 일방통행로를 유턴할 수 있음을 표시한다.

해설 도로교통법 시행규칙 [별표6] 시시표지 329, 우회도로표지로 차가 우회할 장소임을 지시하는 표지이다.

24 다음 안전표지의 명칭은?

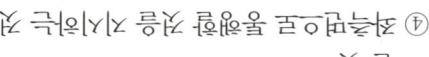

① 양측방 통행표지
② 좌·우회전 표지
③ 중앙분리대 시작표지
④ 중앙분리대 끝 표지

해설 도로교통법 시행규칙 [별표6] 지시표지 310 좌우회전표지이다.

25 다음 안전표지에 대한 설명으로 맞는 것은?

① 차가 좌회전 후 유턴할 것을 지시하는 안전표지이다.
② 차가 좌회전 또는 유턴할 것을 지시하는 안전표지이다.
③ 좌회전 차가 유턴 차보다 우선임을 지시하는 안전표지이다.
④ 좌회전 차보다 유턴 차가 우선임을 지시하는 안전표지이다.

해설 도로교통법 시행규칙 [별표6] 시시표지 309 좌회전 및 유턴표지로 차가 좌회전 또는 유턴할 지점의 도로 우측에 설치한다. 좌회전 및 유턴차량이 같이 사용하는 차로가 있을 경우 좌회전 및 유턴차가 우선임을 표시하는 것이다.

사진형 5지 2답 문제 (3점)

26 다음 안전표지에 대한 설명으로 맞는 것은?

① 우로 일방통행 도로의 노면 표시이다.
② 좌로 일방통행 도로의 노면 표시이다.
③ 일방통행로이므로 직진 차량만 통행할 수 있는 도로의 지시 표지이다.
④ 일방통행로이므로 우회전 차량만 통행할 수 있는 도로의 지시 표지이다.

해설 도로교통법 시행규칙 [별표6] 지시표지 316, 우로일방통행로임을 통행하는 지시표지이다.

27 다음 상황에서 가장 안전한 운전방법 2가지는?

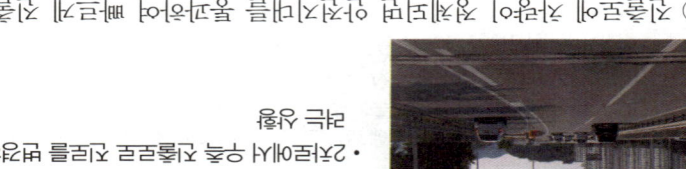

- 자동차 전용도로
- 2차로에서 우측 차로로 진로를 변경하고자 하는 상황

① 진로변경 제한선 표시와 상관없이 우측차로로 진로변경 한다.
② 안전지대를 통과해서 빠르게 진로변경 한다.
③ 진로변경 제한선 표시 구간을 지나 실선에서 진로변경 한다.
④ 우측방향지시기를 켜서 주변운전자에게 알린다.
⑤ 진로변경은 진로변경 제한선 표시가 없는 곳에서 한다.

해설 안전지대가 표시되어 있을 때에는 진로변경을 해서는 아니 된다. 안전지대는 도로교통법 제2조 제14호에 따른 도로표시의 하나로 도로를 횡단하는 보행자나 통행하는 차마의 안전을 위하여 안전지대임을 표시하는 안전표지나 이와 비슷한 인공구조물로 표시한 도로의 부분을 말한다.

28 다음 상황에서 가장 안전한 운전방법 2가지는?

① 터널 안에서는 앞차와의 거리감이 저하된다.
② 터널을 통과하면서 강한 빛에 의해 순간적으로 시력을 잃는 경우가 있다.
③ 터널 안에서는 속도감을 잃게 되어 많은 경우 속도가 빨라진다.
④ 터널 안에서는 차선 변경을 하지 않는 것이 좋다.
⑤ 터널 안에서는 전조등을 켜지 않아도 주변을 잘 볼 수 있다.

해설 터널은 주변이 어두워지기 때문에 차선이 잘 보이지 않고, 노면 상태를 파악하기 어렵다. 따라서 무리한 차선변경이나 앞지르기는 금물이다.

29 다음 상황에서 가장 안전한 운전방법 2가지는?

- 자동차 전용도로
- 저속으로 진행하던 1차로의 화물차가 2차로로 차로 변경 중
- 2차로에서 진행 중

① 경음기나 상향등을 연속적으로 사용하여 화물차의 차로 변경을 방해한다.
② 화물차가 안전하게 차로 변경 할 수 있도록 양보한다.
③ 속도를 높여 화물차의 뒤쪽에 바싹 붙어 진행한다.
④ 3차로를 진행하는 후행차량에 관계없이 3차로로 급차로 변경하여 빠르게 화물차 주변을 벗어난다.
⑤ 실내외 후사경 등을 통해 후방의 상황을 확인하고 주의하며 속도를 줄여 주행한다.

해설 진로를 변경하고자 하는 차량이 있다면 속도를 서서히 줄여 안전하게 진로 변경할 수 있도록 양보하고, 이때 실내 외 후사경 등을 통해 뒤따라오는 차량의 상황도 살피는 것이 중요하다.

30 다음 상황에서 가장 안전한 운전방법 2가지는?

- 자동차 전용도로
- 전방 화물차가 저속으로 진행
- 3차로에서 진행 중

① 전방 화물차를 앞지르기하려면 경음기나 상향등을 연속적으로 사용하여 화물차가 양보하게 한다.
② 4차로를 이용하여 신속하게 앞지르기한다.
③ 전방 화물차에 최대한 가깝게 진행한 후 앞지르기 한다.
④ 좌측 방향지시등을 미리 켜고 안전거리를 확보 후 2차로를 이용하여 앞지르기한다.
⑤ 차로 변경 시 좌측차로에서 진행하는 차량을 살피고 무리하게 앞지르기를 시도하지 않는다.

해설 다른 차를 앞지르려면 앞차의 좌측으로 통행하여야 하며 이때 방향지시등을 미리 켜고 안전거리를 확보 후 앞지르기를 시도해야 한다. 차의 진로를 변경하려는 경우에 그 변경하려는 방향으로 오고 있는 다른 차의 정상적인 통행에 장애를 줄 우려가 있을 때에는 진로를 변경하여서는 안 된다.

31 다음 상황에서 가장 안전한 운전방법 2가지는?

- 자동차 전용도로
- 2차로에서 3차로로 차로 변경하려는 상황

① 3차로에서 주행하는 차량의 위치나 속도를 확인 후 안전이 확인되면 차로 변경한다.
② 3차로에 진입할 때에는 무조건 속도를 최대한 줄인다.
③ 3차로에 충분한 거리가 확보되지 않더라도 신속하게 급차로 변경을 한다.
④ 차로를 변경하기 전 미리 방향지시등을 켜고 안전을 확인 후 주행한다.
⑤ 방향지시등을 미리 켜면 양보해주지 않으므로 차로 변경을 시작함과 동시에 방향지시등을 작동시키면서 진입한다.

해설 차의 진로를 변경하려는 경우에 그 변경하려는 방향으로 오고 있는 다른 차의 정상적인 통행에 장애를 줄 우려가 있을 때에는 진로를 변경하여서는 아니 된다. 고속도로와 자동차 전용도로에서는 진로 변경 전 100m 전방에서 방향지시등을 미리 켜고 안전거리를 확보 후 진로 변경해야 한다.

32 다음 상황에서 가장 안전한 운전방법 2가지는?

- 자동차 전용도로
- 전방 2차로에서 3차로로 차로 변경 하는 화물차
- 2차로 진행 중

① 차로 변경하려는 화물차를 피하여 1차로로 차로 변경한다.
② 화물차와의 추돌을 피하기 위해 후방 교통상황을 확인하고 감속하여 주행한다.
③ 터널이 짧아 전방의 터널 밖 상황을 확인할 수 있으므로 터널을 빠져나올 때 가속하며 주행한다.
④ 터널에 진입하면 전조등을 점등한다.
⑤ 화물차가 3차로로 차로 변경하여 앞 승용차와의 거리가 멀어지면 최대한 앞 승용차의 뒤를 바싹 뒤따라간다.

해설 안전표지가 설치되어 특별히 진로 변경이 금지된 곳에서는 차량의 진로를 변경하여서는 안 된다. 백색점선 구간에서는 진로 변경이 가능하지만 백색실선 구간에서는 진로 변경을 하면 안 된다. 터널 내에서는 앞차와의 안전거리를 유지하여 사고를 방지할 필요가 있다.

일러스트 5지 2답 문제 (3점)

33 다음 도로 상황에서 가장 안전한 운전 행동 2가지는?

[도로상황]
- 노인 보호구역
- 무단 횡단 중인 노인

① 경음기를 사용하여 보행자에게 위험을 알린다.
② 비상등을 켜서 뒤차에게 위험을 알린다.
③ 정지하면 뒤차의 앞지르기가 예상되므로 속도를 줄이며 통과한다.
④ 보행자가 도로를 건너갈 때까지 충분한 거리를 두고 일시정지한다.
⑤ 2차로로 차로를 변경하여 통과한다.

해설 도로는 자동차뿐만 아니라 노약자 및 장애인도 이용할 수 있다. 이와 같은 교통약자가 안전하게 도로를 이용하려면 모든 운전자가 교통약자를 보호하려는 적극적인 자세가 필요하다.

34 다음 도로 상황에서 발생할 수 있는 가장 위험한 요인 2가지는?

[도로상황]
- 어린이 보호구역 주변의 어린이들
- 우측 전방에 정차 중인 승용차

① 오른쪽 정차한 승용차가 갑자기 출발할 수 있다.
② 오른쪽 승용차 앞으로 어린이가 뛰어나올 수 있다.
③ 오른쪽 정차한 승용차가 출발할 수 있다.
④ 속도를 줄이면 뒤차에게 추돌 사고를 당할 수 있다.
⑤ 좌측 보도 위에서 놀던 어린이가 도로를 횡단할 수 있다.

해설 보이지 않는 곳에서 위험이 발생할 수 있으므로 위험을 예측하고 미리 속도를 줄이고 우측 차량의 움직임을 잘 살펴야 한다. 또한 어린이 보호구역이므로 어린이의 돌발 행동에 주의하여야 한다.

정답 29. ②, ⑤ 30. ④, ⑤ 31. ①, ④ 32. ②, ④ 33. ②, ④ 34. ②, ⑤

35 다음 도로 상황에서 가장 안전한 운전 방법 2가지는?

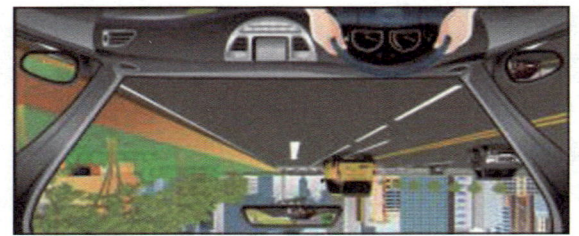

【도로상황】
• 우측 전방에 정차 중인 어린이 통학버스
• 어린이 통학버스에는 적색 점멸등이 작동 중

① 경음기를 울려 어린이에게 위험을 알리며 지나간다.
② 전조등을 번쩍이며 통학버스 옆으로 주의하며 지나간다.
③ 비상등을 켜서 뒤차에게 위험을 알리며 정지한다.
④ 어린이 통학버스 옆을 지나갈 경우 일시정지하여 서행으로 지나간다.
⑤ 비상등을 켜고 제차의 안전에 주의하며 지나간다.

해설 어린이 통학버스 특별보호는 어린이가 버스에 승하차 할 때 이외 다른 때에도 보호하도록 지정하는 것이다.

36 황색 점멸 신호의 교차로에서 직진 중 좌측 도로에서 진입하는 이륜차를 보고 취할 조치로 가장 안전한 것 2가지는?

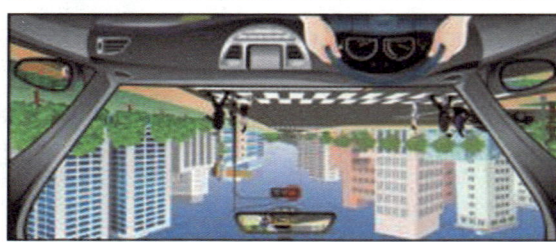

【도로상황】
• 교차로 진입 중 황색 점멸 신호
• 좌측 도로에서 진입하는 이륜차

① 비상등을 켜고 어린이들에게 위험을 알릴 수 있다.
② 일시정지하여 좌우의 안전을 확인한 후 서행하면서 통과한다.
③ 경음기를 울리면서 빠르게 통과한다.
④ 내 차의 진행에 우선권이 있으므로 그대로 통과한다.
⑤ 일시정지 후 주위 차량에 주의하며 조심스럽게 통과한다.

37 교차로상에서 1차로로 가고 있을 때 안전한 운행 방법으로 맞는 것 2가지는?

해설 운행 중 긴급자동차를 발견 시, 긴급자동차가 그 목적지에 신속히 이동할 수 있도록 하여야 하며, 긴급자동차가 지나갈 때까지 교차로 내나 차도 우측 가장자리에 일시정지 하거나 진로를 양보해야 한다.

① 긴급자동차가 지나갈 때까지 정지한다.
② 긴급자동차와 같은 속도로 뒤따라 간다.
③ 바로 옆 차로로 옮겨 간다.
④ 긴급자동차보다 빠르게 진행한다.
⑤ 비상등을 켜고 갓길로 피양한다.

38 다음 상황에서 가장 올바른 운전방법으로 맞는 것 2가지는?

【도로상황】
• 신호등 없는 교차로 진행 중
• 우측 도로에서 진입하려는 차량

① 긴급자동차가 진입하려 할 때 통행에 방해하지 말아야 한다.
② 긴급자동차에게 양보하지 않아도 된다.
③ 긴급자동차의 지연을 대비하여 신속히 진행한다.
④ 긴급자동차라도 신호위반을 하면 안 된다.
⑤ 긴급자동차를 앞지르기 하여 빨리 진행한다.

해설 '긴급자동차'란 다음의 자동차로서 그 본래의 긴급한 용도로 사용되고 있는 자동차를 말한다.

39 사거리 교차로에서 좌회전 신호를 기다리고 있을 때 긴급자동차가 뒤쪽에서 경광등과 함께 사이렌을 울리며 접근하고 있다. 이때 가장 바람직한 운전방법은?

해설 교차로나 그 부근에서 긴급자동차가 접근하는 경우에는 차마와 노면전차의 운전자는 교차로를 피하여 일시정지하여야 한다. 다만, "일방통행으로 된 도로에서 우측 가장자리로 피하여 양보하는 것이 긴급자동차 통행에 지장을 주는 경우에는 좌측 가장자리로 피하여 양보할 수 있다.

① 교차로를 피하여 일시정지하여야 한다.

40 동영상(애니메이션) 문제 (배점당 5점 / 5점)

해설 사고가 없는 자동차를 만나 사고를 예방하기 위해 우리가 반드시 알아야 할 수 있다는 장소들의 운행

① 벼랑길 오르막길 꼭대기 부근에서의 운행
② 교차로에서 회전하는 차량과의 B교차로의 운행
③ 터널 안에서의 운행
④ 앞서 가고 있는 차량을 B지르기 중의 운행
⑤ 안개 많은 지역에서 가장 차량 근접사의 운행

【도로상황】
• 비내리는 우천상황 이동
• 정체되어 있는 도로 상황

제11회 운전면허 시험 출제문제 (제1종)

문장형 4지 1답 문제 (2점)

1 다음 중 도로교통법상 횡단보도를 횡단하는 방법에 대한 설명으로 옳지 않은 것은?
① 개인형 이동장치를 끌고 횡단할 수 있다.
② 보행 보조용 의자차를 타고 횡단할 수 있다.
③ 자전거를 타고 횡단할 수 있다.
④ 유모차를 끌고 횡단할 수 있다.

해설
- 횡단보도란 보행자가 도로를 횡단할 수 있도록 안전표지로 표시한 도로의 부분을 말한다.
- 모든 차의 운전자는 보행자(자전거에서 내려서 자전거를 끌고 통행하는 자전거 운전자를 포함한다)가 횡단보도를 통행하고 있을 때에는 보행자의 횡단을 방해하거나 위험을 주지 아니하도록 그 횡단보도 앞(정지선이 설치되어 있는 곳에서는 그 정지선을 말한다)에서 일시정지하여야 한다.

2 다음 중 도로교통법상 차마의 통행 방법에 대한 설명이다. 잘못된 것은?
① 보도와 차도가 구분된 도로에서는 차도로 통행하여야 한다.
② 보도를 횡단하기 직전에 서행하여 좌·우를 살핀 후 보행자의 통행을 방해하지 않도록 횡단하여야 한다.
③ 도로의 중앙의 우측 부분으로 통행하여야 한다.
④ 도로가 일방통행인 경우 도로의 중앙이나 좌측 부분을 통행하여야 한다.

해설 제1항 단서의 경우 차마의 운전자는 보도를 횡단하기 직전에 일시정지하여 좌측과 우측 부분 등을 살핀 후 보행자의 통행을 방해하지 아니하도록 횡단하여야 한다.

3 다음 중 도로교통법상 보행자의 보호에 대한 설명이다. 옳지 않은 것은?
① 보행자가 횡단보도를 통행하고 있을 때 그 직전에 일시정지하여야 한다.
② 경찰 공무원의 신호나 지시에 따라 도로를 횡단하는 보행자의 통행을 방해하여서는 아니 된다.
③ 교차로에서 도로를 횡단하는 보행자의 통행을 방해하여서는 아니 된다.
④ 보행자가 횡단보도가 없는 도로를 횡단하고 있을 때에는 안전거리를 두고 서행하여야 한다.

해설 도로교통법 제27조(보행자의 보호)
① 모든 차 또는 노면전차의 운전자는 보행자(제13조의2제6항에 따라 자전거 등에서 내려서 자전거 등을 끌거나 들고 통행하는 자전거등의 운전자를 포함한다)가 횡단보도를 통행하고 있거나 통행하려고 하는 때에는 보행자의 횡단을 방해하거나 위험을 주지 아니하도록 그 횡단보도 앞(정지선이 설치되어 있는 곳에서는 그 정지선을 말한다)에서 일시정지하여야 한다.
② 모든 차 또는 노면전차의 운전자는 교통정리를 하고 있는 교차로에서 좌회전이나 우회전을 하려는 경우에는 신호기 또는 경찰공무원등의 신호나 지시에 따라 도로를 횡단하는 보행자의 통행을 방해하여서는 아니 된다.
③ 모든 차의 운전자는 교통정리를 하고 있지 아니하는 교차로 또는 그 부근의 도로를 횡단하는 보행자의 통행을 방해하여서는 아니 된다.
⑤ 모든 차 또는 노면전차의 운전자는 보행자가 제10조제3항에 따라 횡단보도가 설치되어 있지 아니한 도로를 횡단하고 있을 때에는 안전거리를 두고 일시 정지하여 보행자가 안전하게 횡단할 수 있도록 하여야 한다.

4 차량 운전 중 차량 신호등과 횡단보도 보행자 신호등이 모두 고장 난 경우 횡단보도 통과 방법으로 옳은 것은?
① 횡단하는 사람이 있는 경우 서행으로 통과한다.
② 횡단보도에 사람이 없으면 서행하지 않고 빠르게 통과한다.
③ 신호등 고장으로 횡단보도 기능이 상실되었으므로 서행할 필요가 없다.
④ 횡단하는 사람이 있는 경우 횡단보도 직전에 일시정지한다.

해설 모든 차의 운전자는 보행자(자전거에서 내려서 자전거를 끌고 통행하는 자전거 운전자를 포함한다)가 횡단보도를 통행하고 있을 때에는 보행자의 횡단을 방해하거나 위험을 주지 아니하도록 그 횡단보도 앞(정지선이 설치되어 있는 곳에서는 그 정지선을 말한다)에서 일시정지하여야 한다.

5 도로교통법상 보도와 차도가 구분이 되지 않는 도로 중 중앙선이 있는 도로에서 보행자의 통행 방법으로 가장 적절한 것은?
① 차도 중앙으로 보행한다.
② 차도 우측으로 보행한다.
③ 길 가장자리 구역으로 보행한다.
④ 도로의 전 부분으로 보행한다.

해설 도로교통법 제8조(보행자의 통행)
① 보행자는 보도와 차도가 구분되지 아니한 도로 중 중앙선이 있는 도로(일방통행인 경우에는 차선으로 구분된 도로를 포함)에서는 길 가장자리 또는 길 가장자리 구역으로 통행하여야 한다.
② 보행자는 다음 각 호의 어느 하나에 해당하는 곳에서는 도로의 전 부분으로 통행할 수 있다. 이 경우 보행자는 고의로 차마의 진행을 방해하여서는 아니 된다.
1. 보도와 차도가 구분되지 아니한 도로 중 중앙선이 없는 도로(일방통행인 경우에는 차선으로 구분되지 아니한 도로에 한정)
2. 보행자우선도로

6 도로교통법상 보행자 전용도로 통행이 허용된 차마의 운전자가 통행하는 방법으로 맞는 것은?
① 보행자가 있는 경우 서행으로 진행한다.
② 경음기를 울리면서 진행한다.
③ 보행자의 걸음 속도로 운행하거나 일시정지하여야 한다.
④ 보행자가 없는 경우 신속히 진행한다.

해설 보행자 전용도로의 통행이 허용된 차마의 운전자는 보행자를 위험하게 하거나 보행자의 통행을 방해하지 아니하도록 차마를 보행자의 걸음 속도로 운행하거나 일시정지하여야 한다.

7 도로교통법상 연석선, 안전표지나 그와 비슷한 인공 구조물로 경계를 표시하여 보행자가 통행할 수 있도록 한 도로의 부분은?
① 보도
② 길 가장자리 구역
③ 횡단보도
④ 자전거 횡단도

해설 보도란 연석선, 안전표지나 그와 비슷한 인공 구조물로 경계를 표시하여 보행자(유모차와 행안부령으로 정하는 보행 보조용 의자차 포함)가 통행할 수 있도록 한 도로의 부분을 말한다.

8 도로교통법령상 보행 신호등이 점멸할 때 올바른 횡단 방법이 아닌 것은?
① 보행자는 횡단을 시작하여서는 안 된다.
② 횡단하고 있는 보행자는 신속하게 횡단을 완료하여야 한다.
③ 횡단을 중지하고 보도로 되돌아와야 한다.
④ 횡단을 중지하고 그 자리에서 다음 신호를 기다린다.

해설 신호기가 표시하는 신호의 종류 및 신호의 뜻 중 보행 신호등

9 도로교통법상 차의 운전자가 반드시 일시정지해야 할 경우가 아닌 것은?
① 자전거를 끌고 횡단보도를 횡단하는 사람을 발견하였을 때
② 이면 도로에서 보행자의 옆을 지나갈 때
③ 보행자가 횡단보도를 횡단하는 것을 봤을 때
④ 보행자가 횡단보도가 없는 도로를 횡단하는 것을 봤을 때

해설 모든 차의 운전자는 도로에 설치된 안전지대에 보행자가 있는 경우와 차로가 설치되지 아니한 좁은 도로에서 보행자의 옆을 지나는 경우에는 안전한 거리를 두고 서행하여야 한다.

정답 1.③ 2.② 3.④ 4.④ 5.③ 6.③ 7.① 8.④ 9.②

정답 10. ③ 11. ① 12. ④ 13. ① 14. ③ 15. ④ 16. ③ 17. ③ 18. ② 19. ②

10 어린이보호구역에서 자동차등의 통행속도는 매시 ( )킬로미터 이내로 자동차등의 통행속도를 제한할 수 있다. ( )안에 기준으로 맞는 것은?
① 10 ② 20 ③ 30 ④ 50
해설 어린이 보호구역은 자동차등과 노면전차의 통행속도를 시속 30km/h이내로 제한할 수 있다.

11 다음 중 어린이통학버스 앞지르기 금지 위반이 아닌 것은?
① 어린이가 타고 내릴 때 앞지른 경우
② 정차한 어린이통학버스 옆을 지날 때
③ 어린이가 타고 내리지 않을 때 앞지르기 할 때
④ 점멸등이 작동 중일 때
해설 차로 통행하는 운전자는 어린이나 영유아가 타고 내리는 중임을 표시하는 점멸등이 작동중인 어린이통학버스를 앞지르지 못한다.

12 다음 중 어린이통학버스 대기중 운전자의 행동으로 옳지 않은 것은?
① 시동장치를 분리하여 놓은 상태로 대기하여야 한다.
② 비상점멸표시등을 켜 둔 상태로 대기할 수 있다.
③ 원동기 시동을 꺼둔 상태로 대기할 수 있다.
④ 엔진공회전을 하지 않아야 한다.

13 어린이통학버스 운전자가 그 차에 타고 있지 않은 경우의 조치사항은?
① 원동기를 정지시키고 주차제동장치를 작동한다.
해설 어린이통학버스 사용 차운행중, 어린이탑승차량표지를 켜 어린이나 영유아가 차에 타고 내리는 중임을 표시한 장치.

14 다음 중 어린이통학버스의 운행 중 점멸등이 작동되지 않는 것은?
① 서행 ② 정차 ③ 주차 ④ 일시정지
해설 점멸등은 승·하차시 작동되는 점멸등 어린이통학버스가 승·하차 중임을 표시한 장치.

15 어린이통학버스 운전자가 고려해야 하는 점멸등 중 맞지 않은 것은?
① 일반 도로에서 주행 중 점멸등 등 점멸장치를 사용해서는 안 된다.
② 주·정차지 보행자의 주의 안내 목적으로 점멸등을 사용해야 한다.
③ 시·도 경찰청장이 지정한 지정장소에서만 정차 가능하다.
④ 점멸등은 어린이를 승하차시키기 위해서 운행 중일 때 사용할 수 있다.
해설 어린이통학버스는 어린이보호구역이나 자동차어린이등하차시나 30미터 이전에 어린이나 영유아가 승·하차 중임을 표시하여 안전지켜야 한다. 그리고 어린이통학버스는 정차할 때 유아 또는 어린이가 차에 타고 내릴 수 있다.

어린이통학버스 등 주차 금지 (3점)

16 다음 ( )안에 기준으로 맞는 것은?
어린이나 유아가 타고 내리는 경우 ( )미터 이내인 경우 경찰관서 등에 신고하면 과태료 등이 부과될 수 있다.
① 5, 300 ② 4, 285 ③ 3, 275 ④ 2, 265
해설 유아가 정차된 차보다 어려우며, 보행자 사용중 어린이 유아 등 사유의 이상인 승용차는 275센티미터 이내로 유아용 수 있다.

17 다른 도로에서 나아가는 어린이 탑승 차량이 6미터 이내의 앞차를 지나갈 수 있는 경우로 맞는 것은?
① 도로의 좌측 차로의 통행량이 적은 경우
② 반대 방향의 교통량이 수월하게 있는 경우
③ 앞차가 저속으로 주행하고 있는 경우
④ 신호등이 없는 상황에서 교차로나 지원되고 있는 경우
해설 어린이보호 제13조(차마의 통행)(정차대등)

18 어린이통학버스 어린이 통학차에 승차 관한 설명이다. 맞는 것 2가지는?
① 어린이가 좌석에 이르기 때 어린이통학버스에 앞서 있는 차량에 주의한다.
② 어린이 통학차에서 어린이 양성 지적성에 영유아가(어린이)와 승차 장소 등이 중요사
③ 어린이 통학차는 동승하는 지점 중에 어린이 안전에 주의하며 운행한다.
④ 어린이 통학차에서 내렸을 때 다시 탑승하기 전에 승하차 장소에 안전 사고에 주의한다.
해설 어린이보호구역은 제3조(어린이가 통학에 등) 차량 규정

19 어린이 통학차에 대한 설명과 주의 설명이다. 맞는 것 2가지는?
① 어린이가 승하차 한 경우 영유아 승차 시 30킬로미터 이내로 서행해야 한다.
② 어린이 승차 유아가 차에 타고 내릴 경우에는 정상 작동 중인 점멸등을 통해 확인할 수 있다.
③ 다른 교통에 방해되지 않을 때에도 앞지르기할 수 없다.
④ 어린이가 승차 안전을 위해 사용하는 어린이 통학차의 안전 운전자는 모두 공통 운행자 인정표지를 부착할 수 있다.
해설 어린이보호 제3조(어린이가 승차한다·승·하차 중 필요 및 표제 어린이나 영유아 등에 탑승하는 어린이 통학차의 안전 운전자는 모두 공통 운행자 인정표지를 부착할 수 있다.
· 차량 조건
· 외부판 외측, 대형 백미러, 대응이 어린이의 안전표로 지정할 수 있다.
· 차량 기준조건
외부판 교통가급서에 어린이의 안전표를 위한 속도 서행 및 운전자의 운행 인정표지.
· 가를 안전지켜으로 지정할 수 있다.

20 보행자 신호등이 없는 횡단보도로 횡단하는 노인을 뒤늦게 발견한 승용차 운전자가 급제동을 하였으나 노인을 충격(2주 진단)하는 교통사고가 발생하였다. 올바른 설명 2가지는?
① 보행자 신호등이 없으므로 자동차 운전자는 과실이 전혀 없다.
② 자동차 운전자에게 민사 책임이 있다.
③ 횡단한 노인만 형사 처벌 된다.
④ 자동차 운전자에게 형사 책임이 있다.

해설 횡단보도 교통사고로 운전자에게 민사 및 형사 책임이 있다.

21 관할 경찰서장이 노인 보호구역 안에서 할 수 있는 조치로 맞는 2가지는?
① 자동차의 통행을 금지하거나 제한하는 것
② 자동차의 정차나 주차를 금지하는 것
③ 노상 주차장을 설치하는 것
④ 보행자의 통행을 금지하거나 제한하는 것

해설 노인 보호구역에서는 노상 주차장을 설치할 수 없다.

안전표지 4지 1답 문제 (2점)

22 다음 안전표지가 의미하는 것은?

① 백색 화살표 방향으로 진행하는 차량이 우선 통행할 수 있다.
② 적색 화살표 방향으로 진행하는 차량이 우선 통행할 수 있다.
③ 백색 화살표 방향의 차량은 통행할 수 없다.
④ 적색 화살표 방향의 차량은 통행할 수 없다.

해설 통행 우선 지시표지로 백색 화살표 방향으로 진행하는 차량이 우선 통행할 수 있도록 표시하는 것

23 다음 안전표지가 의미하는 것은?

① 자전거 횡단이 가능한 자전거횡단도가 있다.
② 자전거 횡단이 불가능한 것을 알리거나 지시하고 있다.
③ 자전거와 보행자가 횡단할 수 있다.
④ 자전거와 보행자의 횡단에 주의한다.

해설 도로교통법 시행규칙 [별표6] 지시표지325, 자전거횡단도표지이다.

24 다음 안전표지가 의미하는 것은?

① 좌측 도로는 일방통행 도로이다.
② 우측 도로는 일방통행 도로이다.
③ 모든 도로는 일방통행 도로이다.
④ 직진 도로는 일방통행 도로이다.

해설 전방으로만 진행할 수 있는 일방통행임을 지시하는 것으로 일방통행 지시표지이다. 일방통행 도로의 입구 및 구간내의 필요한 지점의 도로 양측에 설치하고 구간의 시작 및 끝의 보조 표지를 부착·설치하며 구간 내에 교차하는 도로가 있을 경우에는 교차로 부근의 도로 양측에 설치한다.

25 다음 안전표지가 설치된 차로 통행방법으로 올바른 것은?

① 전동킥보드는 이 표지가 설치된 차로를 통행할 수 있다.
② 전기자전거는 이 표지가 설치된 차로를 통행할 수 없다.
③ 자전거인 경우만 이 표지가 설치된 차로를 통행할 수 있다.
④ 자동차는 이 표지가 설치된 차로를 통행할 수 있다.

해설 도로교통법 시행규칙 별표6, 자전거전용차로표지(지시표지 318번) 자전거등만 통행할 수 있도록 지정된 차로의 위에 설치한다. 도로교통법 제2조(정의)에 의해 자전거등이란 자전거와 개인형 이동장치이다. 자전거란 자전거 이용 활성화에 관한 법률 제2조제1호 및 제1호의2에 따른 자전거 및 전기자전거를 말한다. 도로교통법 시행규칙 제2조의3(개인형 이동장치의 기준)에 따라 전동킥보드는 개인형 이동장치이다. 따라서 전동킥보드는 자전거등만 통행할 수 있도록 지정된 차로를 통행할 수 있다.

26 다음 안전표지에 대한 설명으로 맞는 것은?

① 자전거만 통행하도록 지시한다.
② 자전거 및 보행자 겸용 도로임을 지시한다.
③ 어린이 보호구역 안에서 어린이 또는 유아의 보호를 지시한다.
④ 자전거횡단도임을 지시한다.

해설 도로교통법 시행규칙 [별표6] 지시표지303 자전거 및 보행자 겸용도로표지

사진형 5지 2답 문제 (3점)

27 다음과 같은 상황에서 잘못된 운전방법 2가지는?

① 하이패스 이용자는 미리 하이패스 전용차로로 차로를 변경한다.
② 하이패스 차로에서는 정차하지 않으므로 전방 진행차량의 상황에 주의를 기울이며 운전하지 않아도 된다.
③ 현금이나 카드로 요금을 계산하려면 미리 해당 차로로 진로를 변경한다.
④ 현금으로 요금을 계산하려 했으나 다른 차로로 진입하게 된 때에는 후진하여 차로를 찾아간다.
⑤ 톨게이트를 통행할 때에는 시속 30 킬로미터 이내의 속도로 통과한다.

해설 자동차의 운전자는 그 차를 운전하여 고속도로 등을 횡단하거나 유턴 또는 후진하여서는 아니 된다(도로교통법 제62조).

28 다음과 같은 상황에서 알 수 있는 정보와 이에 따른 안전한 운전방법을 연결한 것으로 바르지 않은 것 2가지는?

- 평일 오후 경부고속도로 청주 휴게소 인근
- 편도 3차로 고속도로
- 사진 상의 모든 자동차는 90~100km/h의 속도로 진행 중

① 도로상 낙하물 - 비상점멸등을 켜 후행 차량에 위험 상황을 알린다.
② 1차로 - 평일에는 승용차 운전자가 앞지르기를 위해 진행할 수 있다.
③ 3차로의 노면 색깔 유도선 - 평일에는 버스전용으로 운용되는 차로이다.
④ 휴게소 표지 - 전방 우측에 곧 휴게소가 있음을 알리는 표지이다.
⑤ 편도 3차로 도로 - 화물자동차 운전자는 앞지르기를 위해 1차로로 진행할 수 있다.

해설 3차로에 설치된 녹색선은 차선이 아니고 노면 색깔 유도선이다. 노면 색깔 유도선은 자동차의 주행 방향을 안내하기 위하여 차로 한가운데에 이어 그린 선이다. 고속도로 편도 3차로 도로에서 오른쪽 차로(사진에서는 3차로)로 통행해야 하고 앞지르기를 할 때에는 왼쪽 바로 옆차로로 통행할 수 있다(도로교통법 시행규칙 [별표9]).

정답 20. ②, ④ 21. ①, ② 22. ① 23. ① 24. ④ 25. ① 26. ② 27. ②, ④ 28. ③, ⑤

정답 29. ①, ② 30. ④, ⑤ 31. ③, ⑤ 32. ③, ⑤ 33. ①, ⑤

29 다음과 같은 상황에서 가장 올바른 운전방법 2가지는?

- 편도 3차로 고속도로
- 평일 오후 정기 고속도로 사용량이 증가하는 시기
- 현재 시간 오후 6시
- 사진원 앞쪽 자동차의 속도는 90~100km/h로 속도로 진행 중

① 버스전용차로를 이용하여 주행한다.
② 승용차는 앞지르기 할 경우에 한하여 1차로로 통행할 수 있다.
③ 장거리 운행할 경우 주기적으로 휴식을 취한다.
④ 고속도로에서 지정차로를 3차로로 변경하여 주행한다.
⑤ 5년 동안 승용차는 진행할 수 있다.

해설 편도 3차로 이상 고속도로에서 앞지르기하려는 자동차는 제외한 모든 자동차는 오른쪽 차로로 통행하여야 한다. 고속도로에서 승용자동차의 최저속도는 1차로이며, 앞지르기가 아닌 계속 주행하는 차로는 2차로, 3차로이다(도로교통법 시행규칙 [별표9]).

30 다음과 같은 상황에서 올바른 운전방법 2가지는?

- 현재속도 시속 33킬로미터가 표시된 속도
- 고속도로 종단 집입후 교통상황 정보 등이 없음

① 시속 감속한다.
② 정상 주차나 정차한다.
③ 비상점멸등을 점등시키고 갓길 정차한다.
④ 황색점멸등을 점등하면서 가장 적당한 장소에 정차한다.
⑤ 통행료를 크게 받기 위해 주변의 다른 자동차가 주행시 감소하지 않게 정차한다.

해설 고속도로에서 자동차의 고장이나 사고 등으로 운행할 수 없게 된 때에는 안전삼각대를 설치하고, 그러한 사유가 발생한 곳의 후방에서 접근하는 차량의 운전자가 확인할 수 있는 위치에 신호등 화이용하여 행정한다. 자동차를 도로에 세워 두지 말고 고장차량의 표시를 하여야 한다(도로교통법 시행규칙 제40조).

[별표 6]

31 다음과 같은 상황에서 올바른 운전방법이 아닌 것 2가지는?

- 기상상태 강한 비 속 4개 차로가 혼잡된 고속도로

① 가속차로로 통행할 수 있다.
② 1km 앞에 있는 지하도로를 주의하여 운행한다.
③ 앞 사고지점을 신속하게 피해 가려고 가속한다.
④ 발품감가 많을 때는 2차로로 통행할 수 있다.
⑤ 고속도로에서 이상기상 공공자는 매뉴얼 운행하여 중단시킨다.

해설 고속도로나 자동차전용도로에서 자동차의 고장이나 사고로 멈추는 때에는 사고차량을 안전지대 등 안전한 장소로 대피시키고, 안전삼각대를 세워 이상기상(현장이 있는 경우에는 매뉴얼 아이 이후 60층 통과 시 차량들에게 알리고, 밤에는 이 외 및 제1110층까지 매뉴얼 이용한 승차신호를 추가로 놓아야 한다(도로교통법 제50조 제3항).

32 다음과 같은 상황에서 가장 안전한 운전방법 2가지는?

- 고속도로 통과 시 진행 중

① 운전자의 감으로 차로 간격을 맞춰 통과 중
② 정밀된 차로 변경이 가능하다.
③ 가장 빠른 진행가능한 차로가 안전한 1차로로 지정시켜 주행한다.
④ 통행 차로 운행 규칙을 준수하며 주행한다.
⑤ 고속도로에서 마한 차로로 1차로의 가장자리 쪽으로 지나가는 자동차들이 있는지 항상 확인해야 한다.

해설 자동차가 고속도로나 이를 피하기 위해 급감속 또는 급제동을 하는 것은 매우 위험한 행위로 동시에 진행하는 자동차가 추돌할 수 있다.

안전사고 5가지 2단 문제 (3점)

33 다음 상황에서 공조등의 불빛이 밝게 켜지고 있으며 가장 올바른 운전 방법 2가지는?

[도로상황]
- 편도 2차로 도로
- 주간통행이 고속도로
- 야간 공조등이 밝은 속도로
- 1차로 전방에 승용차

① 공조등이 등도로 즉시 가속차도 진입한다.
② 조심은 가속차로 진입 중
③ 야간에는 이편자도로 중
④ 공조등 가로에서 즉시 진입 중
⑤ 공조등 가로에서 1차로가 비좁다가 안전한

해설 공조등이 공감사례 하는 것은 이를 하는 안전한 감수로 하는 것은 매우 위험한 행위로 공조동의 통과 이후에 해당차선으로 지나가는 자동차를 막히지 않도록 한다.

34 다음 상황에서 가장 바람직한 운전방법 2가지는?

[도로상황]
- 편도 3차로 도로
- 경찰차 긴급출동 상황(경광등, 싸이렌 작동)

① 차의 등화가 녹색이므로 교차로에 그대로 진입한다.
② 긴급차가 우선 통행할 교차로이므로 교차로 진입 전에 정지하여야 한다.
③ 2차로에 있는 차가 갑자기 좌측으로 변경할 수도 있으므로 미리 충분히 속도를 감속한다.
④ 긴급차보다 차의 신호가 우선이므로 그대로 진입한다.
⑤ 긴급차보다 먼저 통과할 수 있도록 가속하며 진입한다.

해설 교차로나 그 부근에서 긴급자동차가 접근하는 경우에는 차마와 노면전차의 운전자는 교차로를 피하여 일시정지하여야 한다. ③을 부언설명하면, 긴급자동차의 우선 통행을 위해 양보하고 있는 경우를 다수의 운전자가 차가 밀리는 경우로 보고 진로 변경하는 사례가 빈번하다. 따라서 2차로에 있는 차가 왼쪽으로 진로 변경할 가능성도 배제할 수 없다.

35 다음 상황에서 가장 안전한 운전 방법 2가지는?

[도로상황]
- 뒤따라오는 차량

① 반대편에 차량이 나타날 수 있으므로 차가 오기 전에 빨리 중앙선을 넘어 진행한다.
② 전방 공사 구간을 보고 갑자기 속도를 줄이면 뒤따라오는 차량과 사고 가능성이 있으므로 빠르게 진행한다.
③ 전방 공사 현장을 피해 부득이하게 중앙선을 넘어갈 때 반대편 교통 상황을 확인하고 진행한다.
④ 전방 공사 차량이 갑자기 출발할 수 있으므로 공사 차량의 움직임을 살피며 천천히 진행한다.
⑤ 뒤따라오던 차량이 내 차를 앞지르기하고자 할 때 먼저 중앙선을 넘어 신속히 진행한다.

해설 공사 중으로 부득이한 경우에는 나의 운전 행동을 다른 교통 참가자들이 예측할 수 있도록 충분한 의사 표시를 하고 안전하게 진행한다. 또한 주차 차량에 운전자가 있을 때는 그 차의 움직임을 살펴야 한다.

36 다음 상황에서 가장 안전한 운전방법 2가지로 맞는 것은?

[도로상황]
- 편도 1차로
- (실내후사경)뒤에서 후행하는 차

① 자전거와의 충돌을 피하기 위해 좌측차로로 통행한다.
② 자전거 위치에 이르기 전 충분히 감속한다.
③ 뒤 따르는 자동차의 소통을 위해 가속한다.
④ 보행자의 차도진입을 대비하여 감속하고 보행자를 살핀다.
⑤ 보행자를 보호하기 위해 길가장자리구역을 통행한다.

해설 위험예측.
문제의 그림에서 확인되는 상황은 길가장자리구역에서 보행자와 자전거가 통행하고 있는 상황이다. 이러한 상황에서 일반적으로 자전거의 속도는 보행자의 속도보다 빠른 상태에서 자전거 운전자가 보행자를 앞지르기하는 운전행동이 나타난다. 자전거가 왼쪽 또는 오른쪽으로 앞지르기를 하는 과정에서 충돌이 이루어지고 차도로 갑자기 진입하거나 넘어지는 등의 교통사고가 빈번하다. 따라서 운전자는 길가장자리 구역에 보행자와 자전거가 있는 경우 미리 속도를 줄이고 보행자와 자전거의 차도진입을 예측하여 정지할 준비를 하는 것이 바람직하다. 또 이때 보행자와 자전거를 피하기 위해 중앙선을 넘어 좌측통행하는 경우도 빈번하게 나타나는 데, 이는 바람직한 행동이라 할 수 없다.

37 다음 상황에서 가장 안전한 운전방법 2가지는?

[도로상황]
- 횡단보도 진입 전
- 왼쪽에 비상점멸하며 정차하고 있는 차

① 원활한 소통을 위해 앞차를 따라 그대로 통행한다.
② 자전거의 횡단보도 진입속도보다 빠르므로 가속하여 통행한다.
③ 횡단보도 직전 정지선에서 정지한다.
④ 보행자가 횡단을 완료했으므로 신속히 통행한다.
⑤ 정차한 자동차의 갑작스러운 출발을 대비하여 감속한다.

해설 위험예측.
문제의 그림 상황에서 왼쪽에 정차한 자동차 운전자는 조급한 상황이거나 오른쪽을 확인하지 않은 채 본래 차로로 갑자기 진입할 수 있다. 이와 같은 상황은 도로에서 빈번하게 발생하고 있다. 따라서 가장자리에서 정차하고 있는 차에 특별히 주의해야 한다. 그리고 왼쪽에 정차한 자동차의 뒤편에 자전거 운전자는 횡단보도를 진입하려는 상황인데, 비록 보행자는 아닐지라도 운전자는 그 대상을 보호해야 한다. 따라서 자전거의 진입속도와 자신의 자동차의 통행속도는 고려하지 않고 횡단보도 직전 정지선에 정지하여야 한다.

38 편도 1차로 도로를 주행 중인 상황에서 가장 안전한 운전 방법 2가지는?

[도로상황]
- 전방 횡단보도
- 고개 돌리는 자전거 운전자

① 경음기를 사용해서 자전거가 횡단하지 못하도록 경고한다.
② 자전거가 횡단하지 못하도록 속도를 높여 앞차와의 거리를 좁힌다.
③ 자전거보다 횡단보도에 진입하고 있는 앞차의 움직임에 주의한다.
④ 자전거가 횡단할 수 있으므로 속도를 줄이면서 자전거의 움직임에 주의한다.
⑤ 횡단보도 보행자의 횡단으로 앞차가 급제동할 수 있으므로 미리 브레이크 페달을 여러 번 나누어 밟아 뒤차에게 알린다.

해설 자전거 운전자가 뒤를 돌아보는 경우는 도로를 횡단하기 위해 기회를 살피는 것임을 예측할 수 있다. 따라서 전방의 자전거를 발견하였을 경우 운전자의 움직임을 잘 살펴 주의해야 한다. 전방의 횡단보도 보행자의 횡단으로 앞차가 일시정지할 수 있으므로 서행하면서 전방을 잘 주시하여 일시정지에 대비하여야 한다.

정답 34. ②, ③ 35. ③, ④ 36. ②, ④ 37. ③, ⑤ 38. ④, ⑤

39 자동차 창유리가 뿌옇게 김서림으로 운전자에게 불편함을 준다. 가장 안전하고 올바른 방법 2가지는?

[도로상황]
• 날자 당일(+) 고지대
• 자동차 창유리로
• 자동 차로변경 중 앞차로에서 마주치는 안개

① 인지시 장치 공기유입을 폐쇄하여 사용등을 우회선택한다.
② 내 차의 후측 되쪽이 인식 없이 사망아이 주의한다.
③ 등상하는 장치가 작동될 수 있으므로 점폭한 주시 없이 등으로 우회선택한다.
④ 자차자는 자동차의 우측정면 없이 앞으로 장기를 계속 추차성한다.
⑤ 신호기 앞 바깥에 니르며 수도를 꺾여 우측에 차를 마추신다.

해설 자동차 창유리로 광장 나는 김서림의 주차장에서 예기치 않았지만이 있을 수 있으므로 주차에서 가까운 뒤쪽이 사용하여아 한다. 자동차 발진시 주의의
자차지 움직임 중 사용등이 우회선택해야 한다. 자동차는 따라 시도에도
인기자가 보이지 않고 등을 인지하지 못해 사이에서 주행하다가 있으므로
대행차(마추버)가 사라에 주의하여야 한다.

40 동영상(애니메이션) 문제 (애니메이션 / 5점)

(이 책 120페이지부터 124페이지 중 한 문제가 출제되니 그 문제를 참조하세요.)

정답 39. ①, ②

제12회 운전면허 시험 출제문제 제1종

문장형 4지 1답 문제 (2점)

1 도로교통법상 시간대에 따라 양방향의 통행량이 뚜렷하게 다른 도로에는 교통량이 많은 쪽으로 차로의 수가 확대될 수 있도록 신호기에 의하여 차로의 진행 방향을 지시하는 차로는?

① 가변 차로 ② 버스 전용 차로
③ 가속 차로 ④ 앞지르기 차로

해설 도로교통법 제14조(차로의 설치 등)제1항
시·도 경찰청장은 시간대에 따라 양방향의 통행량이 뚜렷하게 다른 도로에는 교통량이 많은 쪽으로 차로의 수가 확대될 수 있도록 신호기에 의하여 차로의 진행 방향을 지시하는 가변 차로를 설치할 수 있다.

2 도로교통법령상 '모든 차의 운전자는 교차로에서 ( )을 하려는 경우에는 미리 도로의 우측 가장자리를 서행하면서 ( )하여야 한다. 이 경우 ( )하는 차도의 운전자는 신호에 따라 정지하거나 진행하는 보행자 또는 자전거 등에 주의하여야 한다.' ( )안에 맞는 것으로 짝지어진 것은?

① 우회전 – 우회전 – 우회전
② 좌회전 – 좌회전 – 좌회전
③ 우회전 – 좌회전 – 우회전
④ 좌회전 – 우회전 – 좌회전

해설 도로교통법 제25조(교차로 통행 방법)
① 모든 차의 운전자는 교차로에서 우회전을 하려는 경우에는 미리 도로의 우측 가장자리를 서행하면서 우회전하여야 한다. 이 경우 우회전하는 차의 운전자는 신호에 따라 정지하거나 진행하는 보행자 또는 자전거 등에 주의하여야 한다.

3 다음 중 도로교통법상 차로 변경에 대한 설명으로 맞는 것은?

① 다리 위는 위험한 장소이기 때문에 백색 실선으로 차로 변경을 제한하는 경우가 많다.
② 차로 변경을 제한하고자 하는 장소는 백색 점선의 차선으로 표시되어 있다.
③ 차로 변경 금지 장소에서는 도로 공사 등으로 장애물이 있어 통행이 불가능한 경우라도 차로 변경을 해서는 안 된다.
④ 차로 변경 금지 장소이지만 안전하게 차로를 변경하면 법규 위반이 아니다.

해설 도로의 파손 등으로 진행할 수 없을 경우에는 차로를 변경하여 주행하여야 하며, 차로 변경 금지 장소에서는 안전하게 차로를 변경하여도 법규 위반에 해당한다. 차로 변경 금지선은 실선으로 표시한다.

4 다음 중 녹색등화 교차로에 진입하여 신호가 바뀐 후에도 지나가지 못해 다른 차량 통행을 방해하는 행위인 "꼬리 물기"를 하였을 때의 위반 행위로 맞는 것은?

① 교차로 통행 방법 위반 ② 일시정지 위반
③ 진로 변경 방법 위반 ④ 혼잡 완화 조치 위반

해설 도로교통법 제25조(교차로 통행 방법)
모든 차의 운전자는 신호기로 교통정리를 하고 있는 교차로에 들어가려는 경우에는 진행하려는 차로의 앞쪽에 있는 차의 상황에 따라 교차로(정지선이 설치되어 있는 경우에는 그 정지선을 넘은 부분을 말한다)에 정지하게 되어 다른 차의 통행에 방해가 될 우려가 있는 경우에는 그 교차로에 들어가서는 아니 된다.

5 고속도로의 가속 차로에 대한 설명으로 옳은 것은?

① 고속도로 주행 차량이 진출로로 진출하기 위해 차로 변경할 수 있도록 유도하는 차로
② 고속도로로 진입하는 차량이 충분한 속도를 낼 수 있도록 유도하는 차로
③ 고속도로에서 앞지르기하고자 하는 차량이 속도를 낼 수 있도록 유도하는 차로
④ 오르막에서 대형 차량들의 속도 감소로 인한 영향을 줄이기 위해 설치한 차로

해설 고속도로로 진입할 때 가속 차로를 이용하여 충분히 속도를 높여 주면서 본선으로 진입하여야 본선의 주행 차량들에 영향을 최소화할 수 있다.

6 고속도로에 진입한 후 잘못 진입한 사실을 알았을 때 가장 적절한 행동은?

① 갓길에 정차한 후 비상 점멸등을 켜고 고속도로 순찰대에 도움을 요청한다.
② 이미 진입하였으므로 다음 출구까지 주행한 후 빠져나온다.
③ 비상 점멸등을 켜고 진입했던 길로 서서히 후진하여 빠져나온다.
④ 진입 차로가 2개 이상일 경우에는 유턴하여 돌아 나온다.

해설 고속도로에 진입한 후 잘못 진입한 경우 다음 출구까지 주행한 후 빠져나온다.

7 도로교통법령상 도로에 설치하는 노면 표시의 색이 잘못 연결된 것은?

① 안전지대 중 양방향 교통을 분리하는 표시는 노란색
② 버스 전용 차로 표시는 파란색
③ 노면 색깔 유도선 표시는 분홍색, 연한 녹색 또는 녹색
④ 어린이 보호구역 안에 설치하는 속도 제한 표시의 테두리 선은 흰색

해설 도로교통법 시행 규칙 별표6(안전표지의 종류, 만드는 방식 및 설치·관리 기준) 일반 기준 제2호.
어린이 보호구역 안에 설치하는 속도 제한 표시의 테두리 선은 빨간색

8 도로교통법령상 고속도로 외의 도로에서 왼쪽 차로를 통행할 수 있는 차종으로 맞는 것은?

① 승용자동차 및 경형·소형·중형 승합자동차
② 대형 승합자동차
③ 화물자동차
④ 특수 자동차 및 이륜자동차

해설 도로교통법 시행 규칙 별표9(차로에 따른 통행 차의 기준), 고속도로 외의 도로에서 왼쪽 차로는 승용자동차 및 경형·소형·중형 승합자동차가 통행할 수 있는 차종이다.

9 자동차 운행 시 유턴이 허용되는 구간은?(유턴표지가 있는 곳)

① 도로의 중앙에 황색 실선 형식으로 설치된 노면표시
② 도로의 중앙에 백색 실선 형식으로 설치된 노면표시
③ 도로의 중앙에 백색 점선 형식으로 설치된 노면표시
④ 도로의 중앙에 청색 실선 형식으로 설치된 노면표시

해설 도로 중앙에 백색 점선 형식의 노면표시가 설치된 구간에서 유턴이 허용된다.

10 도로교통법령상 차로에 따른 통행 구분 설명이다. 잘못된 것은?

① 차로의 순위는 도로의 중앙선 쪽에 있는 차로부터 1차로로 한다.
② 느린 속도로 진행하여 다른 차의 정상적인 통행을 방해할 우려가 있는 때에는 그 통행하던 차로의 오른쪽 차로로 통행하여야 한다.
③ 일방통행 도로에서는 도로의 오른쪽부터 1차로로 한다.
④ 편도 2차로 고속도로에서 모든 자동차는 2차로로 통행하는 것이 원칙이다.

해설 도로교통법 시행 규칙 제16조(차로에 따른 통행 구분)

정답 1. ① 2. ① 3. ① 4. ① 5. ② 6. ② 7. ④ 8. ① 9. ③ 10. ③

11 자동차 전용도로 편도 2차로에서 가장자리가 50미터 이내인 경우 그 도로에서 운전자가 고속도로 외의 도로와 이어지는 지점에서 ( ) 등 동일한 속도로 운행하여야 한다. ( )에 기입으로 맞는 것은?

① 100분의 50 ② 100분의 40
③ 100분의 30 ④ 100분의 20

해설 도로교통법 시행 규칙 제19조(자동차등과 노면전차의 속도)

12 도로교통법상 자동차의 속도와 관련하여 다음 ( )안에 기입으로 맞는 것은?

자동차등의 속도가 전방의 가시거리가 100미터 이내인 경우에는 그 도로에 정한 최고속도의 ( )을 줄인 속도로 운행하여야 한다.

① 안전표지
② 교차로 정지표지
③ 경사로
④ 길 가장자리 구역

해설 도로교통법 시행규칙 제19조(자동차등의 속도) 제2항

13 도로교통법상 편도 1·2차로인 고속도로의 최고속도로 맞는 것은?

가. 매시 100킬로미터, 다만, 적재중량 1.5톤을 초과하는 화물자동차·특수자동차·위험물운반자동차 및 건설기계의 최고속도는 매시 80킬로미터이다.

14 도로교통법상 편도 3차로 고속도로에서 승용자동차의 주행차로로 맞는 것은?

해설 자동차관리법 시행규칙 별표1에 따른 이륜자동차는 긴급자동차만 고속도로 등을 통행할 수 있으며, 그 외의 이륜자동차는 고속도로 등의 통행이 금지된다.

① 승용자동차는 1차로의 주행차로 이용하여야 한다.
② 수용자동차는 2차로의 주행차로 이용하여야 한다.
③ 대형승합자동차는 1차로의 주행차로 이용하여야 한다.
④ 대형승합자동차는 2차로의 주행차로 이용하여야 한다.

14 도로교통법상 편도 4차로 고속도로에서 승용자동차의 주행차로로 맞는 것은?

① 시험용으로 고속도로에서 법정속도보다 더 낮은 속도로 주행하고자 하는 경우 일반 도로를 이용하여야 한다.
② 고속도로를 운행하고 있는 차가 고장이 난 경우에는 가장자리로부터 50미터 이상 떨어진 곳에 정차하여야 한다.
③ 교통이 밀리거나 그 밖의 부득이한 사유로 시속 50킬로미터 미만으로 운행할 수 밖에 없는 경우에는 고속도로 등을 통행할 수 있다.
④ 자동차 외의 자전거의 속도는 매시 40킬로미터 이하이다.

해설 ① 도로교통법 제62조(횡단 등의 금지)
② 도로교통법 제61조 제1항 제2호 가목
③ 도로교통법 제63조
④ 자동차전용도로에서의 최고속도는 매시 90킬로미터이다.(도로교통법 시행규칙 제19조)

15 고속도로를 주행하고 있는 속도는 매시 100킬로미터였으나 안개가 4킬로 그 속도를 줄여야 할 때 2킬로 주행 중인 차 3대 중 적절한 최저속도로 맞는 속도는?

① 매시 60킬로미터 ② 매시 70킬로미터
③ 매시 80킬로미터 ④ 매시 90킬로미터

해설 도로교통법 시행규칙 제19조제2항 폭우, 폭설, 안개 등으로 가시거리가 100미터 이내인 경우에는 최고속도의 100분의 50을 줄인 속도로 운행하여야 한다. 따라서 매시 80킬로미터이다.

16 다음 중 교차로가 없는 고속도로에서 통행할 수 있는 것은?

① 안전표지 등으로 지정되어 있는 경우
② 긴급자동차인 경우

정답 11. ① 12. ① 13. ④ 14. ② 15. ③ 16. ① 17. ④ 18. ② 19. ③ 20. ①, ④

---

17 고속도로의 딜레마 존(Dilemma Zone) 내 통과 남용 중 가장 많이 발생하는 것은?

① 고가도로의 경사가 매우 긴 경우로 경사를 지나지 않고 교차로에 미리 진입할 경우 정지하기 어렵기 때문에 공간이다.
② 주행 중 교차로에 진입하기 전에 이미 진입한 차량이 먼저 진출할 수 없어 정지하기 어려운 공간이다.
③ 신호등이 녹색으로 바뀌어 교차로에 진입하기 시작하였지만 정지선을 넘어선 것과 같이 정지하기 어려운 공간이다.
④ 고속도로에서 속도위반 차량이 단속 카메라 앞에서 급정지하는 공간 즉 딜레마 존(Dilemma Zone)이 형성되어 사고가 자주 발생하는 공간이다.

해설 도로교통법 시행규칙 제3조(차마의 통행)

18 긴급자동차 중 사용자의 대한 설명으로 맞지 않은 것은?

① 수리공장 이송 중인 차량에 의해 수리되는 경우
② 운전자가 없어 보험 가입자인 소유자가 급환자 등으로 수리되는 경우
③ 소방관이 사용자 지정 등을 위해 피난 후 사용 중인 경우
④ 우편물의 긴급 수송 중인 수신이 사용되는 가입자 부근 공공적인 우편배송 차량

해설 긴급자동차 및 그 사용자로서 긴급자동차에서 운영되는 신호 또는 지시를 따르지 않는 경우 그 사용자를 과태료를 받는다.

19 고속도로에서 긴급자동차가 가장 먼저 지원하여야 할 가지는?

① 안전표지와 긴급자동차 등의 사용자가 가장 가지가 있다.
② 긴급한 운전으로 인하여 사상사 등 다른 자동차의 이익보다 우선할 수 있다.
③ 교통사고는 급으로 일어날 수 있지만 이기를 줄여야 한다.
④ 수신자가 자동차를 기어 준수에 있다.

20 긴급자동차의 다음은 주·정차 및 방해에 대한 설명이다. 맞는 2 가지는?

① 긴급자동차는 긴급한 용도로 사용되어야 한다.
② 긴급자동차의 사용자는 다른 자동차의 고정 운행을 방해하는 승용차 등 운전자로 이전할 수 있다.
③ 긴급자동차는 다른 자동차의 조종 중 기어를 주어야 한다.
④ 수신자는 자동차의 고정 기어를 주어야 한다.

해설 도로교통법 제34조(교통사고 분실에 따른 재고 위치의 우전자의 의무) 제3항 이후 긴급자동차 운전자는 그 긴급자동차를 부득이한 사정이 없는 한 긴급한 용도 외에는 사용하여서는 아니 된다.

1. 긴급자동차의 대나무 사용하는 자동차의 구입자나 그 사용자는 긴급자동차를 그 본래의 긴급한 용도 외에는 운행하여서는 아니된다.〈개정 2018.9.28.〉
2. 긴급한 용도(緊急)를 긴급자동차에서 긴급하게 되는 것
3. 그 밖에 새로 있는 긴급자동차를 미리한 사용 방법 등을 위반한 운전자를 처벌한다.

21 도로교통법상 주차에 해당하는 2가지는?
① 차량이 고장 나서 계속 정지하고 있는 경우
② 위험 방지를 위한 일시정지
③ 5분을 초과하지 않았지만 운전자가 차를 떠나 즉시 운전할 수 없는 상태
④ 지하철역에 친구를 내려 주기 위해 일시정지

해설 신호 대기를 위한 정지, 위험 방지를 위한 일시정지는 5분을 초과하여도 주차에 해당하지 않는다. 그러나 5분을 초과하지 않았지만 운전자가 차를 떠나 즉시 운전할 수 없는 상태는 주차에 해당한다. (도로교통법 제2조)

안전표지 4지 1답 문제 (2점)

22 다음 안전표지가 설치된 교차로의 설명 및 통행방법으로 올바른 것은?

① 중앙 교통섬의 가장자리에는 화물차 턱(Truck Apron)을 설치할 수 없다.
② 교차로에 진입 및 진출 시에는 반드시 방향 지시등을 작동해야 한다.
③ 방향 지시등은 진입 시에 작동해야 하며 진출 시는 작동하지 않아도 된다.
④ 교차로 안에 진입하려는 차가 화살표 방향으로 회전하는 차보다 우선이다.

해설 도로교통법 시행 규칙 별표6, 회전교차로 표지(지시표지 304번)
회전교차로(Round about)에 설치되는 회전교차로 표지이다. 회전교차로(Round About)는 회전교차로에 진입하려는 경우 교차로 내에서 반시계 방향으로 회전하는 차에 양보해야 하고, 진입 및 진출 시에는 반드시 방향 지시등을 작동해야 한다. 그리고 중앙교통섬의 가장자리에 대형자동차 또는 세미 트레일러가 밟고 지나갈 수 있도록 만든 화물차 턱(Truck Apron)이 있다. 회전교차로와 로터리 구분은 "도로의 구조·시설 기준에 관한규칙 해설"(국토교통부) 및 "회전교차로 설계 지침"(국토교통부)에 의거 설치·운영.
〈회전교차로와 교통서클의 차이점〉 자료출처 : "회전교차로 설계 지침"(국토교통부)

구분	회전교차로(Round about)	교통서클(Traffic Circle)
진입방식	• 진입자동차가 양보(회전자동차가 진입 자동차에 대해 통행우선권을 가짐)	• 회전자동차가 양보
진입부	• 저속 진입 유도	• 고속 진입
회전부	• 고속의 회전차로 주행방지를 위한 설계 (대규모 회전반지름 지양)	• 대규모 회전부에서 고속 주행
분리교통섬	• 감속 및 방향 분리를 위해 필수 설치	• 선택 설치
중앙교통섬	• 지름이 대부분 50m 이내 • 도시지역에서는 지름이 최소 2m인 초소형 회전교차로도 설치 가능	• 지름 제한 없음

23 다음 안전표지에 대한 설명으로 맞는 것은?

① 자전거 도로에서 2대 이상 자전거의 나란히 통행을 허용한다.
② 자전거의 횡단도임을 지시한다.
③ 자전거만 통행하도록 지시한다.
④ 자전거 주차장이 있음을 알린다.

해설 자전거의 나란히 통행을 허용하는 지시표지이다.

24 다음 안전표지에 대한 설명으로 맞는 것은?

① 자전거횡단도 표지이다.
② 자전거우선도로 표지이다.
③ 자전거 및 보행자 겸용도로 표지이다.
④ 자전거 및 보행자 통행구분 표지이다.

해설 도로교통법 시행규칙 [별표6] 지시표지 317 자전거 및 보행자 통행구분 도로표지로 자전거 및 보행자 겸용도로에서 자전거와 보행자를 구분하여 통행하도록 지시하는 것

25 다음 안전표지의 의미와 이 표지가 설치된 도로에서 운전 행동에 대한 설명으로 맞는 것은?

① 진행 방향별 통행 구분 표지이며 규제표지이다.
② 차가 좌회전·직진 또는 우회전할 것을 안내하는 주의 표지이다.
③ 차가 좌회전을 하려는 경우 교차로의 중심 바깥쪽을 이용한다.
④ 차가 좌회전을 하려는 경우 미리 도로의 중앙선을 따라 서행한다.

해설
• 도로교통법 시행 규칙 별표6, 진행방향별통행구분표지(지시표지 315번) : 차가 좌회전·직진 또는 우회전할 것을 지시하는 것이다.
• 도로교통법 25조(교차로 통행방법) 제1항 : 모든 차의 운전자는 교차로에서 우회전을 하려는 경우에는 미리 도로의 우측 가장자리를 서행하면서 우회전하여야 한다. 이 경우 우회전하는 차의 운전자는 신호에 따라 정지하거나 진행하는 보행자 또는 자전거 등에 주의하여야 한다.
• 제2항 : 모든 차의 운전자는 교차로에서 좌회전을 하려는 경우에는 미리 도로의 중앙선을 따라 서행하면서 교차로의 중심 안쪽을 이용하여 좌회전하여야 한다.

26 다음 안전표지에 대한 설명으로 맞는 것은?

① 차가 회전 진행할 것을 지시한다.
② 차가 좌측면으로 통행할 것을 지시한다.
③ 차가 우측면으로 통행할 것을 지시한다.
④ 차가 유턴할 것을 지시한다.

해설 도로교통법 시행규칙 [별표6] 지시표지313 우측면통행표지로 차가 우측면으로 통행할 것을 지시하는 것

사진형 5지 2답 문제 (3점)

27 다음과 같은 상황에서 가장 안전한 운전방법 2가지는?

• 편도 3차로 고속도로
• 1차로에 공사안내차량 정차 중
• 2차로로 주행 중

① 1차로에 공사안내차량이 있으므로 속도를 높여 빠르게 진행한다.
② 서서히 속도를 줄이고 전방 상황에 주의하며 진행한다.
③ 비상 점멸등을 점등하여 뒤따라오는 차량에 위험 상황을 알린다.
④ 공사안내차량을 피하여 3차로로 급차로 변경한다.
⑤ 공사안내차량보다는 고속도로를 통행하는 차가 우선권이 있으므로 계속 경음기를 울려 주의를 주고 그대로 통과한다.

해설 고속도로에서는 자동차가 고속으로 주행하므로 도로상에 작업차량이나 공사안내 차량이 있으면 미리 속도를 줄이고 안전하게 주행하여야 하고, 옆 차로로 급차로 변경하거나 급가감속은 지양해야 한다.

28 다음과 같은 상황에서 가장 안전한 운전방법은?

- 편도 3차로 고속도로
- 1차로에 승용차가 진행 중
- 2차로 진행 중 3차로로 차로 변경 가능한 운전 방법

① 화물차는 저속으로 가속하므로 가장 가장자리인 3차로를 계속 통행한다.
② 화물차의 뒤를 좇아 공간이 있으면 좋을 수 있는 안전거리를 확보하고 앞지르기 차로로 변경한다.
③ 차로의 차간 거리를 좁히며 천천히 옆쪽으로 가속한다.
④ 화물차의 이상여부가 변동되기 전에 추월하여 가속하여 안전거리를 유지한다.
⑤ 후행하는 차량들의 경우에 그 후방차량을 통행하도록 한 뒤 다른 차로로 진로변경을 한 후 다시 진입한다.

해설 차로 변경하는 경우에는 그 변경하려는 방향으로 오고 있는 다른 차량 등의 정상적인 통행에 장해를 줄 우려가 있을 때에는 진로를 변경하여서는 아니 된다. 또한 다른 차로 진입 시 방향지시등을 점등해야 한다.

29 다음과 같은 상황에서 가장 안전한 운전방법은?

- 터널 입구
- 편도 3차로 고속도로

① 터널 입구에서는 주간에 입상된 경우라도 비상등을 점등한다.
② 터널 내에서 안전운전하도록 상향등을 점등하고 그대로 진입한다.
③ 터널 내에서는 비상상황시 긴급차량의 진출입로가 별도이므로 평소 속도대로 주행한다.
④ 터널 내에서는 차로가 협소하므로 빨리 옆 쪽으로 차로 변경한다.
⑤ 터널 진입에서는 차량이 뒤쪽에 안전거리 유지 가능한 속도로 주행해야 된다.

해설 터널 진입에서는 터널에 들어가기 전에 전조등을 점등하고 비상등을 점등하는 경우도 있다. 터널 진입할 때는 전조등을 점등하고 터널 내에서는 차로 변경이 금지되어 있으니, 터널 진입하기 전 차로로 주행해야 한다.

30 다음과 같은 상황에서 가장 안전한 운전방법은?

- 고속도로 지정차로 변경

① 정체차로의 정체 상황으로 교통흐름이 늦어진 상태이다.
② 미리 속도를 줄이고 안전하게 진행한다.
③ 가속차로에서 본선차로로 이용하여 지로를 변경할 수 있다.
④ 앞선 차로 장애물 추돌 사고 조정을 번갈아 한다.
⑤ 주행 속도 시속 50 킬로미터 이내로 유지한다.

해설 가속차로 끝부분, 급차로변경경 등의 사고가 우려되므로 미리 감속하여 안전하게 진행한다.

31 가속페달의 고장 및 매트의 끼임 신문으로 엔진이 동하는 경우, 운전자가 인정하게 정지할 수 있는 방법 중 틀린 것은 2가지는?

① 차축에 대한 점검 세계를 한다.
② 비상점멸표시등 작동 후 신호교차를 한다.
③ 엔진키를 중앙으로 누르고 가속한다.
④ 전자식 주차브레이크(EPB)를 지속적용한다.
⑤ 브레이크 페달을 강하게 누른다.

해설 자동차의 페달에는 이물을 등이 있지 않도록 주의하여야 하며 브레이크 오버라이드(BOS, Brake Override System) 기능이 작동하기 때문에 자동차의 급가속 및 급정지 등 차량의 이상현상에 자동차가 자동적으로 정지할 수 있는 기능
※ 이상증상 없는 가속페달이란?
- 가속페달 작동 중 고속으로 차량에 주행할 중 갑자기 주행 속도 증가가 이루어지는 현상
- 가속페달의 이상 작동
- 기기페달(관련 링크, 동록 등) 기계적인 가속페달이 되지 않는 상황

32 다음과 같은 고갯길에서 대응 방법으로 가장 옳은 것은 2가지는?

- 아침의 고갯길

① 아침 고갯길에서는 강속주행을 할 수 있다.
② 아침 고갯길에서 절반 원대가 높아지기 때문에 진행할 수 있다.
③ 교통사고 발생으로부터 안전하기 위해 평온한 아침이다.
④ 어느 때나 고갯길에서 등을 운행속도를 증가시켜야 한다.
⑤ 아침 고갯길에서는 이상이들이 기운거릴 때문에 가속에 편승할 수가 있다.

해설 아침 고갯길에서, 야간의 운전상태를 연속하고, 아침이 되면서 긴장감과 휴지 피로가 쌓여 있는 상태다. 그리고 교통량이 많지 않기 때문에 실제 과속들을 하고 위험이 이상의 발생하여 돌발 상황에 빠르게 대처하지 못하는 것이다.

일러스트 5지 2답 문제 (3점)

33 다음 중 대비해야 할 가장 위험한 상황 2가지는?

[도로상황]
- 이면 도로
- 거주자우선주차구역에 주차중
- 대형버스 주차중
- 자전거 운전자가 도로를 횡단 중

① 주차 중인 버스가 출발할 수 있으므로 주의하면서 통과한다.
② 왼쪽에 주차 중인 차량 사이에서 보행자가 나타날 수 있다.
③ 좌측 후사경을 통해 도로의 주행 상황을 확인한다.
④ 대형 버스 옆을 통과하는 경우 서행으로 주행한다.
⑤ 자전거가 도로를 횡단한 이후에도 뒤따르는 자전거가 나타날 수 있다.

해설 학교, 생활 도로 등은 언제, 어디서, 누가 위반을 할 것인지 미리 예측하기 어렵기 때문에 모든 법규 위반의 가능성에 대비해야 한다. 예를 들어 중앙선을 넘어오는 차, 신호를 위반하는 차, 보이지 않는 곳에서 갑자기 뛰어나오는 어린이, 갑자기 방향을 바꾸는 이륜차를 주의하며 운전해야 한다.

34 다음 도로 상황에서 가장 위험한 요인 2가지는?

[도로상황]
- 녹색 신호에 교차로에 접근 중
- 1차로는 좌회전을 하려고 대기 중인 차들

① 좌회전 대기 중이던 1차로의 차가 2차로로 갑자기 들어올 수 있다.
② 1차로에서 우회전을 시도하는 차와 충돌할 수 있다.
③ 3차로의 오토바이가 2차로로 갑자기 들어올 수 있다.
④ 3차로에서 우회전을 시도하는 차와 충돌할 수 있다.
⑤ 뒤차가 무리한 차로 변경을 시도할 수 있다.

해설 좌회전을 하려다가 직진을 하려고 마음이 바뀐 운전자가 있을 수 있다. 3차로보다 소통이 원활한 2차로로 들어가려는 차가 있을 수 있다.

35 다음 상황에서 1차로로 진로변경 하려 할 때 가장 안전한 운전방법 2가지는?

[도로상황]
- 좌로 굽은 언덕길
- 전방을 향해 이륜차 운전 중
- 도로로 진입하려는 농기계

① 좌측 후사경을 통하여 1차로에 주행 중인 차량을 확인한다.
② 전방의 승용차가 1차로로 진로변경을 못하도록 상향등을 미리 켜서 경고한다.
③ 농기계가 도로로 진입할 수 있어 1차로로 신속히 차로변경 한다.
④ 오르막차로이기 때문에 속도를 높여 운전한다.
⑤ 전방의 이륜차가 1차로로 진로 변경할 수 있어 안전거리를 유지한다.

해설 안전거리를 확보하지 않았을 경우에는 전방 차량의 급제동이나 급차로 변경 시에 적절한 대처하기 어렵다. 특히 언덕길의 경우 고갯마루 너머의 상황이 보이지 않아 더욱 위험하므로 속도를 줄이고 앞 차량과의 안전거리를 충분히 둔다.

36 교차로를 통과하려 할 때 주의해야 할 가장 안전한 운전 방법 2가지는?

[도로상황]
- 시속 30킬로미터로 주행 중

① 앞서가는 자동차가 정지할 수 있으므로 바싹 뒤따른다.
② 왼쪽 도로에서 자전거가 달려오고 있으므로 속도를 줄이며 멈춘다.
③ 속도를 높여 교차로에 먼저 진입해야 자전거가 정지한다.
④ 오른쪽 도로의 보이지 않는 위험에 대비해 일시정지한다.
⑤ 자전거와의 사고를 예방하기 위해 비상등을 켜고 진입한다.

해설 자전거는 보행자 보다 속도가 빠르기 때문에 보이지 않는 곳에서 갑작스럽게 출현할 수 있다. 항상 보이지 않는 곳의 위험을 대비하는 운전 자세가 필요하다.

37 전방에 주차 차량으로 인해 부득이하게 중앙선을 넘어가야 하는 경우 가장 안전한 운전 행동 2가지는?

[도로상황]
- 시속 30킬로미터 주행 중

① 택배 차량 앞에 보행자 등 보이지 않는 위험이 있을 수 있으므로 최대한 속도를 줄이고 위험을 확인하며 통과해야 한다.
② 반대편 차가 오고 있기 때문에 빠르게 앞지르기를 시도한다.
③ 부득이하게 중앙선을 넘어가야 할 때 경음기나 전조등으로 타인에게 알릴 필요가 있다.
④ 전방 자전거가 같이 중앙선을 넘을 수 있으므로 중앙선 좌측 도로의 길 가장자리 구역선 쪽으로 가급적 붙어 주행하도록 한다.
⑤ 전방 주차된 택배 차량으로 시야가 가려져 있으므로 시야 확보를 위해 속도를 줄이고 미리 중앙선을 넘어 주행하도록 한다.

해설 편도 1차로에 주차 차량으로 인해 부득이하게 중앙선을 넘어야 할 때가 있다. 이 때는 위반한다는 정보를 타인에게 알려줄 필요가 있으며 가볍게 경음기나 전조등을 사용할 수 있다. 특히 주차 차량의 차체가 큰 경우 보이지 않는 사각지대가 발생하므로 주차 차량 앞까지 속도를 줄여 위험에 대한 확인이 필요하다.

정답 33. ②, ⑤   34. ①, ③   35. ①, ⑤   36. ②, ④   37. ①, ③

38 다음 상황에서 자전거 운전자가 안전하게 통행하는 방법 2가지는?

[도로상황]
· 자전거 횡단지도에 보행자가 통행하고 있는 상황
· 자전거 전용도로가 끝나는 지점에 대기하는 자전거

① 자전거에 탑승한 채로 횡단보도의 횡단 신호등이 녹색으로 바뀌기를 기다린다.
② 다른 자전거 운전자가 진행하고 있으므로 같이 진행한다.
③ 다른 자전거가 출발하는 상황이므로 자전거에 대해 주의하며 진행한다.
④ 자전거 운전자가 내려서 보행자 신호등이 녹색으로 바뀌면 자전거를 끌고 횡단한다.
⑤ 자전거 운전자가 내려서 좌우를 확인하고 신호와 관계없이 공단하여 횡단한다.

해설 제13조의2(자전거 등의 통행방법의 특례) 자전거 등의 운전자가 횡단보도를 이용하여 도로를 횡단할 때에는 자전거 등에서 내려서 자전거 등을 끌거나 들고 보행하여야 한다.

39 다음 상황에서 가장 안전한 운전 방법 2가지는?

[도로상황]
· 교차로
· 반대편 좌회전 차량
· 횡단보도가 신호가 바뀌려는 순간

① 일반 도로에서는 좌회전하는 차량이 대기하는 경우는 속도를 높여 통과한다.
② 회전하는 경우 미리 속도를 줄이고 횡단하는 사람이 있는지를 잘 살핀다.
③ 교차로 진입 전 일시정지하여 횡단하는 사람이 있는지 확인한다.
④ 주차된 차량 및 맞은편 차량에 방향지시기를 작동하며 진입속도를 높여 통과한다.
⑤ 정지 보행자가 급작스럽게 길 건너기 시작하기 전에 신속히 지나간다.

돌발 상황에 대비해야 한다.

40 동영상(애니메이션) 문제 (문제당 / 5점)

(이 책 120페이지부터 124페이지 중간 문제지 CD에 수록된 모든 동영상 문제에 응시에 따라 시험장에서 출제되는 유형의 문제이므로 이해에 도움이 되는 다음 해설을 숙지한 후 다음 필수 학습을 바랍니다.)

※ 도로교통법 이해
1. 교차로에서는 다른 차나 보행자의 통행이 더 있을 수 있으므로 이에 주의하여 운전하여야 한다.
   제25조(교차로 통행 방법)
① 모든 차의 운전자는 교차로에서 우회전을 하려는 경우에는 미리 도로의 우측 가장자리를 따라 서행하면서 우회전하여야 한다. 이 경우 우회전하는 차의 운전자는 신호에 따라 정지하거나 진행하는 보행자 또는 자전거 등에 주의하여야 한다.
② 모든 차의 운전자는 교차로에서 좌회전을 하려는 경우에는 미리 도로의 중앙선을 따라 서행하면서 교차로의 중심 안쪽을 이용하여 좌회전하여야 한다. 다만, 시·도경찰청장이 교차로의 상황에 따라 특히 필요하다고 인정하여 지정한 곳에서는 교차로의 중심 바깥쪽을 통과할 수 있다.
③ 제2항에도 불구하고 자전거 등의 운전자는 교차로에서 좌회전하려는 경우에는 미리 도로의 우측 가장자리로 붙어 서행하면서 교차로의 가장자리 부분을 이용하여 좌회전하여야 한다.
④ 제1항부터 제3항까지의 규정에 따라 우회전이나 좌회전을 하기 위하여 손이나 방향지시기 또는 등화로써 신호를 하는 차가 있는 경우에 그 뒤차의 운전자는 신호를 한 앞차의 진행을 방해하여서는 아니 된다.
⑤ 모든 차의 운전자는 신호기로 교통정리를 하고 있지 아니하고 일시정지나 양보를 표시하는 안전표지가 설치되어 있는 교차로에 들어가려고 하는 경우에는 다른 차의 진행을 방해하지 아니하도록 일시정지하거나 양보하여야 한다.
⑥ 모든 차의 운전자는 교통정리를 하고 있지 아니하고 일시정지나 양보를 표시하는 안전표지가 설치되지 아니한 교차로에 들어가려고 하는 경우에 이미 교차로에 들어가 있는 다른 차가 있을 때에는 그 차에 진로를 양보하여야 한다.
⑦ 모든 차의 운전자는 교차로에서 정지하거나 서행하고 있는 다른 차의 옆을 지나 앞으로 나가지 못한다.

12회분 외 출제되는 문제 제1종

문장형 4지 1답 문제 (2점)

1 다음은 차간 거리에 대한 설명이다. 올바르게 표현된 것은?
① 공주거리는 위험을 발견하고 브레이크 페달을 밟아 브레이크가 듣기 시작할 때까지의 거리를 말한다.
② 정지 거리는 앞차가 급정지할 때 추돌하지 않을 정도의 거리를 말한다.
③ 안전거리는 브레이크를 작동시켜 완전히 정지할 때까지의 거리를 말한다.
④ 제동 거리는 위험을 발견한 후 차량이 완전히 정지할 때까지의 거리를 말한다.

해설 ② 안전거리, ③ 제동 거리, ④ 정지 거리

2 다음 중 앞지르기가 가능한 장소는?
① 교차로 ② 중앙선(황색 점선)
③ 터널 안(흰색 점선 차로) ④ 다리 위(흰색 점선 차로)

해설 교차로, 황색 실선 구간, 터널 안, 다리 위, 시·도 경찰청장이 지정한 곳은 앞지르기 금지 장소이다.

3 다음 중 도로교통법상 교차로에서의 서행에 대한 설명으로 가장 적절한 것은?
① 차가 즉시 정지시킬 수 있는 정도의 느린 속도로 진행하는 것
② 매시 30킬로미터의 속도를 유지하여 진행하는 것
③ 사고를 유발하지 않을 만큼의 속도로 느리게 진행하는 것
④ 앞차의 급정지를 피할 만큼의 속도로 진행하는 것

해설 "서행"(徐行)이란 운전자가 차를 즉시 정지시킬 수 있는 정도의 느린 속도로 진행하는 것을 말한다.

4 다음은 도로에서 최고 속도를 위반하여 자동차 등(개인형 이동장치 제외)을 운전한 경우 처벌 기준은?
① 시속 100킬로미터를 초과한 속도로 3회 이상 운전한 사람은 500만 원 이하의 벌금 또는 구류
② 시속 100킬로미터를 초과한 속도로 3회 이상 운전한 사람은 1년 이하의 징역이나 500만 원 이하의 벌금
③ 시속 100킬로미터를 초과한 속도로 2회 운전한 사람은 300만 원 이하의 벌금
④ 시속 80킬로미터를 초과한 속도로 운전한 사람은 50만 원 이하의 벌금 또는 구류

해설 최고 속도보다 시속 100킬로미터를 초과한 속도로 3회 이상 자동차 등을 운전한 사람은 1년 이하의 징역이나 500만 원 이하의 벌금, 최고 속도보다 시속 100킬로미터를 초과한 속도로 자동차 등을 운전한 사람은 100만 원 이하의 벌금 또는 구류, 최고 속도보다 시속 80킬로미터를 초과한 속도로 자동차 등을 운전한 사람 30만 원 이하의 벌금 또는 구류

5 신호등이 없는 교차로에서 우회전하려 할 때 옳은 것은?
① 가급적 빠른 속도로 신속하게 우회전한다.
② 교차로에 선진입한 차량이 통과한 뒤 우회전한다.
③ 반대편에서 앞서 좌회전하고 있는 차량이 있으면 안전에 유의하며 함께 우회전한다.
④ 폭이 넓은 도로에서 좁은 도로로 우회전할 때는 다른 차량에 주의할 필요가 없다.

해설 교차로에서 우회전 할 때에는 서행으로 우회전해야 하고, 선진입한 좌회전 차량에 차로를 양보해야 한다. 그리고 폭이 넓은 도로에서 좁은 도로로 우회전할 때에도 다른 차량에 주의해야 한다.

6 신호기의 신호가 있고 차량 보조 신호가 없는 교차로에서 우회전하려고 한다. 도로교통법령상 잘못된 것은?
① 차량 신호가 적색 등화인 경우, 횡단보도에서 보행자 신호와 관계없이 정지선 직전에 일시정지한다.
② 차량 신호가 녹색 등화인 경우, 정지선 직전에 일시정지하지 않고 우회전한다.
③ 차량 신호가 녹색 화살표 등화인 경우, 횡단보도에서 보행자 신호와 관계없이 정지선 직전에 일시정지한다.
④ 차량 신호에 관계없이 다른 차량의 교통을 방해하지 않은 때 일시정지하지 않고 우회전한다.

해설 ① 차량 신호가 적색 등화인 경우, 횡단보도에서 보행자 신호와 관계없이 정지선 직전에 일시정지 후 신호에 따라 진행하는 다른 차량의 교통을 방해하지 않고 우회전한다.
② 차량 신호가 녹색 등화인 경우 횡단보도에서 일지 정지 의무는 없다.
③ 차량 신호가 녹색 화살표 등화인 경우, 횡단보도에서 보행자 신호와 관계없이 정지선 직전에 일시정지 후 신호에 따라 진행하는 다른 차량의 교통을 방해하지 않고 우회전한다.
※ 일시정지하지 않는 경우 신호 위반, 일시정지하였으나 보행자 통행을 방해한 경우 보행자 보호 의무 위반으로 처벌된다.

7 교차로에서 좌·우회전하는 방법을 가장 바르게 설명한 것은?
① 우회전을 하고자 하는 때에는 신호에 따라 정지 또는 진행하는 보행자와 자전거에 주의하면서 신속히 통과한다.
② 좌회전을 하고자 하는 때에는 항상 교차로 중심 바깥쪽으로 통과해야 한다.
③ 우회전을 하고자 하는 때에는 미리 우측 가장자리를 따라 서행하여야 한다.
④ 신호기 없는 교차로에서 좌회전을 하고자 할 경우 보행자가 횡단 중이면 그 앞을 신속히 통과한다.

해설 모든 차의 운전자는 교차로에서 우회전을 하고자 하는 때에는 미리 도로의 우측 가장자리를 서행하면서 우회전하여야 한다. 이 경우 우회전하는 차의 운전자는 신호에 따라 정지 또는 진행하는 보행자 또는 자전거에 주의하여야 한다.

8 정지 거리에 대한 설명으로 맞는 것은?
① 운전자가 브레이크 페달을 밟은 후 최종적으로 정지한 거리
② 앞차가 급정지 시 앞차와의 추돌을 피할 수 있는 거리
③ 운전자가 위험을 발견하고 브레이크 페달을 밟아 실제로 차량이 정지하기까지 진행한 거리
④ 운전자가 위험을 감지하고 브레이크 페달을 밟아 브레이크가 실제로 작동하기 전까지의 거리

해설 ① 제동 거리, ② 안전거리, ④ 공주거리

정답 1.① 2.② 3.① 4.② 5.② 6.④ 7.③ 8.③

9 동차를 교차로 통행방법으로 맞는 것은?
① 신호등이 없는 경우 직진차가 우선 통행한다.
② 신호등이 없는 경우 좌회전 차량이 직진차보다 우선한다.
③ 신호등이 있는 경우 신호에 따라 통행한다.
④ 교차로 접근 시 서행하거나 일시정지하여 안전을 확인한 후 통행한다.

해설) 교차로에서는 신호에 따라 통행하며, 신호가 없는 경우 먼저 진입한 차가 우선이며, 교차로에 접근 시 서행하거나 일시정지하여 안전을 확인한 후 통행한다.

10 어린이보호구역 통행 방법 및 이용 방법으로 맞는 것은?
① 어린이 보호구역 내에서는 매시 30킬로미터 이내로 서행하여야 한다.
② 어린이 보호구역 내에서는 일시정지 표지가 있는 곳에서는 반드시 일시정지하여 안전을 확인한 후에 통과하여야 한다.
③ 다른 차를 앞지르기하는 경우 매시 30킬로미터 이내로 서행하면서 앞지르기하여야 한다.
④ 다른 차가 어린이 보호구역 내에서 정차 중인 경우 그 차의 앞으로 앞지르기하지 않고 일시정지하여야 한다.

해설) 어린이 보호구역 내에서는 통행속도를 매시 30킬로미터 이내로 제한할 수 있고, 보행자의 통행이 빈번한 경우에는 일시정지하여 안전을 확인한 후 통행하여야 한다.

11 편도 3차로 자동차전용도로의 구간에 최고속도 매시 60킬로미터의 안전표지가 설치되어 있다. 다음 중 자동차의 속도 범위로 맞는 것은? 매 고속도로는 매시 50~80킬로미터의 속도로 다르다.
① 매시 90킬로미터로 주행한다.
② 매시 80킬로미터로 주행한다.
③ 매시 70킬로미터로 주행한다.
④ 매시 60킬로미터로 주행한다.

해설) 자동차 등은 법정속도보다 안전표지가 지정하고 있는 규제속도를 우선 준수해야 한다.

12 도로교통법상 주거지역·상업지역 및 공업지역의 일반도로에서 제한할 수 있는 속도로 맞는 것은?
① 시속 20킬로미터 이내
② 시속 30킬로미터 이내
③ 시속 40킬로미터 이내
④ 시속 50킬로미터 이내

13 교통사고 감소를 위해 최고속도를 시속 50킬로미터로 제한하고, 주거지역 등 이면도로는 시속 30킬로미터 이하로 하향 조정하는 교통정책으로 맞는 것은?
① 뉴딜 정책
② 안전 속도 5030
③ 어린이 보호구역
④ 지능형 교통 체계 (ITS)

해설) 안전속도 5030은 보행자의 통행이 잦은 도시부 지역의 일반도로 매시 50킬로미터(소통이 필요한 경우 60킬로미터 적용 가능), 주택가 등 이면도로는 매시 30킬로미터 이하로 하향 조정하는 교통안전 정책이다.

14 다음 중 승차정원 11인승 승합자동차가 고속도로를 통행할 수 있는 자동차 전용차로는?
① 1차로 버스전용차로
② 승용차전용차로
③ 화물차전용차로
④ 이륜차전용차로

해설) 고속도로에서 버스전용차로를 통행할 수 있는 자동차는 「자동차관리법」 제3조에 따른 자동차 중 9인승 이상 승용자동차 및 승합자동차 (승용자동차 또는 12인승 이하의 승합자동차는 6명 이상이 승차한 경우로 한정한다).
1. 승용자동차
2. 승합자동차
3. 화물자동차
4. 특수자동차 (2024.12.1. 시행)

정답 9. ③ 10. ① 11. ④ 12. ② 13. ② 14. ① 15. ② 16. ④ 17. ① 18. ④ 19. ②

15 편도2차로 고속도로에서 승용 및 긴급자동차가 다니는 주행차로로 공주 수 있는 차로는?
① 갓길
② 1차로
③ 2차로
④ 모든 차로

해설) 편도2차로의 고속도로에서 앞지르기를 하는 경우에는 1차로로 통행해야 하고, 1차로는 앞지르기 차로이다. 단, 차량 통행량 증가 등 도로상황으로 인하여 부득이하게 시속 80킬로미터 미만으로 통행할 수밖에 없는 경우에는 1차로로 통행할 수 있다. (도로교통법 시행규칙 제39조)

16 고속도로 주행 중 승용자동차가 앞지르기 하고자 할 때 진입할 수 있는 가장 적절한 차로 통행 방법은?
① 승용차는 1차로로 진입하여 통행한다.
② 승용차는 2차로로 진입하여 통행한다.
③ 승용차는 3차로로 진입하여 통행한다.
④ 1차선의 차량속도가 늦으면 2차선으로 진입하여 통행한다.

해설) 고속도로에서 앞지르기를 할 때에는 방향지시등을 켜고 1차로를 이용하여야 한다.

17 편도2차로 고속도로에서 대형승합자동차의 주행차로는?
① 갓길의 오른쪽
② 안전지대 포함
③ 2차로
④ 원하는 차로

해설) 편도2차로(고속도로에서 대형) 대형승합자동차는 다음 각 호의 차로 구분에 따라 통행하여야 한다. 다만, 차량통행량 증가 등 도로상황으로 인하여 부득이하게 제2차로에서 시속 80킬로미터 미만으로 통행할 수밖에 없는 경우에는 앞지르기를 하는 경우가 아니어도 통행할 수 있다.
1. 편도 1차로: 제2차로, 속도 위반 없이 주의로 주행
2. 편도 2차로: 제2차로의 안전속도로 주행
3. 편도 3차로: 제2차로의 부득이한 속도 감속
4. 편도 4차로: 제3차로의 우측에 진입 후 안전 주행
5. 편도 5차로: 속도 하향 등 상황
6. 편도 6차로: 제3차로에 진입하여 좌측 주행
7. 편도 7차로: 제3차로에 진입하여 속도 유지
8. 편도 8차로: 제3차로에 진입하여 가속
9. 편도 9차로: 제3차로에 진입하여 완행
10. 편도 10차로: 제3차로에 진입하여 완주
11. 편도 11차로: 제3차로에 따른 주행 유지
12. 편도 12차로: 이 각 호의 정원 유지

18 승합자동차가 저속으로 주행하고, 승용자동차가 빠르게 달리는 경우에 통행하여야 할 차로 등으로 다음 중 가장 알맞지 않은 것은?
① 저속차량
② 빠르게 통행 감속 차량
③ 소형자동차
④ 화물자동차

해설) "안전지대확보에 대한 긴급자동차에 따라 통행해야 함을 알린다. 긴급자동차가 통행하는 경우에는 안전거리를 유지하여 통행하여야 한다. 긴급자동차의 통행에 따른 자동차 등은 다음과 같은 일차로로 진입을 잘 알리고 주행한다.

19 승용자동차 긴급출동 외 기타 사이렌 울리지 않고 도로를 공동으로 주행 중인 경우 등을 따를 때 어떤 조치를 해야 하는가?
① 경적을 울리지 등 경고등을 계속 표시한다.
② 긴급자동차에 따라 안전거리에 공간의 거리를 두고 운전한다.
③ 경호등을 켜고 공회전하여야 한다.
④ 경찰등을 유지하고 도로의 우측 지점을 찾아야 한다.

해설) 경찰용자동차 특례로 긴급자동차에 대한 안전거리에 대한 공간에 안전한 정도의 거리를 두고 주행해야 할 것이다.

20 일반 자동차가 생명이 위독한 환자를 이송 중인 경우 긴급자동차로 인정받기 위한 조치는?

① 관할 경찰서장의 허가를 받아야 한다.
② 전조등 또는 비상등을 켜고 운행한다.
③ 생명이 위독한 환자를 이송 중이기 때문에 특별한 조치가 필요 없다.
④ 반드시 다른 자동차의 호송을 받으면서 운행하여야 한다.

해설 구급 자동차를 부를 수 없는 상황에서 일반 자동차로 생명이 위독한 환자를 이송해야 하는 긴급한 상황에서 주변 자동차 운전자의 양보를 받으면서 병원 등으로 운행해야 하는 경우에 긴급자동차로 특례를 적용 받기 위해서는 전조등 또는 비상등을 켜거나 그 밖에 적당한 방법으로 긴급한 목적으로 운행되고 있음을 표시하여야 한다.

21 도로교통법령상 본래의 용도로 운행되고 있는 소방차 운전자가 긴급자동차에 대한 특례를 적용받을 수 없는 것은?

① 좌석 안전띠 미착용   ② 음주 운전
③ 중앙선 침범   ④ 신호 위반

해설 제30조(긴급자동차에 대한 특례)
긴급자동차에 대하여는 다음 각 호의 사항을 적용하지 아니한다. 다만, 제4호부터 제12호까지의 사항은 긴급자동차 중 제2조제22호 가목부터 다목까지의 자동차와 대통령령으로 정하는 경찰용 자동차에 대해서만 적용하지 아니한다.
1. 제17조에 따른 자동차 등의 속도 제한. 다만, 제17조에 따라 긴급자동차에 대하여 속도를 제한한 경우에는 같은 조의규정을 적용한다.
2. 앞지르기의 금지   3. 끼어들기의 금지   4. 신호 위반
5. 보도 침범   6. 중앙선 침범   7. 횡단 등의 금지
8. 안전거리 확보 등 9. 앞지르기방법 등   10. 정차 및 주차의 금지
11. 주차 금지   12. 고장 등의 조치

22 도로교통법령상 긴급자동차를 운전하는 사람을 대상으로 실시하는 정기 교통안전 교육은 ( )년마다 받아야 한다. ( ) 안에 맞는 것은?

① 1   ② 2   ③ 3   ④ 5

해설 정기 교통안전 교육 : 긴급자동차를 운전하는 사람을 대상으로 3년마다 정기적으로 실시하는 교육. 이 경우 직전에 긴급자동차 교통안전 교육을 받은 날부터 기산하여 3년이 되는 날이 속하는 해의 1월 1일부터 12월 31일 사이에 교육을 받아야 한다.

23 도로교통법령상 긴급자동차에 대한 특례에 대한 설명으로 잘못된 것은?

① 앞지르기 금지 장소에서 앞지르기할 수 있다.
② 끼어들기 금지 장소에서 끼어들기 할 수 있다.
③ 횡단보도를 횡단하는 보행자가 있어도 보호하지 않고 통행할 수 있다.
④ 도로 통행 속도의 최고 속도보다 빠르게 운전할 수 있다.

해설 제30조(긴급자동차에 대한 특례)
긴급자동차에 대하여는 다음 각 호의 사항을 적용하지 아니한다. 다만, 제4호부터 제12호까지의 사항은 긴급자동차 중 제2조제22호 가목부터 다목까지의 자동차와 대통령령으로 정하는 경찰용 자동차에 대해서만 적용하지 아니한다.
1. 제17조에 따른 자동차 등의 속도 제한. 다만, 제17조에 따라 긴급자동차에 대하여 속도를 제한한 경우에는 같은 조의규정을 적용한다.
2. 제22조에 따른 앞지르기의 금지   3. 제23조에 따른 끼어들기의 금지
4. 제5조에 따른 신호 위반   5. 제13조제1항에 따른 보도 침범
6. 제13조제3항에 따른 중앙선 침범   7. 제18조에 따른 횡단 등의 금지
8. 제19조에 따른 안전거리 확보 등   9. 제21조제1항에 따른 앞지르기방법 등
10. 제32조에 따른 정차 및 주차의 금지 11. 제33조에 따른 주차 금지
12. 제66조에 따른 고장 등의 조치

24 도로교통법 상 소방용수시설, 비상소화장치, 소방시설로부터 ( )미터 이내인 곳은 정차 및 주차의 금지구역입니다. ( ) 안에 맞는 것은?

① 5   ② 6   ③ 8   ④ 10

해설 도로교통법 제32조(정차 및 주차의 금지) 모든 차의 운전자는 다음 각 호의 어느 하나에 해당하는 곳에서는 차를 정차하거나 주차하여서는 아니 된다. 다만, 이 법이나 이 법에 따른 명령 또는 경찰공무원의 지시를 따르는 경우와 위험방지를 위하여 일시정지하는 경우에는 그러하지 아니하다. 6. 다음 각 목의 곳으로부터 5미터 이내인 곳은
가. 「소방기본법」 제10조에 따른 소방용수시설 또는 비상소화장치가 설치된 곳
나. 「소방시설 설치 및 관리에 관한 법률」 제2조제1항제1호에 따른 소방시설로서 대통령령으로 정하는 시설이 설치된 곳

25 다음 중 사용하는 사람 또는 기관 등의 신청에 의하여 시·도경찰청장이 지정할 수 있는 긴급자동차로 맞는 것은?

① 소방차
② 가스 누출 복구를 위한 응급 작업에 사용되는 가스 사업용 자동차
③ 구급차
④ 혈액 공급 차량

해설 도로교통법 시행령 제2조(긴급자동차의 종류)
① 도로교통법 제2조제2호 라목에서 "대통령령으로 정하는 자동차" 란 긴급한 용도로 사용되는 다음 각 호의 어느 하나에 해당하는 자동차를 말한다. 다만, 제6호부터 제11호까지의 자동차는 이를 사용하는 사람 또는 기관 등의 신청에 의하여 시·도 경찰청장이 지정하는 경우로 한정한다.
6. 전기 사업, 가스 사업, 그 밖의 공익사업을 하는 기관에서 위험 방지를 위한 응급 작업에 사용되는 자동차
7. 민방위 업무를 수행하는 기관에서 긴급 예방 또는 복구를 위한 출동에 사용되는 자동차
8. 도로 관리를 위하여 사용되는 자동차 중 도로상의 위험을 방지하기 위한 응급 작업에 사용되거나 운행이 제한되는 자동차를 단속하기 위하여 사용되는 자동차
9. 전신·전화의 수리 공사 등 응급 작업에 사용되는 자동차
10. 긴급한 우편물의 운송에 사용되는 자동차
11. 전파 감시 업무에 사용되는 자동차

26 다음 중 사용하는 사람 또는 기관 등의 신청에 의하여 시·도경찰청장이 지정할 수 있는 긴급자동차가 아닌 것은?

① 교통 단속에 사용되는 경찰용 자동차
② 긴급한 우편물의 운송에 사용되는 자동차
③ 전화의 수리 공사 등 응급 작업에 사용되는 자동차
④ 긴급 복구를 위한 출동에 사용되는 민방위 업무를 수행하는 기관용 자동차

해설
• 도로교통법 시행령 제2조(긴급자동차의 종류)제1항 : 도로교통법 제2조제2호 라목에서 "대통령령으로 정하는 자동차" 란 긴급한 용도로 사용되는 다음 각 호의 어느 하나에 해당하는 자동차를 말한다. 다만, 제6호부터 제11호까지의 자동차는 이를 사용하는 사람 또는 기관 등의 신청에 의하여 시·도 경찰청장이 지정하는 경우로 한정한다.
6. 전기 사업, 가스 사업, 그 밖의 공익사업을 하는 기관에서 위험 방지를 위한 응급 작업에 사용되는 자동차
7. 민방위 업무를 수행하는 기관에서 긴급 예방 또는 복구를 위한 출동에 사용되는 자동차
8. 도로 관리를 위하여 사용되는 자동차 중 도로상의 위험을 방지하기 위한 응급 작업에 사용되거나 운행이 제한되는 자동차를 단속하기 위하여 사용되는 자동차
9. 전신·전화의 수리 공사 등 응급 작업에 사용되는 자동차
10. 긴급한 우편물의 운송에 사용되는 자동차
11. 전파 감시 업무에 사용되는 자동차
• 제2항 : 3. 생명이 위급한 환자 또는 부상자나 수혈을 위한 혈액을 운송 중인 자동차

27 도로교통법령상 긴급자동차가 긴급한 용도 외에도 경광등 등을 사용할 수 있는 경우가 아닌 것은?

① 소방차가 화재 예방 및 구조·구급 활동을 위하여 순찰을 하는 경우
② 소방차가 정비를 위해 긴급히 이동하는 경우
③ 민방위 업무용 자동차가 그 본래의 긴급한 용도와 관련된 훈련에 참여하는 경우
④ 경찰용 자동차가 범죄 예방 및 단속을 위하여 순찰을 하는 경우

해설 도로교통법 시행령 제10조의2(긴급한 용도 외에 경광등 등을 사용할 수 있는 경우) 법 제2조제22호 각 목의 자동차 운전자는 제29조제6항 단서에 따라 해당 자동차를 그 본래의 긴급한 용도로 운행하지 아니하는 경우에도 다음 각 호의 어느 하나에 해당하는 경우에는 「자동차관리법」에 따라 해당 자동차에 설치된 경광등을 켜거나 사이렌을 작동할 수 있다.
1. 소방차가 화재 예방 및 구조·구급 활동을 위하여 순찰을 하는 경우
2. 법 제2조제22호 각 목에 해당하는 자동차가 본래의 긴급한 용도와 관련된 훈련에 참여하는 경우
3. 제2조제1항제1호에 따른 자동차가 범죄 예방 및 단속을 위하여 순찰을 하는 경우

정답 20. ② 21. ② 22. ③ 23. ③ 24. ① 25. ② 26. ① 27. ②

28 도로교통법상 긴급 통행 중인 긴급자동차 본래의 사이렌으로 알맞은 것은?

① 원동기 장치 자전거에 매시 100킬로미터로 주행하였다.
② 제한 속도보다 시속 20킬로미터 빠르게 주행하였다.
③ 우선차로가 설치된 자전거도로 가장자리로 주행 중이다.
④ 인명 피해 교통사고가 발생한 경우 긴급 운송 중이다.

29 긴급자동차가 긴급한 용무 외에 경광등을 사용할 수 있는 경우가 아닌 것은?

① 긴급자동차 대여의 경우 차체의 속도, 정숙기, 사이렌의 작동이 요구되지 않는다.

② 수사기관의 자동차가 그 본래의 긴급한 용도와 관련된 범죄수사·교통단속 등 그 밖의 경찰 임무를 수행하는 경우
③ 소방차가 화재 예방 및 구조·구급 활동을 위하여 순찰하는 경우
④ 긴급자동차가 범죄예방 및 단속을 위한 순찰을 실시하는 경우

30 도로교통법상 긴급자동차 운전자 및 공동자 의무 내용으로 알맞지 않은 것은?

① 긴급자동차 운전자는 자동차나 마리나 장애물을 차로 위하지 않도록 주의하여야 한다.
② 긴급자동차 운전자는 자동차 통행이 많은 교차로나 도로를 통행할 때에는 자동차의 속도를 줄여 안전하게 통행하여야 한다.
③ 긴급자동차가 긴급한 용도로 운행되는 경우에는 자동차의 통행 방법 등을 특례로 적용할 수 있다.
④ 긴급자동차의 공동자는 마리나 고가나 승용차에 대하여 준수사항 알리기에 관한 교육을 정기적으로 받아야 한다.

[해설] 도로교통법 제2조의2, 제3조, 제6항
1. 소방차가 화재 진압을 위하여 출동하거나 위한 훈련에 참여하는 경우
2. 제2조제22호가 목에 따른 소방차가 그 본래의 긴급한 용도와 관련된 훈련에 참여하는 경우
3. 제2조제22호나 목에 따른 교통장애 자동차가 긴급한 용도와 관련된 훈련에 참여하는 경우

긴급한 경우

31 도로교통법상 다음 중 긴급자동차 통행이 아닌에 경자형이 있는 시 서상일자여야 할 것은?

① 모든 운전자는 긴급자동차가 자동차 통행 중인 아닌에 확인이 있는 경우
② 모든 운전자는 긴급자동차가 접근하여 양보기를 주지 않지 경우
③ 방향지시 수신호
④ 도로 외의 곳

[해설] 도로교통법 제29조

32 편도 2차로 도로에서 자동차 1차로로 긴급자동차가 아닌이 자동차 표지를 대내고 긴급용무 진행 중일 때 가장 안전한 행동은?

① 자동차 표지를 붙이고 있지 않는다.
② 긴급자동차가 아닌 경우 긴급 표지를 한다.
③ 정차를 잘 정하고 있는 긴급자동차가 우선한다.
④ 자동차가 정지하거나 양보가 좋은 방향으로 감속 통행한다.

⑤ 모든 운전자는 긴급자동차 통행 중 도로에 작은 공간으로 이동이 있는 것으로 긴급자동차의 긴급 공급이 아니, 긴급자동차 운영이 용이한 경우에는 그 긴급자동차가 우선 동선될 수 있도록 일정한 곳으로 피하여 양보하여야 한다. 다만, 일정한 곳으로 피하지 않고 있는 경우에는 긴급자동차의 통행이 가능한 최소한의 공간을 확보하여야 한다.
⑥ 모든 자동차와 노면전차의 운전자는 제5항에 따른 경우 외에 긴급자동차가 접근하는 경우에는 긴급자동차의 우선 통행이 가능한 방해가 되지 않도록 아니되어야 한다.

33 도로교통법상 긴급자동차가 아닌에 동행할 경우 아닌 것은?

① 통행할 수 있는 일에 자유롭게 주차할 수 있다.
② 자동차 운전 단속을 위하여 12시 이상의 아이가 운전할 수 있다.
③ 긴급 운행 종료 후에도 긴급자동차 표지를 달아야 한다.
④ 유상운행자 동역 주행을 일시할 수 있다.

[해설] 긴급자동차에는 자동차 통행 속도를 제한하는 아이나 30킬로미터를 초과할 수 없다.

34 긴급자동차 자리 긴급 운행해도 자동차 나머이 매시 40킬로 미터의 속도로 다가기 위한 경우의 자동차로 알맞은 것은?

① 매시 긴급한 필요가 없이 사이렌이 주시 등을 자동차 동동안 경종이 울린다.
② 그 밖의 신청이 일이로 이상 1일씩이 벌러를 자동차
③ 통행 중의 아동이 이동이 가까이 갖 경우 1일이 벌러를 자동차
④ 파란색이 일이 과 양상 1일씩이 벌러를 자동차

[해설] 긴급자동차 통행이 아닌에 사이렌을 울리거나 표지를 기는 긴급자동차는 긴급 통행 중에 표지를 있다.

35 긴급자동차 통행이 아닌에 사이렌 수 있는 긴급자동차(아닌이)로 알맞은 것은? (긴급 용무 수행 중 1일 경우 차량)

① 11인승 아닌
② 16인승 아닌
③ 17인승 아닌
④ 9인승 아닌

36 응급자동차가 아닌이 긴급 08:30에 긴급자동차에 차형을 잡고 매시 25킬로미터 초과하여 긴급 운행한 경우의 법칙금으로 알맞은 것은?

① 10만원 ② 30만원 ③ 15만원 ④ 60만원

[해설] 신형 사이렌에 아닌이 이후 8시부터 10시까지의 사이에 아닌이 차량 탑승에 필요한 25킬로미터 이상을 초과한 경우에 해당한다.

37 응급자동차나 아닌이 긴급을 대내고 있는 표지 한 고 있 그 표지를 동행하여 아닌이 정지 긴급 운행한 경우 벌 점의 벌칙이 긴급자동차가?

① 10점 ② 15점 ③ 30점 ④ 40점

[해설] 응급자동차가 아닌이 경우 차형을 잡고 표지를 하고 아동한 경우 긴급자동차는 30점이 벌점이 부여된다.

38 도로교통법상 아닌이 동행이 인가 기간 표지의 대상자가 아 닌 것은?

① 1시간 이상 ② 3시간 이상
③ 5시간 이상 ④ 6시간 이상

[해설] 아닌이 통행이 인가 기간 표지를 받고 긴급자동차를 운전할 경우, 그 시간 대응을 맡겨 아닌이 통행을 허가하지 아니하며 것 이다. 필요가 있고 운전할 경우 3시간 이상 아닌의 대응 긴급자동차를 운영하는 경우에는 긴급자동차를 운전할 수 있다. (도로교통법 제13조의2)

39 도로교통법상 아닌이 긴급 긴급 7기준으로 알맞은 것은?

① 자동차 13세 미만의 아닌
② 영유아 6세 미만의 아닌
③ 아동은 15세 미만의 아닌
④ 영유아 7세 미만의 아닌

[해설] 영유아 6세 미만인 사람을 말하며, 영유아는 13세 미만의 사람을 말한다.

정답 28. ④ 29. ② 30. ① 31. ② 32. ① 33. ④ 34. ② 35. ③ 36. ④ 37. ③ 38. ② 39. ②

40 도로교통법령상 승용차 운전자가 13:00경 어린이 보호구역에서 신호 위반을 한 경우 범칙금은?

① 5만 원　② 7만 원　③ 12만 원　④ 15만 원

해설　어린이 보호구역 안에서 오전 8시부터 오후 8시까지 사이에 신호 위반을 한 승용차 운전자에 대해서는 12만 원의 범칙금을 부과한다.

41 어린이가 보호자 없이 도로에서 놀고 있는 경우 가장 올바른 운전 방법은?

① 어린이 잘못이므로 무시하고 지나간다.
② 경음기를 울려 겁을 주며 진행한다.
③ 일시정지하여야 한다.
④ 어린이에 조심하며 급히 지나간다.

해설　어린이가 보호자 없이 도로에서 놀고 있는 경우 일시정지하여 어린이를 보호한다.

42 어린이가 횡단보도 위를 걸어가고 있을 때 도로교통법령상 규정 및 운전자의 행동으로 올바른 것은?

① 횡단보도 표지는 보행자가 횡단보도로 통행할 것을 권유하는 것으로 횡단보도 앞에서 일시정지하여야 한다.
② 신호등이 없는 일반 도로의 횡단보도일 경우 횡단보도 정지선을 지나쳐도 횡단보도 내에만 진입하지 않으면 된다.
③ 신호등이 없는 일반 도로의 횡단보도일 경우 신호등이 없으므로 어린이 뒤쪽으로 서행하여 통과하면 된다.
④ 횡단보도 표지는 횡단보도를 설치한 장소의 필요한 지점의 도로 양측에 설치하며 횡단보도 앞에서 일시정지하여야 한다.

해설　횡단보도 표지는 보행자가 횡단보도로 통행할 것을 지시하는 것으로 횡단보도 앞에서 일시정지하여야 하며, 횡단보도를 설치한 장소의 필요한 지점의 도로 양측에 설치한다. 어린이가 신호등 없는 횡단보도를 통과하고 있을 때에는 횡단보도 앞에서 일시정지하여 어린이가 통과하도록 기다린다.

43 어린이 통학버스가 편도 1차로 도로에서 정차하여 영유아가 타고 내리는 중임을 표시하는 점멸등이 작동하고 있을 때 반대 방향에서 진행하는 차의 운전자는 어떻게 하여야 하는가?

① 일시정지하여 안전을 확인한 후 서행하여야 한다.
② 서행하면서 안전 확인한 후 통과한다.
③ 그대로 통과해도 된다.
④ 경음기를 울리면서 통과하면 된다.

해설　어린이 통학버스가 편도 1차로 도로에서 정차하여 영유아가 타고 내리는 중임을 표시하는 점멸등이 작동하고 있을 때 반대 방향에서 진행하는 차의 운전자는 일시정지하여 안전을 확인한 후 서행하여야 한다.

44 차의 운전자가 운전 중 '어린이를 충격한 경우' 가장 올바른 행동은?

① 이륜차 운전자는 어린이에게 다쳤냐고 물어보았으나 아무 말도 하지 않아 안 다친 것으로 판단하여 계속 주행하였다.
② 승용차 운전자는 바로 정차한 후 어린이를 육안으로 살펴본 후 다친 곳이 없다고 판단하여 계속 주행하였다.
③ 화물차 운전자는 어린이가 넘어졌다 금방 일어나는 것을 본 후 안 다친 것으로 판단하여 계속 주행하였다.
④ 자전거 운전자는 넘어진 어린이가 재빨리 일어나 뛰어가는 것을 본 후 경찰관서에 신고하고 현장에 대기하였다.

해설　어린이 말만 믿지 말고 경찰관서에 신고하여야 한다.

45 골목길에서 갑자기 뛰어나오는 어린이를 자동차가 충격하였다. 어린이는 외견상 다친 곳이 없어 보였고, "괜찮다"고 말하고 있다. 이런 경우 운전자의 올바른 조치로 맞는 것은?

① 반의사 불벌죄에 해당하므로 운전자는 가던 길을 가면 된다.
② 어린이의 피해가 없어 교통사고가 아니므로 별도의 조치 없이 현장을 벗어난다.
③ 부모에게 연락하는 등 반드시 필요한 조치를 다한 후 현장을 벗어난다.
④ 어린이의 과실이므로 운전자는 어린이의 연락처만 확인하고 귀가한다.

해설　교통사고로 어린이를 다치게 한 운전자는 부모에게 연락하는 등 필요한 조치를 다하여야 한다.

46 도로교통법령상 어린이 보호구역 지정 및 관리 주체는?

① 경찰서장　② 시장 등
③ 시·도 경찰청장　④ 교육감

해설　도로교통법 제12조제1항

47 도로교통법상 자전거 통행 방법에 대한 설명이다. 틀린 것은?

① 자전거 도로가 따로 있는 곳에서는 그 자전거 도로로 통행하여야 한다.
② 자전거 도로가 설치되지 아니한 곳에서는 도로 우측 가장자리에 붙어서 통행하여야 한다.
③ 자전거의 운전자는 길 가장자리 구역(안전표지로 자전거 통행을 금지한 구간은 제외)을 통행할 수 있다.
④ 자전거의 운전자가 횡단보도를 이용하여 도로를 횡단할 때에는 자전거를 타고 통행할 수 있다.

해설　도로교통법 제13조의2(자전거의 통행 방법의 특례)

48 도로교통법상 '보호구역의 지정 절차 및 기준'등에 관하여 필요한 사항을 정하는 공동 부령 기관으로 맞는 것은?

① 어린이 보호구역은 행정 안전부, 보건복지부, 국토 교통부의 공동 부령으로 정한다.
② 노인 보호구역은 행정 안전부, 국토 교통부, 환경부의 공동 부령으로 정한다.
③ 장애인 보호구역은 행정 안전부, 보건복지부, 국토 교통부의 공동 부령으로 정한다.
④ 교통약자 보호구역은 행정 안전부, 환경부, 국토 교통부의 공동 부령으로 정한다.

해설　도로교통법 제12조(어린이 보호구역의 지정·해제 및 관리)제2항 제1항에 따른 어린이 보호구역의 지정·해제 절차 및 기준 등에 관하여 필요한 사항은 교육부, 행정 안전부, 국토 교통부의 공동 부령으로 정한다. 노인 보호구역 또는 장애인 보호구역의 지정 절차 및 기준 등에 관하여 필요한 사항은 행정 안전부, 보건복지부 및 국토 교통부의 공동 부령으로 정한다.

49 어린이 통학버스 특별 보호를 위한 운전자의 올바른 운행 방법은?

① 편도 1차로인 도로에서는 반대 방향에서 진행하는 차의 운전자도 어린이 통학버스에 이르기 전에 일시정지하여 안전을 확인한 후 서행하여야 한다.
② 어린이 통학버스가 어린이가 하차하고자 점멸등을 표시할 때는 어린이 통학버스가 정차한 차로 외의 차로로 신속히 통행한다.
③ 중앙선이 설치되지 아니한 도로인 경우 반대 방향에서 진행하는 차는 기존 속도로 진행한다.
④ 모든 차의 운전자는 어린이나 영유아를 태우고 있다는 표시를 한 경우라도 도로를 통행하는 어린이 통학버스를 앞지를 수 있다.

해설　도로교통법 제51조제2항(어린이 통학버스의 특별 보호)
　① 어린이 통학버스가 도로에 정차하여 어린이나 영유아가 타고 내리는 중임을 표시하는 점멸등 등의 장치를 작동 중일 때에는 어린이 통학버스가 정차한 차로와 그 차로의 바로 옆 차로로 통행하는 차의 운전자는 어린이 통학버스에 이르기 전에 일시정지하여 안전을 확인한 후 서행하여야 한다.
　② 제1항의 경우 중앙선이 설치되지 아니한 도로와 편도 1차로인 도로에서는 반대 방향에서 진행하는 차의 운전자도 어린이 통학버스에 이르기 전에 일시정지하여 안전을 확인한 후 서행하여야 한다.
　③ 모든 차의 운전자는 어린이나 영유아를 태우고 있다는 표시를 한 상태로 도로를 통행하는 어린이 통학버스를 앞지르지 못한다.

정답 40. ③　41. ③　42. ④　43. ①　44. ④　45. ③　46. ②　47. ④　48. ③　49. ①

정답 50.① 51.④ 52.① 53.③ 54.② 55.④ 56.③ 57.④ 58.③ 59.①

50 어린이 통학버스 운전자가 영유아를 승하차시킬 때 하여야 할 의무로 맞는 것은?

① 영유아가 승차하고 있는 경우에는 점멸등 등 장치를 작동하여 서행하여야 한다.
② 교통이 혼잡한 경우 승차가 끝나면 즉시 출발하여야 한다.
③ 영유아가 승차 중일 경우에는 일반 자동차에 게 승차시간을 양보하도록 한다.
④ 영유아가 안전하게 승하차 하는 것을 확인한 후에 출발하여야 한다.

해설 도로교통법 제53조 어린이 통학버스 운전자는 영유아가 타고 내리는 경우에만 점멸등 등 장치를 작동하여야 하며, 어린 이나 영유아를 태울 때에는 승차한 모든 어린이나 영유아가 좌석안전띠를 매도록 한 후 출발하여야 하며, 내릴 때에는 보도 나 길 가장자리구역 등 자동차로부터 안전한 장소에 도착한 것 을 확인한 후 출발하여야 한다.

51 도로교통법상 어린이 통학버스에 대한 설명으로 맞지 않는 것은?

① 어린이는 13세 미만인 사람을 의미한다.
② 영유아는 6세 미만인 사람을 의미한다.
③ 어린이가 통학 등을 위해 이용하는 자동차이다.
④ 원칙적으로 승차정원 15인승(어린이 1명을 1인 으로 본다) 이상의 자동차에 한한다.

52 어린이 통학버스에서 영유아가 하차하여 도로를 건널 때, 운전자의 올바른 운전방법은?

① 어린이나 영유아가 도로를 건널 때까지 안전한 장소에서 대기한다.
② 어린이가 안전하게 하차한 것을 확인한 후 즉시 출발한다.
③ 비상점멸등을 작동하며 조심스럽게 앞지르기 한다.
④ 경음기를 울리며 영유아가 빨리 도로를 건너도 록 재촉한다.

해설 도로교통법 제51조3항 모든 차의 운전자는 어린이나 영유아가 타고 내리는 중임을 표시하는 점멸등 등의 장치를 작 동 중인 어린이 통학버스가 정차한 차로의 바로 옆 차로로 통 행하는 경우에는 어린이 통학버스에 이르기 전에 일시정지하여 안전을 확인한 후 서행하여야 한다.

53 도로교통법상 어린이 통학버스 운전자의 의무에 대한 설명으로 맞는 것은?

① 어린이나 영유아를 태울 때에는 반드시 안전한 장소에서 태우고 내려야 한다.
② 영유아를 어린이 통학버스 주변에 내려주고 바 로 출발한다.
③ 어린이들이 승하차 시 다른 자동차들이 지나갈 수 있도록 점멸등을 꺼야 한다.
④ 출발하기 전 영유아의 좌석 안전띠를 매도록 하고 운행하여야 한다.

해설 도로교통법 제53조 어린이통학버스를 운전하는 사람은 어린이나 영유아가 좌석안전띠를 매도록 한 후에 출발하여야 한다.

54 도로교통법상 어린이 통학버스 운전자의 의무에 대 한 설명 중 맞지 않는 것은?

① 자동차에 승차한 어린이나 영유아가 좌석안전 띠를 매도록 한 후 출발한다.
② 교통이 혼잡한 경우 승차가 끝나면 즉시 출발 한다.
③ 어린이가 내릴 때에는 보도나 길 가장자리 등 자동차로부터 안전한 장소에 도착한 것을 확인 한 후 출발한다.
④ 승차한 어린이나 영유아가 좌석에 앉아 좌석안 전띠를 매고 있는지 확인한다.

55 도로교통법상 어린이 통학버스 운전자 및 운영자의 의무를 위반하여 어린이를 사상한 경우 처벌은?

① 13점 벌점   ② 9점 벌점
③ 7점 벌점   ④ 5점 벌점

해설 운전면허의 취소·정지처분 기준에 관한 규칙 별표28 어 린이 통학버스 운전자의 의무를 위반하여 어린이 사상사고를 발 생시 30점이다.

56 도로교통법상 어린이가 영유아가 탑승한 대기 및 어 린이통학버스의 장치된 점멸등 등 표시장치의 작동에 대한 설명 중 옳은 것은?

• 제53조 —
어린이나 영유아가 내리거나 내리는 중임을 표시 하는 점멸등 등의 장치를 작동하여야 하며, 어린 이나 영유아를 태우고 운행 중인 경우에만 제51 조제3항에 따른 표시를 하여야 한다.

① 아무 등
② 주·정차 등
③ 어린이나 영유아 탑승 표시등 및 점멸등
④ 미등

57 도로교통법상 어린이의 가장 대표적인 탈 수 있는 탈 것이 아닌 것은?

가. 도로에서 어린이에게 자전거 등 놀이운전을 시 키는 행위
나. 도로에서 어린이가 이용하는 놀이기구 등을 타 고 있는 행위
다. 기동성 이용 어린이가 승하차를 위해 자전거 등 주차할 때 표시등을 이용한 것
라. 놀이기구 등을 자전거로 자동차로 운송한 것
ㅁ. 어린이 통학버스에 어린이나 영유아를 태우고 운행 중인 경우에만 제51조제3항에 따른 표시 를 할 것

해설 도로교통법 제11조(어린이 등에 대한 보호) 및 그 여러 항에 따른 어린이보호는 유아원 어린이 위주 운영하여야 한다.

58 다음 중 어린이 통학버스에 대한 설명으로 옳지 않은 것은?

① 어린이통학버스는 보호자가 함께 승차하여 해 한 수 있다.
② 자동차 승차 정원이 15인 이상 30인승이다.
③ 도로에 정지하여 통학버스에 탄 어린이 내에서 해야 한다.
④ 주·정차 금지된 장소에서는 어린이 승차, 하 차는 가능하다.

해설 도로교통법의 3세미만 2세이다.

59 도로교통법상 인정인장 적용되고 있지 않은 어린이는?

① 걷는 방식이 가장 편하게 살 수 있는 아이
② 걷는 방식이 사람들에게 있는 슬로가 긴 아이
③ 걷는 방식이 자신이나 알지 못하고 살 수 있는 아이
④ 알고 있는 것을 수줍음으로 할 수 있는 아이

해설 걷는 방식이 자신이 사람들과 알지 못하고 마주치지 않 아 갈 길 모른 가장자리에서 자신이 알지 못하고 마주치지 않 아 갈 수 있다. (도로교통법 시행규칙)

60 도로교통법령상 어린이 보호에 대한 설명이다. 옳지 않은 것은?

① 횡단보도가 없는 도로에서 어린이가 횡단하고 있는 경우 서행하여야 한다.
② 안전지대에 어린이가 서 있는 경우 안전거리를 두고 서행하여야 한다.
③ 좁은 골목길에서 어린이가 걸어가고 있는 경우 안전한 거리를 두고 서행하여야 한다.
④ 횡단보도에 어린이가 통행하고 있는 경우 횡단보도 앞에 일시정지하여야 한다.

[해설] 도로교통법 제27조(보행자의 보호)
① 보행자(제13조의2제6항에 따라 자전거 등에서 내려서 자전거 등을 끌거나 들고 통행하는 자전거 등의 운전자 포함)가 횡단보도를 통행하고 있거나 통행하려고 하는 때에는 보행자의 횡단을 방해하거나 위험을 주지 아니하도록 그 횡단보도 앞(정지선이 설치되어 있는 곳에서는 그 정지선)에서 일시정지하여야 한다.
② 도로에 설치된 안전지대에 보행자가 있는 경우와 차로가 설치되지 아니한 좁은 도로에서 보행자의 옆을 지나는 경우에는 안전한 거리를 두고 서행하여야 한다.
③ 보행자가 제10조제3항에 따라 횡단보도가 설치되어 있지 아니한 도로를 횡단하고 있을 때에는 안전거리를 두고 일시정지하여 보행자가 안전하게 횡단할 수 있도록 하여야 한다.

61 도로교통법령상 어린이 통학버스를 특별 보호해야 하는 운전자 의무를 맞게 설명한 것은?

① 적색 점멸 장치를 작동 중인 어린이 통학버스가 정차한 차로의 바로 옆 차로로 통행하는 경우 일시정지하여야 한다.
② 도로를 통행 중인 모든 어린이 통학버스를 앞지르기할 수 없다.
③ 이 의무를 위반하면 운전면허 벌점 15점을 부과받는다.
④ 편도 1차로의 도로에서 적색 점멸 장치를 작동 중인 어린이 통학버스가 정차한 경우는 이 의무가 제외된다.

[해설] 도로교통법 제2조제19호, 도로교통법 제51조, 자동차관리법, 자동차 및 자동차부품의 성능과 기준에 관한 규칙
① 어린이 통학버스가 도로에 정차하여 어린이나 영유아가 타고 내리는 중임을 표시하는 점멸등 등의 장치를 작동 중일 때에는 어린이 통학버스가 정차한 차로와 그 차로의 바로 옆 차로로 통행하는 차의 운전자는 어린이 통학버스에 이르기 전에 일시정지하여 안전을 확인한 후 서행하여야 한다.
② 제1항의 경우 중앙선이 설치되지 아니한 도로와 편도 1차로인 도로에서는 반대 방향에서 진행하는 차의 운전자도 어린이 통학버스에 이르기 전에 일시정지하여 안전을 확인한 후 서행하여야 한다.
③ 모든 차의 운전자는 어린이나 영유아를 태우고 있다는 표시를 한 상태로 도로를 통행하는 어린이 통학버스를 앞지르지 못한다.
• 도로교통법 시행 규칙 별표28.
어린이 통학버스 특별 보호 의무 위반 시는 운전면허 벌점 30점이 부과된다.

62 도로교통법령상 어린이의 보호자가 처벌받는 경우에 해당하는 것은?

① 차도에서 어린이가 자전거를 타게 한 보호자
② 놀이터에서 어린이가 전동 킥보드를 타게 한 보호자
③ 차도에서 어린이가 전동 킥보드를 타게 한 보호자
④ 놀이터에서 어린이가 자전거를 타게 한 보호자

[해설] 어린이의 보호자는 도로에서 어린이가 개인형 이동장치를 운전하게 하여서는 아니 되고, 이를 위반하면 20만 원 이하의 과태료를 부과받는다.

63 어린이 보호구역에서 어린이를 상해에 이르게 한 경우 특정 범죄 가중 처벌 등에 관한 법률에 따른 형사 처벌 기준은?

① 1년 이상 15년 이하의 징역 또는 500만 원 이상 3천만 원 이하의 벌금
② 무기 또는 5년 이상의 징역
③ 2년 이하의 징역이나 500만 원 이하의 벌금
④ 5년 이하의 징역이나 2천만 원 이하의 벌금

[해설] 특정 범죄 가중 처벌 등에 관한 법률 제5조의13, 도로교통법 제12조제3항
어린이 보호구역에서 같은 조 제1항에 따른 조치를 준수해야 하며, 특정 범죄 가중 처벌 등에 관한 법률 제5조의13에 따라 상해에 이른 경우는 1년 이상 15년 이하의 징역 또는 5백만 원 이상 3천만 원 이하의 벌금이다.

64 다음 중 어린이 통학버스 운영자의 의무를 설명한 것으로 틀린 것은?

① 어린이 통학버스에 어린이를 태울 때에는 성년인 사람 중 보호자를 지정해야 한다.
② 어린이 통학버스에 어린이를 태울 때에는 성년인 사람 중 보호자를 함께 태우고 어린이 보호 표지만 부착해야 한다.
③ 좌석 안전띠 착용 및 보호자 동승 확인 기록을 작성·보관해야 한다.
④ 좌석 안전띠 착용 및 보호자 동승 확인 기록을 매 분기 어린이 통학버스를 운영하는 시설의 감독 기관에 제출해야 한다.

[해설] • 도로교통법 제53조제3항, 제6항 : 어린이 통학버스를 운영하는 자는 어린이 통학버스에 어린이나 영유아를 태울 때에는 성년인 사람 중 어린이 통학버스를 운영하는 자가 지명한 보호자를 함께 태우고 운행하여야 하며, 동승한 보호자는 어린이나 영유아가 승차 또는 하차하는 때에는 자동차에서 내려서 어린이나 영유아가 안전하게 승하차하는 것을 확인하고 운행 중에는 어린이나 영유아가 좌석에 앉아 좌석 안전띠를 매고 있도록 하는 등 어린이 보호에 필요한 조치를 하여야 한다.
• 도로교통법 제53조제6항 : 어린이 통학버스를 운영하는 자는 제3항에 따라 보호자를 함께 태우고 운행하는 경우에는 행정 안전부령으로 정하는 보호자 동승을 표시하는 표지(이하 "보호자 동승 표지"라 한다)를 부착할 수 있으며, 누구든지 보호자를 함께 태우지 아니하고 운행하는 경우에는 보호자 동승 표지를 부착하여서는 아니 된다. 〈신설 2020. 5. 26.〉
• 제7항 : 어린이 통학버스를 운영하는 자는 좌석 안전띠 착용 및 보호자 동승 확인 기록(이하 "안전 운행 기록"이라 한다)을 작성·보관하고 매 분기 어린이 통학버스를 운영하는 시설을 감독하는 주무 기관의 장에게 안전 운행 기록을 제출하여야 한다.

65 도로교통법령상 어린이 통학버스에 성년 보호자가 없을 때 '보호자 동승 표지'를 부착한 경우의 처벌로 맞는 것은?

① 20만 원 이하의 벌금이나 구류
② 30만 원 이하의 벌금이나 구류
③ 40만 원 이하의 벌금이나 구류
④ 50만 원 이하의 벌금이나 구류

[해설] 어린이 통학버스 보호자를 태우지 아니하고 운행하는 어린이 통학버스에 보호자 동승 표지를 부착한 사람은 30만 원 이하의 벌금이나 구류에 처한다.

66 도로교통법령상 고령운전자 표지에 대한 설명으로 맞는 것은?

① 고령운전자 표지란 운전면허를 받은 65세 이상인 사람이 운전하는 차임을 나타내는 표지이다.
② 바탕은 청색, 글씨는 노란색으로 한다.
③ 앞면은 탈부착이 가능하도록 고무자석으로 제작하고, 뒷면은 반사지로 제작한다.
④ 차의 앞면 중 안전운전에 지장을 주지 않고, 시인성을 확보할 수 있는 장소에 부착한다.

[해설] 도로교통법 시행규칙 제10조의2(고령운전자 표지의 제작 및 배부) ① 경찰청장은 법 제7조의2제1항에 따라 운전면허를 받은 65세 이상인 사람이 운전하는 차임을 나타내는 표지(이하 "고령운전자 표지"라 한다)를 제작하여 배부할 수 있다.
도로교통법 시행규칙 별표8의2
〈제작방법〉
가. 바탕은 하늘색, 글씨는 흰색으로 한다.
나. 앞면은 반사지로 제작하고, 뒷면은 탈부착이 가능하도록 고무자석으로 제작한다.
다. 글씨체는 문체부 제목 돋움체로 한다.
라. 표지 규격 및 글씨 크기를 변경하지 않는 범위에서 필요한 문구 등을 삽입할 수 있다.
〈부착장소〉
차의 뒷면 중 안전운전에 지장을 주지 않고, 시인성을 확보할 수 있는 장소에 부착한다.

67 「노인 보호구역」에서 노인을 위해 시·도 경찰청장이나 경찰서장이 할 수 있는 조치가 아닌 것은?

① 차마의 통행을 금지하거나 제한할 수 있다.
② 이면 도로를 일방통행로로 지정·운영할 수 있다.
③ 차마의 운행 속도를 시속 30킬로미터 이내로 제한할 수 있다.
④ 주 출입문 연결 도로에 노인을 위한 노상 주차장을 설치할 수 있다.

정답 60. ① 61. ① 62. ③ 63. ① 64. ② 65. ② 66. ① 67. ④

68 노인보호구역에서 노인의 통행을 금지시킬 수 있는 대상으로 맞는 것은?

① 개인형 이동장치, 노면 전차
② 특수 자동차, 이륜자동차
③ 원동기장치자전거, 보행보조용 의자차
④ 노상 안전기, 공동 작업차

해설 아동·노인 및 장애인 보호구역의 지정 및 관리에 관한 규칙 제9조(보호구역에서의 필요한 조치) 제1항에 의거, 시장 등은 보호구역에 대하여 구간별·시간대별로 다음 각 호의 조치를 할 수 있다.
1. 차마의 통행을 금지하거나 제한하는 것
2. 차마의 정차나 주차를 금지하는 것
3. 운행속도를 시속 30킬로미터 이내로 제한하는 것
4. 이면 도로를 일방통행로로 지정·운영하는 것

69 노인보호구역에서 노인을 위해 시속 10킬로 미만 통행하려고 한다. 이에 대한 설명으로 맞는 것은?

① 알아차리기 쉽도록, 야간에 어두운색 옷을 입는다.
② 움직임이 부자연스럽기 때문에 느리게 움직인다.
③ 노인인지라, 창 밖의 이야기에 관심을 갖는다.
④ 보호구역 제한속도(노인 및 장애인 보호구역)는 지킨다.

해설 노인보호구역(노인 및 장애인 보호구역)에서는 시장 등이 차마의 통행을 금지하거나 제한하거나 속도제한 등 의 조치를 취할 수 있다.

70 시장 등이 노인보호구역으로 지정할 수 있는 곳이 아닌 것은?

① 고등학교
② 노인복지시설
③ 자연공원
④ 도시공원

해설 노인복지시설, 자연공원, 도시공원, 생활체육시설, 그 밖에 노인이 자주 왕래하는 곳은 시장 등이 노인보호구역으로 지정할 수 있다.

71 다음 중 노인보호구역을 지정할 수 없는 자는?

① 특별시장
② 광역시장
③ 시장·군수
④ 시·도경찰청장

해설 어린이·노인 및 장애인 보호구역의 지정 및 관리에 관한 규칙 제3조 제1항

72 교통약자인 고령자의 일반적인 특징에 대한 설명으로 올바른 것은?

① 반사 신경이 둔하지만 경험에 의한 신속한 판단은 가능하다.
② 시력은 저하되지만 청력은 발달되어 작은 소리에도 민감하게 반응한다.
③ 보행 속도가 느리나 시야는 넓다.
④ 반응 속도는 느리지만 인지능력이 향상된다.

해설 고령자는 반사 신경이 둔하고 시력 및 청력이 약화되며, 신체 이동이 부자연스러운 상태로 인지능력이 저하된다.

73 노인보호구역에서 노인의 보행안전에 필요할 수 있는 것이 아닌 것은?

① 횡단보도에 신호기를 설치할 수 있다.
② 보호구역 내 일정구간을 일방통행으로 지정할 수 있다.
③ 어린이 보호구역과 같이 시간제 속도제한을 할 수 있다.
④ 대형 승합차의 통행을 금지할 수 있다.

해설 시장 등은 보호구역에 대하여 구간별·시간대별로 차마의 통행을 금지하거나 제한할 수 있다.

74 노인보호구역에서 노인을 위해 공사 중인 차도로 지나갈 때 운전자의 준수사항으로 맞는 것은?

① 공사구간 제한속도에 따라 서행한다.
② 공사 관계자들이 도로에 있을 수 있으므로 주의한다.
③ 공사 중이므로 신호기를 무시하고 진행한다.
④ 중앙선을 넘어 통행한다.

해설 노인보호구역은 공사 중이라도 공사관계자 등이 통행할 수 있다.

75 노인보호구역에서 노인의 안전을 위하여 설치할 수 있는 것으로 가장 거리가 먼 것은?

① 방호울타리, 속도저감시설
② 과속방지시설, 미끄럼방지 시설
③ 가로수, 횡단보도 표지
④ 보호구역 도로표지, 과속 방지턱

해설 시장 등은 보호구역에 다음 각 호에 해당하는 도로부속물을 설치하거나 관할 도로관리청에 설치를 요청할 수 있다. ①방호울타리 ②과속방지시설 ③미끄럼방지시설 ④ 보호구역 도로표지 ⑤ 도로반사경 ⑥ 그밖에 시장 등이 교통사고 위험으로부터 노인을 보호하기 위하여 도로부속물로서 필요하다고 인정하는 시설

76 야간에 노인 보호구역을 통과할 때 운전자가 주의해야할 사항으로 옳지 않은 것은?

① 증발현상이 발생할 수 있으므로 주의한다.
② 야간에도 노인의 통행이 있을 수 있으므로 주의한다.
③ 무단 횡단하는 노인에 주의한다.
④ 해당 구간의 제한속도를 준수하여 주행한다.

해설 야간에도 노인의 통행이 있을 수 있으므로 주의해야 한다.

77 노인보호구역으로 지정된 도로를 통행하는 운전자의 준수사항으로 맞는 것 2가지는?

① 자동차의 운전자는 보호구역 내 신호기가 설치되지 않은 횡단보도 앞에서는 일시정지 하여야한다.
② 자동차의 운전자는 보호구역 내에서 주·정차를 할 수 있다.
③ 자동차의 운전자는 보호구역 내 신호기가 설치되지 않은 도로에서 노인의 안전에 유의하면서 서행하여야한다.
④ 이면도로에서는 노인의 통행에 방해가 되지 않도록 서행 및 안전거리를 유지한다.

해설 노인보호구역 내에서 자동차의 운전자는 신호기가 설치되지 않은 횡단보도 앞에서는 보행자인 노인이 안전하게 횡단할 수 있도록 일시정지 하여야 한다.

78 노인 보호구역에 대한 설명이 맞는 것은?

① 오전 8시부터 오후 8시까지 노인보호 구역 내에서 위반행위에 대하여 범칙금이 가중된다.
② 보호구역으로 지정 시 해당 구간은 도로반사경, 미끄럼 방지시설 등을 설치할 수 있다.
③ 대상 시설에는 요양병원도 포함된다.
④ 신호등이 있는 횡단보도를 지날 때는 일시정지 하지 않아도 된다.

해설 노인보호구역에 설치되어 있는 노인 신호기는 다른 신호등 보다 신호의 길이가 더 길다. 시간대 관계없이 노인의 행동을 주시하고 서행 운전해야한다.

79 노인보호구역에서 통행을 금지할 수 있는 대상으로 맞는 것은 시속 25km/h를 초과할 경우 범칙금은?

① 60점
② 40점
③ 30점
④ 15점

해설 승용자동차 운전자가 오전 8시부터 오후 8시까지 규정 속도를 위반한 경우 범칙금이 부과된다.

정답 68. ① 69. ④ 70. ① 71. ④ 72. ④ 73. ① 74. ② 75. ③ 76. ② 77. ①③ 78. ④ 79. ③

80 노인 보호구역 내의 신호등이 있는 횡단보도에 접근하고 있을 때 운전 방법으로 바르지 않은 것은?
① 보행 신호가 적색으로 바뀐 후에도 노인이 보행하는 경우 대기하고 있다가 횡단을 마친 후 주행한다.
② 신호의 변경을 예상하여 예비 출발할 수 있도록 한다.
③ 안전하게 정지할 속도로 서행하고 정지신호에 맞춰 정지하여야 한다.
④ 노인의 경우 보행 속도가 느리다는 것을 감안하여 주의하여야 한다.

해설 보행자의 보호가 최우선이며, 신호등이 있는 횡단보도에 접근할 경우 보행자의 안전을 위하여 일시정지하여 안전을 확인하고 횡단보도 신호가 변경된 후 차량 진행 신호에 따라 진행한다.

81 노인 보호구역으로 지정된 경우 할 수 있는 조치 사항이다. 바르지 않은 것은?
① 노인 보호구역의 경우 시속 30킬로미터 이내로 제한할 수 있다.
② 보행 신호의 신호 시간이 일반 보행 신호기와 같기 때문에 주의 표지를 설치할 수 있다.
③ 과속 방지 턱 등 교통안전 시설을 보강하여 설치할 수 있다.
④ 보호구역으로 지정한 시설의 주 출입문과 가장 가까운 거리에 위치한 간선 도로의 횡단보도에는 신호기를 우선적으로 설치·관리할 수 있다.

해설 노인 보호구역에 설치되는 보행 신호등의 녹색 신호 시간은 어린이, 노인 또는 장애인의 평균 보행 속도를 기준으로 하여 설정되고 있다.

82 도로교통법령상 오전 8시부터 오후 8시까지 사이에 노인 보호구역에서 교통법규 위반 시 범칙금이 가중되는 행위가 아닌 것은?
① 신호 위반
② 주차 금지 위반
③ 횡단보도 보행자 횡단 방해
④ 중앙선 침범

해설 도로교통법 시행령 별표10 어린이 보호구역 및 노인·장애인 보호구역에서의 범칙 행위 및 범칙 금액

83 도로교통법령상 노인 보호구역에 대한 설명으로 잘못된 것은?
① 노인 보호구역을 통과할 때는 위험 상황 발생을 대비해 주의하면서 주행해야 한다.
② 노인 보호 표지란 노인 보호구역 안에서 노인의 보호를 지시하는 것을 말한다.
③ 노인 보호 표지는 노인 보호 구역의 도로 중앙에 설치한다.
④ 승용차 운전자가 노인 보호구역에서 오전 10시에 횡단보도 보행자의 횡단을 방해하면 범칙금 12만 원이 부과된다.

해설 노인 보호구역에서 횡단보도 보행자 횡단을 방해하는 경우 승용차 운전자는 12만 원의 범칙금이 부과된다. 노인 보호 표지는 노인 보호구역 안에서 노인의 보호를 지시하는 것으로 노인 보호구역의 도로 양측에 설치한다.

84 도로교통법령상 노인 보호구역에 대한 설명이다. 옳지 않은 것은?
① 노인 보호구역의 지정 및 관리권은 시장 등에게 있다.
② 노인을 보호하기 위하여 일정 구간 노인 보호구역으로 지정할 수 있다.
③ 노인 보호구역 내에서 차마의 통행을 제한할 수 있다.
④ 노인 보호구역 내에서 차마의 통행을 금지할 수 없다.

해설 노인 보호구역 내에서는 차마의 통행을 금지하거나 제한할 수 있다.

85 다음 중 도로교통법을 준수하고 있는 보행자는?
① 횡단보도가 없는 도로를 가장 짧은 거리로 횡단하였다.
② 통행 차량이 없어 횡단보도로 통행하지 않고 도로를 가로질러 횡단하였다.
③ 정차하고 있는 화물자동차 바로 뒤쪽으로 도로를 횡단하였다.
④ 보도에서 좌측으로 통행하였다.

해설 ①, ② 횡단보도가 설치되어 있지 않은 도로에서는 가장 짧은 거리로 횡단하여야 한다.
③ 보행자는 모든 차의 앞이나 뒤로 횡단하여서는 안 된다.
④ 보행자는 보도에서 우측통행을 원칙으로 한다.

86 도로교통법령상 노인 운전자가 다음과 같은 운전 행위를 하는 경우 벌점 기준이 가장 높은 위반 행위는?
① 횡단보도 내에 정차하여 보행자 통행을 방해하였다.
② 보행자를 뒤늦게 발견 급제동하여 보행자가 넘어질 뻔하였다.
③ 무단 횡단하는 보행자를 발견하고 경음기를 울리며 보행자 앞으로 재빨리 통과하였다.
④ 황색 실선의 중앙선을 넘어 앞지르기하였다.

해설 승용 자동차 기준.
① 범칙금 6만 원, 벌점 10점 ② 범칙금 6만 원, 벌점 10점
③ 범칙금 4만 원, 벌점 10점 ④ 범칙금 6만 원, 벌점 30점

87 다음 중 교통약자의 이동 편의 증진법상 교통약자에 해당되지 않는 사람은?
① 어린이 ② 노인 ③ 청소년 ④ 임산부

해설 교통약자란 장애인, 노인(고령자), 임산부, 영유아를 동반한 사람, 어린이 등 일상생활에서 이동에 불편을 느끼는 사람을 말한다.

88 노인의 일반적인 신체적 특성에 대한 설명으로 적당하지 않은 것은?
① 행동이 느려진다.
② 시력은 저하되나 청력은 향상된다.
③ 반사 신경이 둔화된다.
④ 근력이 약화된다.

해설 노인은 시력 및 청력이 약화되는 신체적 특성이 발생한다.

89 다음 중 가장 바람직한 운전을 하고 있는 노인 운전자는?
① 장거리를 이동할 때는 안전을 위하여 서행 운전한다.
② 시간 절약을 위해 목적지까지 쉬지 않고 운행한다.
③ 도로 상황을 주시하면서 규정 속도를 준수하고 운행한다.
④ 통행 차량이 적은 야간에 주로 운전을 한다.

해설 노인 운전자는 장거리 운전이나 장시간, 심야 운전은 삼가야 한다.

90 노인 운전자의 안전 운전과 가장 거리가 먼 것은?
① 운전하기 전 충분한 휴식
② 주기적인 건강 상태 확인
③ 운전하기 전에 목적지 경로 확인
④ 심야운전

해설 노인 운전자는 운전하기 전 충분한 휴식과 주기적인 건강 상태를 확인하는 것이 바람직하다. 운전하기 전에 목적지 경로를 확인하고 가급적 심야 운전은 하지 않는 것이 좋다.

91 승용자동차 운전자가 노인 보호구역에서 전방 주시 태만으로 노인에게 3주간의 상해를 입힌 경우 형사 처벌에 대한 설명으로 틀린 것은?
① 종합 보험에 가입되어 있으면 형사 처벌되지 않는다.
② 노인 보호구역을 알리는 안전표지가 있는 경우 형사 처벌된다.
③ 피해자가 처벌을 원하지 않으면 형사 처벌되지 않는다.
④ 합의하면 형사 처벌되지 않는다.

해설 ① 피해자의 명시적인 의사에 반하여 공소(公訴)를 제기할 수 없다.
② 보험 또는 공제에 가입된 경우에는 교통사고 처리 특례법 제3조제2항 본문에 규정된 죄를 범한 차의 운전자에 대하여 공소를 제기할 수 없다. 다만 교통사고처리 특례법 제3조 제2항 단서에 규정된 항목에 대하여 피해자의 명시적인 의사에 반하거나 종합보험에 가입되어 있더라도 형사처벌 될 수 있다.

정답 80.② 81.③ 82.④ 83.③ 84.④ 85.① 86.④ 87.③ 88.② 89.③ 90.④ 91.②

92 도로교통법상 총중량 2,000킬로그램 미만인 자동차를 총중량이 그의 3배 이상인 자동차로 견인하는 때의 속도는(견인하는 자동차가 대형견인차, 소형견인차 및 구난차가 아닌 차동차임)?

① 6만 매시 60킬로 ② 9만 매시 60킬로
③ 12만 매시 120킬로 ④ 15만 매시, 매시 120킬로

해설 도로교통법 시행규칙 제20조, 견인자동차가 아닌 자동차로 다른 자동차를 견인하여 도로(고속도로를 제외한다)를 통행하는 때의 속도는 제19조에 불구하고 다음 각호가 정하는 바에 의한다.

1. 총중량 2,000킬로그램 미만인 자동차를 총중량이 그의 3배 이상인 자동차로 견인하는 경우에는 매시 30킬로미터 이내
2. 제1호 외의 경우 및 이륜자동차가 견인하는 경우에는 매시 25킬로미터 이내

93 장애인 전용 주차구역에 대한 설명이다. 옳지 않은 것은?

① 장애인 전용 주차구역 등에 표지가 붙어 있는 자동차에 승차한 사람이 장애가 심하지 아니한 장애인인 경우 그 장애인이 운전하지 아니한 자동차는 장애인 전용 주차구역에 주차할 수 없다.
② 장애인 전용 주차구역 주차표지가 붙어 있지 아니한 자동차를 장애인 전용 주차구역에 주차하여서는 아니 된다.
③ 장애인 전용 주차구역 주차표지가 붙어 있는 자동차에 장애인이 탑승하지 아니한 경우에도 주차가 가능하다.
④ 장애인 전용 주차구역 주차표지를 양도·대여하는 등 부당한 목적으로 사용하여서는 아니 된다.

누구든지 장애인 전용 주차구역 주차표지를 붙이지 아니한 자동차를 장애인 전용 주차구역에 주차하여서는 아니 된다. 장애인 전용 주차구역 주차표지가 붙어 있는 자동차에 장애인이 타지 아니한 경우에는 주차하여서는 아니 된다. 과태료 10만 원

94 장애인 전용 주차 구역 설치 표지 기준이 아닌 것은?

① 주차장법 ② 장애인·노인·임산부 등의 편의증진 보장에 관한 법률
③ 건축법 ④ 교통약자의 이동편의 증진법

해설 장애인·노인·임산부 등의 편의증진 보장에 관한 법률 제17조

95 도로교통법령상 다음 자동차(이륜자동차 제외)의 공주거리 및 그 때 비례 대응하여 증가하는 정지거리가 속한 경우 등 등 설명으로 옳은 것은?

① 피로한 때 ② 마약을 복용한 때
③ 혼합음주 한 때 ④ 음주 한 때

해설
• 도로교통법 시행규칙 제37조 : 공주거리에 정지거리에 대한 설명으로 다음 각 호의 어느 하나에 해당하는 경우에는 그 바에 의하여야 한다.
  1. 차(자동차 또는 건설기계)의 이동장치, 제도장치를 점검할 것
  2. 비가 오거나 눈이 내려서 노면이 미끄러울 때 또는 장명을 수 없는 경우
• 도로교통법 시행규칙 제19조 : 자동차(이륜자동차는 제외)의 운전자는 그 차의 정지 또는 추돌에 적합한 경우에서 그 거리를 유지하여야 한다.

96 도로교통법령상 교차로에서 좌회전 시 가장 적절한 통행 방법은?

① 중앙선을 따라 서행으로 진행하면서 교차로 중심 안쪽으로 좌회전한다.
② 중앙선을 따라 빠르게 진행하면서 교차로 중심 안쪽으로 좌회전한다.
③ 중앙선을 따라 빠르게 진행하면서 교차로 중심 바깥쪽으로 좌회전한다.
④ 중앙선을 따라 서행으로 진행하면서 교차로 중심 바깥쪽으로 좌회전한다.

모든 차의 운전자는 교차로에서 좌회전을 하려는 경우에는 미리 도로의 중앙선을 따라 서행하면서 교차로 중심의 안쪽을 이용하여 좌회전하여야 한다.

97 도로교통법상 고속도로 외의 도로에서 운전자의 준수사항으로 올바른 것은?

① 교차로에서 앞지르기 하는 경우, 방향지시등을 켜고 앞지르기 한다.
② 다리 위나 교차로에서는 앞지르기가 가능하지만 안전표지로 금지한 곳에서는 앞지르기를 할 수 없다.
③ 일반도로에서는 앞지르기 차로가 따로 없으므로 승용차는 도로 중앙 좌측 부분을 이용하여 앞지르기 할 수 있다.
④ 편도 2차로 도로에서 모든 자동차는 2차로로 앞지르기 할 수 있다.

해설 교차로, 터널 안, 다리 위, 도로의 구부러진 곳, 비탈길의 고갯마루 부근 또는 가파른 비탈길의 내리막 등 시·도경찰청장이 안전표지로 지정한 곳에서는 앞지르기를 할 수 없다. 편도 2차로 도로에서 모든 자동차는 1차로로 앞지르기 할 수 있다.

98 긴급 자동차가 아닌 자동차가 응급환자를 운반 중인 경우 긴급 자동차로 인정받기 위한 조치는?

① 승용차에 경광등과 사이렌을 부착한다.
② 관할 경찰서장의 허가를 받아야 한다.
③ 운전자가 의사면허증을 지참하여야 한다.
④ 전조등 또는 비상등을 켜고 운행한다.

99 자동차운전자가 공주 때 공주거리가 늘어나는 '더치 리치 (Dutch Reach)'에 대한 설명으로 옳은 것은?

① 자동차에서 내릴 때 옆에 서있는 사람과 부딪히는 것을 예방한다.
② 자동차 운전자나 동승자가 자동차에서 내릴 때 뒤에서 오는 자동차와 충돌하는 것을 예방한다.
③ 개문발차사고를 예방한다.
④ 교통사고 시 탑승자의 상해를 경감한다.

해설 더치 리치(Dutch Reach)는 1960년대 네덜란드에서 시작된 교통안전 캠페인으로 자동차에서 내릴 때 문 가까운 쪽 손이 아닌 먼 쪽 손으로 문을 열어 자연스럽게 몸이 45도 이상 회전하게 되면서 뒤에서 오는 자동차와 충돌하는 것을 예방하는 방법이다.

100 정기 자동차 검사 결과 부적합 판정을 받은 자동차 소유자가 사후 조치를 이행하지 않아도 과태료가 없는가?

① 1가지 ② 2가지 ③ 3가지 ④ 4가지

해설 일반적 자동차 운전자는 정기검사 및 자동차 종합검사를 받아야 하며, 부적합 판정을 받은 자동차 소유자는 자동차관리법에 따른 사후 조치를 이행하여야 한다.

101 도로교통법령상 긴급 자동차의 앞지르기 방법으로 그 기 것에 대한 설명으로 옳은 것은?

① 교통이 복잡한 도로에서는 번갈아 앞지르기 하여야 한다.
② 모든 자동차에 대해 앞지르기 할 수 있다.
③ 고속도로에서만 앞지르기 할 수 있다.
④ 일반자동차의 앞지르기 방법과 같다.

해설 긴급 자동차에 대하여는 일반자동차의 앞지르기 규제에 대한 조항을 적용하지 않는다.

102 장애인 전용 주차 구역에 물건 등을 쌓거나 그 통행로를 가로 막는 등 주차를 방해하는 행위를 한 경우 과태료 얼마 부과되는가?

① 4만 원 ② 20만 원 ③ 50만 원 ④ 100만 원

해설 누구든지 장애인 전용 주차구역에서의 주차를 방해하는 행위를 하여서는 아니 된다. 과태료 50만 원

정답 92.③ 93.④ 94.① 95.④ 96.② 97.① 98.④ 99.① 100.① 101.① 102.③

103 도로교통법령상 교통정리를 하고 있지 아니하는 교차로를 좌회전하려고 할 때 가장 안전한 운전 방법은?

① 먼저 진입한 다른 차량이 있어도 서행하며 조심스럽게 좌회전한다.
② 폭이 넓은 도로의 차에 진로를 양보한다.
③ 직진 차에는 차로를 양보하나 우회전 차보다는 우선권이 있다.
④ 미리 도로의 중앙선을 따라 서행하다 교차로 중심 바깥쪽을 이용하여 좌회전한다.

해설 먼저 진입한 차량에 차로를 양보해야 하고, 좌회전 차량은 직진 및 우회전 차량에게 우선권을 양보해야 하며, 교차로 중심 안쪽을 이용하여 좌회전해야 한다.

104 도로교통법령상 회전교차로 통행 방법에 대한 설명으로 잘못된 것은?

① 진입할 때는 속도를 줄여 서행한다.
② 양보선에 대기하여 일시정지한 후 서행으로 진입한다.
③ 진입 차량에 우선권이 있어 회전 중인 차량이 양보한다.
④ 반시계 방향으로 회전한다.

해설 도로교통법 제25조의2(회전교차로 통행 방법)
① 회전교차로에서는 반시계 방향으로 통행하여야 한다.
② 회전교차로에 진입하려는 경우에는 서행하거나 일시정지하여야 하며, 이미 진행하고 있는 다른 차가 있는 때에는 그 차에 진로를 양보하여야 한다.

105 도로교통법령상 신호등이 없는 교차로에 선진입하여 좌회전하는 차량이 있는 경우에 옳은 것은?

① 직진 차량은 주의하며 진행한다.
② 우회전 차량은 서행으로 우회전한다.
③ 직진 차량과 우회전 차량 모두 좌회전 차량에 차로를 양보한다.
④ 폭이 좁은 도로에서 진행하는 차량은 서행하며 통과한다.

해설 교통정리가 행하여지고 있지 않은 교차로에서는 비록 좌회전 차량이라 할지라도 교차로에 이미 선진입한 경우에는 통행 우선권이 있으므로 직진 차와 우회전 차량일지라도 좌회전 차량에게 통행 우선권이 있다.(도로교통법 제26조)

106 도로교통법령상 교차로에서 좌회전 시 가장 적절한 통행 방법은?

① 중앙선을 따라 서행하면서 교차로 중심 안쪽으로 좌회전한다.
② 중앙선을 따라 빠르게 진행하면서 교차로 중심 안쪽으로 좌회전한다.
③ 중앙선을 따라 빠르게 진행하면서 교차로 중심 바깥쪽으로 좌회전한다.
④ 중앙선을 따라 서행하면서 운전자가 편리한 대로 좌회전한다.

해설 모든 차의 운전자는 교차로에서 좌회전을 하고자 하는 때에는 미리 도로의 중앙선을 따라 서행하면서 교차로의 중심 안쪽을 이용하여 좌회전하여야 한다.

107 도로교통법령상 교통정리가 없는 교차로 통행 방법으로 알맞은 것은?

① 좌우를 확인할 수 없는 경우에는 서행하여야 한다.
② 좌회전하려는 차는 직진 차량보다 우선 통행해야 한다.
③ 우회전하려는 차는 직진 차량보다 우선 통행해야 한다.
④ 통행하고 있는 도로의 폭보다 교차하는 도로의 폭이 넓은 경우 서행하여야 한다.

해설 좌우를 확인할 수 없는 경우에는 일시정지 하여야 하며, 해당 차가 통행하고 있는 도로의 폭보다 교차하는 도로의 폭이 넓은 경우에는 서행하여야 한다.

108 도로의 원활한 소통과 안전을 위하여 회전교차로의 설치가 권장되는 경우는?

① 교통량 수준이 높지 않으나, 교차로 교통사고가 많이 발생하는 곳
② 교차로에서 하나 이상의 접근로가 편도3차로 이상인 곳
③ 회전교차로의 교통량 수준이 처리 용량을 초과하는 곳
④ 신호 연동에 필요한 구간 중 회전교차로이면 연동 효과가 감소되는 곳

해설 회전교차로 설계 지침(국토 교통부)
1. 회전교차로 설치가 권장되는 경우
 ① 교통량 수준이 비신호교차로로 운영하기에는 많고 신호교차로로 운영하기에는 너무 적어 신호운영의 효율이 떨어지는 경우
 ② 교통량 수준이 높지 않으나, 교차로 교통사고가 많이 발생하는 경우
 ③ 교통량 수준이 비신호 교차로로 운영하기에는 부적합하거나 신호 교차로로 운영하면 효율이 떨어지는 경우
 ④ 교차로에서 직진하거나 회전하는 자동차에 의한 사고가 빈번한 경우
 ⑤ 각 접근로별 통행 우선권 부여가 어렵거나 바람직하지 않은 경우
 ⑥ T자형, Y자형 교차로, 교차로 형태가 특이한 경우
 ⑦ 교통 정온화 사업 구간 내의 교차로
2. 회전교차로 설치를 권장하지 않는 경우
 ① 확보 가능한 교차로 도로 부지 내에서 교차로 설계 기준을 만족시키지 않은 경우
 ② 첨두시 가변 차로가 운영되는 경우
 ③ 신호 연동이 이루어지고 있는 구간 내 교차로를 회전교차로로 전환 시 연동 효과를 감소시킬 수 있는 경우
 ④ 회전교차로의 교통량 수준이 처리 용량을 초과하는 경우
 ⑤ 교차로에서 하나 이상의 접근로가 편도 3차로 이상인 경우

109 회전교차로에 대한 설명으로 맞는 것은?

① 회전교차로는 신호 교차로에 비해 상충지점 수가 많다.
② 진입 시 회전교차로 내에 여유 공간이 있을 때까지 양보선에서 대기하여야 한다.
③ 신호등 설치로 진입 차량을 유도하여 교차로 내의 교통량을 처리한다.
④ 회전 중에 있는 차는 진입하는 차량에게 양보해야 한다.

해설 회전교차로는 신호 교차로에 비해 상충 지점 수가 적고, 회전 중인 차량에 대해 진입하고자 하는 차량이 양보해야 하며, 회전교차로 내에 여유 공간이 없는 경우에는 진입하면 안 된다.

110 도로교통법령상 운전자가 좌회전 시 정확하게 진행할 수 있도록 교차로 내에 백색 점선으로 한 노면 표시는 무엇인가?

① 유도선　② 연장선　③ 지시선　④ 규제선

해설 교차로에서 진행 중 옆면 추돌 사고가 발생하는 것은 유도선에 대한 이해 부족일 가능성이 높다.

111 도로교통법령상 회전교차로의 통행 방법으로 맞는 것은?

① 회전하고 있는 차가 우선이다.
② 진입하려는 차가 우선이다.
③ 진출한 차가 우선이다.
④ 차량의 우선순위는 없다.

해설 회전교차로에 진입하려는 경우에는 서행하거나 일시정지하여야 하며, 이미 진행하고 있는 다른 차가 있는 때에는 그 차에 진로를 양보하여야 한다.

112 도로교통법령상 회전교차로에서의 금지 행위가 아닌 것은?

① 정차　　　　② 주차
③ 서행 및 일시정지　④ 앞지르기

해설 • 도로교통법 제32조(정차 및 주차의 금지) : 모든 차의 운전자는 다음 각 호의 어느 하나에 해당하는 곳에서는 차를 정차하거나 주차하여서는 아니 된다. 다만, 이 법이나 이 법에 따른 명령 또는 경찰 공무원의 지시를 따르는 경우와 위험 방지를 위하여 일시정지하는 경우에는 그러하지 아니하다.
1. 교차로 · 횡단보도 · 건널목이나 보도와 차도가 구분된 도로의 보도(「주차장법」에 따라 차도와 보도에 걸쳐서 설치된 노상 주차장은 제외한다)
2. 교차로의 가장자리나 도로의 모퉁이로부터 5미터 이내인 곳
• 법 제22조(앞지르기 금지의 시기 및 장소)
③ 모든 차의 운전자는 다음 각 호의 어느 하나에 해당하는 곳에서는 다른 차를 앞지르지 못한다. 1. 교차로 2. 터널 안 3. 다리 위

113 다음 중 회전교차로에서 통행 우선권이 인정되는 차량은?

① 회전교차로 내 회전차로에서 주행 중인 차량
② 회전교차로 진입 전 좌회전하려는 차량
③ 회전교차로 진입 전 우회전하려는 차량
④ 회전교차로 진입 전 좌회전 및 우회전하려는 차량

정답 103.② 104.③ 105.③ 106.① 107.④ 108.① 109.② 110.① 111.① 112.③ 113.①

114. 회전교차로에 대한 설명으로 옳지 않은 것은?
① 회전교차로에서는 회전하는 차량을 피해서 진입한다.
② 회전하고 있는 차량이 우선이다.
③ 교통흐름이 빠른 곳은 회전교차로로 적합하지 않다.

115. 회전교차로 통행방법으로 옳은 것은?
① 우회전하려는 경우 서행으로 진출한다.
② 교차로 진입 전 일시정지 후 교통상황을 살피며 진입한다.
③ 반시계방향으로 회전한다.
④ 신호등 설치를 의무화한다.

116. 회전교차로 통행방법으로 틀린 것은?
① 진입할 때는 속도를 줄여 서행한다.
② 양보선에 대기하여 일시정지한 후 서행으로 진입한다.
③ 진입차량에 우선권이 있다.
④ 반시계방향으로 회전한다.

117. 회전교차로 통행방법으로 맞는 것은?
① 교차로 진입 전 일시정지 후 교통상황을 살피며 진입한다.
② 시계방향으로 회전한다.
③ 우선권은 진입 차량에 있다.
④ 반시계방향으로 회전한다.

[해설] 교통흐름이 많지 않고 좌회전 수요가 많은 교차로에 적합한 회전교차로는 차량이 교차로에 진입하기 전 자동차의 속도를 줄이게 하고 저속으로 교차로에 진입하도록 하여 교통사고 발생의 위험을 줄이는 교차로이다.

118. 가변형 속도제한 시스템에 대한 설명으로 맞지 않은 것은?
① 상황에 따라 속도를 가변적으로 움직인다.
② 가변형 속도제한 표지에 따른 속도를 초과하여 시행한다.
③ 가변형 속도제한 표지로 최고속도를 정한 경우에는 이 최고속도를 따라야 한다.
④ 가변형 속도제한 표지로 정한 최고속도와 그 밖의 안전표지로 정한 최고속도가 다를 때에는 가변형 속도제한 표지에 따라야 한다.

119. 도로교통법령상 ( )이 긴급자동차의 원활한 소통을 위하여 필요하다고 인정하는 경우에 ( )에 안전표지로 구간 및 구간별 제한속도를 지정할 수 있다. ( )안에 맞는 것은?
① 경찰서장, 자동차전용도로
② 지방경찰청장, 고속도로
③ 지방경찰청장, 자동차전용도로
④ 경찰서장, 고속도로

120. 다음 중 고속도로 나들목에서 가장 안전한 운전방법은?
① 나들목에서는 차량이 정체되므로 사고 예방을 위해서 뒤차가 접근하지 못하도록 급제동한다.
② 나들목에서 허용된 속도까지 급가속하며 진출한다.
③ 진출하고자 하는 나들목을 지나친 경우 다음 나들목을 이용한다.
④ 급가속하여 나들목으로 미끄러지듯 내려간다.

[해설] 급가속으로 차량의 균형을 잃어 사고의 위험이 증가하며, 나들목 부근에서 급감속하여 일반도로로 나오게 되면 속도의 감각이 둔해 미리 서행하여 일반도로 규정속도에 맞춰 통행해야 한다.

121. 도로교통법령상 신호자가 있는 수신호에 따라 교차로를 통과할 때 운전자의 주의사항으로 가장 올바른 것은?
① 운전자의 주의를 환기시키기 위해 경음기를 사용한다.
② 신호자의 신호보다 교통신호기 신호를 우선하여 따른다.
③ 앞차를 따라 진입한 뒤 앞차가 멈추면 급제동하여 정지한다.
④ 신호자의 수신호가 교통신호기 신호와 상이한 경우 신호자의 신호에 따른다.

122. 도로교통법령상 신호등이 없는 교차로를 통행할 때 서행하여야 하는 경우는?
① 양보표지가 있는 차로에 통행하고 있을 때
② 일시정지 표지가 있는 차로에 통행하고 있을 때
③ 교통정리를 하고 있지 아니하고 좌우를 확인할 수 없거나 교통이 빈번한 교차로를 통행할 때
④ 교차로 부근에 횡단보도가 없고 통행하는 보행자나 통행차량 통행이 없을 때

[해설] 교차로, 도로, 일반, 좌우를 확인할 수 없거나 교통이 빈번한 교차로의 경우에는 서행하며, 교통정리를 하고 있지 아니하고 좌우를 확인할 수 없거나 교통이 빈번한 교차로의 경우에는 일시정지한다.

123. 시가지의 일방통행 교차로에서 신호위반하다가 경찰 공무원에 의하여 단속되었다. 다음 중 가장 안전한 운전방법은?
① 가속페달을 밟지 않는다.
② 급제동하여 정차한다.
③ 고속으로 주행한다.
④ 가속페달을 사용한다.

[해설] 교통단속을 피하기 위해 급제동 또는 가속 등의 돌발 운전행위는 교통사고에 따른 피해가 매우 크다.

124. 운전자가 좌회전 정차시 가장 안전한 수신호로 맞는 것은?
① 왼팔을 수평으로 펴서 차제의 왼쪽 밖으로 내민다.
② 왼팔을 차제의 왼쪽 밖으로 내어 엎쪽으로 편다.
③ 왼팔을 차제의 왼쪽 밖으로 내어 왼쪽으로 편다.
④ 왼팔을 차제의 왼쪽 밖으로 내어 아래쪽으로 편다.

[해설] 좌회전하고 있는 경우에는 왼팔을 수평으로 펴서 차제의 왼쪽 밖으로 내밀 수 있다.

정답
114.④ 115.④ 116.① 117.② 118.④ 119.③ 120.③ 121.① 122.③ 123.① 124.②

125 운전 중 철길 건널목에서 가장 바람직한 통행 방법은?
① 기차가 오지 않으면 그냥 통과한다.
② 일시정지하여 안전을 확인하고 통과한다.
③ 제한 속도 이상으로 통과한다.
④ 차단기가 내려지려고 하는 경우는 빨리 통과한다.

해설 철길 건널목에서는 일시정지하다 안전을 확인하고 통과한다. 차단기가 내려져 있거나 내려지려고 하는 경우 또는 경보기가 울리고 있는 경우 그 건널목에 들어가서는 아니 된다.

126 도로교통법령상 차로를 왼쪽으로 바꾸고자 할 때의 방법으로 맞는 것은?
① 그 행위를 하고자 하는 지점에 이르기 전 30미터(고속도로에서는 100미터) 이상의 지점에 이르렀을 때 좌측 방향 지시기를 조작한다.
② 그 행위를 하고자 하는 지점에 이르기 전 10미터(고속도로에서는 100미터) 이상의 지점에 이르렀을 때 좌측 방향 지시기를 조작한다.
③ 그 행위를 하고자 하는 지점에 이르기 전 20미터(고속도로에서는 80미터) 이상의 지점에 이르렀을 때 좌측 방향 지시기를 조작한다.
④ 그 행위를 하고자 하는 지점에서 좌측 방향 지시기를 조작한다.

해설 방향을 변경하고자 하는 경우는 그 지점에 이르기 전 30미터 이상의 지점에 이르렀을 때 방향 지시기를 조작한다.

127 도로교통법령상 자동차 등의 속도와 관련하여 옳지 않은 것은?
① 일반 도로, 자동차 전용도로, 고속도로와 총 차로 수에 따라 별도로 법정 속도를 규정하고 있다.
② 일반 도로에는 최저 속도 제한이 없다.
③ 이상 기후 시에는 감속 운행을 하여야 한다.
④ 가변형 속도 제한 표지로 정한 최고 속도와 그 밖의 안전표지로 정한 최고 속도가 다를 경우 그 밖의 안전표지에 따라야 한다.

해설 가변형 속도 제한 표지를 따라야 한다.

128 도로교통법령상 자동차 등의 속도와 관련하여 옳지 않은 것은?
① 자동차 등의 속도가 높아질수록 교통사고의 위험성이 커짐에 따라 차량의 과속을 억제하려는 것이다.
② 자동차 전용도로 및 고속도로에서 도로의 효율성을 제고하기 위해 최저 속도를 제한하고 있다.
③ 경찰청장 또는 시·도 경찰청장은 교통의 안전과 원활한 소통을 위해 별도로 속도를 제한할 수 있다.
④ 고속도로는 시·도 경찰청장이, 고속도로를 제외한 도로는 경찰청장이 속도 규제권자이다.

해설 고속도로는 경찰청장, 고속도로를 제외한 도로는 시·도 경찰청장이 속도 규제권자이다.

129 도로교통법상 적색 등화 점멸일 때 의미는?
① 차마는 다른 교통에 주의하면서 서행하여야 한다.
② 차마는 다른 교통에 주의하면서 진행할 수 있다.
③ 차마는 안전표지에 주의하면서 후진할 수 있다.
④ 차마는 정지선 직전에 일시정지한 후 다른 교통에 주의하면서 진행할 수 있다.

해설 적색 등화의 점멸일 때 차마는 정지선이나 횡단보도가 있을 때에는 그 직전이나 교차로의 직전에 일시정지한 후 다른 교통에 주의하면서 진행할 수 있다.

130 비보호 좌회전 표지가 있는 교차로에 대한 설명이다. 맞는 것은?
① 신호와 관계없이 다른 교통에 주의하면서 좌회전할 수 있다.
② 적색 신호에 다른 교통에 주의하면서 좌회전할 수 있다.
③ 녹색 신호에 다른 교통에 주의하면서 좌회전할 수 있다.
④ 황색 신호에 다른 교통에 주의하면서 좌회전할 수 있다.

해설 비보호 좌회전 표지가 있는 곳에서는 녹색 신호가 켜진 상태에서 다른 교통에 주의하면서 좌회전 할 수 있다. 녹색 신호에서 좌회전하다가 맞은편의 직진 차량과 충돌할 경우 좌회전 차량이 경과실 일반 사고 가해자가 된다.

131 도로교통법령상 자동차의 속도와 관련하여 맞는 것은?
① 고속도로의 최저 속도는 매시 50킬로미터로 규정되어 있다.
② 자동차 전용도로에서는 최고 속도는 제한하지만 최저 속도는 제한하지 않는다.
③ 일반 도로에서는 최저 속도와 최고 속도를 제한하고 있다.
④ 편도 2차로 이상 고속도로의 최고 속도는 차종에 관계없이 동일하게 규정되어 있다.

해설 고속도로의 최저 속도는 모든 고속도로에서 동일하게 매시 50킬로미터로 규정되어 있으며, 자동차 전용도로에서는 최고 속도와 최저 속도 둘 다 제한이 있다. 일반 도로에서는 최저 속도 제한이 없고, 편도 2차로 이상 고속도로의 최고 속도는 차종에 따라 다르게 규정되어 있다.

132 도로교통법령상 앞지르기에 대한 설명으로 맞는 것은?
① 앞차가 다른 차를 앞지르고 있는 경우에는 앞지르기할 수 있다.
② 터널 안에서 앞지르고자 할 경우에는 반드시 우측으로 해야 한다.
③ 편도 1차로 도로에서 앞지르기는 황색 실선 구간에서만 가능하다.
④ 교차로 내에서는 앞지르기가 금지되어 있다.

해설 황색 실선은 앞지르기가 금지되며 터널 안이나 다리 위는 앞지르기 금지 장소이고 앞차가 다른 차를 앞지르고 있는 경우에는 앞지르기를 할 수 없게 규정되어 있다.

133 도로교통법령상 도로의 중앙선과 관련된 설명이다. 맞는 것은?
① 황색 실선이 단선인 경우는 앞지르기가 가능하다.
② 가변 차로에서는 신호기가 지시하는 진행 방향의 가장 왼쪽에 있는 황색 점선을 말한다.
③ 편도 1차로의 지방도에서 버스가 승하차를 위해 정차한 경우에는 황색 실선의 중앙선을 넘어 앞지르기할 수 있다.
④ 중앙선은 도로의 폭이 최소 4.75미터 이상일 때부터 설치가 가능하다.

해설 복선이든 단선이든 넘을 수 없고 버스가 승하차를 위해 정차한 경우에는 앞지르기를 할 수 없다. 또한 중앙선은 도로 폭이 6미터 이상인 곳에 설치한다.

134 도로교통법령상 편도 3차로 고속도로에서 2차로를 이용하여 주행할 수 있는 자동차는?
① 화물자동차   ② 특수 자동차
③ 건설 기계   ④ 소·중형 승합자동차

해설 편도 3차로 고속도로에서 2차로는 왼쪽 차로에 해당하므로 통행할 수 있는 차종은 승용자동차 및 경형·소형·중형 승합자동차이다.

135 도로교통법령상 편도 3차로 고속도로에서 1차로가 차량 통행량 증가 등으로 인하여 부득이하게 시속 (   )킬로미터 미만으로 통행할 수밖에 없는 경우에는 앞지르기를 하는 경우가 아니더라도 통행할 수 있다. (   ) 안에 기준으로 맞는 것은?
① 80   ② 90   ③ 100   ④ 110

해설 도로교통법 시행 규칙 별표9

정답 125. ② 126. ① 127. ④ 128. ④ 129. ④ 130. ③ 131. ① 132. ④ 133. ② 134. ④ 135. ①

136 고속도로에서 갓길로 통행이 가능한 경우로 맞는 것은?

① 월요일 아침 8시에 긴급한 약속이 있을 경우
② 차량 정체로 인해 앞 차량이 정지한 경우
③ 해돋이 구경을 위해 기다리는 경우
④ 응급환자 수송 등 특별한 사정이 있는 경우

해설 긴급자동차(관용 긴급자동차 포함)가 아닌 이상 갓길 통행은 할 수 없다.

137 고속도로에서 장거리 운행 시 2시간마다 1회씩 휴식을 취하는 가장 큰 이유는?(도로교통법령상 운행기간 및 휴식기간, 운행, 휴식, 장거리, 휴식시간 가장 가까운 것)

① 1~2시간   ② 2~3시간   ③ 1~3시간   ④ 2시간 안

해설 도로교통법 시행규칙 별표 1

138 고속도로를 주행 중 가장 안전한 운전 방법으로 맞는 것은?(운행중인 긴급자동차, 버스 전용 차로 있음)

① 주행 중인 차로에서 앞·뒤 차량과 안전거리를 확보하면서 주행한다.
② 주행차로가 비어있으면 1차로에서 계속 주행한다.
③ 앞 차량의 속도보다 빠르게 추월하며 진행한다.
④ 모든 차로에서 속도를 내어 주행한다.

해설 고속도로에서 안전운전을 위해

139 도로교통법상 편도 3차로 고속도로에서 승용자동차의 운행방법에 대한 설명으로 가장 맞는 것은?

① 승용자동차의 주행차로는 1차로이므로 1차로로 주행하여야 한다.
② 승용자동차의 주행차로는 1, 2차로이므로 1, 2차로로 주행하여야 한다.
③ 왼쪽 차로가 주행차로이다.
④ 승용자동차의 앞지르기 차로는 1차로이다.

해설 승용자동차의 주행차로는 왼쪽차로이고, 앞지르기 차로는 1차로이다.

140 도로교통법령상 차로에 따른 통행차의 기준에 대한 설명으로 맞는 것은?

① 모든 차는 지정된 차로의 오른쪽 차로로 통행할 수 있다.
② 승용자동차가 앞지르기를 할 때에는 통행 기준에 지정된 차로의 바로 오른쪽 차로로 통행해야 한다.
③ 편도 4차로 고속도로에서 대형화물자동차의 주행차로는 가장 오른쪽차로이다.
④ 도로의 진출입 부분에서 진출입하는 때에도 진로변경 제한선 표시를 넘어 진로를 변경할 수 없다.

해설 앞지르기를 할 때에는 지정된 차로의 바로 옆 왼쪽 차로로 통행할 수 있다.

141 도로교통법령상 편도 3차로 고속도로에서 통행할 수 있는 경우 맞는 것은?

① 1차로는 주로 승용자동차가 통행한다고 자가 통행하는 차로
② 대형승합자동차가 승객을 승강시키기 위해 2차로가 고인 경우
③ 도로공사 공사구간의 경우 1차로 승용자동차가 지정차로
④ 버스전용차로가 있는 경우 승용자동차는 전용차로에 통행할 수 있는 경우

해설 앞지르기를 할 때에는 지정된 차로의 바로 옆 왼쪽 차로로 통행할 수 있다.

142 도로교통법상 버스 전용차로를 통행할 수 있는 9인승 승용자동차는 ( ) 명 이상 승차한 경우로 한정한다. ( )안에 기준으로 맞는 것은?

① 3   ② 4   ③ 5   ④ 6

해설 도로교통법 시행령 별표 1

143 편도 3차로 고속도로에서 통행차의 기준으로 맞는 것은?(소통이 원활하며, 버스 전용차로 없음)

① 승용자동차의 주행차로는 1차로이므로 1차로로 주행한다.
② 적재중량 1.5톤 이하인 화물자동차는 1차로로 주행한다.
③ 대형승합자동차는 1차로로 주행한다.
④ 적재중량 1.5톤 초과하는 화물자동차는 1차로로 주행한다.

해설 편도 3차로 고속도로에서, 1차로는 앞지르기 차로, 2차로는 승용자동차 및 경형·소형·중형 승합자동차의 주행차로, 3차로는 대형 승합자동차 및 화물자동차의 주행차로이다.

144 도로교통법상 편도 3차로 고속도로에서 승용자동차가 2차로로 주행 중이다. 앞지르기할 수 있는 차로로 맞는 것은?(소통이 원활하며, 버스 전용차로 없음)

① 1차로   ② 2차로
③ 3차로   ④ 1, 2, 3차로 모두

해설 1차로를 이용하여 앞지르기 할 수 있다.

145 도로교통법상 앞지르기하는 방식에 대한 설명으로 가장 잘 된 것은?

① 다른 차를 앞지르려면 앞차의 왼쪽으로 통행해야 한다.
② 중앙선이 황색 점선인 경우 반대방향에 차량이 없을 때는 앞지르기가 가능하다.
③ 가변차로의 경우 신호기가 지시하는 진행방향의 가장 왼쪽 황색 점선에서는 앞지르기를 할 수 없다.
④ 편도 4차로 일반도로에서는 2차로가 주행차로인 승용자동차의 앞지르기 차로는 1차로만 가능하다.

해설 황색실선은 앞지르기가 금지되며 가변차로의 경우 신호기가 지시하는 진행방향의 가장 왼쪽 황색 점선에서 앞지르기가 가능하다.

146 도로교통법령상 차로에 따른 통행구분 설명이다. 잘못된 것은?(고속도로의 경우 버스 전용차로 없음)

① 느린 속도로 진행할 때에는 그 통행하던 차로의 오른쪽 차로로 통행할 수 있다.
② 편도 2차로 고속도로의 1차로는 앞지르기를 하려는 모든 자동차가 통행할 수 있다.
③ 일방통행도로에서는 도로의 오른쪽부터 1차로로 한다.
④ 편도 3차로 고속도로의 오른쪽 차로는 화물자동차가 통행할 수 있는 차로이다.

해설 일방통행도로에서는 도로의 왼쪽부터 1차로로 한다.

정답
136. ④ 137. ② 138. ③ 139. ① 140. ② 141. ② 142. ④ 143. ② 144. ① 145. ① 146. ③

147 도로교통법령상 편도 3차로 고속도로에서 통행 차의 기준에 대한 설명으로 맞는 것은?(소통이 원활하며, 버스 전용 차로 없음)

① 1차로는 2차로가 주행 차로인 승용자동차의 앞지르기 차로이다.
② 1차로는 승합자동차의 주행 차로이다.
③ 갓길은 긴급자동차 및 견인자동차의 주행 차로이다.
④ 버스 전용 차로가 운용되고 있는 경우, 1차로가 화물자동차의 주행 차로이다.

> **해설** 편도 3차로 이상 고속도로에서 1차로는 앞지르기를 하려는 승용자동차 및 앞지르기를 하려는 경형·소형·중형 승합자동차(다만, 차량 통행량 증가 등 도로 상황으로 인하여 부득이하게 시속 80킬로미터 미만으로 통행할 수밖에 없는 경우에는 앞지르기를 하는 경우가 아니라도 통행할 수 있다), 왼쪽 차로는 승용자동차 및 경형·소형·중형 승합자동차, 오른쪽 차로는 대형 승합자동차, 화물자동차, 특수 자동차, 및 건설 기계가 통행할 수 있다.

148 도로교통법령상 전용 차로의 종류가 아닌 것은?

① 버스 전용 차로   ② 다인승 전용 차로
③ 자동차 전용 차로 ④ 자전거 전용 차로

> **해설** 전용 차로의 종류는 버스 전용 차로, 다인승 전용 차로, 자전거 전용 차로 3가지로 구분된다.

149 수막현상에 대한 설명으로 가장 적절한 것은?

① 수막현상을 줄이기 위해 기본 타이어보다 폭이 넓은 타이어로 교환한다.
② 빗길보다 눈길에서 수막현상이 더 발생하므로 감속운행을 해야 한다.
③ 트레드가 마모되면 접지력이 높아져 수막현상의 가능성이 줄어든다.
④ 타이어의 공기압이 낮아질수록 고속주행 시 수막현상이 증가된다.

> **해설** 광폭타이어와 공기압이 낮고 트레드가 마모되면 수막현상이 발생할 가능성이 높고 새 타이어는 수막현상 발생이 줄어든다.

150 빙판길에서 차가 미끄러질 때 안전 운전 방법 중 옳은 것은?

① 핸들을 미끄러지는 방향으로 조작한다.
② 수동 변속기 차량의 경우 기어를 고단으로 변속한다.
③ 핸들을 반대 방향으로 조작한다.
④ 주차 브레이크를 이용하여 정차한다.

> **해설** 빙판길에서 차가 미끄러질 때는 핸들을 미끄러지는 방향으로 조작하는 것이 안전하다.

151 안개 낀 도로에서 자동차를 운행할 때 가장 안전한 운전 방법은?

① 커브 길이나 교차로 등에서는 경음기를 울려서 다른 차를 비키도록 하고, 빨리 운행한다.
② 안개가 심한 경우에는 시야 확보를 위해 전조등을 상향으로 한다.
③ 안개가 낀 도로에서는 안개등만 켜는 것이 안전 운전에 도움이 된다.
④ 어느 정도 시야가 확보되는 경우엔 가드레일, 중앙선, 차선 등 자동차의 위치를 파악할 수 있는 지형지물을 이용하여 서행한다.

> **해설** 안개 낀 도로에서 자동차를 운행 시 어느 정도 시야가 확보되는 경우에는 가드레일, 중앙선, 차선 등 자동차의 위치를 파악할 수 있는 지형지물을 이용하여 서행한다.

152 눈길이나 빙판길 주행 중에 정지하려고 할 때 가장 안전한 제동 방법은?

① 브레이크 페달을 힘껏 밟는다.
② 풋 브레이크와 주차 브레이크를 동시에 작동하여 신속하게 차량을 정지시킨다.
③ 차가 완전히 정지할 때까지 엔진 브레이크로만 감속한다.
④ 엔진 브레이크로 감속한 후 브레이크 페달을 가볍게 여러 번 나누어 밟는다.

> **해설** 눈길이나 빙판길은 미끄럽기 때문에 정지할 때에는 엔진 브레이크로 감속 후 풋 브레이크로 여러 번 나누어 밟는 것이 안전하다.

153 폭우가 내리는 도로의 지하 차도를 주행하는 운전자의 마음가짐으로 가장 바람직한 것은?

① 모든 도로의 지하 차도는 배수 시설이 잘 되어 있어 위험 요소는 발생하지 않는다.
② 재난 방송, 안내판 등 재난 정보를 청취하면서 위험 요소에 대응한다.
③ 폭우가 지나갈 때까지 지하 차도 갓길에 정차하여 휴식을 취한다.
④ 신속히 지나가야 하기 때문에 지정 속도보다 빠르게 주행한다.

> **해설** 지하차도는 위험 요소가 많아 재난 정보를 확인하는 것이 안전 운전에 도움이 된다.

154 겨울철 빙판길에 대한 설명이다. 가장 바르게 설명한 것은?

① 터널 안에서 주로 발생하며, 안개 입자가 얼면서 노면이 빙판길이 된다.
② 다리 위, 터널 출입구, 그늘진 도로에서는 블랙 아이스 현상이 자주 나타난다.
③ 블랙 아이스 현상은 차량의 매연으로 오염된 눈이 노면에 쌓이면서 발생한다.
④ 빙판길을 통과할 경우에는 핸들을 고정하고 급제동하여 최대한 속도를 줄인다.

> **해설** 블랙 아이스는 눈에 잘 보이지 않는 얇은 얼음막이 생기는 현상으로, 다리 위, 터널 출입구, 그늘진 도로에서 자주 발생하는 현상이다.

155 집중호우로 차량 침수 시 대처 방법으로 가장 올바르지 않은 것은?

① 급류가 밀려오는 반대쪽 문을 열고 탈출을 시도한다.
② 차량 문이 열리지 않는다면 뾰족한 물체(목 받침대, 안전벨트 잠금장치 등)로 창문 유리의 가장자리를 강하게 내리쳐 창문을 깨고 탈출을 시도한다.
③ 차량 창문을 깰 수 없다면 당황하지 말고, 119신고 후 차량 내·외부 수위가 비슷해지는 시점에(30cm이하) 신속하게 문을 열어 탈출한다.
④ 탈출하였다면 최대한 저지대 혹은 차량의 아래로 대피하도록 한다.

> **해설** 행정안전부 국민재난안전포털 국민행동요령
> – 타이어 2/3가 잠기기 전, 차량을 안전한 곳으로 이동하고 침수된 경우 운전석 목 받침대 철재봉을 이용해 유리창을 깨고 대피
> – 유리창을 깨지 못한 경우 차량 내·외부 수위차가 30cm이하가 될 때까지 기다렸다가 차량 문이 열리는 순간 신속 대피
> – 시간당 100mm의 비가 내리면 100미터 이상 거리 표지판 식별 불가능, 차량을 안전한 곳으로 이동하고 비가 약해질 때까지 잠시 대기
> – 지하차도 내 물이 고이기 시작하면 절대 진입하지 않으며, 진입 시 차량을 두고 신속히 대피
> – 교량에 물이 월류하면 절대 진입 금지하고 우회하거나, 안전한 곳에서 대기
> – 차량 고립 시 급류 반대쪽 문을 열거나 창문을 깨고 탈출

156 내리막길 주행 중 브레이크가 제동되지 않을 때 가장 적절한 조치 방법은?

① 즉시 시동을 끈다.
② 저단 기어로 변속한 후 차에서 뛰어내린다.
③ 핸들을 지그재그로 조작하며 속도를 줄인다.
④ 저단 기어로 변속하여 감속한 후 차체를 가드레일이나 벽에 부딪친다.

> **해설** 브레이크가 파열되어 제동되지 않을 때에는 추돌 사고나 반대편 차량과의 충돌로 대형 사고가 발생할 가능성이 높다. 브레이크가 파열되었을 때는 당황하지 말고 저단 기어로 변속하여 감속을 한 후 차체를 가드레일이나 벽 등에 부딪치며 정지하는 것이 2차 사고를 예방하는 길이다.

정답 147. ① 148. ③ 149. ④ 150. ① 151. ④ 152. ④ 153. ② 154. ② 155. ④ 156. ④

157 터널 안 주행 중 자동차 사고로 인한 화재 목격 시 가장 바람직한 대응 방법은?

① 차량 통행이 가능하더라도 차를 세우는 것이 좋다.
② 차량 통행이 불가능할 경우 차를 세운 후 자동차 안에서 기다린다.
③ 차량 통행이 불가능할 경우 차를 세운 후 자동차 열쇠를 가지고 신속하게 대피한다.
④ 하차 후 연기가 많이 나면 최대한 몸을 낮춰 연기가 나는 반대 방향으로 대피한다.

해설 터널 안 주행 중 자동차 사고로 인한 화재 목격 시 차량 소통이 가능하면 신속하게 터널 밖으로 빠져나온다.

158 다음 중 고속도로 터널 내 화재 시 행동요령으로 올바른 것은?

① 터널 밖으로 이동이 불가능한 경우 차량은 최대한 갓길 쪽으로 정차한다.
② 차에서 내린 후 곧바로 119에 신고하고 부상자가 있으면 응급조치를 한다.
③ 유턴해서 출구 반대방향으로 되돌아간다.
④ 차를 두고 대피할 경우 차량 열쇠는 가져간다.

해설 터널 내 화재는 대피가 최우선이므로 신속히 대피 후 구조요청을 한다.

159 폭우 등으로 인한 도로의 물웅덩이에 빠져 브레이크에 물이 들어갔을 때 올바른 조치 방법은?

① 차를 세우고 브레이크가 식을 때까지 기다린다.
② 언더스티어(understeer)이 발생할 수 있다.
③ 가속페달과 브레이크 페달을 동시에 밟아 마찰열로 브레이크를 건조시킨다.
④ 더 빠른 속도로 주행하면 바람에 의해 자연스럽게 마르게 된다.

160 안개 낀 도로를 주행할 때 안전한 운전 방법으로 바르지 않은 것은?

① 커브 길이나 언덕길 등에서는 경음기를 사용한다.
② 겨울철 안개 지역 통과 시에는 블랙아이스를 조심한다.
③ 앞차와의 거리를 70미터 이상 충분히 유지하고 감속 운행한다.
④ 앞을 분간하지 못할 정도로 짙은 안개가 끼었을 때는 차를 안전한 곳에 세우고 잠시 기다린다.

해설 안개 지역에서는 안개등과 미등을 켜고 운전해야 한다.

161 겨울철 블랙아이스(Black ice)에 대해 바르게 설명하지 못한 것은?

① 도로 표면에 코팅한 것처럼 얇은 얼음막이 생기는 현상이다.
② 아스팔트 표면의 눈과 습기가 공기 중의 오염물질과 뒤엉켜 나타난다.
③ 낮은 기온에 다리 위, 터널 출구 등에서 자주 발생한다.
④ 햇볕이 잘 드는 도로에 눈이 녹아 스며들어 도로의 검은 색이 투명하게 얼어붙는다.

162 다음 중 겨울철 도로 결빙 상황과 관련된 설명으로 잘못된 것은?

① 아스팔트 표면의 눈과 습기가 공기 중의 오염물질과 뒤엉켜 추운 날씨에 얼어붙은 것이 '블랙아이스(black ice)' 현상이다.
② 햇볕이 잘 드는 도로보다 그늘진 도로가 결빙이 더 많이 발생한다.
③ 다리 위, 터널 출구 등에서 주로 발생한다.
④ '화이트 아이스(white ice)' 현상은 도로의 표면색이 흰색에 가깝게 얼어붙어 잘 보이지 않는다.

163 다음 중 지진발생 시 운전자의 조치로 가장 바람직하지 못한 것은?

① 운전 중이던 차의 속도를 높여 신속히 그 지역을 통과한다.
② 차를 이용해 이동이 불가능할 경우 차는 도로 우측에 정차시킨다.
③ 이동 중에는 재난방송에 주의를 기울인다.
④ 이동 중 라디오를 통해 재난상황을 파악한다.

해설 지진이 발생하면 차를 갓길에 세우고 대피한다.

164 장마철 장기간 주차하여 있다가 자동차를 운전할 때 가장 주의해야 할 사항은?

① 엔진오일의 양을 점검한다.
② 자동차 주변의 물이 자동차 내부로 들어갈 가능성이 있으므로 차체를 깨끗이 닦은 후 운행한다.
③ 브레이크 패드와 라이닝, 드럼 등에 습기가 있을 수 있으므로 출발 전 브레이크 페달을 몇 차례 밟아주어 물기를 제거한 후 운행한다.
④ 자동차 외관을 깨끗이 세차한다.

165 프로판(LPG) 승용 차량의 장점에 대한 설명으로 옳은 것은?

① 자동차에 사용되는 연료로 경유보다 가격이 저렴하다.
② 타 연료와 비교해 이산화탄소 배출량이 많다.
③ 충돌 시 폭발의 위험성이 높아 주로 상용차에 사용된다.
④ 가솔린에 사용된 엔진에 비해 정숙성이 떨어지는 단점이 있다.

해설 프로판(LPG)은 가솔린에 의해 가격이 저렴하고 공해가 적은 친환경 연료로 이동 중 결빙에 의한 자동차 사고를 당한다.

정답 157. ④ 158. ④ 159. ② 160. ③ 161. ④ 162. ④ 163. ① 164. ③ 165. ①

166 집중 호우 시 안전한 운전 방법과 가장 거리가 먼 것은?
① 차량의 전조등과 미등을 켜고 운전한다.
② 히터를 내부공기 순환 모드 상태로 작동한다.
③ 수막현상을 예방하기 위해 타이어의 마모 정도를 확인한다.
④ 빗길에서는 안전거리를 2배 이상 길게 확보한다.

해설 히터 또는 에어컨은 내부 공기 순환 모드로 작동할 경우 차량 내부 유리창에 김 서림이 심해질 수 있으므로 외부 공기 유입 모드(⊂⊃)로 작동한다.

167 강풍 및 폭우를 동반한 태풍이 발생한 도로를 주행 중일 때 운전자의 조치 방법으로 적절하지 못한 것은?
① 브레이크 성능이 현저히 감소하므로 앞차와의 거리를 평소보다 2배 이상 둔다.
② 침수 지역을 지나갈 때는 중간에 멈추지 말고 그대로 통과하는 것이 좋다.
③ 주차할 때는 침수 위험이 높은 강변이나 하천 등의 장소를 피한다.
④ 담벼락 옆이나 대형 간판 아래 주차하는 것이 안전하다.

해설 자동차 브레이크의 성능이 현저히 감소하므로 앞 자동차와 거리를 평소보다 2배 이상 유지해 접촉 사고를 예방한다. 침수 지역을 지나갈 때는 중간에 멈추게 되면 머플러에 빗물이 유입돼 시동이 꺼질 가능성이 있으니 되도록 멈추지 않고 통과하는 것이 바람직하다. 자동차를 주차할 때는 침수의 위험이 높은 강변, 하천 근처 등의 장소는 피해 가급적 고지대에 하는 것이 좋다. 붕괴 우려가 있는 담벼락 옆이나 대형 간판 아래 주차하는 것도 위험할 수 있으니 피한다. 침수가 예상되는 건물의 지하 공간에 주차된 자동차는 안전한 곳으로 이동시키도록 한다.

168 눈길 운전에 대한 설명으로 틀린 것은?
① 운전자의 시야 확보를 위해 앞 유리창에 있는 눈만 치우고 주행하면 안전하다.
② 풋 브레이크와 엔진 브레이크를 같이 사용하여야 한다.
③ 스노 체인을 한 상태라면 매시 30킬로미터 이하로 주행하는 것이 안전하다.
④ 평상시보다 안전거리를 충분히 확보하고 주행한다.

해설 차량 모든 부분에 쌓인 눈을 치우고 주행하여야 안전하다.

169 다음 중 우천 시에 안전한 운전 방법이 아닌 것은?
① 상황에 따라 제한 속도에서 50퍼센트 정도 감속 운전한다.
② 길 가는 행인에게 물을 튀지 않도록 적절한 간격을 두고 주행한다.
③ 비가 내리는 초기에 가속 페달과 브레이크 페달을 밟지 않는 상태에서 바퀴가 굴러가는 크리프(Creep) 상태로 운전하는 것은 좋지 않다.
④ 낮에 운전하는 경우에도 미등과 전조등을 켜고 운전하는 것이 좋다.

해설 ① 상황에 따라 빗길에서는 제한 속도보다 20퍼센트, 폭우 등으로 가시거리가 100미터이내인 경우 50퍼센트 이상 감속 운전한다.
② 길 가는 행인에게 물을 튀지 않게 하기 위하여 1미터 이상 간격을 두고 주행한다.
③ 비가 내리는 초기에 노면의 먼지나 불순물 등이 빗물에 엉키면서 발생하는 미끄러움을 방지하기 위해 가속 페달과 브레이크 페달을 밟지 않는 상태에서 바퀴가 굴러가는 크리프 상태로 운전하는 것이 좋다.

170 다음 중 안개 낀 도로를 주행할 때 바람직한 운전 방법과 거리가 먼 것은?
① 뒤차에게 나의 위치를 알려주기 위해 차폭등, 미등, 전조등을 켠다.
② 앞차에게 나의 위치를 알려주기 위해 반드시 상향등을 켠다.
③ 안전거리를 확보하고 속도를 줄인다.
④ 습기가 맺혀 있을 경우 와이퍼를 작동해 시야를 확보한다.

해설 상향등은 안개 속 물 입자들로 인해 산란하기 때문에 켜지 않고 하향등 또는 안개등을 켜도록 한다.

171 도로교통법령상 편도 2차로 자동차 전용도로에 비가 내려 노면이 젖어있는 경우 감속 운행 속도로 맞는 것은?
① 매시 80킬로미터
② 매시 90킬로미터
③ 매시 72킬로미터
④ 매시 100킬로미터

해설 도로교통법 시행 규칙 제19조(자동차 등의 속도)
② 비·안개·눈 등으로 인한 악천후 시에는 제1항에 불구하고 다음 각 호의 기준에 의하여 감속 운행하여야 한다.
1. 최고 속도의 10분의 20을 줄인 속도로 운행하여야 하는 경우
가. 비가 내려 노면이 젖어있는 경우
나. 눈이 20밀리미터 미만 쌓인 경우

172 다음 중 교통사고 발생 시 가장 적절한 행동은?
① 비상등을 켜고 트렁크를 열어 비상상황임을 알릴 필요가 없다.
② 사고지점 도로 내에서 사고 상황에 대한 사진을 촬영하고 차량 안에 대기한다.
③ 사고지점에서 빠져나올 필요 없이 차량 안에 대기한다.
④ 주변 가로등, 교통신호등에 부착된 기초번호판을 보고 사고 발생지역을 보다 구체적으로 119, 112에 신고한다.

해설 특별자치시장, 특별자치도지사 및 시장·군수·구청장은 도로명주소를 안내하거나 구조·구급 활동을 지원하기 위하여 필요한 장소에 도로명판 및 기초번호판을 설치하여야 한다.

173 야간에 마주 오는 차의 전조등 불빛으로 인한 눈부심을 피하는 방법으로 올바른 것은?
① 전조등 불빛을 정면으로 보지 말고 자기 차로의 바로 아래쪽을 본다.
② 전조등 불빛을 정면으로 보지 말고 도로 우측의 가장자리 쪽을 본다.
③ 눈을 가늘게 뜨고 자기 차로 바로 아래쪽을 본다.
④ 눈을 가늘게 뜨고 좌측의 가장자리 쪽을 본다.

해설 대향 차량의 전조등에 의해 눈이 부실 경우에는 전조등의 불빛을 정면으로 보지 말고, 도로 우측의 가장자리 쪽을 보면서 운전하는 것이 바람직하다.

174 도로교통법령상 밤에 고속도로 등에서 고장으로 자동차를 운행할 수 없는 경우, 운전자가 조치해야 할 사항으로 적절치 않은 것은?
① 사방 500미터에서 식별할 수 있는 적색의 섬광 신호·전기 제등 또는 불꽃 신호를 설치해야 한다.
② 표지를 설치할 경우 후방에서 접근하는 자동차의 운전자가 확인할 수 있는 위치에 설치하여야 한다.
③ 고속도로 등이 아닌 다른 곳으로 옮겨 놓는 등 필요한 조치를 하여야 한다.
④ 안전 삼각대는 고장차가 서있는 지점으로부터 200미터 후방에 반드시 설치해야 한다.

해설 도로교통법 제66조, 도로교통법 시행 규칙 제40조 고장 자동차의 표시

175 도로교통법령상 비사업용 승용차 운전자가 전조등, 차폭등, 미등, 번호등을 모두 켜야 하는 경우로 맞는 것은?
① 밤에 도로에서 정차하는 경우
② 안개가 가득 낀 도로에서 정차하는 경우
③ 주차 위반으로 견인되는 자동차의 경우
④ 터널 안 도로에서 운행하는 경우

정답 166.② 167.④ 168.① 169.③ 170.② 171.③ 172.④ 173.② 174.④ 175.④

176 도로교통법상 고속도로에서 자동차 고장 시 시행하는 조치요령?

① 삼각대와 불꽃신호등을 자동차로부터 그 자동차 진행방향의 뒤쪽에서 접근하는 자동차의 운전자가 확인할 수 있는 위치에 설치해야 한다.
② 밤에 고장이나 그 밖의 사유로 고속도로 등에서 자동차를 운행할 수 없게 되었을 때에는 자동차 안전삼각대 표지와 함께 사방 500미터 지점에서 식별할 수 있는 적색의 섬광신호·전기제등 또는 불꽃신호를 설치하여야 함
④ 자동차(이륜자동차 제외) : 밤에 등화

177 주행 중 타이어 펑크 예방 방법 및 조치요령으로 바르지 않은 것은?

① 시선은 전방을 주시하고 핸들을 단단하게 잡아 자동차가 직진 주행을 하도록 한다.
② 타이어 공기압을 적정하게 유지하고 트레드 마모한계를 넘어선 타이어는 교체한다.
③ 덥고 건조한 날씨에 고속주행 시 드라이 스팟 현상으로 발생될 수 있다.
④ 고속주행 시 타이어 펑크가 발생하면 엑셀레이터 페달에서 발을 떼어 속도를 서서히 감속시킨 후 안전한 곳에 정차한다.

해설 고속주행 시 타이어가 펑크가 나면 핸들을 단단히 잡고 안전한 장소에 정차한다.

178 도로교통법령상 밤에 고속도로에서 자동차 고장으로 운행할 수 없게 되었을 때 ( )에서 식별할 수 있는 적색의 섬광신호 등을 설치해야 한다. ( )에 맞는 것은?

① 사방 200미터 지점
② 사방 300미터 지점
③ 사방 400미터 지점
④ 사방 500미터 지점

해설 밤에 고속도로에서는 안전삼각대와 함께 사방 500미터 지점에서 식별할 수 있는 적색의 섬광신호·전기제등 또는 불꽃신호를 추가로 설치하여야 한다.

179 자동차 주행 중 타이어가 펑크 났을 때 올바른 조치요령은?

① 핸들을 꽉 잡고 직진하면서 급제동을 피하고 엔진브레이크를 이용하여 안전한 곳에 정지한다.
② 자동차가 한 쪽으로 쏠리는 것을 느끼면 급 핸들 조작으로 쏠리는 방향을 바로잡는다.
③ 브레이크 페달이 작동하지 않기 때문에 주차브레이크를 이용하여 정지한다.
④ 침착하게 급브레이크를 밟아 속도를 줄이고 안전한 곳에 주차한다.

해설 타이어가 터지면 핸들을 단단하게 잡고, 차량이 직진 주행을 하도록 하며, 이후 안전한 곳에 정차하도록 한다.

180 고속도로에서 경미한 교통사고가 발생한 경우, 2차 사고를 방지하기 위한 조치요령으로 가장 올바른 것은?

① 보험처리를 위해 우선적으로 증거 등 사진을 촬영한다.
② 상대운전자에게 과실이 있음을 명확히 하고 보험적용을 요청한다.
③ 신속하게 고장자동차의 표지를 차량 후방에 설치하고, 안전한 장소로 피한 후 관계기관(경찰관서, 소방관서, 한국도로공사콜센터 등)에 신고한다.
④ 비상점멸등을 작동하고 자동차 안에서 관계기관에 신고한다.

181 다음 중 고속도로 공사구간에 대한 설명으로 틀린 것은?

① 차로를 차단하는 공사의 경우 정체가 발생할 수 있다.
② 화물차의 경우 순간 졸음, 전방 주시 태만은 대형사고로 이어질 수 있다.
③ 이동 공사, 고정 공사 등 다양한 유형의 공사가 진행된다.
④ 제한속도는 시속 80킬로미터로 이동공사. 고정공사 등 다양한 유형의 공사가 진행된다.

해설 공사구간의 경우 구간별로 시속 80킬로미터와 시속 60킬로미터로 제한되어 있으며 속도 제한표지를 인지하고 감속하여 주행하여야 한다.

182 다음 중 타이어 이상으로 발생하는 사고를 예방하기 위한 운전자의 조치방법으로 가장 알맞는 것은?

① 타이어 공기압을 낮춘다.
② 타이어 공기압을 높인다.
③ 아스팔트 포장도로를 주행할 때 타이어 공기압을 30퍼센트로 줄여준다.
④ 주행 전·중·후 수시로 타이어 공기압 및 상태를 점검한다.

해설 타이어 공기압은 적정상태를 유지하고, 주행 전·중·후 수시로 타이어 상태를 점검하여 위험을 사전에 예방해야 한다.

183 다음 중 터널을 통과할 때 운전자의 안전수칙으로 잘못된 것은?

① 터널 진입 전, 명암 적응을 위해 선글라스를 벗고 라디오를 켠다.
② 터널 안 차선이 백색 실선인 경우, 차로를 변경하지 않고 터널을 통과한다.
③ 터널 진입 시 입구에 설치된 도로안내정보를 확인하여 교통 상황에 대응한다.
④ 터널 출구에서는 산란광이 발생하므로 역주행이 빈번하여 주의하여야 한다.

184 다음 중 자동차 주행 중 긴급 상황에서 제동과 관련하여 옳은 것은?

① 수막현상이 발생할 때는 브레이크의 제동력이 평소보다 높아진다.
② 비가 올 때 금속 재질의 맨홀 뚜껑 위에서는 제동거리가 짧아진다.
③ 눈길에서는 차량의 하중이 커질수록 제동거리가 길어진다.
④ ABS를 장착한 차량은 제동 시 조향력이 유지된다.

정답
176. ④ 177. ③ 178. ④ 179. ① 180. ③ 181. ④ 182. ④ 183. ① 184. ②

해설 ① 제동력이 떨어진다.
③ 편제동으로 인해 옆으로 미끄러질 수 있다.
④ ABS는 빗길 원심력 감소, 일정 속도에서 제동 거리가 어느 정도 감소되나 절반 이상 줄어들지는 않는다.

185 도로 공사장의 안전한 통행을 위해 차선변경이 필요한 구간으로 차로 감소가 시작되는 지점은?
① 주의구간 시작점 ② 완화구간 시작점
③ 작업구간 시작점 ④ 종결구간 시작점

해설 도로 공사장은 주의-완화-작업-종결 구간으로 구성되어 있다.

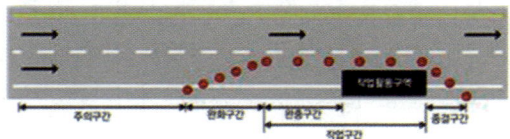

그 중 완화 구간은 차로 수가 감소하는 구간으로 차선 변경이 필요한 구간이다. 안전한 통행을 위해서는 사전 차선 변경 및 서행이 필수적이다.

186 야간 운전과 관련된 내용으로 가장 올바른 것은?
① 전면 유리에 틴팅(일명 썬팅)을 하면 야간에 넓은 시야를 확보할 수 있다.
② 맑은 날은 야간보다 주간 운전 시 제동 거리가 길어진다.
③ 야간에는 전조등보다 안개등을 켜고 주행하면 전방의 시야 확보에 유리하다.
④ 반대편 차량의 불빛을 정면으로 쳐다보면 증발 현상이 발생한다.

해설 증발 현상을 막기 위해서는 반대편 차량의 불빛을 정면으로 쳐다보지 않는다.

187 야간 운전 중 나타나는 증발 현상에 대한 설명 중 옳은 것은?
① 증발 현상이 나타날 때 즉시 차량의 전조등을 끄면 증발 현상이 사라진다.
② 증발 현상은 마주 오는 두 차량이 모두 상향 전조등일 때 발생하는 경우가 많다.
③ 야간에 혼잡한 시내 도로를 주행할 때 발생하는 경우가 많다.
④ 야간에 터널을 진입하게 되면 밝은 불빛으로 잠시 안 보이는 현상을 말한다.

해설 증발 현상은 마주 오는 두 차량 모두 상향 전조등일 때 발생한다.

188 야간 운전 시 운전자의 '각성 저하 주행'에 대한 설명으로 옳은 것은?
① 평소보다 인지 능력이 향상된다.
② 안구 동작이 상대적으로 활발해진다.
③ 시내 혼잡한 도로를 주행할 때 발생하는 경우가 많다.
④ 단조로운 시계에 익숙해져 일종의 감각 마비 상태에 빠지는 것을 말한다.

해설 야간 운전과 각성 저하
야간 운전 시계는 전조등 불빛이 비치는 범위 내에 한정되어 그 시계는 주간에 비해 노면과 앞차의 후미등 불빛만이 보이게 되므로 매우 단조로운 시계가 된다. 그래서 무의식중에 단조로운 시계에 익숙해져 운전자는 일종의 감각 마비 상태에 빠져 들어가게 된다. 그렇게 되면 필연적으로 안구 동작이 활발치 못해 자극에 대한 반응도 둔해지게 된다. 이러한 현상이 고조되면 근육이나 뇌파의 반응도 저하되어 차차 졸음이 오는 상태에 이르게 된다. 이와 같이 각성도가 저하된 상태에서 주행하는 것을 이른바 '각성 저하 주행'이라고 한다.

189 해가 지기 시작하면서 어두워질 때 운전자의 조치로 거리가 먼 것은?
① 차폭등, 미등을 켠다.
② 주간 주행 속도보다 감속 운행한다.
③ 석양이 지면 눈이 어둠에 적응하는 시간이 부족해 주의하여야 한다.
④ 주간보다 시야 확보가 용의하여 운전하기 편하다.

190 다음 중 전기 자동차의 충전 케이블의 커플러에 관한 설명이 잘못된 것은?
① 다른 배선 기구와 대체 불가능한 구조로서 극성이 구분되고 접지극이 있는 것일 것
② 접지극은 투입 시 제일 나중에 접속되고, 차단 시 제일 먼저 분리되는 구조일 것
③ 의도하지 않은 부하의 차단을 방지하기 위해 잠금 또는 탈부착을 위한 기계적 장치가 있는 것일 것
④ 전기 자동차 커넥터가 전기 자동차 접속구로부터 분리될 때 충전 케이블의 전원 공급을 중단시키는 인터록 기능이 있는 것일 것

해설 한국 전기 설비 규정(KEC) 241.17
전기 자동차 전원 설비, 접지극은 투입 시 제일 먼저 접속되고, 차단 시 제일 나중에 분리되는 구조일 것

191 자동차 화재를 예방하기 위한 방법으로 가장 올바른 것은?
① 차량 내부에 앰프 설치를 위해 배선 장치를 임의로 조작한다.
② 겨울철 주유 시 정전기가 발생하지 않도록 주의한다.
③ LPG차량은 비상시를 대비하여 일회용 부탄가스를 차량에 싣고 다닌다.
④ 일회용 라이터는 여름철 차 안에 두어도 괜찮다.

해설 배선은 임의로 조작하면 안 되며, 차량 안에 일회용 부탄가스를 두는 것은 위험하다. 일회용 라이터에는 폭발 방지 장치가 없어 여름철 차 안에 두면 위험하다.

192 앞차량의 급제동으로 인해 추돌할 위험이 있는 경우, 그 대처 방법으로 가장 올바른 것은?
① 충돌 직전까지 포기하지 말고, 브레이크 페달을 밟아 감속한다.
② 앞차와의 추돌을 피하기 위해 핸들을 급하게 좌측으로 꺾어 중앙선을 넘어간다.
③ 피해를 최소화하기 위해 눈을 감는다.
④ 와이퍼와 상향등을 함께 조작한다.

해설 앞차와의 추돌을 예방하기 위해 안전거리를 충분히 확보하고, 위험에 대비하여 언제든지 제동할 수 있도록 준비한다. 부득이하게 추돌하게 되는 경우에 대비하여 브레이크 페달을 힘껏 밟아 감속하여 피해를 최소화한다. 핸들은 급하게 좌측으로 꺾어 중앙선을 넘어가면 반대편에서 주행하는 차량과의 사고가 발생할 수 있다. 또한 눈을 감는 것과 와이퍼, 상향등을 조작하는 것은 추돌의 피해를 감소시키는 것과 상관없다.

193 도로교통법령상 좌석안전띠 착용에 대한 내용으로 올바른 것은?
① 좌석안전띠는 허리 위로 고정시켜 교통사고 충격에 대비한다.
② 화재진압을 위해 출동하는 소방관은 좌석안전띠를 착용하지 않아도 된다.
③ 어린이는 앞좌석에 앉혀 좌석안전띠를 매도록 하는 것이 가장 안전하다.
④ 13세 미만의 자녀에게 좌석안전띠를 매도록 하지 않으면 과태료가 3만 원이다.

해설 동승자가 13세 미만인 경우 과태료 6만 원, 도로교통법 시행규칙 제31조(좌석안전띠 미착용 사유)제4호 긴급자동차가 그 본래의 용도로 운행되고 있는 때

194 교통사고 시 머리와 목 부상을 최소화하기 위해 출발 전에 조절해야 하는 것은?
① 좌석의 전후 조절
② 등받이 각도 조절
③ 머리 받침대 높이 조절
④ 좌석의 높낮이 조절

해설 운전자들의 경우 좌석 조정에 있어 머리 받침대에 대해서는 조절하는 경우가 많지 않다. 따라서 교통사고로 충격 시 머리를 고정시켜줄 수 있는 머리 받침대도 자신의 머리에 맞도록 조절이 필요하다.

정답 185. ② 186. ④ 187. ② 188. ④ 189. ④ 190. ② 191. ② 192. ① 193. ② 194. ③

195 타이어에 인장된 공기압 점검에 관련된 내용으로 옳은 것은?

① 공기압이 낮으면 고속주행 시 과속으로 인한 위험이 있다.
② 타이어 공기압은 계절과 관계없이 일정하게 유지한다.
③ 타이어 공기압이 낮으면 승차감이 향상된다.
④ 타이어 공기압이 높으면 연비가 저하된다.

해설 고속주행 시 타이어 공기압을 평소보다 10% 정도 높여 주는 것이 타이어 내부의 온도 상승과 파손을 방지할 수 있다.

196 다음 중 장거리 운행 전 자동차 점검에 대한 설명으로 가장 알맞은 것은?

① 운행 전 타이어 공기압은 적정한지, 타이어의 이상 마모나 손상은 없는지 등을 점검한다.
② 운행 중 갑작스러운 고장에 대비하여 예비타이어 및 간단한 복구장비를 휴대하는 것이 좋다.
③ 출발 전 창유리에 이물질 확인이 올바른지 점검한다.
④ 운행 전 엔진오일, 냉각수 등을 점검한다.

해설 모두 다, 타이어 이상 유무 등을 점검해야 하며, 타이어 공기압은 적정하게, 타이어의 이상 마모나 손상은 없는지 확인한다.

197 앞지르기를 할 수 있는 경우로 맞는 것은?

① 앞차가 다른 차를 앞지르고 있는 경우
② 앞차가 위험 방지를 위하여 정지하거나 서행하고 있는 경우
③ 다른 차가 뒤에서 따라오고 있는 경우로 뒤차가 앞차보다 속도가 느린 경우
④ 앞차가 저속으로 진행하면서 다른 차와 안전거리를 확보하고 있을 경우

해설 모든 차의 운전자는 다음 각 호의 어느 하나에 해당하는 경우에는 앞차를 앞지르지 못한다. 앞차의 좌측에 다른 차가 앞차와 나란히 가고 있는 경우.

198 다음 중 고속도로 주행 중 앞지르기 속도에 대한 설명으로 맞는 것은?

① 고속도로 지정차로 주행 중 앞지르기 차로가 없다.
② 해당 도로의 법정 최고 속도의 100분의 50을 더한 속도까지 가능하다.
③ 앞지르기 시 병진 주행을 해야 가능하다.
④ 해당 도로의 최고 속도 이내에서만 앞지르기가 가능하다.

해설 다른 차를 앞지르기 하려는 자동차의 속도는 해당 도로의 최고 속도의 범위 내에서만 앞지르기가 가능하다.

199 고속도로에서 사고 예방을 위하여 정차 및 주차를 금지하고 있다. 이에 대한 설명으로 맞지 않는 것은?

① 소방차가 고속도로에서 화재진압 등 소방활동을 위하여 정차 또는 주차하는 경우
② 경찰공무원의 지시에 따르거나 위험을 방지하기 위하여 정차 또는 주차하는 경우
③ 교통이 밀리거나 그 밖의 부득이한 사유로 움직일 수 없을 때 고속도로의 우측 가장자리 차로에 정차 또는 주차하는 경우
④ 통행료를 내기 위하여 통행료를 받는 곳에서 정차하는 경우

해설 교통이 밀리거나 그 밖의 부득이한 사유로 움직일 수 없는 경우를 제외하고는 고속도로 등에서 자동차를 정차하거나 주차하여서는 아니 된다.

200 교통사고 및 화재 등 긴급 상황에서 이동해야 하는 경우의 가장 바람직한 조치는?

① 경찰공무원에게 연락하여 도움을 요청한다.
② 갓길에 정차한 후 일단 운전자는 차 밖에 나와 대기한다.
③ 신속히 엔진을 끄고 비상등을 사용한다.
④ 다른 차의 주행을 방해하지 않도록 대피해야 한다.

해설 교통사고로 다른 차량의 교통을 방해할 우려가 있을 때에는 신속한 사고 장소 이동, 비상점멸등 작동, 긴급 장비 사용 등 다음 차량의 사고를 예방하기 위한 조치를 취해야 하며 2차 사고 예방을 위해 안전한 장소로 신속히 대피해야 한다.

201 교통사고 발생 시 고속도로 이상 시 타인자가 해야 하는 행동으로 가장 맞지 않는 것은?

① 하차하여 대피하지 않고 창문을 닫는다.
② 안전한 곳으로 피해 경찰에 신고한다.
③ 하차하지 아니하고 이동이 용이한 경우 운전자는 갓길 등 안전한 곳으로 이동한다.
④ 비상등을 점멸하거나 기급한다.

해설 비상등을 켜거나 기급 등의 이동이 용이하거나 완전한 경우가 있다. 불편하면 갓길로 이동하는 것이 좋다.

202 야간에 도로에서 로드(road kill)을 예방하기 위한 운전 방법으로 바람직하지 않은 것은?

① 사막지대의 도로를 주행할 때는 서행한다.
② 전방을 잘 살피며 운전한다.
③ 야생동물 발견 시 전조등을 끄고 경음기를 울린다.
④ 야생동물 발견 시 급제동하지 않고 원리가기를 한다.

해설 야생동물 발견 시 급제동 시 뒤차와의 추돌이 우려되거나, 대향차와의 충돌이 우려된다.

203 고속도로에서 고장 등으로 긴급 상황 발생 시 일정 거리를 뒤따르는 차량이 확인할 수 있도록 해야 할 것은?

① 보닛 뒤쪽에 위치
② 안전 고무 콘 설치
③ 비상점멸등
④ 안전삼각대와 섬광신호

해설 고속도로에서 자동차가 긴급 고장으로 인해 사용할 정지 조치는 밤에 사용 시는 안전삼각대와 후방에 섬광신호, 또는 전기제품 불빛으로 신호를 1588-2504에서 10km까지의 사고를 예방한다.

204 도로에서 로드(road kill)이 발생하였을 때 조치 요령으로 맞지 않는 것은?

① 감전의 위험이 있으므로 동물 사체 등을 함부로 만지지 않는다.
② 2차 사고 방지를 위해 일단 도로 가장자리로 정지한다.
③ 2차 사고 방지를 위해 사고 현장에 안전조치를 한다.
④ 2차 사고 방지를 위해 차량을 안전한 갓길로 옮기고 120에 신고한다.

해설 감전사고의 위험이 있으므로 동물 사체 등을 함부로 만지지 않는다. 119에 신고하여 2차 사고가 발생하지 않도록 정체 시 사고 조치 후 자리를 떠나지 않고 신고하여야 한다.

205 보복 운전 또는 교통사고 발생을 방지하기 위한 분노 조절 기법에 대한 설명으로 맞는 것은?

① 감정이 끓어오르는 상황에서 잠시 빠져나와 시간적 여유를 갖고 마음의 안정을 찾는 분노 조절 방법을 스톱 버튼 기법이라 한다.
② 분노를 유발하는 부정적인 사고를 중지하고 평소 생각해 둔 행복한 장면을 1~2분간 떠올려 집중하는 분노 조절 방법을 타임아웃 기법이라 한다.
③ 분노를 유발하는 종합적 신념 체계와 과거의 왜곡된 사고에 대한 수동적 인식 경험을 자신에게 질문하는 방법을 경험 회상 질문 기법이라 한다.
④ 양팔, 다리, 아랫배, 가슴, 어깨 등 몸의 각 부분을 최대한 긴장시켰다가 이완시켜 편안한 상태를 반복하는 방법을 긴장 이완 훈련 기법이라 한다.

해설 교통안전 수칙 2021년 개정2판
분노를 조절하기 위한 행동 기법에는 타임아웃 기법, 스톱 버튼 기법, 긴장 이완 훈련 기법이 있다.
① 감정이 끓어오르는 상황에서 잠시 빠져나와 시간적 여유를 갖고 마음의 안정을 찾는 분노 조절 방법을 타임아웃 기법이라 한다.
② 분노를 유발하는 부정적인 사고를 중지하고 평소 생각해 둔 행복한 장면을 1~2분간 떠올려 집중하는 분노 조절 방법을 스톱 버튼 기법이라 한다.
③ 경험 회상 질문 기법은 분노 조절 방법에 해당하지 않는다.
④ 양팔, 다리, 아랫배, 가슴, 어깨 등 몸의 각 부분을 최대한 긴장시켰다가 이완시켜 편안한 상태를 반복하는 방법을 긴장 이완 훈련 기법이라 한다.

206 폭우로 인하여 지하 차도가 물에 잠겨 있는 상황이다. 다음 중 가장 안전한 운전 방법은?

① 물에 바퀴가 다 잠길 때까지는 무사히 통과할 수 있으니 서행으로 지나간다.
② 최대한 빠른 속도로 빠져 나간다.
③ 우회 도로를 확인한 후에 돌아간다.
④ 통과하다가 시동이 꺼지면 바로 다시 시동을 걸고 빠져 나온다.

해설 폭우로 인하여 지하차도가 물에 감겨 차량의 범퍼까지 또는 차량 바퀴의 절반 이상이 물에 잠긴다면 차량이 지나갈 수 없다. 또한 위와 같은 지역을 통과할 때 빠른 속도로 지나가면 차가 물을 밀어내면서 앞쪽 수위가 높아져 엔진에 물이 들어올 수도 있다. 침수된 지역에서 시동이 꺼지면 다시 시동을 걸면 엔진이 망가진다.

207 교통사고 등 응급 상황 발생 시 조치 요령과 거리가 먼 것은?

① 위험 여부 확인
② 환자의 반응 확인
③ 기도 확보 및 호흡 확인
④ 환자의 목적지와 신상 확인

해설 응급 상황 발생 시 위험 여부 확인 및 환자의 반응을 살피고 주변에 도움을 요청하며 필요에 따라 환자가 호흡을 할 수 있도록 기도 확보가 필요하며 구조 요청을 하여야 한다.

208 주행 중 자동차 돌발 상황에 대한 올바른 대처 방법과 거리가 먼 것은?

① 주행 중 핸들이 심하게 떨리면 핸들을 꽉 잡고 계속 주행한다.
② 자동차에서 연기가 나면 즉시 안전한 곳으로 이동 후 시동을 끈다.
③ 타이어 펑크가 나면 핸들을 꽉 잡고 감속하며 안전한 곳에 정차한다.
④ 철길 건널목 통과 중 시동이 꺼져서 다시 걸리지 않는다면 신속히 대피 후 신고한다.

해설 핸들이 심하게 떨리면 타이어 펑크나 휠이 빠질 수 있기 때문에 반드시 안전한 곳에 정차하고 점검한다.

209 도로교통법령상 운전면허 취소 사유에 해당하는 것은?

① 정기 적성 검사 기간 만료 다음 날부터 적성 검사를 받지 아니하고 6개월을 초과한 경우
② 운전자가 단속 공무원(경찰 공무원, 시.군.구 공무원)을 폭행하여 불구속 형사 입건된 경우
③ 자동차 등록 후 자동차 등록 번호판을 부착하지 않고 운전한 경우
④ 제2종 보통 면허를 갱신하지 않고 2년을 초과한 경우

해설 ① 1년
② 형사 입건된 경우에는 취소 사유이다.
③ 자동차관리법에 따라 등록되지 아니하거나 임시 운행 허가를 받지 아니한 자동차를 운전한 경우에 운전면허가 취소되며, 등록을 하였으나 등록 번호판을 부착하지 않고 운전한 것은 면허 취소 사유가 아니다.

210 도로교통법령상 범칙금 납부 통고서를 받은 사람이 1차 납부 기간 경과 시 20일 이내 납부해야 할 금액으로 맞는 것은?

① 통고 받은 범칙금에 100분의 10을 더한 금액
② 통고 받은 범칙금에 100분의 20을 더한 금액
③ 통고 받은 범칙금에 100분의 30을 더한 금액
④ 통고 받은 범칙금에 100분의 40을 더한 금액

해설 납부 기간 이내에 범칙금을 납부하지 아니한 사람은 납부 기간이 만료되는 날의 다음 날부터 20일 이내에 통고 받은 범칙금에 100분의 20을 더한 금액을 납부하여야 한다.

211 도로교통법령상 누산 점수 초과로 인한 운전면허 취소 기준으로 옳은 것은?

① 1년간 100점 이상
② 2년간 191점 이상
③ 3년간 271점 이상
④ 5년간 301점 이상

해설 1년간 121점 이상, 2년간 201점 이상, 3년간 271점 이상이면 면허를 취소한다.

212 도로교통법령상 교통사고 결과에 따른 벌점 기준으로 맞는 것은?

① 행정 처분을 받을 운전자 본인의 인적 피해에 대해서도 인적 피해 교통사고 구분에 따라 벌점을 부과한다.
② 자동차 등 대 사람 교통사고의 경우 쌍방 과실인 때에는 벌점을 부과하지 않는다.
③ 교통사고 발생 원인이 불가항력이거나 피해자의 명백한 과실인 때에는 벌점을 2분의 1로 감경한다.
④ 자동차 등 대 자동차 등 교통사고의 경우에는 그 사고 원인 중 중한 위반 행위를 한 운전자에게만 벌점을 부과한다.

해설 ①의 경우 행정 처분을 받을 운전자 본인의 피해에 대해서는 벌점을 산정하지 아니한다.
②의 경우 2분의 1로 감경한다.
③의 경우 벌점을 부과하지 않는다.

213 도로교통법령상 영상 기록 매체에 의해 입증되는 주차 위반에 대한 과태료의 설명으로 알맞은 것은?

① 승용차의 소유자는 3만 원의 과태료를 내야 한다.
② 승합차의 소유자는 7만 원의 과태료를 내야 한다.
③ 기간 내에 과태료를 내지 않아도 불이익은 없다.
④ 같은 장소에서 2시간 이상 주차 위반을 하는 경우 과태료가 가중된다.

해설 주차 금지 위반 시 승용차는 4만 원, 승합차는 5만 원의 과태료가 부과되며, 2시간 이상 주차 위반의 경우 1만 원이 추가되고, 미납 시 가산금 및 중가산금이 부과된다.

정답 214. ① 215. ② 216. ④ 217. ④ 218. ③ 219. ③ 220. ① 221. ③ 222. ① 223. ③ 224. ④

214 다음 중 교통사고 야기 후 도주자의 공소시효 적용이 제외되는 기간에 있어 교통사고 처리특례법이 적용되어 특례가 적용되는 경우는?
① 업무상 과실로 자동차를 손괴하고 도주한 경우
② 교통사고로 사상자를 구호하지 아니한 경우
③ 교통사고를 야기한 운전자가 피해자를 사고 장소로부터 옮겨 유기하고 도주한 경우
④ 신호 위반으로 경상인 인명피해 교통사고를 낸 경우

215 도로교통법상 도로에서 7명이 4천이 자동차로 나타난 타 운동으로 다른 사람에게 위해를 끼치거나 교통상의 위험을 발생하게 한 것은?(개인형 이동장치는 제외)
① 2인 이상이 공동으로 2대 이상의 자동차 등을 정당한 사유 없이 앞뒤로 또는 좌우로 줄지어 통행하면서 교통상의 위험을 발생하게 한 때
② 통행 구분 위반
③ 승차정원을 초과하여 승차
④ 제한속도 40㎞ 초과 운전

해설 도로교통법 제46조(공동위험행위의 금지)

216 도로교통법상 자동차 등의 다른 공사장에서 안전거리 미확보로 교통사고를 발생한 경우, 공사장에 사용할 수 있는가?
① 범칙금 4만원
② 범칙금 5만원에 벌점 10점
③ 범칙금 6만원에 벌점 10점
④ 범칙금 10만원에 벌점 40점

해설 도로교통법 시행규칙 별표 28의13, 별표 기준 개별 기준 4의3.

217 도로교통법상 음주 상태에서 자동차를 운전한 경우 이 운전이 되는가?
① 처벌되지 않는다.
② 과태료 4만원 부과한다.
③ 범칙금 3만원 이하 처벌된다.
④ 10만원 이하의 벌금 또는 구류에 처벌된다.

218 도로교통법상 술에 취한 상태에서 인피사고가 발생 후 운전자가 운전기를 이용하여 인정한 법적 조치를 준수해야 할 때 위반할 경우?
① 처벌되지 않는다.
② 과태료 7만원 부과한다.
③ 범칙금 10만원 이하 처벌된다.
④ 10만원 이하의 벌금 또는 구류에 처벌된다.

219 도로교통법상 운송사업용 승용자동차 등·정차된 차량을 피해자로 만든 피해자에게 인한 자동차 정당한 운전자가 있는지 조사해도 아닐때 경우 어떻게 되는가?
① 처벌되지 않는다.
② 과태료 10만원 부과한다.
③ 범칙금 12만원 이하 처벌된다.
④ 30만원 이하의 벌금 또는 구류에 처벌된다.

해설 도로·운송사업용 승용차를 피해자에게 인한 자동차 제외의 주·정차된 차량 피해자에게 인한 자동차가 손상된 경우에 대하여 20만원 이하의 벌금이나 구류 또는 과료에 처벌된다. 그러나 피해자에 대한 조치를 시행한 경우 12만원 감경.

220 도로교통법상 음주 측정시 자동차 등을 운전한 사람이 혈중알코올농도 0.03 퍼센트 이상 0.08 퍼센트 미만의 술에 취한 상태에서 자동차 등을 운전한 자에 대한 기준은 어떻게 되는가?(1회 위반자 경우)
① 1년 이하의 징역이나 500만원 이하의 벌금
② 2년 이하의 징역이나 1천만원 이하의 벌금
③ 3년 이하의 징역이나 1천500만원 이하의 벌금
④ 5년 이하의 징역이나 1천만원 이상 2천만원 이하의 벌금

221 도로교통법상 음주 운전 차량에 대한 이상 음주 운전의 경우, 다음 차량에 대한 설명 중 기준으로 옳은 것은?
① 처음 벌금 90만원이다.
② 처음 벌금 100만원이다.
③ 처음 벌금 110만원이다.
④ 처음 벌금 120만원이다.

해설 이상 음주 운전 대상 기준 : 음주측정이 확인 정당하는 해당 음주측정기 음주 사고 대리의 1회 100만원, 처음 110만원 등 적립이 되었다.

222 도로교통법상 음주 운전 사고자가 술에 취한 상태에서 음주 운전을 2회 이상 위반한 때 음주운전방지장치를 설치한다. ( )안에 기준은 옳은 것은?
① 0.03 ② 0.05 ③ 0.08 ④ 0.10

해설 음주 운전 사고자가 운전이 음주 운전을 2회 이상 0.03퍼센트 이상인 음주 운전을 시행한다.

223 도로교통법상 음주 운전자가 다른 경찰공무원의 음주 측정 요구에 불응한 경우 기준으로 옳은 것은?
① 범칙금 40만원 부과한다.
② 범칙금 100만원 부과한다.
③ 공소장을 받고 기소된다.
④ 누범 경위에 해당한다.

해설 다른 음주 측정 요구 불응에 해당하여 공소장을 받고 기소된다.

224 도로교통법상 인적 피해 있는 교통사고를 야기하고 도주한 운전자를 검거하거나 아니면 피해자나 동승자가 아닌 경찰공무원에게 신고한 경우에는 ( )안 옳은 것은?
① 10점 ② 20점
③ 30점 ④ 40점

해설 인적 피해 있는 교통사고를 야기하고 도주한 운전자를 검거하거나 아니면 피해자나 동승자가 아닌 그 공소자가 경찰공무원에게 신고한 경우 상금 40점을 준다.

225 도로교통법령상 승용자동차 운전자에 대한 위반 행위별 범칙금이 틀린 것은?

① 속도위반(매시 60킬로미터 초과)의 경우 12만 원
② 신호 위반의 경우 6만 원
③ 중앙선 침범의 경우 6만 원
④ 앞지르기 금지 시기·장소 위반의 경우 5만 원

해설 승용 차동차의 앞지르기 금지 시기·장소 위반은 범칙금 6만 원이 부과된다.

226 도로교통법령상 화재 진압용 연결 송수관 설비의 송수구로부터 5미터 이내 승용자동차를 정차한 경우 범칙금은?(안전표지 미설치)

① 4만 원　② 3만 원
③ 2만 원　④ 처벌되지 않는다.

해설 도로교통법 시행령 별표8
· 3의3(안전표지 설치) : 승용자동차 8만 원
· 29(안전표지 미설치) : 승용자동차 4만 원

227 도로교통법령상 벌점 부과 기준이 다른 위반 행위 하나는?

① 승객의 차 내 소란 행위 방치 운전
② 철길 건널목 통과 방법 위반
③ 고속도로 갓길 통행 위반
④ 고속도로 버스 전용 차로 통행 위반

해설 승객의 차내 소란 행위 방치 운전은 40점, 철길 건널목 통과 방법 위반·고속도로 갓길 통행·고속도로 버스 전용 차로 통행 위반은 벌점 30점이 부과된다.

228 도로교통법령상 즉결 심판이 청구된 운전자가 즉결 심판의 선고 전까지 통고받은 범칙 금액에 (　)을 더한 금액을 내고 납부를 증명하는 서류를 제출하면 경찰서장은 운전자에 대한 즉결 심판 청구를 취소하여야 한다. (　)안에 맞는 것은?

① 100분의 20　② 100분의 30
③ 100분의 50　④ 100분의 70

해설 즉결 심판이 청구된 피고인이 즉결 심판의 선고 전까지 통고받은 범칙 금액에 100분의 50을 더한 금액을 내고 납부를 증명하는 서류를 제출하면 경찰서장 또는 제주특별자치도지사는 피고인에 대한 즉결 심판 청구를 취소하여야 한다.

229 도로교통법령상 술에 취한 상태에 있다고 인정할만한 상당한 이유가 있는 자동차 운전자가 경찰 공무원의 정당한 음주 측정 요구에 불응한 경우 처벌 기준으로 맞는 것은?(1회 위반한 경우)

① 1년 이상 2년 이하의 징역이나 500만 원 이하의 벌금
② 1년 이상 3년 이하의 징역이나 1천만 원 이하의 벌금
③ 1년 이상 4년 이하의 징역이나 500만 원 이상 1천만 원 이하의 벌금
④ 1년 이상 5년 이하의 징역이나 500만 원 이상 2천만 원 이하의 벌금

해설 술에 취한 상태에 있다고 인정할 만한 상당한 이유가 있는 사람으로서 경찰 공무원의 측정에 응하지 아니하는 사람(자동차 등 또는 노면 전차를 운전하는 사람으로 한정)은 1년 이상 5년 이하의 징역이나 500만 원 이상 2천만 원 이하의 벌금에 처한다.

230 자동차 번호판을 가리고 자동차를 운행한 경우의 벌칙으로 맞는 것은?

① 1년 이하의 징역 또는 1,000만 원 이하의 벌금
② 1년 이하의 징역 또는 2,000만 원 이하의 벌금
③ 2년 이하의 징역 또는 1,000만 원 이하의 벌금
④ 2년 이하의 징역 또는 2,000만 원 이하의 벌금

해설 누구든지 등록번호판을 가리거나 알아보기 곤란하게 하여서는 아니되며, 그러한 자동차를 운행하여서도 아니된다.

231 도로교통법령상 자동차 운전자가 고속도로에서 자동차 내에 고장 자동차의 표지를 비치하지 않고 운행하였다. 어떻게 되는가?

① 2만 원의 과태료가 부과된다.
② 2만 원의 범칙금으로 통고 처분된다.
③ 30만 원 이하의 벌금으로 처벌된다.
④ 아무런 처벌이나 처분되지 않는다.

해설 고속도로 등에서의 준수 사항을 위반한 운전자는 승용 및 승합자동차 등은 과태료 2만 원

232 도로교통법령상 고속도로에서 승용자동차 운전자의 과속 행위에 대한 범칙금 기준으로 맞는 것은?

① 제한 속도 기준 시속 60킬로미터 초과 80킬로미터 이하 – 범칙금 12만 원
② 제한 속도 기준 시속 40킬로미터 초과 60킬로미터 이하 – 범칙금 8만 원
③ 제한 속도 기준 시속 20킬로미터 초과 40킬로미터 이하 – 범칙금 5만 원
④ 제한 속도 기준 시속 20킬로미터 이하 – 범칙금 2만 원

해설 도로교통법 시행령 별표8

233 도로교통법령상 교통사고를 일으킨 자동차 운전자에 대한 벌점 기준으로 맞는 것은?

① 신호 위반으로 사망(72시간 이내)1명의 교통사고가 발생하면 벌점은 105점이다.
② 피해 차량의 탑승자와 가해 차량 운전자의 피해에 대해서도 벌점을 산정한다.
③ 교통사고의 원인 점수와 인명 피해 점수, 물적 피해 점수를 합산한다.
④ 자동차 대 자동차 교통사고의 경우 사고 원인이 두 차량에 있으면 둘 다 벌점을 산정하지 않는다.

해설 도로교통법 시행 규칙 별표28의3, 정지 처분 개별 기준

234 도로교통법령상 적성 검사 기준을 갖추었는지를 판정하는 건강 검진 결과 통보서는 운전면허 시험 신청일부터 (　) 이내에 발급된 서류이어야 한다. (　)안에 기준으로 맞는 것은?

① 1년　② 2년　③ 3년　④ 4년

해설 도로교통법 시행령 제45조(자동차 등의 운전에 필요한 적성의 기준) 제2항
도로 교통 공단은 적성 검사 기준을 갖추었는지를 다음 각 호의 서류로 판정할 수 있다.
① 운전면허 시험 신청일부터 2년 이내에 발급된 다음 각 목의 어느 하나에 해당하는 서류
㉮ 의원, 병원 및 종합병원에서 발행한 신체검사서
㉯ 건강 검진 결과 통보서
㉰ 의사가 발급한 진단서
㉱ 병역 판정 신체검사(현역병 지원 신체검사를 포함) 결과 통보서

235 도로교통법령상 운전면허 취소 처분에 대한 이의가 있는 경우 운전면허 행정 처분 이의 심의 위원회에 신청할 수 있는 기간은?

① 그 처분을 받은 날로부터 90일 이내
② 그 처분을 안 날로부터 90일 이내
③ 그 처분을 받은 날로부터 60일 이내
④ 그 처분을 안 날로부터 60일 이내

해설 연습 운전면허 취소 처분에 대하여 이의가 있는 사람은 그 처분을 받은 날부터 60일 이내에 시·도 경찰청장에게 이의를 신청할 수 있다.

정답 236.① 237.④ 238.① 239.④ 240.③ 241.③ 242.④ 243.② 244.① 245.③ 246.③ 247.①

236 도로교통법상 연습 운전면허의 효력이 도로에서 운전 연습을 하는 중 교통사고를 일으키거나 도로교통법이나 같은 법에 따른 명령 또는 처분을 위반한 때 연습 운전면허의 효력이 상실된다. 연습운전면허를 받은 사람이 다음 중 운전을 할 때 공동 위반사항이 아닌 것은?

① 통고 처분
② 과태료 부과
③ 범칙금 부과
④ 정식 운전면허 취소

해설 연습운전면허 소지자가 도로에서 운전 중 교통사고를 일으키거나 「도로교통법」이나 같은 법에 따른 명령이나 처분을 위반한 때에는 그 연습운전면허를 취소하여야 한다.

237 도로교통법상 원동기장치자전거를 운전할 수 있는 운전면허를 받지 아니하고 개인형 이동장치를 운전한 사람에 대한 범칙금액으로 맞는 것은?

① 20만 원 이하 벌금이나 구류
② 30만 원 이하 벌금이나 구류
③ 50만 원 이하 벌금이나 구류
④ 6개월 이하 징역 또는 200만 원 이하의 벌금

해설 개인형 이동장치를 무면허운전한 경우에는 도로교통법 제156조(벌칙)에 의해 처벌기준은 20만 원 이하의 벌금이나 구류 또는 과료이다. 실제 처벌은 도로교통법 시행령 별표 8에 의해 범칙금 10만 원으로 통고 처분된다.

238 도로교통법상 승용자동차의 고용주 등에게 부과되는 위반행위별 과태료 금액이 틀린 것은?(어린이보호구역 및 노인·장애인보호구역 제외)

① 중앙선 침범의 경우, 과태료 9만 원
② 신호 위반의 경우, 과태료 7만 원
③ 보도를 침범한 경우, 과태료 7만 원
④ 속도위반(매시 20킬로미터 이하)의 경우, 과태료 5만 원

해설 속도위반(매시 20킬로미터 이하)의 경우 승용자동차 등의 고용주 등에게 과태료 4만 원 부과

239 도로교통법상 벌점이 부과되는 운전자의 행위는?

① 주차 및 정차 위반으로 적발된 경우
② 교통사고 야기 시 인적 피해가 발생한 경우
③ 차로 변경 시 신호 불이행한 경우
④ 지시 위반으로 적발된 경우

해설 교통사고 야기 시 벌점 기준은 인적 피해만 해당한다.

240 도로교통법상 자동차 등·노면전차의 운전자가 다음 행위를 하였을 때 벌점 기준이 다른 것은?

① 승객의 차내 소란 행위 방치 운전한 경우
② 철길 건널목 통과방법을 위반한 경우
③ 고속도로 갓길 통행 위반한 경우
④ 운행기록계 미설치 차량 운전 금지 등을 위반한 경우

해설 고속도로 갓길 통행은 벌점 30점이 부과된다.

241 도로교통법상 범칙금 납부통지서 이의 제기 시 어떻게 해야 하는 사람은?

① 40점의 벌점을 받은 사람
② 범칙금 납부기간 및 즉결심판 선고 전까지 범칙금액에 100분의 50을 더한 금액을 납부한 사람
③ 도로교통공단으로부터 정지처분 집행 통지를 받은 사람
④ 연습운전면허 기간 중 도로에서 교통사고를 야기한 사람

해설 범칙금 납부하고 벌점 40점 미만인 경우 특별교통안전 권장교육인 벌점감경교육을 받아 처분벌점에서 20점이 감경된다. 교통참여교육 신청은 인터넷(www.efine.go.kr)으로도 신청할 수 있다.

242 도로교통법상 교통법규 위반으로 운전면허 효력 정지 처분을 받을 가능성이 있는 사람이 특별교통안전 권장교육 중 벌점감경교육을 받은 경우, 경감되는 벌점으로 맞는 것은?(가산점 포함)

① 15점
② 20점
③ 30점
④ 40점

해설 처분벌점이 40점 미만인 사람이 교통법규 위반에 따른 벌점을 받고 교육을 받은 경우 경감된다.

243 도로교통법상 자동차 운전자가 고속도로에서 차로에 따른 통행구분을 위반하였다. 범칙금액으로 맞는 것은?(어린이보호구역 및 노인·장애인보호구역 제외)

① 4만 원
② 5만 원
③ 6만 원
④ 7만 원

해설 고속도로, 자동차전용도로 차로에 따른 통행구분 위반은 승용자동차 등은 5만 원의 범칙금으로 통고된다.

244 교통사고처리 특례법상 처벌의 특례에 대한 설명으로 맞는 것은?(단, 어린이보호구역 10조 내)

① 횡단보도에서 보행자 보호의무를 위반한 경우
② 범칙 공소권이 없다.
③ 제한속도를 매시 60킬로미터를 초과한 경우
④ 자동차 이용 범죄 등을 유발한 경우 공소권이 없다.

해설 차량 속도를 매시 60킬로미터 초과하여 운전한 경우 공소권이 있다.

245 도로교통법상 혈중 알코올 농도 0.08퍼센트 이상 0.2퍼센트 미만의 술에 취한 상태로 자동차를 운전하여 형사처벌에 대한 기준으로(1회 위반의 경우) 이동장치 포함 것은?

① 5년 이하의 징역이나 500만 원 이상 1천만 원 이하의 벌금
② 3년 이하의 징역이나 500만 원 이상 1천만 원 이하의 벌금
③ 1년 이상 2년 이하의 징역이나 500만 원 이상 1천만 원 이하의 벌금
④ 2년 이하의 징역이나 1천만 원 이상 2천만 원 이하의 벌금

해설 도로교통법 제148조의2(벌칙)
③ 제44조 제1항을 위반하여 술에 취한 상태에서 자동차 등 또는 노면전차를 운전한 사람은 다음 각 호의 구분에 따라 처벌한다.
1. 혈중 알코올 농도가 0.2퍼센트 이상인 사람은 2년 이상 5년 이하의 징역이나 1천만 원 이상 2천만 원 이하의 벌금
2. 혈중 알코올 농도가 0.08퍼센트 이상 0.2퍼센트 미만인 사람은 1년 이상 2년 이하의 징역이나 500만 원 이상 1천만 원 이하의 벌금
3. 혈중 알코올 농도가 0.03퍼센트 이상 0.08퍼센트 미만인 사람은 1년 이하의 징역이나 500만 원 이하의 벌금

246 도로교통법령상 자동차 운전자가 음주운전 처벌 기준(위반 횟수 1회 등 이전 처벌 내용 따른 벌점은?

① 15점
② 20점
③ 30점
④ 40점

해설 자동차 이용 범죄에 따라 벌칙이 적용된 후 15일간 정지된다.

247 도로교통법령상 4.5톤 화물자동차의 적재물 추락 방지 조치를 하지 아니한 경우 범칙 금액은?

① 5만 원
② 4만 원
③ 3만 원
④ 2만 원

해설 승용자동차 등의 지정차로 통행 위반 벌금 5만 원이다.

248 도로교통법령상 전용 차로 통행에 대한 설명으로 맞는 것은?
① 승용차에 2인이 승차한 경우 다인승 전용 차로를 통행할 수 있다.
② 승차 정원 9인승 이상 승용차는 6인이 승차하면 고속도로 버스 전용 차로를 통행할 수 있다.
③ 승차 정원 12인승 이하인 승합차는 5인이 승차해도 고속도로 버스 전용 차로를 통행할 수 있다.
④ 승차 정원 16인승 자가용 승합차는 고속도로 외의 도로에 설치된 버스 전용 차로를 통행 할 수 있다.

해설 ① 3인 이상 승차하여야 한다.
③ 승차자가 6인 이상이어야 한다.
④ 사업용 승합차이거나, 통학 또는 통근용으로 시·도 경찰청장의 지정을 받는 등의 조건을 충족하여야 통행이 가능하다. 36인승 이상의 대형승합차와 36인승 미만의 사업용 승합차, 그리고 신고필증을 교부 받은 어린이 통학버스는 고속도로 외의 도로에서 버스 전용 차로의 통행이 가능하다.

249 도로교통법령상 75세 이상인 사람이 받아야 하는 교통안전 교육에 대한 설명으로 틀린 것은?
① 75세 이상인 사람에 대한 교통안전 교육은 도로 교통 공단에서 실시한다.
② 운전면허증 갱신일에 75세 이상인 사람은 갱신 기간 이내에 교육을 받아야 한다.
③ 75세 이상인 사람이 운전면허를 처음 받으려는 경우 교육 시간은 1시간이다.
④ 교육은 강의·시청각·인지 능력 자가 진단 등의 방법으로 2시간 실시한다.

해설 도로교통법 제73조(교통안전 교육), 도로교통법 시행 규칙 제46조의3제4항, 도로교통법 시행 규칙 별표16

250 도로교통법령상 자동차 운전자가 중앙선 침범으로 피해자에게 중상 1명, 경상 1명의 교통사고를 일으킨 경우 벌점은?
① 30점 ② 40점 ③ 50점 ④ 60점

해설 운전면허 취소·정지 처분 기준에 따라 중앙선 침범 벌점 30점, 중상 1명당 벌점 15점, 경상 1명 벌점 5점이다.

251 도로교통법령상 "도로에서 어린이에게 개인형 이동장치를 운전하게 한 보호자의 과태료"와 "술에 취한 상태로 개인형 이동장치를 운전한 사람의 범칙금"을 합산한 것으로 맞는 것은?
① 10만 원 ② 20만 원 ③ 30만 원 ④ 40만 원

해설 ① 도로에서 어린이가 개인형 이동장치를 운전하게 한 어린이의 보호자 : 과태료 10만 원
② 술에 취한 상태에서의 자전거 등을 운전한 사람 : 범칙금 10만 원

252 도로교통법령상 고속도로 버스 전용 차로를 이용할 수 있는 자동차의 기준으로 맞는 것은?
① 11인승 승합자동차는 승차 인원에 관계없이 통행이 가능하다.
② 9인승 승용자동차는 6인 이상 승차한 경우에 통행이 가능하다.
③ 15인승 이상 승합자동차만 통행이 가능하다.
④ 45인승 이상 승합자동차만 통행이 가능하다.

해설 고속도로 버스 전용 차로를 통행할 수 있는 자동차는 9인승 이상 승용자동차 및 승합자동차이다. 다만, 9인승 이상 12인승 이하의 승용자동차 및 승합자동차는 6인 이상 승차한 경우에 한하여 통행이 가능하다.

253 다음 교통 상황에서 서행하여야 하는 경우로 맞는 것은?
① 신호기의 신호가 황색 점멸 중인 교차로
② 신호기의 신호가 적색 점멸 중인 교차로
③ 교통정리를 하고 있지 아니하고 좌·우를 확인할 수 없는 교차로
④ 교통정리를 하고 있지 아니하고 교통이 빈번한 교차로

해설 도로교통법 제31조, 시행 규칙 별표2 신호기가 표시하는 신호의 종류 및 신호의 뜻

254 유료도로법령상 통행료 미납하고 고속도로를 통과한 차량에 대한 부가통행료 부과기준으로 맞는 것은?
① 통행료의 5배의 해당하는 금액을 부과할 수 있다.
② 통행료의 10배의 해당하는 금액을 부과할 수 있다.
③ 통행료의 20배의 해당하는 금액을 부과할 수 있다.
④ 통행료의 30배의 해당하는 금액을 부과할 수 있다.

해설 통행료를 납부하지 아니하고 유료도로를 통행하는 행위 시 통행료의 10배에 해당하는 금액을 부과할 수 있다.

255 도로교통법령상 전용 차로 통행차 외에 전용 차로로 통행할 수 있는 경우가 아닌 것은?
① 긴급자동차가 그 본래의 긴급한 용도로 운행되고 있는 경우
② 도로의 파손 등으로 전용 차로가 아니면 통행할 수 없는 경우
③ 전용 차로 통행차의 통행에 장해를 주지 아니하는 범위에서 택시가 승객을 태우기 위하여 일시 통행하는 경우
④ 택배차가 물건을 내리기 위해 일시 통행하는 경우

해설 도로교통법 시행령 제10조(전용 차로 통행 차 외에 전용 차로로 통행할 수 있는 경우)

256 도로교통법령상 자동차 전용도로에서 자동차의 최고 속도와 최저 속도는?
① 매시 110킬로미터, 매시 50킬로미터
② 매시 100킬로미터, 매시 40킬로미터
③ 매시 90킬로미터, 매시 30킬로미터
④ 매시 80킬로미터, 매시 20킬로미터

해설 자동차 전용도로에서 자동차의 최고 속도는 매시 90킬로미터, 최저 속도는 매시 30킬로미터이다.

257 고속도로 통행료 미납 시 강제징수의 방법으로 맞지 않는 것은?
① 예금압류 ② 가상자산압류
③ 공매 ④ 번호판영치

해설 고속도로 통행료 납부기한 경과 시 국세 체납처분의 예에 따라 전자예금압류 시스템을 활용하여 체납자의 예금 및 가상자산을 압류(추심)하여 미납통행료를 강제 징수할 수 있으며, 압류된 차량에 대하여 강제인도 후 공매를 진행할 수 있다.

258 도로교통법령상 개인형 이동장치 운전자의 법규 위반에 대한 범칙 금액이 다른 것은?
① 운전면허를 받지 아니하고 운전
② 승차 정원을 초과하여 동승자를 태우고 운전
③ 술에 취한 상태에서 운전
④ 약물의 영향으로 정상적으로 운전하지 못할 우려가 있는 상태에서 운전

해설 ①, ③, ④는 범칙금 10만 원, ②는 범칙금 3만 원이다.

259 도로교통법령상 무면허운전이 아닌 경우는?
① 운전면허 시험에 합격한 후 면허증을 교부받기 전에 운전하는 경우
② 연습 면허를 받고 도로에서 운전 연습을 하는 경우
③ 운전면허 효력 정지 기간 중 운전하는 경우
④ 운전면허가 없는 자가 단순히 군 운전면허를 가지고 군용 차량이 아닌 일반 차량을 운전하는 경우

해설 운전면허를 받지 않고 운전하는 경우, 운전면허가 없는 자가 단순히 군 운전면허를 가지고 군용 차량이 아닌 차량을 운전하는 경우, 운전면허증의 종별에 따른 자동차 이외의 자동차를 운전한 경우, 면허가 취소된 자가 그 면허로 운전한 경우, 면허 취소 처분을 받은 자가 운전하는 경우, 운전면허 효력 정지 기간 중에 운전하는 경우, 운전면허 시험에 합격한 후 면허증을 교부받기 전에 운전하는 경우, 연습 면허를 받지 않고 운전 연습을 하는 경우, 외국인이 입국 후 1년이 지난 상태에서의 국제 운전면허를 가지고 운전하는 경우, 외국인이 국제 면허를 인정하지 않는 국가에서 발급받은 국제 면허를 가지고 운전하는 경우 등은 무면허운전에 해당한다.

정답 248. ② 249. ③ 250. ③ 251. ② 252. ② 253. ① 254. ② 255. ④ 256. ③ 257. ④ 258. ② 259. ②

260 도로교통법상 자동 변속기 자동차 출발 전 내리막길에서 그 사용을 정지할 수 있는 ( )안에 기호로 맞는 것은?

① 5 ② 7 ③ 10 ④ 14

해설 도로교통법시행규칙 별표 6의 주차 자동차는 매우 느리게 진행하거나 일시정지 시 정지신호를 계속 보내야 한다. 이 경우 옆면에 10걸음의 거리에 이르기 전에 그 사용을 정지할 수 있다.

261 도로교통법상 자동 변속기 자동차의 출발에 대한 설명으로 맞는 것은?

① 자동 변속기 자동차의 출발과 주차를 위해 운전자가 조작하는 장치로 정차에는 대하여 공통적인 장치가 있다.

② 자동 변속기 자동차의 출발과 주차는 제동 및 조향 장치를 조작하여 수행할 수 있다.

③ 자동 변속기 자동차의 경우 차량이 외이의 장소에 10걸음의 장애물이 있다면 그 거리 내에서 정지할 수 있다.

262 도로교통법상 자동 변속기 자동차의 이동장치 사용으로 인정받지 않는 경우는 볼 수 있는 것은?

① 수동 변속기   ② 전동 변속기
③ 이륜자동차   ④ 장거 자전거

해설 도로교통법 제2조(자동차의 정지) "자동차"란 철길이나 가설된 선을 이용하지 아니하고 원동기를 사용하여 운전되는 차(견인되는 자동차도 자동차의 일부로 본다)로서 다음 각 목의 차를 말한다. 다만, 원동기장치자전거는 제외한다.

1. 승용자동차
2. 승합자동차(이륜자동차는 경우 19인승 이하의 사람만이 탑승할 수 있다면 이러한 정원을 가진 자동차를 말한다)
3. 화물자동차
4. 특수자동차(아이디가 이동하는 것에 관한다)
5. 이륜자동차
6. 도로교통법, 자동차의 운전 사용되는 자전거 등 (이러한 자동차는 이동기장치자전거에 대해 자동차가 된다)
7. 도로교통법 외의 자동차・오토, 장애자동차 등 (이러한 자동차는 자동차가 된다.)

263 도로교통법상 승용 자동차의 이동장치에 대한 설명으로 맞는 것은?

① 자동차장치자전거란 배기량이 1만인 이동기를 단 이동기장치자전거를 말한다.

② 승용자동차에는 배기량 1만인 이동기의 상용 운전량이 장치를 일컬음을 말한다.

③ 자동차장치자전거는 배기량 2만인 장치를 장치가 되지 아니한 이동 장치자전거가 된다.

④ 자동차장치 제동 장치 1마인력 이하로 이용한 이동장치를 말한다.

264 도로교통법상 운전자의 1인의자자전거에 대한 설명으로 옳은 것은?

해설 "원동기장치자전거"란 자동차관리법 제3조에 따른 이륜자동차 가운데 배기량 125시시 이하(전기를 동력으로 하는 경우에는 최고정격출력 11킬로와트 이하)의 이륜자동차와 그 밖에 배기량 125시시 이하(전기를 동력으로 하는 경우에는 최고정격출력 11킬로와트 이하)의 원동기를 단 차(「자전거 이용 활성화에 관한 법률」 제2조제1호의2에 따른 전기자전거는 제외한다)를 말한다.

① 모든 이륜자동차를 말한다.
② 자동차관리법에 의한 250cc 이하의 이륜자동차를 말한다.
③ 배기량 150시시 이상의 원동기를 단 차를 말한다.
④ 전기를 동력으로 사용하는 경우 최고정격출력 11킬로와트 이하의 이륜자동차를 말한다.

265 도로교통법상 자동 변속기 자동차의 해당되지 않은 것은?

해설 도로교통법시행규칙 제2조제19호 "긴급자동차"란 다음 각 목의 자동차 중 그 본래의 긴급한 용도로 사용되고 있는 자동차를 말한다.
가. 자동차관리법에 따른 이륜자동차 가운데 배기량 125시시 이하의 이륜자동차와 그 밖에 배기량 125시시 이하의 원동기를 단 차
나. 도로교통법에 의한 원동기 아닌 9인승 이하의 차종차 11인승 자동차

266 도로교통법상 사용하는 자기에 관한 자기에 해당하는 자동차 표지로 맞는 것은?

① 긴급 임시 표지
② 안전표지, 신호지시·중지 표지
③ 배뜀 전용 표지
④ 주차 금지 및 정차·주차 금지 표지이다.

267 도로교통법상 보행자로에 대한 설명으로 맞는 것은?

① 교통 안전상 설치된 길가의 자연스러운 공가이기 원한 것 가를 말한다.
② 이동기·장치, 자전거, 그 밖의 자전거(유모차와 행정안전부
③ 교통약자가 되는 이동의 편한 방면을 말한다.
④ 고속도로에서 자동차가 아동용 등을 이용하지 않고 보행할 수 있다.

268 도로교통법상 자동차가 아닌 것은?

① 승용자동차 ② 원동기장치자전거
③ 특수자동차 ④ 승합자동차

해설 도로교통법 제2조제18호

269 자동차 관리 법령상 피견인 이러진 자동차 분류에 속하지 않는 것은?

① 고속도로에서 매시 110킬로미터로 주행하고 있는 승용자동차
② 고속도로에서 매시 95킬로미터로 주행하고 있는 자동차관리법에 의한 3톤 화물자동차
③ 고속도로에서 매시 100킬로미터로 주행하고 있는 자동차관리법에 의한 10톤 화물자동차
④ 매시 82킬로미터로 주행하고 있는 자동차의 고속도로에서 견인하는 자동차

해설 도로교통법시행규칙 제32조(자동차의 견인)

1. 도로교통법에 따른 자동차가 고속도로 내 시장에서 운행하는 경우에는 그렇지 아니하다. 다만, 이 경우에 해당하지 아니하며 달리 운전해야 할 때나 동일 매시 80킬로미터, 견인 자동차가 중형의 정도가 차량 전체 중량의 2분의 1 이상인 경우 매시 60킬로미터 이내의 속도로 운행할 수 있다.

2. 도로교통법에 따른 자동차가 견인자동차가 아닌 자동차로 다른 자동차를 견인하는 경우

3. 도로교통법에 따른 자동차가 견인자동차에 따라 차량 속도를 시속 20킬로미터 내의 속도로 견인하는 경우

정답 260.③ 261.③ 262.④ 263.④ 264.④ 265.② 266.③ 267.③ 268.② 269.④

270 도로교통법령상 4색 등화의 횡형 신호등 배열 순서로 맞는 것은?
① 우로부터 적색 → 녹색 화살표 → 황색 → 녹색
② 좌로부터 적색 → 황색 → 녹색 화살표 → 녹색
③ 좌로부터 황색 → 적색 → 녹색 화살표 → 녹색
④ 우로부터 녹색 화살표 → 황색 → 적색 → 녹색

해설 도로교통법 시행 규칙 제7조 별표4

271 도로교통법령상 적성 검사 기준을 갖추었는지를 판정하는 서류가 아닌 것은?
① 국민 건강 보험법에 따른 건강 검진 결과 통보서
② 의료법에 따라 의사가 발급한 진단서
③ 병역법에 따른 징병 신체검사 결과 통보서
④ 대한 안경사 협회장이 발급한 시력 검사서

해설 도로교통법 시행령 제45조(자동차 등의 운전에 필요한 적성의 기준)
② 도로 교통 공단은 제1항 각 호의 적성 검사 기준을 갖추었는지를 다음 각 호의 서류로 판정할 수 있다.
1. 운전면허 시험 신청일부터 2년 이내에 발급된 다음 각 목의 어느 하나에 해당하는 서류
가. 의원, 병원 및 종합 병원에서 발행한 신체검사서
나. 건강 검진 결과 통보서
다. 의사가 발급한 진단서
라. 병역 판정 신체검사(현역병 지원 신체검사를 포함한다) 결과 통보서

272 다음 중 사용하는 사람 또는 기관 등의 신청에 의하여 시 · 도 경찰청장이 지정할 수 있는 긴급자동차로 맞는 것은?
① 혈액 공급 차량
② 경찰용 자동차 중 범죄 수사, 교통 단속, 그 밖의 긴급한 경찰 업무 수행에 사용되는 자동차
③ 전파 감시 업무에 사용되는 자동차
④ 수사 기관의 자동차 중 범죄 수사를 위하여 사용되는 자동차

해설 ① 도로교통법이 정하는 긴급자동차 ②, ④ 대통령령이 지정하는 자동차 ③ 시 · 도 경찰청장이 지정하는 자동차

273 도로교통법령상 자전거의 통행 방법에 대한 설명으로 틀린 것은?
① 보도 및 차도로 구분된 도로에서는 차도로 통행하여야 한다.
② 교차로에서 우회전하고자 할 경우 미리 도로의 우측 가장자리를 서행하면서 우회전해야 한다.
③ 교차로에서 좌회전하고자 할 때는 서행으로 도로의 중앙 또는 좌측 가장자리에 붙어서 좌회전해야 한다.
④ 자전거 도로가 따로 설치된 곳에서는 그 자전거 도로로 통행하여야 한다.

해설 법제처 민원인 질의회시(도로교통법 제25조제3항 관련, 자전거 운전자가 교차로에서 좌회전하는 방법 질의에 대한 경찰청 답변)
자전거 운전자가 교차로에서 좌회전 신호에 따라 곧바로 좌회전을 할 수 없고 진행 방향의 직진 신호에 따라 미리 도로의 우측 가장자리로 붙어서 2단계로 직진-직진하는 방법으로 좌회전해야 한다는 훅턴(hook-turn)을 의미하는 것이다.

274 도로교통법령상 용어의 정의에 대한 설명으로 맞는 것은?
① "자동차전용도로"란 자동차만이 다닐 수 있도록 설치된 도로를 말한다.
② "자전거도로"란 안전표지, 위험방지용 울타리나 그와 비슷한 인공구조물로 경계를 표시하여 자전거만 통행할 수 있도록 설치된 도로를 말한다.
③ "자동차 등"이란 자동차와 우마를 말한다.
④ "자전거 등"이란 자전거와 전기자전거를 말한다.

해설 "자전거도로"란 자전거 및 개인형 이동장치가 통행할 수 있도록 설치된 도로를 말한다. "자동차 등"이란 자동차와 원동기장치자전거를 말한다. "자전거 등"이란 자전거와 개인형 이동장치를 말한다.

275 도로교통법령상 개인형 이동장치 운전자 준수 사항으로 맞지 않는 것은?
① 개인형 이동장치는 운전면허를 받지 않아도 운전할 수 있다.
② 승차 정원을 초과하여 동승자를 태우고 운전하여서는 아니 된다.
③ 운전자는 인명 보호 장구를 착용하고 운행하여야 한다.
④ 자전거 도로가 따로 있는 곳에서는 그 자전거 도로로 통행하여야 한다.

해설 개인형 이동장치는 원동기장치자전거의 일부에 해당하므로 운전하려는 자는 원동기장치자전거 면허 이상을 받아야 한다.

276 다음 중 도로교통법상 자전거를 타고 보도 통행을 할 수 없는 사람은?
① 「장애인 복지법」에 따라 신체 장애인으로 등록된 사람
② 어린이
③ 신체의 부상으로 석고붕대를 하고 있는 사람
④ 「국가 유공자 등 예우 및 지원에 관한 법률」에 따른 국가 유공자로서 상이 등급 제1급부터 제7급까지에 해당하는 사람

해설 도로교통법 제13조의2(자전거의 통행 방법의 특례)제4항, 도로교통법 시행 규칙 제14조의3(자전거를 타고 보도 통행이 가능한 신체 장애인)

277 전방에 자전거를 끌고 차도를 횡단하는 사람이 있을 때 가장 안전한 운전 방법은?
① 횡단하는 자전거의 좌측 공간을 이용하여 신속하게 통행한다.
② 차량의 접근 정도를 알려주기 위해 전조등과 경음기를 사용한다.
③ 자전거 횡단 지점과 일정한 거리를 두고 일시정지한다.
④ 자동차 운전자가 우선권이 있으므로 횡단하는 사람을 정지하게 한다.

해설 전방에 자전거를 끌고 도로를 횡단하는 사람이 있을 때 가장 안전한 운전 방법은 안전거리를 두고 일시정지하여 안전하게 횡단할 수 있도록 한다.

278 도로교통법령상 어린이 보호구역 내의 차로가 설치되지 않은 좁은 도로에서 자전거를 주행하여 보행자 옆을 지나갈 때 안전한 거리를 두지 않고 서행하지 않은 경우 범칙 금액은?
① 10만 원
② 8만 원
③ 4만 원
④ 2만 원

해설 모든 차의 운전자는 도로에 설치된 안전지대에 보행자가 있는 경우와 차로가 설치되지 아니한 좁은 도로에서 보행자의 옆을 지나는 경우에는 안전한 거리를 두고 서행하여야 한다.

279 도로교통법령상 어린이가 도로에서 타는 경우 인명보호장구를 착용하여야 하는 행정안전부령으로 정하는 위험성이 큰 놀이기구에 해당하지 않는 것은?
① 킥보드
② 전동이륜평행차
③ 롤러스케이트
④ 스케이트보드

해설 도로교통법 제11조제4항, 도로교통법 시행규칙 제2조, 제13조 전동이륜평행차는 어린이가 도로에서 운전하여서는 아니 되는 개인형 이동장치이다.

280 자전거 이용 활성화에 관한 법률상 ( )세 미만은 전기자전거를 운행할 수 없다. ( ) 안에 기준으로 알맞은 것은?
① 10
② 13
③ 15
④ 18

해설 자전거 이용 활성화에 관한 법률 제22조의2(전기자전거 운행 제한) 13세 미만인 어린이의 보호자는 어린이가 전기자전거를 운행하게 하여서는 아니 된다.

정답 270.② 271.④ 272.③ 273.③ 274.① 275.① 276.③ 277.③ 278.③ 279.② 280.②

281 도로교통법상 자전거등의 통행방법에 대한 설명으로 옳지 않은 것은?

① 자전거횡단도가 따로 있는 경우 그 곳으로 건너야 한다.
② 도로 파손 복구공사 등이 있어서 도로를 통행할 수 없는 경우에는 보도를 통행할 수 있다.
③ 길가장자리구역에서는 2대까지 나란히 통행할 수 있다.
④ 전기자전거의 원동기를 끄지 않고 자전거도로를 통행할 수 있다.

해설 도로교통법 제13조의2(자전거등의 통행방법의 특례) 도로교통법 제13조의2 제1항에 따라 자전거등의 운전자는 자전거도로(자전거만 통행할 수 있도록 설치된 전용차로를 포함한다)가 따로 있는 곳에서는 그 자전거도로로 통행하여야 한다. 자전거등의 운전자는 자전거도로가 설치되지 아니한 곳에서는 도로 우측 가장자리에 붙어서 통행하여야 한다.

282 도로교통법상 자전거 운전자가 지켜야 할 내용으로 옳지 않은 것은?

① 밤에 도로를 통행할 때에는 전조등과 미등을 켜야 한다.
② 어린이의 보호자는 어린이가 자전거를 타는 경우 인명보호 장구를 착용하도록 하여야 한다.
③ 자전거의 운전자는 정당한 사유 없이 자전거를 행렬 등이 되어 통행하여서는 아니 된다.
④ 자전거등의 운전자는 2대까지는 나란히 차도를 통행할 수 있다.

283 도로교통법상 자전거(전기자전거 제외) 운전자의 통행 방법으로 가장 바람직하지 않은 것은?

해설 도로교통법 제13조의2(자전거등의 통행방법의 특례)

① 장애인이 운영하는 경우 보도로 통행할 수 있다.
② 어린이가 운전하는 경우 보도로 통행할 수 있다.
③ 안전표지로 자전거 통행이 허용된 보도로 통행할 수 있다.
④ 도로의 파손으로 부득이하게 보도를 통행할 수 있다.

284 도로교통법상 개인형 이동장치 운전자의 통행방법으로 바 람직하지 않은 것은?

① 자전거도로가 따로 있는 곳에서는 자전거도로로 통행하여야 한다.
② 자전거도로가 설치되지 아니한 곳에서는 도로 우측 가장자리에 붙어서 통행하여야 한다.
③ 길가장자리구역을 통행하는 경우 정지한 차를 피해 차도로 통행할 수 있다.
④ 보도를 통행하는 경우 보행자를 피해 빠르게 통행한다.

해설 ①, ②, ③ 이 경우 외에는 차도로 통행하여야 한다.(도로교통법 제13조의2 제6항)

285 도로교통법상 자전거 운전자가 법규를 위반한 경우 범칙금 대상이 아닌 것은?

해설 도로교통법 시행령 별표8, 제3호~제5호, 제6호~제10호

① 도로를 횡단할 때 내려서 끌거나 들고 보행한 경우
② 도로(잔도 제외)를 횡단할 때 자전거횡단도가 있는 도로에서 자전거횡단도를 이용하지 않은 경우
③ 법령으로 정한 위반행위로 인하여 교통사고를 일으킨 경우
④ 술에 취한 상태로 자전거를 운전하여 경찰공무원의 정당한 음주 측정요구에 불응한 경우

286 도로교통법상 승용자동차가 자전거 전용차로를 통행하다 단 속되는 경우 도로교통법령상 처벌은?

① 1년 이하의 징역에 처한다.
② 300만 원 이하의 벌금에 처한다.
③ 범칙금 4만 원의 통고처분에 처한다.
④ 처벌할 수 없다.

해설 전용차로의 종류(도로교통법 시행령 별표1 : 전용차로의 종류와 전용차로로 통행할 수 있는 차), 전용차로의 통행 등(도로교통법 제15조), 전용차로 통행차 외에 전용차로로 통행할 수 있는 경우에 따라 범칙금 4만원에 처한다.

287 자전거도로를 주행할 수 있는 전기자전거의 기준으로 옳지 않은 것은?

① 페달과 전동기의 동시 동력으로 움직일 것
② 최고속도 시속 25킬로미터 이상으로 움직일 경우 전동기가 작동하지 아니할 것
③ 부착된 장치의 무게가 30킬로그램 미만일 것
④ 전동기만으로는 움직이지 아니할 것

해설 자전거 이용 활성화에 관한 법률 제2조(정의) 제1호의2, 바퀴가 둘 이상인 자전거로서 다음 각 목의 요건을 모두 충족하는 것을 말한다. 가. 사람의 힘을 보충하기 위하여 전동기를 장착하고 다음의 요건에 해당할 것 1) 페달(손페달을 포함한다)과 전동기의 동시 동력으로 움직일 것, 2) 전동기만으로는 움직이지 아니할 것, 3) 시속 25킬로미터 이상으로 움직일 경우 전동기가 작동하지 아니할 것 나. 부착된 장치의 무게가 30킬로그램 미만일 것 다. 모터 출력을 제어하는 장치가 정상적으로 작동할 것

288 도로교통법상 자전거 운전자가 도로를 횡단할 때 내려서 끌 거나 들고 보행하여야 가장 가벼운 것은?

① 교차로에서 좌회전 신호에 따라 가는 경우
② 도로에서 이동하며 휴대전화를 사용하는 경우
③ 도로횡단시설이 있는 곳을 횡단하는 경우
④ 보행자 보호를 위해 서행하며 진행하는 경우

289 도로교통법상 자전거 운전자가 법규를 바르게 이해한 경우 대응이 아닌 것은?

① 횡단보도 이용 시 내려서 끌고 이동한다.
② 술을 마시고 자전거를 운전하지 않는다.
③ 자전거길 등에서 속도위반을 하지 않는다.
④ 어린이가 자전거 운전하는 경우 보호장구를 착용한다.

해설 도로교통법 제50조(특정운전자의 준수사항) 제4항: 자전거 등

290 법령상 교차로 통행 중 가장 공정한 행동은?

해설 자전거와 자동차의 주행속도 차이로 인해 교차로 우측방향으로 이동 공정합니다.

① 최고속도로 가속한다. ② 최저속도로 가속한다.
③ 경제속도로 가속한다. ④ 안전속도로 가속한다.

291 자전거의 경제속도로 가장 적절한 것은?

① 가속할 때를 빼고
② 대체로 높은 가속을 유지한다.
③ 타이어 공기압을 높게 한다.
④ 출발할 때는 높인다.

해설 타이어 공기압이 낮을수록 가속할 때의 저항이 크게 되어 에너지 소비가 늘어난다. 대체로 가속이 고속으로 높아지면서 전조등이 켜지고 자동으로 유지된다.

정답 281. ① 282. ① 283. ③ 284. ④ 285. ① 286. ③ 287. ④ 288. ④ 289. ① 290. ③ 291. ④

292 자동차 에어컨 사용 방법 및 점검에 관한 설명으로 가장 타당한 것은?
① 에어컨은 처음 켤 때 고단으로 시작하여 저단으로 전환한다.
② 에어컨 냉매는 6개월 마다 교환한다.
③ 에어컨의 설정 온도는 섭씨 16도가 가장 적절하다.
④ 에어컨 사용 시 가능하면 외부 공기 유입 모드로 작동하면 효과적이다.

해설 에어컨 사용은 연료 소비 효율과 관계가 있고, 에어컨 냉매는 오존층을 파괴하는 환경오염 물질로서 가급적 사용을 줄이거나 효율적으로 사용함이 바람직하다.

293 다음 중 자동차 연비 향상 방법으로 가장 바람직한 것은?
① 주유할 때 항상 연료를 가득 주유한다.
② 엔진오일 교환 시 오일필터와 에어필터를 함께 교환해 준다.
③ 정지할 때에는 한 번에 강한 힘으로 브레이크 페달을 밟아 제동한다.
④ 가속페달과 브레이크 페달을 자주 사용한다.

해설 엔진오일은 엔진 내부의 윤활 및 냉각, 밀봉, 청정작용 등을 통한 엔진 성능의 향상과 수명을 연장시키는 기능을 하고 있다. 혹시라도 엔진오일이 부족한 상태에서 자동차를 계속 주행하게 되면 엔진 내부의 운동 부분이 고착되어 엔진 고장의 원인이 되고, 교환주기를 넘어설 경우 엔진오일의 점도가 증가해 연비에도 나쁜 영향을 주고 있어 장기간 운전을 하기 전에는 주행거리나 사용기간을 고려해 점검 및 교환을 해주고, 오일필터 및 에어필터도 함께 교환해주는 것이 좋다.

294 주행 중에 가속 페달에서 발을 떼거나 저단으로 기어를 변속하여 차량의 속도를 줄이는 운전 방법은?
① 기어 중립   ② 풋 브레이크
③ 주차 브레이크   ④ 엔진 브레이크

해설 엔진브레이크 사용에 대한 설명이다.

295 다음 중 자동차 연비를 향상시키는 운전방법으로 가장 바람직한 것은?
① 자동차 고장에 대비하여 각종 공구 및 부품을 싣고 운행한다.
② 법정속도에 따른 정속 주행한다.
③ 급출발, 급가속, 급제동 등을 수시로 한다.
④ 연비 향상을 위해 타이어 공기압을 30퍼센트로 줄여서 운행한다.

해설 법정속도에 따른 정속 주행하는 것이 연비 향상에 도움을 준다.

296 다음 중 운전습관 개선을 통한 친환경 경제운전이 아닌 것은?
① 자동차 연료를 가득 유지한다.
② 출발은 부드럽게 한다.
③ 정속주행을 유지한다.
④ 경제속도를 준수한다.

해설 운전습관 개선을 통해 실현할 수 있는 경제운전은 공회전 최소화, 출발을 부드럽게, 정속주행을 유지, 경제속도 준수, 관성주행 활용, 에어컨 사용자제 등이 있다.(국토교통부와 교통안전공단이 제시하는 경제운전)

297 다음 중 자동차의 친환경 경제운전 방법은?
① 타이어 공기압을 낮게 한다.
② 에어컨 작동은 저단으로 시작한다.
③ 엔진오일을 교환할 때 오일필터와 에어클리너는 교환하지 않고 계속 사용한다.
④ 자동차 연료는 절반정도만 채운다.

해설 타이어 공기압은 적정상태를 유지하고, 에어컨 작동은 고단에서 시작하여 저단으로 유지, 에어클리너 등 소모품 관리를 철저히 한다. 그리고 자동차의 무게를 줄이기 위해 불필요한 짐을 빼 트렁크를 비우고 자동차 연료는 절반 정도만 채운다.

298 수소자동차 관련 설명 중 적절하지 않은 것은?
① 차량 화재가 발생했을 시 차량에서 떨어진 안전한 곳으로 대피하였다.
② 수소 누출 경고등이 표시 되었을 때 즉시 안전한 곳에 정차 후 시동을 끈다.
③ 수소승용차 운전자는 별도의 안전교육을 이수하지 않아도 된다.
④ 수소자동차 충전소에서 운전자가 임의로 충전소 설비를 조작하였다.

해설 수소대형승합자동차(승차정원 36인승 이상)에 종사하려는 운전자만 안전교육(특별교육)을 이수하여야 한다. 수소자동차 충전소 설비는 운전자가 임의로 조작하여서는 아니 된다.

299 다음 중 경제운전에 대한 운전자의 올바른 운전습관으로 가장 바람직하지 않은 것은?
① 내리막길 운전 시 가속페달 밟지 않기
② 경제적 절약을 위해 유사연료 사용하기
③ 출발은 천천히, 급정지하지 않기
④ 주기적 타이어 공기압 점검하기

해설 유사연료 사용은 차량의 고장, 환경오염의 원인이 될 수 있다.

300 환경친화적 자동차의 개발 및 보급 촉진에 관한 법률상 환경친화적 자동차 전용주차구역에 주차해서는 안 되는 자동차는?
① 전기자동차   ② 태양광자동차
③ 하이브리드자동차   ④ 수소전기자동차

해설 환경친화적 자동차의 개발 및 보급 촉진에 관한 법률 제11조의2제7항 전기자동차, 하이브리드자동차, 수소전기자동차에 해당하지 아니하는 자동차를 환경친화적 자동차의 전용주차구역에 주차하여서는 아니 된다.

301 다음 중 수소자동차에 대한 설명으로 옳은 것은?
① 수소는 가연성 가스이므로 모든 수소자동차 운전자는 고압가스 안전관리법령에 따라 운전자 특별교육을 이수하여야 한다.
② 수소자동차는 수소를 연소시키기 때문에 환경오염이 유발된다.
③ 수소자동차에는 화재 등 긴급상황 발생 시 폭발방지를 위한 별도의 안전장치가 없다.
④ 수소자동차 운전자는 해당 차량이 안전운행에 지장이 없는지 점검하고 안전하게 운전하여야 한다.

해설 ① 고압가스 안전관리법 시행규칙 별표31에 따라 수소대형승합자동차(승차정원 36인승 이상)를 신규로 운전하려는 운전자는 특별교육을 이수하여야 하나 그 외 운전자는 교육대상에서 제외된다.
② 수소자동차는 용기에 저장된 수소와 산소의 화학반응으로 생성된 전기로 모터를 구동하여 자동차를 움직이는 방식으로 수소를 연소시키지 않음
③ 수소자동차에는 화재 등의 이유로 온도가 상승할 경우 용기 등의 폭발방지를 위한 안전밸브가 되어 있어 긴급상황 발생 시 안전밸브가 개방되어 수소가 외부로 방출되어 폭발을 방지한다.
④ 교통안전법 제7조에 따라 차량을 운전하는 자 등은 법령에서 정하는 바에 따라 해당 차량이 안전운행에 지장이 없는지를 점검하고 안전하게 운전하여야 한다.

302 다음 중 자동차 배기가스의 미세먼지를 줄이기 위한 가장 적절한 운전방법은?
① 출발할 때는 가속페달을 힘껏 밟고 출발한다.
② 급가속을 하지 않고 부드럽게 출발한다.
③ 주행할 때는 수시로 가속과 정지를 반복한다.
④ 정차 및 주차할 때는 시동을 끄지 않고 공회전한다.

해설 친환경운전은 급출발, 급제동, 급가속을 삼가야 하고, 주행할 때에는 정속주행을 하되 수시로 가속과 정지를 반복하는 것은 바람직하지 못하다. 또한 정차 및 주차할 때에는 계속 공회전하지 않아야 한다.

303 다음 중 수소자동차의 주요 구성품이 아닌 것은?
① 연료전지시스템(스택)
② 수소저장용기
③ 내연기관에 의해 구동되는 발전기
④ 구동용 모터

해설 수소자동차는 용기에 저장된 수소를 연료전지시스템(스택)에서 산소와 화학반응으로 생성된 전기로 모터를 구동하여 자동차를 움직이는 방식임

정답 292.① 293.② 294.④ 295.② 296.① 297.④ 298.④ 299.② 300.② 301.④ 302.② 303.③

1장 대용량·특수·좌석 안전 4지 1답

304 다음 중 유해배출가스가 가장 많이 배출되는 자동차는?
① 전기자동차
② 수소자동차
③ LPG자동차
④ 노후 된 디젤자동차

해설 경유를 연료로 사용하는 노후 된 디젤자동차가 가장 많은 유해 배출가스를 배출한다.

305 친환경 경제운전 중 연료 차단(fuel cut) 방법이 아닌 것은?
① 고단기어 진입 전 미리 가속 페달에서 발을 떼어 엔진브레이크를 활용한다.
② 불필요한 공회전을 줄이고 가속페달 밟는 방법을 부드럽게 한다.
③ 내리막길에서는 엔진브레이크를 활용한다.
④ 오르막길에서는 가속페달을 힘껏 밟아 가속한다.

해설 상황에 맞는 사용으로 자동차 연료 차단(fuel cut) 등의 다양한 자동차의 연비 향상 운전 방법을 배울동한 다른 방법을 배운다.

306 다음 중 자동차 배기가스 재순환장치(Exhaust Gas Recirculation, EGR)가 주로 억제하는 물질은?
① 질소산화물(NOx)
② 탄화수소(HC)
③ 일산화탄소(CO)
④ 이산화탄소(CO₂)

해설 배기가스재순환장치(Exhaust Gas Recirculation, EGR)는 불활성인 배기가스의 일부를 흡입 계통으로 재순환시키고, 엔진에 흡입되는 공기에 혼합되어서 연소 시 연소 온도를 낮추어 오염물질인 NOx(질소산화물)을 주로 억제하는 장치이다.

307 다음 중 수소자동차의 장점으로 틀린 것은?
① 수소는 가장 가벼운 자동차이다.
② 수소자동차는 공해 물질을 배출하지 않는다.
③ 수소자동차는 가솔린, 경유 등의 화석연료를 사용하지 않는다.
④ 수소는 우주에 가장 흔한 물질이다.

308 수소자동차 운전자의 운행 시 주의사항으로 옳지 않은 것은?
이 운행과 안전관리는 따라 기준은 아무도레도 신중하게 접근해야 할 이슈이다.
① 수소자동차 운전자는 해당 자동차가 안전운행에 지장이 없는지 점검해야 한다.
② 수소자동차 충전시설 주변에서 흡연을 하여서는 아니 된다.
③ 수소자동차 충전소 내 차량 이동 시 충돌 등의 주의가 요구된다.
④ 수소자동차 충전소 내의 설비 등은 운전자가 임의 조작하여서는 아니 된다.

309 다음 중 수소자동차 점검을 중점적으로 공장지역 등록으로 옳지 않은 것은?
① 수소자동차 충전소의 주위에는 화재 가 있다.
② 수소자동차 충전소 주변의 재해를 예방하는 이동하지 말라.
③ 수소자동차 충전소 주변 이외의 지역에서 시동을 끈다.
④ 수소자동차 충전소 설비 이상 시 운전을 조작하지 않는다.

해설 수소자동차 충전소에서는 수소자동차 사용자의 책임이 있는 이다.
① 수소자동차 충전소 주위에서 시동을 끈다.
② 수소자동차 충전소 설비 이상 시 전문가 점검을 지속한다.
③ 수소자동차 충전소 사용자의 책임에 따라 이용한다.
④ 수소 관련 설비 사용 시 운전자는 임의 조작을 하지 아니한다.

해설 수소자동차 충전소 내 사용자는 교통사고 검증법 제34조의2에 따라 「고압가스안전관리법 시행규칙」 별표5, KGS Code FP216/FP217 2.1.2 명시되어 있다. 가스시설 이용자의 준수사항에 따라 시설이용자는 기술적인 준수사항에 따라 이용할 수 있다.

1장 대용량·특수·좌석 안전 4지 2답

310 운행경유 자동차의 관리방법이나 대기환경보전 기준 중 가장 안전도가 높은 방법은?
① 가속페달을 급히 누르고 급감속을 자주한다.
② 배기가스를 다량 배출시키는 정비 불량의 차량을 임시로 운행한다.
③ 엔진을 공회전시키며 대기오염 가스를 공회전시키는 것이다.
④ 경유를 연료로 사용하는 자동차는 저공해 자동차의 정비 등을 한다.

해설 경유를 연료로 사용하는 자동차가 다른 자동차에 비해 유해 배출가스를 많이 배출하므로 배기가스를 줄이는 운전자의 노력이 필요하다.

311 다음 중 친환경 경제운전 등을 교통사고 줄이기 위한 공전자의 행동으로 가장 알맞은 것은?
① 가능한 빨리 가속하고 고단 기어로 변속한다.
② 정체 시에도 엔진공회전을 유지한다.
③ 작동기를 이용하여 공기가 절대 최저 공급을 유지한다.
④ 타이어 공기압을 낮게 유지한다.

312 친환경자동차 중 전기자동차에 대한 설명으로 가장 옳은 것은?
① 완속 충전을 통해 고단기어를 유지한다.
② 엔진 시동 및 가솔린 연료를 사용한다.
③ 배기가스를 다량으로 배출한다.
④ 전기를 연료로 사용한다.

해설 전기자동차는 전기만을 동력으로 사용하므로 고단 기어가 존재하지 않는다.

313 대용량 특수 자동차 주행 특성에 대한 설명으로 잘못된 것은?
① 자동차 전장이 길어서 각 내에서 진입할 때 건고자한 기동이 필요하다.
② 자동차의 중량이 승용자동차보다 무겁다.
③ 중량이 무겁기 때문에 제동거리가 길어진다.
④ 중량이 무겁기 때문에 제동력이 크게 작용한다.

314 다음 중 자동차의 튜닝에 대한 설명으로 가장 거리가 먼 것은?
① 누구나 쉽게 변경할 수 있다.
② 자동차의 원형은 유지해야 한다.
③ 튜닝 승인을 받아야 한다.
④ 자동차 성능과 승차인원 좌석 개수 등 자동차에 일부 구조·장치를 변경하는 자동차 정비 이외의 작업을 말한다.

315 운행 시 고압가스통으로 가는 경유사용 자동차(화물자동차)의 공장지역 시 공자사람에 따른 자동차 등록 운행 공장자 지원 등은?
① 과태료 10만 원
② 과태료 7만 원
③ 과태료 7만 원
④ 과태료 7만 원

해설 · 고압가스통은로 2리모터, 특수자동차 사용하는 별표8 6호: 공장자 기관 시작
· 경유(디젤) 이외 고압가스통을 사용하는 별표9 7등: 공장자 기관 시작
하기 아니한 경우의 과태료 50~150만 원

316 화물자동차의 적재물 추락 방지를 위한 설명으로 가장 옳지 않은 것은?
① 구르기 쉬운 화물은 고정목이나 화물 받침대를 사용한다.
② 건설 기계 등을 적재하였을 때는 와이어, 로프 등을 사용한다.
③ 적재함 전후좌우에 공간이 있을 때는 멈춤목 등을 사용한다.
④ 적재물 추락 방지 위반의 경우에 범칙금은 5만 원에 벌점은 10점이다.

해설 적재물 추락 방지 위반 – 4톤 초과 화물자동차 범칙금 5만 원, 4톤 이하 화물자동차 범칙금 4만 원, 벌점 15점

317 유상 운송을 목적으로 등록된 사업용 화물자동차 운전자가 반드시 갖추어야 하는 것은?
① 차량 정비 기술 자격증
② 화물 운송 종사 자격증
③ 택시 운전자 자격증
④ 제1종 특수 면허

해설 사업용(영업용) 화물자동차(용달·개별·일반) 운전자는 반드시 화물 운송 종사 자격을 취득 후 운전하여야 한다.

318 다음은 대형 화물자동차의 특성에 대한 설명이다. 가장 알맞은 것은?
① 화물의 종류에 따라 선회 반경과 안정성이 크게 변할 수 있다.
② 긴 축간거리 때문에 안정도가 현저히 낮다.
③ 승용차에 비해 핸들 복원력이 원활하다.
④ 차체의 무게는 가벼우나 크기는 승용차보다 크다.

해설 대형 화물차는 승용차에 비해 핸들 복원력이 원활하지 못하고 차체가 무겁고 긴 축거 때문에 상대적으로 안정도가 높으며, 화물의 종류에 따라 선회 반경과 안정성이 크게 변할 수 있다.

319 다음 중 운송 사업용 자동차 등 도로교통법상 운행 기록계를 설치하여야 하는 자동차 운전자의 바람직한 운전 행위는?
① 운행 기록계가 설치되어 있지 아니한 자동차 운전 행위
② 고장 등으로 사용할 수 없는 운행 기록계가 설치된 자동차 운전 행위
③ 운행 기록계를 원래의 목적대로 사용하지 아니하고 자동차를 운전하는 행위
④ 주기적인 운행 기록계 관리로 고장 등을 사전에 예방하는 행위

해설 운행 기록계가 설치되어 있지 아니하거나 고장 등으로 사용할 수 없는 운행 기록계가 설치된 자동차를 운전하거나 운행 기록계를 원래의 목적대로 사용하지 아니하고 자동차를 운전하는 행위를 해서는 아니 된다.

320 제1종 대형 면허의 취득에 필요한 청력 기준은(단, 보청기 사용자 제외)?
① 25데시벨 ② 35데시벨 ③ 45데시벨 ④ 55데시벨

해설 대형 면허 또는 특수 면허를 취득하려는 경우의 운전에 필요한 적성 기준은 55데시벨(보청기를 사용하는 사람은 40데시벨)의 소리를 들을 수 있어야 한다.

321 다음 중 대형 화물자동차의 특징에 대한 설명으로 가장 알맞은 것은?
① 적재 화물의 위치나 높이에 따라 차량의 중심 위치는 달라진다.
② 중심은 상·하(上下)의 방향으로는 거의 변화가 없다.
③ 중심 높이는 진동 특성에 거의 영향을 미치지 않는다.
④ 진동 특성이 없어 대형 화물자동차의 진동각은 승용차에 비해 매우 작다.

해설 대형 화물차는 진동 특성이 있고 진동각은 승용차에 비해 매우 크며, 중심 높이는 진동 특성에 영향을 미치며 중심은 상·하 방향으로도 미친다.

322 다음 중 대형 화물자동차의 운전 특성에 대한 설명으로 가장 알맞은 것은?
① 무거운 중량과 긴 축거 때문에 안정도는 낮다.
② 고속 주행 시에 차체가 흔들리기 때문에 순간적으로 직진 안정성이 나빠지는 경우가 있다.
③ 운전대를 조작할 때 소형 승용차와는 달리 핸들 복원이 원활하다.
④ 운전석이 높아서 이상 기후 일 때에는 시야가 더욱 좋아진다.

해설 대형 화물차가 운전석이 높다고 이상 기후 시 시야가 좋아지는 것은 아니며, 소형 승용차에 비해 핸들 복원력이 원활치 못하고 무거운 중량과 긴 축거 때문에 안정도는 승용차에 비해 높다.

323 다음 중 대형 화물자동차의 사각지대와 제동 시 하중 변화에 대한 설명으로 가장 알맞은 것은?
① 사각지대는 보닛이 있는 차와 없는 차가 별로 차이가 없다.
② 앞, 뒷바퀴의 제동력은 하중의 변화와는 관계없다.
③ 운전석 우측보다는 좌측 사각지대가 훨씬 넓다.
④ 화물 하중의 변화에 따라 제동력에 차이가 발생한다.

해설 대형 화물차의 사각지대는 보닛 유무 여부에 따라 큰 차이가 있고, 하중의 변화에 따라 앞·뒷바퀴의 제동력에 영향을 미치며 운전석 좌측보다는 우측 사각지대가 훨씬 넓다.

324 도로교통법령상 화물자동차의 적재 용량 안전 기준에 위반한 차량은?
① 자동차 길이의 10분의 2를 더한 길이
② 후사경으로 뒤쪽을 확인할 수 있는 범위의 너비
③ 지상으로부터 3.9미터 높이
④ 구조 및 성능에 따르는 적재 중량의 105퍼센트

해설 • 운행상의 안전 기준
① 화물자동차의 적재 중량은 구조 및 성능에 따르는 적재 중량의 110퍼센트 이내일 것
② 자동차(화물자동차, 이륜자동차 및 소형 삼륜자동차만 해당)의 적재 용량은 다음 각 항의 구분에 따른 기준을 넘지 아니할 것
㉮ 길이 : 자동차 길이에 그 길이의 10분의 1을 더한 길이. 다만, 이륜자동차는 그 승차 장치의 길이 또는 적재 장치의 길이에 30센티미터를 더한 길이를 말한다.
㉯ 너비 : 자동차의 후사경(後寫鏡)으로 뒤쪽을 확인할 수 있는 범위(후사경의 높이보다 화물을 낮게 적재한 경우에는 그 화물을, 후사경의 높이보다 화물을 높게 적재한 경우에는 뒤쪽을 확인할 수 있는 범위)의 너비
㉰ 높이 : 화물자동차는 지상으로부터 4미터(도로 구조의 보전과 통행의 안전에 지장이 없다고 인정하여 고시한 도로 노선의 경우에는 4미터 20센티미터), 소형 삼륜자동차는 지상으로부터 2미터 50센티미터, 이륜자동차는 지상으로부터 2미터의 높이

325 다음 제1종 특수 면허에 대한 설명 중 옳은 것은?
① 소형 견인차 면허는 적재 중량 3.5톤의 견인형 특수 자동차를 운전할 수 있다.
② 소형 견인차 면허는 적재 중량 4톤의 화물자동차를 운전할 수 있다.
③ 구난차 면허는 승차 정원 12명인 승합자동차를 운전할 수 있다.
④ 대형 견인차 면허는 적재 중량 10톤의 화물자동차를 운전할 수 있다.

해설 도로교통법시행규칙 별표 18
① 소형견인차 면허는 총중량 3.5톤의 견인형 특수자동차를 운전할 수 있다.
② 소형견인차 면허는 적재중량 4톤의 화물자동차를 운전할 수 있다.
③ 구난차 면허는 승차정원 10명 이하의 승합자동차를 운전할 수 있다.
④ 대형견인차 면허는 적재중량 4톤의 화물자동차를 운전할 수 있다.

정답 316. ④ 317. ② 318. ① 319. ④ 320. ④ 321. ① 322. ② 323. ④ 324. ① 325. ②

326 대형차의 운전 특성에 대한 설명으로 옳은 것은?

① 무거운 중량과 긴 축거 때문에 안정도는 높으나, 민첩성은 떨어진다.
② 다른 차량이 전방에 끼어들거나 바로 옆에서 주행할 때 사각지대가 발생한다.
③ 화물의 종류에 따라 선회, 제동 시 적재물이 쏠려 차량 균형 유지에 어려움을 초래하는 경우가 있다.
④ 대형차는 고속 주행 시에 차체가 흔들리기 때문에 순간적으로 직진 안정성이 나빠지는 경우가 있으며, 급차로 변경 시 전도의 위험성이 크게 작용한다.

327 자동차 및 자동차 부품의 성능과 기준에 관한 규칙상 자동차의 길이·너비·높이의 기준에 대한 설명으로 맞는 것은? 너비는 ( )미터를 초과해서는 아니 된다. ( )에 기준으로 맞는 것은?

① 10 ② 11 ③ 12 ④ 13

해설 자동차 및 자동차부품의 성능과 기준에 관한 규칙 제4조(길이·너비 및 높이) ①자동차의 길이·너비 및 높이는 다음의 기준을 초과하여서는 아니 된다.
1. 길이 : 13미터(연결자동차의 경우에는 16.7미터를 말한다)
2. 너비 : 2.5미터(간접시계장치·환기장치 또는 밖으로 열리는 창의 경우 이들 장치의 너비는 승용자동차에 있어서는 25센티미터, 기타의 자동차에 있어서는 30센티미터. 다만, 피견인자동차의 너비가 견인자동차의 너비보다 넓은 경우 그 견인자동차의 간접시계장치에 한하여 피견인자동차의 가장 바깥쪽으로 10센티미터를 초과할 수 있다)
3. 높이 : 4미터

328 다음 중 총 중량 자동차 종류에서 중형이 속하는 총중량 및 승차정원은?

① 배기량 9인 미만, 중량 10t 미만, 정원 40명
② 배기량 11인 미만, 중량 30t 미만, 정원 30명
③ 배기량 12인 이상, 정원 50명
④ 배기량 60인 이상, 정원 60명

해설 자제 승용자동차 · 이륜자동차 · 소형 · 중형 · 대형) 지정일 고속도로 승용차의 속도가 시속 28가 시간, 타격 7점 등.

329 4, 5톤 화물자동차가 일반 지자체에서 사용하고 운송했을 경우 벌점은 몇 점인가?

① 5점   ② 4점   ③ 3점   ④ 2점

해설 4점 이하 화물자동차의 일반 지자체 운송은 일반에 5점 있다.

330 고속도로에서 대형 화물차를 운송할 때 기대 잘 등 운송에 대한 설명으로 맞는 것은?

① 정속운동, 마음, 커브운동
② 마음, 커브운동
③ 마음, 정속운동, 커브운동
④ 정속운동, 마음, 커브운동, 정체

해설 고속도로에서 기사 잘 운동 등의 일에 마음, 정속운동, 커브운동, 정체운동이다.

331 도로교통법상 차로 옆과 교차 지점 통행방법으로 틀린 것은?

① 안전지대 등 안전점검의 대강운동에서 운전자는 교통의 안점점에 주의하며 안전하게 진입하고 움직여야 한다.
② 안전거리는 지대의 주소가 전방에 한 경우를 이지 자동차의 교통에 주의하며 안전하게 진입하고 움직여야 한다.
③ 안전거리는 운동 중 갱사가 이상이나 필요 갱사의 갱사로 곡의 공간에 충전히 주의해야 한다.
④ 안전거리는 운동 중 갱사가 이상이나 필요 갱사의 공간에 충전히 공간해야 한다.

해설 도로교통법 제39조(승차 또는 적재의 방법과 제한) 모든 차의 운전자는 운행상의 안전기준을 넘어서 승차시키거나 적재한 상태에서 운전하여서는 아니 된다.

332 화물자동차의 적재 화물 이탈 방지에 대한 설명으로 옳지 않은 것은?

① 회물차량 운전자는 택배화물 등을 실고 이동할 때에는 가급적 무게중심이 낮고 안정된 자동차를 이용하여 운송해야 한다.
② 운송화물에 이상이 생기지 않도록 회물을 잘 정리하고 결박해야 한다.
③ 적재된 물건이 운송 중 자동차의 어떤 운동을 막기 위한 조치를 해야 한다.
④ 화물자동차가 적재 중량의 120퍼센트 이상을 실고 운행하면 안된다.

333 제차 중 대형에 속하는 자동차 종류 중 대형에 속하는 승용자동차의 정체 중 기준에는?

① 12명 이상   ② 10명 이상
③ 4명 이상   ④ 2명 이상

해설 제차 중 대형에 속하는 자동차의 정체 중 기준은 12명 이상의 자동차 등 운전할 수 있는 정체의 기준이다.

334 제차 등을 몰고 있다. 자동차가 총중량 750kg 초과 3톤 이하의 피견인자동차를 견인하기 위하여 갖추어야 하는 운전면허는?

① 제1종 특수면허
② 제1종 중형면허
③ 제1종 대형면허
④ 제2종 보통면허

해설 승중량 750kg 초과 3톤 이하의 피견인자동차를 견인하기 위하여는 견인하는 자동차를 운전할 수 있는 면허 외에 제1종 소형견인차면허를 가지고 있어야 한다.

335 다음 중 총중량 750킬로그램 이하의 피견인 자동차를 견인할 수 있는 운전면허는?

① 제1종 특수면허
② 제1종 중형면허
③ 제1종 대형면허
④ 제2종 보통면허

해설 운전할 수 있는 면허로 자동차를 견인할 수 있다.

336 고속도로가 아닌 곳에서 총중량이 1500킬로그램인 자동차를 승용자동차로 견인할 때 최고 속도는?

① 매시 50킬로미터
② 매시 40킬로미터
③ 매시 30킬로미터
④ 매시 20킬로미터

해설 운송중 2킬로미터 되어 있는 피견인자동차의 그 이상 3배의 승중량의 자동차로 견인하고 정지하는 경우에는 매시 30킬로미터이다.

337 자동차를 견인하는 경우에 대한 설명으로 맞는 것은?

① 3톤을 초과하는 자동차를 견인하기 위해서는 대형견인자동차면허가 있어야 한다.
② 험한 고속도로의 갓길에서도 다른 자동차로 다른 자동차를 견인할 수 있다.
③ 편도 2차로의 고속도로에서 다른 자동차를 견인하는 자동차는 2차로 통행이 가능하다.
④ 경차이지만 아직 자동차 등을 사용하지 아니하는 경우에는 해당 자동차를 끌어서 이동시킬 수 있다.

정답 326. ② 327. ④ 328. ④ 329. ② 330. ① 331. ① 332. ④ 333. ① 334. ① 335. ① 336. ③ 337. ③

해설 도로교통법 시행규칙 제19조
- 편도 2차로 이상 고속도로에서의 최고속도는 100km/h[화물자동차(적재중량 1.5을 초과하는 경우)·특수자동차·위험물운반자동차 및 건설기계의 최고 속도는 80km/h], 최저속도는 50km/h

도로교통법 시행규칙 제20조
- 견인자동차가 아닌 자동차로 다른 자동차를 견인하여 도로(고속도로 제외)를 통행하는 때의 속도는 제19조에 불구하고 다음 각 호에서 정하는 바에 의한다.
  1. 총중량 2,000kg 미만인 자동차를 총중량이 그의 3배 이상인 자동차로 견인하는 경우에는 30km/h 이내
  2. 제1호 외의 경우 및 이륜자동차가 견인하는 경우에는 25km/h 이내

도로교통법 시행규칙 별표18
- 피견인자동차는 제1종 대형면허, 제1종 보통면허 또는 제2종 보통면허를 가지고 있는 사람이 그 면허로 운전할 수 있는 자동차(이륜자동차 제외)로 견인할 수 있다. 이 경우, 총중량 750kg을 초과하는 3t 이하의 피견인자동차를 견인하기 위해서는 견인하는 자동차를 운전할 수 있는 면허와 소형견인차면허 또는 대형견인차면허를 가지고 있어야 하고, 3t을 초과하는 피견인자동차를 견인하기 위해서는 견인하는 자동차를 운전할 수 있는 면허와 대형견인차면허를 가지고 있어야 한다.

338 다음 중 특수한 작업을 수행하기 위해 제작된 총중량 3.5톤 이하의 특수 자동차(구난차 등은 제외)를 운전할 수 있는 면허는?
① 제1종 보통 연습 면허
② 제2종 보통 연습 면허
③ 제2종 보통 면허
④ 제1종 소형 면허

해설 총중량 3.5톤 이하의 특수 자동차는 제2종 보통 면허로 운전이 가능하다.

339 다음 중 도로교통법상 소형 견인차 운전자가 지켜야 할 사항으로 맞는 것은?
① 소형 견인차 운전자는 긴급한 업무를 수행하므로 안전띠를 착용하지 않아도 무방하다.
② 소형 견인차 운전자는 주행 중 일상 업무를 위한 휴대폰 사용이 가능하다.
③ 소형 견인차 운전자는 운행 시 제1종 특수(소형 견인차)면허를 취득하고 소지하여야 한다.
④ 소형 견인차 운전자는 사고 현장 출동 시에는 규정된 속도를 초과하여 운행할 수 있다.

해설 소형 견인차의 운전자도 도로교통법 상 모든 운전자의 준수 사항을 지켜야 하며, 운행 시 소형 견인차 면허를 취득하고 소지하여야 한다.

340 다음 중 편도 3차로 고속도로에서 견인차의 주행 차로는?(버스 전용 차로 없음)
① 1차로 ② 2차로 ③ 3차로 ④ 모두 가능

해설 도로교통법 시행 규칙 별표9 참조

341 급감속·급제동 시 피견인차가 앞쪽 견인차를 직선 운동으로 밀고 나아가면서 연결 부위가 'ㄱ'자처럼 접히는 현상을 말하는 용어는?
① 스윙-아웃(Swing-Out)
② 잭 나이프(Jack Knife)
③ 하이드로플래닝(Hydroplaning)
④ 베이퍼 록(Vapor Lock)

해설 ① 불상의 이유로 트레일러의 바퀴만 제동되는 경우 트레일러가 시계추처럼 좌우로 흔들리는 운동
② 젖은 노면 등의 도로 환경에서 트랙터의 제동력이 트레일러의 제동력보다 클 때 발생할 수 있는 현상으로 트레일러의 관성 운동으로 트랙터를 밀고 나아가면서 트랙터와 트레일러의 연결부가 기역자처럼 접히는 현상
③ 물에 젖은 노면을 고속으로 달릴 때 타이어가 노면과 접촉하지 않아 조종 능력이 상실되거나 또는 불가능한 상태
④ 브레이크액에 기포가 발생하여 브레이크가 제대로 작동하지 않게 되는 현상

342 다음 중 도로교통법상 자동차를 견인하는 경우에 대한 설명으로 바르지 못한 것은?
① 제1종 대형면허로 대형견인차를 운전하여 이륜자동차를 견인하였다.
② 소형견인차 면허로 총중량 3.5톤 이하의 견인형 특수자동차를 운전하였다.
③ 제1종 보통면허로 10톤의 화물자동차를 운전하여 고장난 승용자동차를 견인하였다.
④ 총중량 1천5백킬로그램 자동차를 총중량이 5천킬로그램인 자동차로 견인하여 매시 30킬로미터로 주행하였다.

해설 도로교통법 시행규칙 [별표18]
- 제1종 대형면허로 대형견인차, 소형견인차, 구난차는 운전할 수 없다.
- 대형견인차 : 견인형 특수자동차, 제2종 보통면허로 운전할 수 있는 차량
- 소형견인차 : 총중량 3.5톤이하 견인형 특수자동차, 제2종 보통면허로 운전할 수 있는 차량
- 피견인자동차는 제1종 대형면허, 제1종 보통면허 또는 제2종 보통면허를 가지고 있는 사람이 그 면허로 운전할 수 있는 자동차(「자동차관리법」제3조에 따른 이륜자동차는 제외한다)로 견인할 수 있다. 이 경우, 총중량 750킬로그램을 초과하는 3톤 이하의 피견인자동차를 견인하기 위해서는 견인하는 자동차를 운전할 수 있는 면허와 소형견인차면허 또는 대형견인차면허를 가지고 있어야 하고, 3톤을 초과하는 피견인자동차를 견인하기 위해서는 견인하는 자동차를 운전할 수 있는 면허와 대형견인차면허를 가지고 있어야 한다.

343 다음 중 트레일러 차량의 특성에 대한 설명이다. 가장 적정한 것은?
① 좌회전 시 승용차와 비슷한 회전각을 유지한다.
② 내리막길에서는 미끄럼 방지를 위해 기어를 중립에 둔다.
③ 승용차에 비해 내륜차(內輪差)가 크다.
④ 승용차에 비해 축간 거리가 짧다.

해설 트레일러는 좌회전 시 승용차와 비슷한 회전각을 유지하게 되면 뒷바퀴에 의한 좌회전 대기 차량을 충격하게 되므로 승용차보다 넓게 회전하여야 하며 내리막길에서 기어를 중립에 두는 경우 대형 사고의 원인이 된다.

344 화물을 적재한 트레일러 자동차가 시속 50킬로미터로 편도 1차로인 우로 굽은 도로에 진입하려고 한다. 다음 중 가장 안전한 운전 방법은?
① 주행하던 속도를 줄이면 전복의 위험이 있어 속도를 높여 진입한다.
② 회전 반경을 줄이기 위해 반대 차로를 이용하여 진입한다.
③ 원활한 교통 흐름을 위해 현재 속도를 유지하면서 신속하게 진입한다.
④ 원심력에 의해 전복의 위험성이 있어 속도를 줄이면서 진입한다.

해설 커브 길에서는 원심력에 의한 차량 전복의 위험성이 있어 속도를 줄이면서 안전하게 진입한다.

345 자동차관리법상 유형별로 구분한 특수 자동차에 해당되지 않는 것은?
① 견인형 ② 구난형 ③ 일반형 ④ 특수 용도형

해설 자동차관리법상 특수 자동차의 유형별 구분에는 견인형, 구난형, 특수 용도형으로 구분된다.

346 다음 중 트레일러의 종류에 해당되지 않는 것은?
① 풀 트레일러 ② 저상 트레일러
③ 세미 트레일러 ④ 고가 트레일러

해설 트레일러는 풀 트레일러, 저상 트레일러, 세미 트레일러, 센터 차축 트레일러, 모듈 트레일러가 있다.

347 자동차 및 자동차 부품의 성능과 기준에 관한 규칙상 트레일러의 차량 중량이란?
① 공차 상태의 자동차의 중량을 말한다.
② 적차 상태의 자동차의 중량을 말한다.
③ 공차 상태의 자동차의 축중을 말한다.
④ 적차 상태의 자동차의 축중을 말한다.

해설 차량 중량이란 공차 상태의 자동차의 중량을 말한다. 차량 총중량이란 적차 상태의 자동차의 중량을 말한다.

정답 338. ③ 339. ③ 340. ③ 341. ② 342. ② 343. ③ 344. ④ 345. ③ 346. ④ 347. ①

348 트롤리버스 등의 궤도차량과 견인차량 등이 운행 중 분리되지 않도록 하기 위하여 피견인 자동차를 견인하는 자동차에 연결하는 장치는?

① 제 나이프(Jack Knife) 현상
② 스웨이(Sway) 현상
③ 수막(Hydroplaning) 현상
④ 휠 얼라인먼트(Wheel Alignment) 현상

해설 커플러는 피견인 자동차의 주된 연결장치와 보조 연결장치를 연결하는 장치로서 피견인 자동차가 연결 해제되지 아니하도록 하는 장치를 말한다.

349 자동차 및 자동차 부품의 성능과 기준에 관한 규칙상 승차 또는 적차 상태의 자동차의 축중량에 대하여 옳아야 하는 것은?

① 자동차 총중량 : 40톤
② 자동차 총중량의 수직방향의 정지안정 중심
③ 자동차 총중량의 수직방향의 정지안정 중심
④ 자동차 총중량 최고 중량 · 높이 · 기계 중점검

해설 승용자동차와 자동차의 축중량이 10톤을, 윤중이 5톤을 초과해서는 안 된다. 다만, 자동차 총중량이 15톤 이상인 자동차의 경우에는 화물자동차 및 특수자동차에 한해 자동차 축중량이 11.5톤까지 허용된다. 또한, 최대 자동차 총중량은 총 40톤(적재물 포함)을 초과하면 안 된다.

350 다음 중 자동차의 주행장치 트레일러라 분류되는 것은?

① 아름리기
② 요골
③ 이즈들리
④ 몸

해설 커플러(coupler, 연결기) – 트레일러(견인자)와 트랙터(피견인자)를 연결하는 장치

351 자동차 및 자동차 부품의 성능과 기준에 관한 규칙상 운행기준 교통에 있어 인 자동차 작업의 최소 폭이 정운?

① 13.50미터
② 16.70미터
③ 18.90미터
④ 19.30미터

해설 자동차의 길이는 13미터를 초과하여서는 안 되며, 연결 자동차의 경우에는 16.7미터 이상이어서는 안 된다.

352 초대형 중장비나 중량물 운송을 목적으로 특수 이동수단 및 방법 등이 있어야 할 정도로 피견인 자동차 중량이 한정 축하중을 초과하는 피견인 자동차는?

① 세미 트레일러
② 돌리 트레일러
③ 모토 트레일러
④ 센터차축 트레일러

353 자체에 원동기가 장착되어 있지 않고, 견인 자동차에 의하여 견인되어 그 견인 자동차의 중량 일부분이 자동차에 가해지도록 고정되는 자동차는?

① 돌 트레일러
② 세미 트레일러
③ 풀 트레일러
④ 센터차축 트레일러

해설 ① 세미 트레일러 – 그 일부가 견인자동차의 상부에 실리고, 해당 자동차 및 적재물 중량이 상당부분이 견인자동차에 가해지는 피견인자동차
② 풀 트레일러 – 승용안정 및 기준에 관한 규칙이 규정으로 가동되는 자동차
③ 센터차축 트레일러 – 균일하게 분포한 화물을 적재한 상태에서는 중량의 1할 이상, 1000킬로그램 이하인 견인봉 하중을 견인자동차에 전달하는 구조이며, 각 차축이 차량 중심 가까이에 고정된 피견인자동차
④ 모로 트레일러 – 초대형 중장비나 중량물 운송을 목적으로 특수 이동수단 및 방법 등이 있어야 할 정도로 피견인 자동차 중량이 한정 축하중을 초과하는 피견인 자동차

354 트레일러의 특성에 대한 설명이다. 가장 옳은 것은?

① 자가용보다 매력적이며 경제적인 운송이 가능하다.
② 트랙터의 가동률이 현저히 높다.
③ 차량 한쪽은 트랙터, 다른 한쪽은 트레일러로 연결되어 있다. (등톱차)
④ 대형화의 경우가 있어 가지 수가 자가용차에 비해 수송 안정성이 떨어진다. 공로 운송 피견인차의 경우가 없어 수송 안정성이 떨어진다. 이는 트랙터에 탑재되는 것으로 나눈다.

355 다음 중 대형화물자동차의 진동 현상과 관련된 진동에 대한 설명으로 가장 옳은 것은?

① 진동자의 차체 진동을 뒤지지 않는다.
② 차량의 진동 차이에 따라 마찰 진동 경험이 있는 것은 아니다.
③ 쇼크의 진동 과정 외에 차체 전반이 평동이 크게 마찰 수 없다.
④ 진동 쇼크량이 작고 피견인자의 경우 공동을 발생시키기 쉽다.

해설 대형화물자동차는 일반 승용차에 비해 진동각의 진동수가 적고 진동 주기가 길어 완화지기가 기의 발생하지 않으며, 진동도에 관련 진동 경향이 다소 영향을 미치고, 진동이 적용된다.

356 화물자동차 운전자가 적재 시 유의하여 할 점으로 가장 옳지 않은 것은?

① 운전에 방해 및 과부하를 되지 않도록 해야 한다.
② 견고한 줄이 없이 가볍이는 운송은 하지 않는다.
③ 적재물의 높이에 따라 적재상태의 안정성 유지를 위해 가능지 않는다.
④ 작재물 자중차의 적재 양과 만감 끝이는 등 등을 재갱해지 않는다.

해설 운전자는 차에 적재한 화물과 관련된 중량, 폭 등을 차져 안전 운행에 지장이 없도록 해야 한다.

357 다음 중 편도 3차로 고속도로에서 자동차의 주행 차로에 사용 차로 없음)는?

① 1차로
② 왼쪽 차로
③ 오른쪽 차로
④ 모든 차로

해설 도로교통법 시행령 별표 9

358 다음 중 자가용으로 사용하는 4륜구동 자동차를 견인하는 경우 가장 적절한 견인방법은?

① 자동차의 뒤를 들어 견인한다.
② 상부 4륜차에 자동차를 들어서 견인한다.
③ 견인차에 의해 정상 운행자를 지탱하도록 한다.
④ 견인차는 4륜구동 자동차와 같은 종류 차량이며 견인한다.

해설 4륜구동 자동차를 견인하는 경우 전체 자동차의 들어서 정상 운행차로 견인한다. 그 이동성이 없다.

정답 348. ② 349. ② 350. ② 351. ① 352. ③ 353. ② 354. ② 355. ③ 356. ② 357. ③ 358. ②

359 자동차관리법상 구난형 특수 자동차의 세부 기준은?
① 피견인차의 견인을 전용으로 하는 구조인 것
② 견인·구난할 수 있는 구조인 것
③ 고장·사고 등으로 운행이 곤란한 자동차를 구난·견인할 수 있는 구조인 것
④ 위 어느 형에도 속하지 아니하는 특수작업용인 것

해설 특수 자동차 중에서 구난형의 유형별 세부 기준은 고장, 사고 등으로 운행이 곤란한 자동차를 구난·견인할 수 있는 구조인 것을 말한다.

360 자동차 및 자동차 부품의 성능과 기준에 관한 규칙에 따른 자동차의 길이 기준은?(연결 자동차 아님)
① 13미터 ② 14미터
③ 15미터 ④ 16미터

해설 자동차 및 자동차부품의 성능과 기준에 관한 규칙 제4조(길이·너비 및 높이)
① 자동차의 길이·너비 및 높이는 다음의 기준을 초과하여서는 아니 된다.
  1. 길이 : 13미터(연결자동차의 경우에는 16.7미터를 말한다)
  2. 너비 : 2.5미터(간접시계장치·환기장치 또는 밖으로 열리는 창의 경우 이들 장치의 너비는 승용자동차에 있어서는 25센티미터, 기타의 자동차에 있어서는 30센티미터. 다만, 피견인 자동차의 너비가 견인자동차의 너비보다 넓은 경우 그 견인자동차의 간접시계장치에 한하여 피견인 자동차의 가장 바깥쪽으로 10센티미터를 초과할 수 없다)
  3. 높이 : 4미터

361 교통사고 발생 현장에 도착한 구난차 운전자의 가장 바람직한 행동은?
① 사고 차량 운전자의 운전면허증을 회수한다.
② 도착 즉시 사고 차량을 견인하여 정비소로 이동시킨다.
③ 운전자와 사고 차량의 수리 비용을 흥정한다.
④ 운전자의 부상 정도를 확인하고 2차 사고에 대비 안전 조치를 한다.

해설 구난차(레커) 운전자는 사고 처리 행정 업무를 수행할 권한이 없어 사고 현장을 보존해야 한다. 다만, 부상자의 구호 및 2차 사고를 대비 주변 상황에 맞는 안전 조치를 취할 수 있다.

362 구난차 운전자의 가장 바람직한 운전 행동은?
① 고장 차량 발생 시 신속하게 출동하여 무조건 견인한다.
② 피견인 차량을 견인 시 법규를 준수하고 안전하게 견인한다.
③ 견인차의 이동 거리별 요금이 고가일 때만 안전하게 운행한다.
④ 사고 차량 발생 시 사고 현장까지 신호는 무시하고 가도 된다.

해설 구난차 운전자는 신속하게 출동하되 준법 운전을 하고 차주의 의견을 무시하거나 사고 현장을 훼손하는 경우가 있어서는 안 된다.

363 구난차가 갓길에서 고장차량을 견인하여 본 차로로 진입할 때 가장 주의해야 할 사항으로 맞는 것은?
① 고속도로 전방에서 정속 주행하는 차량에 주의
② 피견인자동차 트렁크에 적재되어있는 화물에 주의
③ 주행차로 뒤쪽에서 빠르게 주행해오는 차량에 주의
④ 견인 자동차는 눈에 확 띄므로 크게 신경 쓸 필요가 없다.

해설 구난차가 갓길에서 고장 차량을 견인하여 주행차로에 진입하는 경우에는 주행차로를 진행하는 후속 차량의 추돌에 방해가 되지 않도록 주의하면서 진입하여야 한다.

364 부상자가 발생한 사고 현장에서 구난차 운전자가 취한 행동으로 가장 적절하지 않은 것은?
① 부상자의 의식 상태를 확인하였다.
② 부상자의 호흡 상태를 확인하였다.
③ 부상자의 출혈 상태를 확인하였다.
④ 바로 견인 준비를 하며 합의를 종용하였다.

해설 사고 현장에서 사고 차량 당사자에게 사고처리 하지 않도록 유도하거나 사고에 대한 합의를 종용해서는 안 된다.

365 다음 중 구난차의 각종 장치에 대한 설명으로 맞는 것은?
① 크레인 본체에 달려 있는 크레인의 팔 부분을 후크(Hook)라 한다.
② 구조물을 견인할 때 구난차와 연결하는 장치를 PTO스위치라고 한다.
③ 작업 시 안정성을 확보하기 위하여 전방과 후방 측면에 부착된 구조물을 아웃트리거라고 한다.
④ 크레인에 장착되어 있으며 갈고리 모양으로 와이어 로프에 달려서 중량물을 거는 장치를 붐(Boom)이라 한다.

해설 ① 크레인의 붐(boom) : 크레인 본체에 달려 있는 크레인의 팔 부분
② 견인 삼각대 : 구조물을 견인할 때 구난차와 연결하는 장치, PTO스위치 : 크레인 및 구난 윈치에 소요되는 동력은 차량의 PTO(동력 인출 장치)로부터 나오게 된다.
③ 아웃트리거 : 작업 시 안정성을 확보하기 위하여 전방과 후방 측면에 부착된 구조물
④ 후크(hook) : 크레인에 장착되어 있으며 갈고리 모양으로 와이어로프에 달려서 중량물을 거는 장치

366 구난차 운전자가 FF방식(Front engine Front wheel drive)의 고장난 차를 구난하는 방법으로 가장 적절한 것은?
① 차체의 앞부분을 들어 올려 견인한다.
② 차체의 뒷부분을 들어 올려 견인한다.
③ 앞과 뒷부분 어느 쪽이든 관계없다.
④ 반드시 차체 전체를 들어 올려 견인한다.

해설 FF방식(Front engine Front wheel drive)의 앞바퀴 굴림 방식의 차량은 엔진이 앞에 있고, 앞바퀴 굴림 방식이기 때문에 손상을 방지하기 위하여 차체의 앞부분을 들어 올려 견인한다.

367 구난차 운전자가 교통사고 현장에서 한 조치이다. 가장 바람직한 것은?
① 교통사고 당사자에게 민사합의를 종용했다.
② 교통사고 당사자 의사와 관계없이 바로 견인 조치했다.
③ 주간에는 잘 보이므로 별다른 안전 조치 없이 견인준비를 했다.
④ 사고 당사자에게 일단 심리적 안정을 취할 수 있도록 도와줬다.

해설 교통사고 당사자에게 합의를 종용하는 등 사고 처리에 관여해서는 안 되며, 주간이라도 안전 조치를 하여야 한다.

368 구난차 운전자가 교통사고 현장에서 부상자를 발견하였을 때 대처 방법으로 가장 바람직한 것은?
① 말을 걸어보거나 어깨를 두드려 부상자의 의식 상태를 확인한다.
② 부상자가 의식이 없으면 인공호흡을 실시한다.
③ 골절 부상자는 즉시 부목을 대고 구급차가 올 때까지 기다린다.
④ 심한 출혈의 경우 출혈 부위를 심장 아래쪽으로 둔다.

해설 부상자가 의식이 없으면 가슴 압박을 실시하며, 심한 출혈의 경우 출혈 부위를 심장 위쪽으로 둔다.

369 교통사고 발생 현장에 도착한 구난차 운전자가 부상자에게 응급 조치를 해야 하는 이유로 가장 거리가 먼 것은?
① 부상자의 빠른 호송을 위하여
② 부상자의 고통을 줄여주기 위하여
③ 부상자의 재산을 보호하기 위하여
④ 부상자의 구명률을 높이기 위하여

370 다음 중 자동차의 주행 또는 급제동 시 자동차의 뒤쪽 바디가 좌우로 떨리는 현상을 뜻하는 용어는?
① 피쉬 테일링(Fishtaling)
② 하이드로 플래닝(Hydroplaning)
③ 스탠딩 웨이브(Standing Wave)
④ 베이퍼 락(Vapor Lock)

해설 ① 주행이나 급제동 시 뒤쪽 차체가 물고기 꼬리지느러미처럼 좌우로 흔들리는 현상
② 물에 젖은 노면을 고속으로 달릴 때 타이어가 노면과 접촉하지 않아 조종 능력이 상실되거나 또는 불가능한 상태
③ 자동차가 고속 주행할 때 타이어 접지부에 열이 축적되어 변형이 나타나는 현상
④ 브레이크액에 기포가 발생하여 브레이크가 제대로 작동하지 않게 되는 현상

정답 359.③ 360.① 361.④ 362.② 363.③ 364.④ 365.③ 366.① 367.④ 368.① 369.③ 370.①

371 다음 중 긴급자동차의 가장 바람직한 운행은?

① 횡단보도 시 신호기를 이용하여 진행하여 지나간다.
② 신호교차로 시 정차를 위해 공회전을 많이 가열시킨다.
③ 경광등과 사이렌을 사용하여 출동 중임을 알린다.
④ 교통사고 공공의 안정을 위해 수신호를 한 정지한 후 가지런히 운행한다.

해설 긴급자동차 사이렌을이 가급적 많은 사람이 들을 수 있도록 최대한 발휘하여 가장 바람직하다.

372 차량통행속도 매시 100킬로미터 고속도로에서 긴급자동차의 매시 145킬로미터 속도로 통행하였다. 범칙금과 벌점은 얼마인가?

① 범칙금 70만, 벌점 14점 원
② 범칙금 60만, 벌점 10점 원
③ 범칙금 30만, 벌점 13점 원
④ 범칙금 15만, 벌점 7점 원

해설 도로교통법 시행령 별표8 제3호에 의하여 매시 100킬로미터 초과 속도에서 매시 80킬로미터 이하 매시 28인 까지는 범칙금이 범칙금에 대하여 긴급자동차 등은 2배의 가산한다.

373 다음 중 긴급자동차 자동차에 도시(등)이나 표지를 할 수 있는 것은?

① 교통단속용자동차의 도시를 및 표지
② 범죄수사자동차의 도시를 및 표지
③ 긴급자동차의 수신에 도시를 및 표지
④ 응급용자동차에 이 연결될 수 있는 긴급자동차

해설 도로교통법 제42조(유사 표지의 제한 및 운행금지), 제27조 긴급용자동차 외에 자동차 수나사람에게 따르는 자동차는

가. 교통단속을 포함하는 자동차로 인정되는 도시(표지) 또는 이와 비슷한 것
나. 그 밖에 제2조제2호 각 목의 어느 하나에 해당하는 자동차의 지구 또는 표지 및 이와 비슷한 것이며

1. 긴급자동차로 인정되는 표지 도시 또는 표지
2. 우선통행 표지 등 긴급자동차에 관계되어 있다는 사실을 다른 사람에게 알리는 모양의 등화 또는 그림, 글자 또는 문자

374 긴급자동차 RR방식(Rear engine Rear wheel drive)이 가지고 있는 단점으로 가장 적절한 것은?

① 자동차 앞부분에 등이 충돌 정치된다.
② 자동차 뒷바퀴 등이 많이 정치된다.
③ 잘 안 같이 이 쉽다 많이 열개된다.
④ 탄전자 자기 실내를 들이 공간 감소한다.

해설 RR방식(Rear engine Rear wheel drive)이 엔진과 구동성이 뒤에 있고, 앞바퀴 뒷바퀴 앞바퀴에 배분되기 바람쥐마이가 더욱이 하여 구동력이 실에 약하여 등이 줄어 있다.

375 교통사고 현장에 출동하는 긴급자동차 운전방법으로 가장 바람직한 것은?

① 신호를 준수하여 바르게 주행한다.
② 긴급자동차에 해당함으로 최고 속도로 주행한다.
③ 고속도로에서 주행 발생 시 갓길을 통행로 주행한다.
④ 신호를 준수하고 교통사항자리에 해 위해 교통받을 인지한다.

해설 교통사고현장에 접근 경우 긴급한 상황일 지라도 반사적인 교통사항자리 최대한 하여야 한다.

376 다음 중 자동차관리법상 특수자동차의 유행에 해당 하지 않는 것은?

① 견인용 자동차 ② 특수용도용 자동차
③ 구난용 자동차 ④ 도로정비용자동차

해설 자동차관리법 시행규칙 [별표1] 특수자동차의 자종에는 견인용, 구난용, 특수용도용 자동차가 있다.

377 자녀 중 특수자동차의 주행안정장치의 기능상의 대한 내용 이다. 맞는 것은?

① 주행안정장치 대부분 설치가속은 10미터 안정시키며 이상이다.
② 주행안정장치 사용을 공공 도시, 단속, 민원처리, 가속을 통과할 수 없다.
③ 주행안정장치 사용을 공공 도시의 동일의 5분 내야도 설정한 ④ 주행안정장치 사용을 시기교차로 통과 동일의 5가 5분정지 장전한

해설 도로교통법 제66조 긴급자동차의 관계 사람은으로 [별표24] 긴급자동차 - 용 자기 도시 단속 및 정치 시, 단지를 공공 도시, 경사정반 사용 시, 동물종료용으로 이동시키며, 21 로 고소도시 3분 통과 시, 동물종료 시 공공을, 민원처리 시 10분 이상이다.

378 긴급자동차 고장차량등 장애물이 있는 경우 하여야 하는가?

① 정조정, 비상점멸등 ② 참조을, 미음
③ 미음, 기침을 ④ 최상점멸등 등

해설 도로교통법 시행규칙 제19조, 창조등을 키는 미음, 기침을, 필요등을 켜야 한다.

379 긴급자동차 자동차 중 사용상의 목적으로 맞는 것은?

① 긴급자동차 운전자의 운행을 통은 운행한다.
② 교통사고 발생 시 순간을 피할 수 있다면 해야 한다.
③ 긴급자동차 사용 시 경광등이 가시정에 사용한다.
④ 긴급자동차 사용 시 교통사항 받았어도 지킬 수 있다.

해설 긴급자동차도 안전운행 사용 시 교통사고 발생 빈도가 일반자동차 보다 높다. 이는 고 주의하여 다른 차의 통행이 해칠 수도 있다.

문장형 4지 2답 문제 (3점)

380 편도 3차로인 도로의 교차로에서 우회전할 때 올바른 통행방법 2가지는?
① 우회전할 때에는 교차로 직전에서 방향 지시등을 켜서 진행방향을 알려 주어야 한다.
② 우측 도로의 횡단보도 보행 신호등이 녹색이라도 보행자가 없으면 통과할 수 있다.
③ 우회전 삼색등이 적색일 경우에는 보행자가 없어도 통과할 수 없다.
④ 편도 3차로인 도로에서는 2차로에서 우회전하는 것이 안전하다.

해설 교차로에서 우회전 시 우측 도로 횡단보도 보행 신호등이 녹색이라도 보행자의 통행에 방해를 주지 아니하는 범위내에서 통과할 수 있다. 다만, 보행 신호등 측면에 차량 보조 신호등이 설치되어 있는 경우, 보조 신호등이 적색일 때 통과하면 신호 위반에 해당될 수 있으므로 통과할 수 없고, 보행자가 횡단보도 상에 존재하면 진행하는 차와 보행자가 멀리 떨어져 있다 하더라도 보행자 통행에 방해를 주는 것이므로 통과할 수 없다.

381 다음은 자동차관리법상 승합차의 기준과 승합차를 따라 좌회전하고자 할 때 주의해야할 운전방법으로 올바른 것 2가지는?
① 대형승합차는 36인승 이상을 의미하며, 대형승합차로 인해 신호등이 안 보일 수 있으므로 안전거리를 유지하면서 서행한다.
② 중형승합차는 16인 이상 35인승 이하를 의미하며, 승합차가 방향지시기를 켜는 경우 다른 차가 끼어들 수 있으므로 차간거리를 좁혀 서행한다.
③ 소형승합차는 15인승 이하를 의미하며, 승용차에 비해 무게중심이 높아 전도될 수 있으므로 안전거리를 유지하며 진행한다.
④ 경형승합차는 배기량이 1200시시 미만을 의미하며, 승용차와 무게중심이 동일하지만 충분한 안전거리를 유지하고 뒤따른다.

해설 신호는 그 행위를 하고자 하는 지점(좌회전할 경우에는 그 교차로의 가장자리)에 이르기 전 30미터(고속도로에서는 100미터) 이상의 지점에 이르렀을 때 해야 하고, 미리 속도를 줄인 후 1차로 또는 좌회전 차로로 서행하며 진입해야 한다.

382 차로를 변경 할 때 안전한 운전방법 2가지는?
① 변경하고자 하는 차로의 뒤따르는 차와 거리가 있을 때 속도를 유지한 채 차로를 변경한다.
② 변경하고자 하는 차로의 뒤따르는 차와 거리가 있을 때 감속하면서 차로를 변경한다.
③ 변경하고자 하는 차로의 뒤따르는 차가 접근하고 있을 때 속도를 늦추어 뒤차를 먼저 통과시킨다.
④ 변경하고자 하는 차로의 뒤따르는 차가 접근하고 있을 때 급하게 차로를 변경한다.

해설 뒤따르는 차와 거리가 있을 때 속도를 유지한 채 차로를 변경하고, 접근하고 있을 때는 속도를 늦추어 뒤차를 먼저 통과시킨다.

383 차로를 구분하는 차선에 대한 설명으로 맞는 것 2가지는?
① 차로가 실선과 점선이 병행하는 경우 실선에서 점선방향으로 차로 변경이 불가능하다.
② 차로가 실선과 점선이 병행하는 경우 실선에서 점선방향으로 차로 변경이 가능하다.
③ 차로가 실선과 점선이 병행하는 경우 점선에서 실선방향으로 차로 변경이 불가능하다.
④ 차로가 실선과 점선이 병행하는 경우 점선에서 실선방향으로 차로 변경이 가능하다.

해설 ① 차로의 구분을 짓는 차선 중 실선은 차로를 변경할 수 없는 선이다.
② 점선은 차로를 변경할 수 있는 선이다.
③ 실선과 점선이 병행하는 경우 실선 쪽에서 점선방향으로는 차로 변경이 불가능하다.
④ 실선과 점선이 병행하는 경우 점선 쪽에서 실선방향으로는 차로 변경이 가능하다.

384 다음 중 강풍이나 돌풍 상황에서 가장 올바른 운전방법 2가지는?
① 핸들을 양손으로 꽉 잡고 차로를 유지한다.
② 바람에 관계없이 속도를 높인다.
③ 표지판이나 신호등, 가로수 부근에 주차한다.
④ 산악 지대나 다리 위, 터널 출입구에서는 강풍의 위험이 많으므로 주의한다.

해설 강풍이나 돌풍은 산악지대나 높은 곳, 다리 위, 터널 출입구 등에서 발생하기 쉬우므로 그러한 지역을 지날 때에는 주의한다.

385 자갈길 운전에 대한 설명이다. 가장 적절한 2가지는?
① 운전대는 최대한 느슨하게 잡아 팔에 전달되는 충격을 최소화한다.
② 바퀴가 최대한 노면에 접촉되도록 속도를 높여서 운전한다.
③ 보행자 또는 다른 차마에게 자갈이 튀지 않도록 서행한다.
④ 타이어의 적정공기압 보다 약간 낮은 것이 높은 것보다 운전에 유리하다.

해설 자갈길은 노면이 고르지 않고, 자갈로 인해서 타이어 손상이나 핸들 움직임이 커질 수 있다. 최대한 핸들 조작을 작게 하면서 속도를 줄이고, 저단기어를 사용하여 일정 속도를 유지하며 타이어의 적정공기압이 약간 낮을수록 접지력이 좋고 충격을 최소화하여 운전에 유리하다.

386 빗길 주행 중 앞차가 정지하는 것을 보고 제동했을 때 발생하는 현상으로 바르지 않은 2가지는?
① 급제동 시에는 타이어와 노면의 마찰로 차량의 앞숙임 현상이 발생한다.
② 노면의 마찰력이 작아지기 때문에 빗길에서는 공주거리가 길어진다.
③ 수막현상과 편(偏)제동 현상이 발생하여 차로를 이탈할 수 있다.
④ 자동차타이어의 마모율이 커질수록 제동거리가 짧아진다.

해설 ① 급제동 시에는 타이어와 노면의 마찰로 차량의 앞숙임 현상이 발생한다. ② 빗길에서는 타이어와 노면의 마찰력이 낮아짐으로 제동거리가 길어진다. ③ 수막현상과 편(偏)제동 현상이 발생하여 조향방향이 틀어지며 차로를 이탈할 수 있다. ④ 자동차의 타이어가 마모될수록 제동거리가 길어진다.

387 언덕길의 오르막 정상 부근으로 접근 중이다. 안전한 운전행동 2가지는?
① 연료 소모를 줄이기 위해서 엔진의 RPM(분당 회전수)을 높인다.
② 오르막의 정상에서는 반드시 일시정지한 후 출발한다.
③ 앞 차량과의 안전거리를 유지하며 운행한다.
④ 고단기어보다 저단기어로 주행한다.

해설 ① RPM이 높으면 연료소모가 크다. ② 오르막의 정상에서는 서행하도록 하며 반드시 일시정지해야 하는 것은 아니다. ③ 앞 차량과의 거리를 넓히고 안전거리를 유지하는 것이 좋다. ④ 엔진의 힘이 적은 고단기어보다 엔진의 힘이 큰 저단기어로 주행하는 것이 좋다.

388 내리막길 주행 시 가장 안전한 운전 방법 2가지는?
① 기어 변속과는 아무런 관계가 없으므로 풋 브레이크만을 사용하여 내려간다.
② 위급한 상황이 발생하면 바로 주차 브레이크를 사용한다.
③ 올라갈 때와 동일한 변속기어를 사용하여 내려가는 것이 좋다.
④ 풋 브레이크와 엔진 브레이크를 적절히 함께 사용하면서 내려간다.

해설 내리막길은 차체의 하중과 관성의 힘으로 인해 풋 브레이크에 지나친 압력이 가해질 수 있기 때문에 반드시 저단기어(엔진 브레이크)를 사용하여 풋 브레이크의 압력을 줄여 주면서 운행을 하여야 한다.

정답 380. ②, ③ 381. ①, ③ 382. ①, ③ 383. ①, ④ 384. ①, ④ 385. ③, ④ 386. ②, ④ 387. ③, ④ 388. ③, ④

389 주행 중 바퀴가 잠길 때 안전운전 요령 맞는 것은?

① 자동차는 즉시 정지한다.
② 핸들 앞축에 자동차 손에 가고 있고 사용한다.
③ 신속히 감속 정지 후 엔진을 끄고 기어를 타고 가능하면 길 밖으로 나가 자동차로부터 피신한다.
④ 배기가스에 자동차에 매우 적으나 방향을 틀어 길 밖으로 피신 한다.

해설 주행 중 타이어가 터졌을 때는 핸들을 단단하게 잡아 자동차가 한쪽으로 쏠리는 것을 막고, 그대로 속도가 줄어서 자동차가 멈추게 되면 자동차를 길 밖 안전한 장소로 이동시킨다.

390 다음 중 에어백이 터졌을 때 고장으로 이어지지 않고, 정상, 동작될 수 있도록 조심해야 2가지는?

① 비상점멸등을 켜고 자동차의 정지 후 에어백이 작동한다.
② 차량에서 가능한 한 빨리 대피한다.
③ 엔진에 전원이 공급되지 않도록 자동차의 시동을 가능한 빨리 끈다.
④ 브레이크와 가속페달을 밟아 자동차를 정지시킨 후 그 자리에서 안전하게 내린다.

해설 에어백이 작동되면 운전자나 승객에게 신속하게 정상동작 시킨다.

391 자전이 발생했을 경우 안전한 대처방법 맞는 2가지는?

① 자전이 발생한 경우 신속히 비상점멸등을 켜고 안전한 곳으로 이동시킨다.
② 자전이 발생한 경우 후방의 안전을 확인한 후 차에서 신속하게 하차한다.
③ 승차자와 함께 자전차량 뒤쪽으로 신속히 안전한 장소로 피신한다.
④ 자전차량 뒤쪽에서 손을 흔들어 지나가는 차량에 알린다.

해설 자전이 발생하면 신속하게 자전차량을 안전한 곳으로 이동하고 정체된 차량들은 안전한 곳으로 유지한다.

392 고속도로 상에서 자동차내 운전자의 돌발적인 피로감이 왔다 2가지는?

① 차량을 갓길에 정차한 후 휴식을 취한다.
② 졸음쉼터에서 차를 세우고 휴식을 취한다.
③ 타고 있는 대피시에 잠시 차를 세우고 휴식을 취한다.
④ 갓길에 진입하기 위해 차를 세워 휴식을 취한다.

해설 가장 안전한 방법은 갓길이나 졸음쉼터에서 안전하게 정지해 휴식을 취하는 것이 좋다. ③ 행동 차로를 사용하는 것은 다른 차량의 정상적 주행을 방해하거나 사고의 위험이 있다. ④ 자동차전용도로 급히 속도를 줄이고 다른 차량의 주행을 방해하는 것은 사고의 위험이 크다.

393 자동차 고장 중 타이어 파손에 관련한 경우 조치사항 맞는 동으로 맞는 2가지는?

① 현재의 진행방향을 그대로 유지하고 감속한다.
② 핸들에 확실히 잡고 대응 후 브레이크를 여러 번 나누어 밟는다.
③ 미끄러지지 않도록 급브레이크를 밟아 속도를 줄인다.
④ 핸들을 급히 조작하여 갓길로 이동하며 급브레이크를 밟아 정지한다.

해설 자동차고속도로나 자동차의 속도가 느릴 때 급브레이크를 밟으면 더 많은 위험을 초래하여 차량 컨트롤에 잃거나 대응할 여지가 어려워진다.

394 자동차가 미끄러지는 현상에 관련한 설명으로 맞는 2가지는?

① 고속 주행 중 급차로 변경을 할 때 대부분 차량에서 발생한다.
② 빗길에서는 저속으로 주행할 때 자주 발생한다.
③ 타이어의 마모상태가 나쁠 경우 자주 발생한다.
④ 자동차 타이어의 공기가 부족한 경우 자주 발생한다.

해설 빗길에서는 감속 운전과 자동차의 타이어 마모 상태 등을 고려한다. ④ 브레이크를 밟지 않는다. ④ 자동차타이어의 공기 부족을 사용할 수 있다.

395 자동차 발전기 이상할 경우 안전 조치 2가지는?

① 브레이크로 정지할 때
② 고속 주행 중 감속할 때
③ 내리막길에서 주행할 때
④ 미끄러운 길에서

해설 ① 브레이크 고장 시 고속 주행 시 감속 운전 중, ③ 미끄러지는 길 이동 현상이 발생한다.

396 고속도로 주행 중 앞쪽에 있는(안개)에서 나타난 바람이 발생할 자동차 경우 가장 바람직한 조치방법 2가지는?

① 명을 켜고 그 자리에 정차한다.
② 감속운행 후 자동차와 바람을 멀리 두고 대피한다.
③ 감속 운전 후 가능한 차량 밖으로 대피하기 위해 사용한다.
④ 비상점멸등을 켜고 자동차 사고장 미리 안전한 장소로 이동 후 119 등에 도움을 요청한다.

해설 고속도로 주행 중 자동차 사고 대피시 조치 등 주의 미리 안전한
1. 자동차 정지하고 이동한다.
2. 고속도로 상에서 주행한 후 정지한 경우 사용할 수 있다.
3. 고속 상황 자동차에 사용되는 자동차에 바람을 있을 수 없다.
4. 119 등에 신호를 보낸다.
5. 119 등에 도움을 요청한다.

397 다음 중 고속도로에서 자동차 타이어가 이상으로 발생하는 현상 2가지는?

① 스탠딩웨이브 현상
② 수막현상
③ 요잉현상
④ 하이드로플레이닝 현상

해설 고속도로에서 자동차 바퀴에 매우 많은 기능이 있는 고속 주행한 자동차 타이어, 매우 적은 상황을 일어날 수 있는 타이어의 공기에 노면을 이어지는 현상이 발생한다. 바퀴의 공기 상승은 자동차 컨트롤에 막는다.

398 다음 중 자동차 운전자가 이상보를 고장 코드가 발생하지 않는 이 상황에 정차 대피한다, 정지되지 가장 정상 수 있는 정상 2가지는?

① 자동차의 상황이 가능으로 이동한다.
② 차량의 속도를 증가시키고 있는지 확인한다.
③ 엔진 내부의 정상상태에 자동차의 속도를 내리가 지정하고 사용한 수 있다.
④ 감속 운전, 119 등에 자동차 주변 사람이 있으면 자동차 장치를 이용해 도움을 요청한다.

399 자동차 손상사망이 감소 정상으로 맞는 2가지는?

① 고속도로에서는 승차함부터 안전거리 유지할 수 있다.
② 자동차전용도로에서는 감속정지에 의해 지정 계산을 이어진다.
③ 고속도로 진입사고 정상한 거리를 두고 안전하게 운전할 수 있다.
④ 자동차 증정할 경우와 비 보여 정지하기에 어려워진다.

해설 ① 고속 자동차의 증정에 의해 정차 및 차량 공간정지 및 안전, 특히, 물가 온수점사가 차량이 갓길공간에 이어가지 않아야 한다.(도로교통법 제39조)

400 전방에 교통사고로 앞차가 급정지했을 때 추돌 사고를 방지하기 위한 가장 안전한 운전방법 2가지는?
① 앞차와 정지거리 이상을 유지하며 운전한다.
② 비상점멸등을 켜고 긴급자동차를 따라서 주행한다.
③ 앞차와 추돌하지 않을 정도로 충분히 감속하며 안전거리를 확보한다.
④ 위험이 발견되면 풋 브레이크와 주차 브레이크를 동시에 사용하여 제동거리를 줄인다.

해설 앞차와 정지거리 이상을 유지하고 앞차와 추돌하지 않을 정도로 충분히 감속하며 안전거리를 확보한다. (도로교통법 제19조)

401 좌석안전띠에 대한 설명으로 맞는 2가지는?
① 운전자가 안전띠를 착용하지 않은 경우 과태료 3만 원이 부과된다.
② 일반적으로 경부에 대한 편타 손상은 2점식에서 더 많이 발생한다.
③ 13세 미만의 어린이가 안전띠를 착용하지 않으면 범칙금 6만 원이 부과된다.
④ 안전띠는 2점식, 3점식, 4점식으로 구분된다.

해설 ① 운전자가 안전띠를 착용하지 않은 경우 범칙금 3만 원이 부과된다.
② 일반적으로 경부에 대한 편타손상은 2점식에서 더 많이 발생한다.
③ 13세 미만의 어린이가 안전띠를 착용하지 않으면 과태료 6만 원이 부과된다.
④ 안전띠는 착용방식에 따라 2점식, 3점식, 4점식으로 구분된다.

402 좌석 안전띠 착용에 대한 설명으로 맞는 2가지는?
① 가까운 거리를 운행할 경우에는 큰 효과가 없으므로 착용하지 않아도 된다.
② 자동차의 승차자는 안전을 위하여 좌석 안전띠를 착용하여야 한다.
③ 어린이는 부모의 도움을 받을 수 있는 운전석 옆 좌석에 태우고, 좌석 안전띠를 착용시키는 것이 안전하다.
④ 긴급한 용무로 출동하는 경우 이외에는 긴급자동차의 운전자도 좌석 안전띠를 반드시 착용하여야 한다.

해설 자동차의 승차자는 안전을 위하여 좌석 안전띠를 착용하여야 하고 긴급한 용무로 출동하는 경우 이외에는 긴급자동차의 운전자도 좌석 안전띠를 반드시 착용하여야 한다. (도로교통법 제50조)

403 도로교통법령상 교통사고 발생 시 긴급을 요하는 경우 동승자에게 조치를 하도록 하고 운전을 계속할 수 있는 차량 2가지는?
① 병원으로 부상자를 운반 중인 승용자동차
② 화재진압 후 소방서로 돌아오는 소방자동차
③ 교통사고 현장으로 출동하는 견인자동차
④ 택배화물을 싣고 가던 중인 우편물자동차

해설 도로교통법 제54조(사고 발생 시의 조치)제5항 긴급자동차, 부상자를 운반 중인 차, 우편물자동차 및 노면전차 등의 운전자는 긴급한 경우에는 동승자 등으로 하여금 사고 조치나 경찰에 신고를 하게 하고 운전을 계속할 수 있다.

404 도로교통법령상 교통사고 발생 시 계속 운전할 수 있는 경우로 옳은 2가지는?
① 긴급한 환자를 수송 중인 구급차 운전자는 동승자로 하여금 필요한 조치 등을 하게하고 계속 운전하였다.
② 긴급한 회의에 참석하기 위해 이동 중인 운전자는 동승자로 하여금 필요한 조치 등을 하게하고 계속 운전하였다.
③ 긴급한 우편물을 수송하는 차량 운전자는 동승자로 하여금 필요한 조치 등을 하게하고 계속 운전하였다.
④ 긴급한 약품을 수송 중인 구급차 운전자는 동승자로 하여금 필요한 조치 등을 하게하고 계속 운전하였다.

해설 긴급자동차 또는 부상자를 후송 중인 차 및 우편물 수송 자동차 등의 운전자는 긴급한 경우에 동승자로 하여금 필요한 조치나 신고를 하게하고 운전을 계속할 수 있다.(도로교통법 제54조 제5항)

405 교통사고 현장에서 증거확보를 위한 사진 촬영 방법으로 맞는 2가지는?
① 블랙박스 영상이 촬영되는 경우 추가하여 사진 촬영할 필요가 없다.
② 도로에 엔진오일, 냉각수 등의 흔적은 오랫동안 지속되므로 촬영하지 않아도 된다.
③ 파편물, 자동차와 도로의 파손부위 등 동일한 대상에 대해 근접촬영과 원거리 촬영을 같이 한다.
④ 차량 바퀴의 진행방향을 스프레이 등으로 표시하거나 촬영을 해 둔다.

해설 파손부위 근접 촬영 및 원거리 촬영을 하여야 하고 차량의 바퀴가 돌아가 있는 것까지도 촬영해야 나중에 사고를 규명하는데 도움이 된다.

406 다음 중 장거리 운행 전에 반드시 점검해야 할 우선순위 2가지는?
① 차량 청결 상태 점검 ② DMB(영상표시장치) 작동여부 점검
③ 각종 오일류 점검 ④ 타이어 상태 점검

해설 장거리 운전 전 타이어 마모상태, 공기압, 각종 오일류, 와이퍼와 워셔액, 램프류 등을 점검하여야 한다.

407 교통사고처리특례법상 형사 처벌되는 경우로 맞는 2가지는?
① 종합보험에 가입하지 않은 차가 물적 피해가 있는 교통사고를 일으키고 피해자와 합의한 때
② 택시공제조합에 가입한 택시가 중앙선을 침범하여 인적 피해가 있는 교통사고를 일으킨 때
③ 종합보험에 가입한 차가 신호를 위반하여 인적 피해가 있는 교통사고를 일으킨 때
④ 화물공제조합에 가입한 화물차가 안전운전 불이행으로 물적 피해가 있는 교통사고를 일으킨 때

해설 중앙선을 침범하거나 신호를 위반하여 인적 피해가 있는 교통사고를 일으킨 때는 종합보험 또는 공제조합에 가입되어 있어도 처벌된다.

408 도로교통법령상 범칙금 납부 통고서를 받은 사람이 2차 납부기간을 경과한 경우에 대한 설명으로 맞는 2가지는?
① 지체 없이 즉결심판을 청구하여야 한다.
② 즉결심판을 받지 아니한 때 운전면허를 40일 정지한다.
③ 과태료 부과한다.
④ 범칙금액에 100분의 30을 더한 금액을 납부하면 즉결심판을 청구하지 않는다.

해설 범칙금 납부 통고서를 받은 사람이 2차 납부기간을 경과한 경우 지체 없이 즉결심판을 청구하여야 한다. 즉결심판을 받지 아니한 때 운전면허를 40일 정지한다. 범칙금액에 100분의 50을 더한 금액을 납부하면 즉결심판을 청구하지 않는다. (도로교통법 제165조)

409 도로교통법령상 연습운전면허 취소사유로 규정 된 2가지는?
① 단속하는 경찰공무원등 및 시·군·구 공무원을 폭행한 때
② 도로에서 자동차의 운행으로 물적 피해만 발생한 교통사고를 일으킨 때
③ 다른 사람에게 연습운전면허증을 대여하여 운전하게 한 때
④ 신호위반을 2회한 때

해설 도로에서 자동차등의 운행으로 인한 교통사고를 일으킨 때 연습운전면허를 취소한다. 다만, 물적 피해만 발생한 경우를 제외한다.

정답
400. ①, ③ 401. ②, ④ 402. ②, ④ 403. ①, ④ 404. ①, ③ 405. ③, ④ 406. ③, ④ 407. ②, ③
408. ①, ② 409. ①, ③

410 도로교통법상 시동에 대한 설명으로 옳은 것 2가지는?

① 원동기 출력이 정격 최고 교통 연결전자를 사용한 정격 운동이다.
② 자전거 등은 – 자전거와 전기자전거를 의미한다.
③ 누가 동력 표기의 공용 – 교통 기본체로 구상장치를 사용하여 사람이 걸어서 운반할 수 있는 것이다.
④ 명시의 옳은 – 자전거가 미리 교통보에 진입한 경우에는 교차로에 진입하여야 한다.

해설 – 동력이 옳은 : 1. 자동차를 사용자가 가지 아니하는 그 자전거에는 진입하지 아니하여야 한다. 2. 자전거 등이 보도 또는 교차로에 미치 진행이 진입한 경우 교차로에 진입하여야 한다. 3. 자전거 등이 건설에 진입한 경우 교차로를 통과하여야 한다. – 자전거 등의 운행 : 자전거와 전기자전거 지역한 것 (도로교통법 제2조)

411 도로교통법상 '자동차'에 해당하는 2가지는?

① 경운기(트랙터)   ② 유도 엔진기
③ 자전거   ④ 관공자(동력 이용)

해설 – 자전거관 건설기계관리법 제26조 제1항 관련하여 관공자(트랙터), 아스팔트마니가, 노상안정기, 콘크리트믹서트럭, 콘크리트믹서트럭, 콘크리트믹서트럭 및 덤프트럭 등이 자동차에 포함된다.

412 도로교통법상 자동차(개인형 이동장치 제외) 등을 운전한 사람이 대조 1가지인에 대한 내용으로 문맥의 언급된 것 2가지는?

① 혈중알콜농도 0.2% 이상인 사람은 2년 이상 5년 이하의 장역이나 1천만 원 이상 2천만 원 이하의 별급
② 혈중알콜농도 0.1 이상 0.2%이상 이상인 사람은 1년 이상 2년 이하의 장역이나 500만 원 이상 1천만 원 이하의 별급
③ 혈중알콜농도 0.1 이상 0.2% 미만인 사람은 1년 이하의 장역이나 500만 원 이하의 별급
④ 혈중알콜농도 0.01 이상 0.1% 미만인 사람은 – 2년 이하의 장역이나 500만 원 이하의 별급

해설 ① 혈중알콜농도 0.2% 이상인 사람은 2년 이상 5년 이하의 장역이나 1천만 원 이상 2천만 원 이하의 별금 ② 혈중알콜농도 0.1 이상 0.2% 미만인 사람은 1년 이상 2년 이하의 장역이나 500만 원 이상 1천만 원 이하의 별금 ③ 혈중알콜농도 0.1 이상 0.2% 미만인 사람은 – 30년 이하의 장역이나 500만 원 이하의 별금 이다.

413 도로교통법상 "차로"를 설치할 수 없는 곳은?

① 교차로
② 터널 안
③ 횡단보도
④ 다리 위

해설 차로는 횡단보도, 교차로, 터널 안에는 설치할 수 없다.

414 도로교통법상 승용자동차 운전자가 법정 속도를 위반하여 운전하고 있는 경우 2가지는?

① 편도 2차로의 일반도로를 매시 85킬로미터 속도로 주행 중이다.
② 서해안 고속도로를 매시 90킬로미터 속도로 주행 중이다.
③ 자동차전용도로를 매시 95킬로미터 속도로 주행 중이다.
④ 편도 1차로인 고속도로를 매시 75킬로미터 속도로 주행 중이다.

해설 편도 2차로의 일반도로는 매시 80킬로미터, 자동차전용도로는 매시 90킬로미터가 법정속도이며, 서해안 고속도로는 매시 110킬로미터, 편도 1차로 고속도로는 매시 80킬로미터가 법정최고속도이다. (도로교통법 시행규칙 제19조)

415 도로교통법상 긴급자동차에 대한 설명으로 맞는 것 2가지는?

① 경찰 표지는 하지 않는다.
② 공무용 자동차는 모두 긴급자동차에 해당한다.
③ 긴급자동차는 원칙적으로 사이렌을 울리거나 경광등을 켜야 한다.
④ 전조등은 켜지 않는다.

해설 긴급자동차는 원칙적으로 사이렌을 울리거나 경광등을 켜는 등 안정한 표지를 하여야 한다. (도로교통법 시행령 제3조 제1항)

416 도로교통법상 긴급자동차의 조건으로 옳은 것 2가지는?

① 속도에 관한 규정은 긴급자동차에 적용하지 않는다.
② 긴급자동차는 안전표지의 지시에 따를 의무가 없다.
③ 긴급자동차는 교통사고가 일어나도 긴급자동차의 특례를 적용한다.
④ 긴급자동차는 긴급하고 부득이한 경우에 한하여 보도의 다른 부분으로 통행할 수 있다.

해설 도로교통법 제30조 (긴급자동차에 대한 특례 사용)

417 다음 중 도로교통법에 정의되어 있는, 일정한 내용 2가지는?

① "자전거도로"란 안전표지, 위험 방지용 공작물 및 노면표지로 경계를 표시하여 자전거 및 개인형 이동장치가 통행할 수 있도록 설치된 도로를 말한다.
② "자전거횡단도"란 자전거가 차마와 교통이 빈번한 도로를 횡단할 수 있도록 안전표지로써 표시한 도로의 부분을 말한다.
③ "자전거도로"의 공용은 법률 제1조에 규정되어 있다.
④ "자전거등"은 자전거와 기타 사람이 걸어가며 이동할 수 있는 것을 말한다.

해설 도로교통법 제2조

418 도로교통법상 자전거 운전자가 안전표시판에 대한 설명으로 맞는 것 2가지는?

① 자전거의 승차정원을 초과하여 동승자를 태우고 자전거를 운전하여서는 아니 된다.
② 자전거 운전자가 횡단보도를 이용하여 도로를 횡단할 때에는 자전거에서 내려서 자전거를 끌거나 들고 보행하여야 한다.
③ 자전거 운전자는 행정안전부령으로 정하는 크기와 구조를 갖추지 아니한 자전거를 도로에서 운전하여서는 아니 된다.
④ 자전거 운전자는 밤에 도로를 통행하는 때에는 전조등과 미등을 켜거나 야광띠 등 발광장치를 착용하여야 한다.

정답 410. ①, ③ 411. ①, ④ 412. ①, ② 413. ④ 414. ①, ③ 415. ②, ③ 416. ②, ④ 417. ②, ④ 418. ①, ②

419 도로교통법령상 자전거도로의 이용과 관련한 내용으로 적절치 않은 2가지는?
① 노인이 자전거를 타는 경우 보도로 통행할 수 있다.
② 자전거전용도로에는 원동기장치자전거가 통행할 수 없다.
③ 자전거도로는 개인형 이동장치가 통행할 수 없다.
④ 자전거전용도로는 도로교통법상 도로에 포함되지 않는다.

해설 도로교통법 제2조(정의) 자전거 도로의 통행은 자전거 및 개인형 이동장치(자전거등) 모두 가능하며, 자전거 전용도로도 도로에 포함됨

420 도로교통법령상 자전거가 통행할 수 있는 도로의 명칭에 해당하지 않는 2가지는?
① 자전거 전용도로
② 자전거 우선차로
③ 자전거, 원동기장치자전거 겸용도로
④ 자전거 우선도로

해설 자전거가 통행할 수 있는 도로에는 자전거전용도로, 자전거전용차로, 자전거우선도로, 자전거·보행자 겸용도로가 있다.

421 다음 중 친환경운전과 관련된 내용으로 맞는 것 2가지는?
① 온실가스 감축 목표치를 규정한 교토 의정서와 관련이 있다.
② 대기오염을 일으키는 물질에는 탄화수소, 일산화탄소, 이산화탄소, 질소산화물 등이 있다.
③ 자동차 실내 온도를 높이기 위해 엔진 시동 후 장시간 공회전을 한다.
④ 수시로 자동차 검사를 하고, 주행거리 2,000킬로미터마다 엔진오일을 무조건 교환해야 한다.

해설 공회전을 하지 말아야 하며 수시로 자동차 점검을 하고 엔진오일의 오염정도(약 10,000km주행)에 따라 교환하는 것이 경제적이다. 교토의정서는 선진국의 온실가스 감축 목표치를 규정한 국제협약으로 2005년 2월 16일 공식 발효되었다.

안전표지 4지 1답 (2점)

422 다음 안전표지 중 도로교통법령에 따른 규제표지는 몇 개인가?

① 1개
② 2개
③ 3개
④ 4개

해설 도로교통법시행규칙 별표6, 4개의 안전표지 중에서 규제표지는 3개, 보조표지는 1개이다.

423 도로교통법령상 지시표지가 설치된 도로의 통행방법으로 맞는 것은?

① 특수자동차는 이 도로를 통행할 수 없다.
② 화물자동차는 이 도로를 통행할 수 없다.
③ 이륜자동차는 긴급자동차인 경우만 이 도로를 통행할 수 있다.
④ 원동기장치자전거는 긴급자동차인 경우만 이 도로를 통행할 수 있다.

해설 도로교통법시행규칙 별표6, 자동차전용도로표지(지시표지 301번) 자동차 전용도로 또는 전용구역임을 지시하는 것이다.
도로교통법에 따라 자동차(이륜자동차는 긴급자동차만 해당한다.)외의 차마의 운전자 또는 보행자는 고속도로와 자동차전용도로를 통행하거나 횡단하여서는 아니 된다. 따라서 이륜자동차는 긴급자동차인 경우만 도로를 통행할 수 있다.

424 다음 안전표지가 설치된 도로를 통행할 수 없는 차로 맞는 것은?

① 전기자전거
② 전동이륜평행차
③ 개인형 이동장치
④ 원동기장치자전거(개인형 이동장치 제외)

해설 도로교통법시행규칙 별표6, 지시표지 302번, 자전거전용도로표지로 자전거 전용도로 또는 전용구역임을 지시하는 것이다. 도로교통법 시행규칙 제2조의2(개인형 이동장치의 기준) 1. 전동킥보드 2. 전동이륜평행차 3. 전동기의 동력만으로 움직일 수 있는 자전거

425 다음 안전표지에 대한 설명으로 맞는 것은?

① 어린이 보호구역 안에서 어린이 또는 유아의 보호를 지시한다.
② 보행자가 횡단보도로 통행할 것을 지시한다.
③ 보행자 전용도로임을 지시한다.
④ 노인 보호구역 안에서 노인의 보호를 지시한다.

해설 도로교통법 시행규칙 [별표6] 지시표지321 보행자전용도로표지이다.

426 다음 안전표지에 대한 설명으로 맞는 것은?

① 차가 직진 후 좌회전할 것을 지시한다.
② 차가 좌회전 후 직진할 것을 지시한다.
③ 차가 직진 또는 좌회전할 것을 지시한다.
④ 좌회전하는 차보다 직진하는 차가 우선임을 지시한다.

해설 도로교통법시행규칙 별표6, 지시표지 309번, 직진 및 좌회전표지로 차가 직진 또는 좌회전할 것을 지시하는 것

427 다음 안전표지에 대한 설명으로 맞는 것은?

① 노약자 보호를 우선하라는 지시를 하고 있다.
② 보행자 전용도로임을 지시하고 있다.
③ 어린이보호를 지시하고 있다.
④ 보행자가 횡단보도로 통행할 것을 지시하고 있다.

해설 도로교통법 시행규칙 별표6, 횡단보도표지(지시표지 322번) 보행자가 횡단보도로 통행할 것을 지시하고 있다.

428 다음의 안전표지에 대한 설명으로 맞는 것은?

① 노인보호구역에서 노인의 보호를 지시하는 것
② 노인보호구역에서 노인이 나란히 걸어갈 것을 지시하는 것
③ 노인보호구역에서 노인이 나란히 걸어가면 정지할 것을 지시하는 것
④ 노인보호구역에서 남성노인과 여성노인을 차별하지 않을 것을 지시하는 것

해설 도로교통법 시행규칙 별표6, 노인보호표지(지시표지 323번) 노인보호구역 안에서 노인의 보호를 지시한다.

429 다음 안전표지 중에서 지시표지는?

ⓐ 　ⓑ
ⓒ 　ⓓ

① ⓐ
② ⓑ
③ ⓒ
④ ⓓ

해설 도로교통법 시행규칙 별표6, 회전교차로표지(지시표지 304번), ⓐ 규제표지, ⓑ 보조표지, ⓓ 주의표지
도로교통법의 안전표지에 해당하는 종류로는 주의표지, 지시표지, 규제표지, 보조표지 그리고 노면표시가 있다.

정답 419. ③, ④　420. ②, ③　421. ①, ②　422. ③　423. ③　424. ④　425. ③　426. ③　427. ④　428. ①　429. ③

430 다음 안전표지의 종류로 맞는 것은?

① 우회전 표지
② 우측 통행 표지
③ 우회전 우선 표지
④ 우로 굽은 도로

해설 도로교통법 시행규칙 별표6, 우회전표지(지시표지 306)이다.

431 다음과 같은 교통안전시설이 설치된 교차로에서의 통행방법 중 맞는 것은?

① 좌회전 녹색 화살표시가 등화된 경우에만 좌회전 할 수 있다.
② 좌회전 신호 시 좌회전하거나 직진 신호 시 직진 또는 우회전할 수 있다.
③ 신호등과 관계없이 다른 교통에 주의하면서 좌회전 할 수 있다.
④ 황색 등화 시 좌회전 할 수 있다.

해설 도로교통법시행규칙 제6조, 도로교통법시행규칙 별표6, 좌회전 및 유턴 차로, 신호등에 의하여 좌회전하려는 차마는 좌회전 신호 시 좌회전하거나 직진 신호 시 직진 또는 우회전할 수 있다.

432 중앙선표시 위의 빗금 표시 구간에서의 통행방법에 대한 설명으로 틀린 것은?

① 중앙선표시 위에 설치된 빗금표시는 좌회전할 수 있는 구간임을 나타낸다.
② 중앙선표시 위에 설치된 빗금표시 구간에서는 금지된 유턴·좌회전을 할 수 없다.
③ 길가장자리에 설치된 빗금표시 구간에서는 정차 및 주차를 할 수 있다.
④ 안전지대는 안전표지로 표시된 도로의 부분이다.

해설 ① 도로교통법시행규칙 별표6, 노면표시531의3 좌회전 유도차로표시 ~ 교차로에 좌회전하려는 차가 다른 교통에 방해가 되지 아니하도록 좌회전 유도 차선을 표시하는 것, 중앙선표시(501), 길가장자리구역선표시(505), 안전지대표시(544) 동.

433 다음 교통안전표지가 설명은?

① 양측방 좌우회전 표지이다.
② 좌우로 이중 굽은 도로표지이다.
③ 좌우 합류 도로가 있다는 표지이다.
④ 앞에 좌우로 이중 굽은 도로가 있다는 표지이다.

해설 도로교통법시행규칙 별표6, 우좌로 이중굽은도로표지(주의표지 124)

434 다음의 안전표지가 설치되는 장소로 맞는 것은?

① 차마의 유턴을 허용하는 도로의 구간 또는 장소 내의 필요한 지점
② 교차로 또는 차마의 회전을 금지하는 도로의 구간이나 장소의 전면
③ 좌회전이 금지되는 지역 내 필요한 지점
④ 차마의 유턴을 금지하는 도로의 구간이나 장소의 전면

해설 도로교통법 시행규칙 별표6, 유턴금지표지(규제표지 216) 차마의 유턴을 금지하는 지역 내 필요한 지점에 설치

435 다음 상황에서 적색 노면표시에 대한 설명으로 맞는 것은?

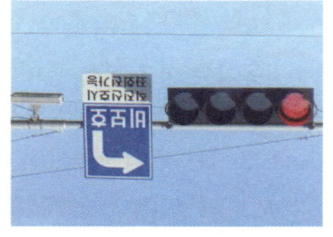

① 침체 시 정차 및 주차금지를 표시하는 것
② 중앙선표시를 나타내는 것
③ 안전지대로 양측에 황색실선 표시된 것
④ 전용차로표시를 나타내는 것

해설 도로교통법 시행규칙 별표6, 정차·주차금지 표지(노면표시 516)

436 다음과 같은 노면표시에 따른 운전행동으로 가장 알맞은 것은?

① 경음기를 올려 자전거가 찻길 밖으로 이동하도록 유도한다.
② 자전거 옆을 지날 때 1m 이상의 거리를 두고 서행한다.
③ 자전거 횡단도 표시가 없어도 자전거가 횡단할 수 있으므로 주의한다.
④ 어린이가 갑자기 자전거를 타고 도로로 진입할 수 있으므로 서행한다.

해설 도로교통법 시행규칙 별표6, 어린이 보호(어린이보호구역 안 530), 정차·주차 금지표시(노면표시 516), 자전거 횡단도(노면표시 534), 어린이 보호구역(안내표지 323)의 어린이는 13세 미만인 사람을 말한다.

437 다음 안전표지에 대한 설명으로 틀린 것은?

① 고원식횡단보도 표지이다.
② 볼록 사다리꼴과 과속방지턱 형태이며 높이는 10cm로 한다.
③ 운전자의 주의를 환기시킬 필요가 있는 지점에 설치한다.
④ 모든 도로에 설치할 수 있다.

해설 도로교통법시행규칙 별표6 고원식횡단보도표지(노면표시 533) 제한속도를 30km/h 이하로 제한할 필요가 있는 도로에서 횡단보도임을 표시하는 것

438 다음 안전표지에 대한 설명으로 맞는 것은?

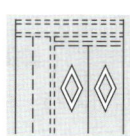

① 전방에 안전지대가 있음을 알리는 것이다.
② 차가 양보하여야 할 장소임을 표시하는 것이다.
③ 전방에 횡단보도가 있음을 알리는 것이다.
④ 주차할 수 있는 장소임을 표시하는 것이다.

해설 도로교통법 시행규칙 별표6 횡단보도표시(노면표시 529) 횡단보도 전 50미터에서 60미터 노상에 설치, 필요할 경우에는 10미터에서 20미터를 더한 거리에 추가 설치

439 다음 안전표지에 대한 설명으로 맞는 것은?

① 자전거 전용도로임을 표시하는 것이다.
② 자전거등의 횡단도임을 표시하는 것이다.
③ 자전거주차장에 주차하도록 지시하는 것이다.
④ 자전거도로에서 2대 이상 자전거의 나란히 통행을 허용하는 것이다.

해설 도로교통법 시행규칙 별표6 자전거횡단도표시(노면표시 534) 도로에 자전거 횡단이 필요한 지점에 설치, 횡단보도가 있는 교차로에서는 횡단보도 측면에 설치

440 다음 안전표지에 대한 설명으로 맞는 것은?

① 횡단보도임을 표시하는 것이다.
② 차가 들어가 정차하는 것을 금지하는 표시이다.
③ 차가 양보하여야 할 장소임을 표시하는 것이다.
④ 교차로에 오르막 경사면이 있음을 표시하는 것이다.

해설 도로교통법 시행규칙 별표6, 양보표시(노면표시 522번) 차가 양보하여야 할 장소임을 표시하는 것이다.

441 다음 안전표지에 대한 설명으로 맞는 것은?

① 차가 양보하여야 할 장소임을 표시하는 것이다.
② 노상에 장애물이 있음을 표시하는 것이다.
③ 차가 들어가 정차하는 것을 금지하는 표시이다.
④ 주차할 수 있는 장소임을 표시하는 것이다.

해설 도로교통법 시행규칙 별표6 정차금지지대표시(노면표시 524) 광장이나 교차로 중앙지점 등에 설치된 구획부분에 차가 들어가 정차하는 것을 금지하는 표시이다.

442 다음 안전표지의 의미로 맞는 것은?

① 자전거 우선도로 표시
② 자전거 전용도로 표시
③ 자전거 횡단도 표시
④ 자전거 보호구역 표시

해설 도로교통법 시행규칙 별표6 5. 노면표시 535의2 자전거 우선도로 표시

443 다음 차도 부문의 가장자리에 설치된 노면표시의 설명으로 맞는 것은?

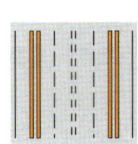

① 정차를 금지하고 주차를 허용한 곳을 표시하는 것
② 정차 및 주차금지를 표시하는 것
③ 정차를 허용하고 주차금지를 표시하는 것
④ 구역·시간·장소 및 차의 종류를 정하여 주차를 허용할 수 있음을 표시하는 것

해설 도로교통법 시행규칙 별표6, 노면표시516, 도로교통법 제32조에 따라 정차 및 주차금지를 표시하는 것

444 다음 안전표지의 의미로 맞는 것은?

① 교차로에서 좌회전하려는 차량이 다른 교통에 방해가 되지 않도록 적색등화 동안 교차로 안에서 대기하는 지점을 표시하는 것
② 교차로에서 좌회전하려는 차량이 다른 교통에 방해가 되지 않도록 황색등화 동안 교차로 안에서 대기하는 지점을 표시하는 것
③ 교차로에서 좌회전하려는 차량이 다른 교통에 방해가 되지 않도록 녹색등화 동안 교차로 안에서 대기하는 지점을 표시하는 것
④ 교차로에서 좌회전하려는 차량이 다른 교통에 방해가 되지 않도록 적색 점멸 등화 동안 교차로 안에서 대기하는 지점을 표시하는 것

해설 도로교통법 시행규칙 별표6 5. 노면표시 525의2번 좌회전 유도차로 표시

445 다음 안전표지의 의미로 맞는 것은?

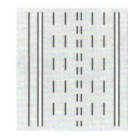

① 갓길 표시
② 차로변경 제한선 표시
③ 유턴 구역선 표시
④ 길가장자리구역선 표시

해설 도로교통법 시행규칙 별표6 5. 노면표시 505번 길가장자리구역선 표시

446 다음 노면표시의 의미로 맞는 것은?

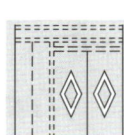

① 전방에 교차로가 있음을 알리는 것
② 전방에 횡단보도가 있음을 알리는 것
③ 전방에 노상장애물이 있음을 알리는 것
④ 전방에 주차금지를 알리는 것

해설 도로교통법 시행규칙 별표6 5. 노면표시 529번 횡단보도 예고 표시

447 다음 방향표지와 관련된 설명으로 맞는 것은?

① 150m 앞에서 6번 일반국도와 합류한다.
② 나들목(IC)의 명칭은 군포다.
③ 고속도로 기점에서 47번째 나들목(IC)이라는 의미이다.
④ 고속도로와 고속도로를 연결해 주는 분기점(JCT) 표지이다.

해설 고속도로 기점에서 6번째 나들목인 군포 나들목(IC)이 150m 앞에 있고, 나들목으로 나가면 군포 및 국도 47호선을 만날 수 있다는 의미이다.

448 고속도로에 설치된 표지판 속의 대전 143㎞가 의미하는 것은?

① 대전광역시청까지의 잔여거리
② 대전광역시 행정구역 경계선까지의 잔여거리
③ 위도상 대전광역시 중간지점까지의 잔여거리
④ 가장 먼저 닿게 되는 대전 지역 나들목까지의 잔여거리

해설 표지판 설치 위치에서 해당 지역까지 남은 거리를 알려주는 고속도로 이정표지판으로 고속도로 폐쇄식 구간에서 가장 먼저 닿는 그 지역의 IC 기준으로 거리를 산정한다.

정답 438.③ 439.② 440.③ 441.③ 442.① 443.② 444.③ 445.④ 446.② 447.② 448.④

449 다음 사진 속의 유턴표지에 대한 설명으로 틀린 것은?

① 차마가 유턴할 지점의 위치 또는 구역을 지정하는 표지이다.
② 유턴 안내 표지로 차가 좌로 굽은 도로에 진입할 수 있다.
③ 지시표지로 녹색등화 시에만 유턴할 수 있다.
④ 차마가 유턴할 지점의 위치 또는 구역을 지정하는 지시표지이다.

해설 도로교통법 시행규칙 별표6, 유턴표지(지시표지 311번) 차마가 유턴할 지점의 위치 또는 구역을 지정하는 지시표지이다.

450 다음 안전표지의 뜻으로 맞는 것은?

① 위험물을 실은 차량 통행금지
② 전기공급원 및 견인자동차 통행금지 08:00~20:00
③ 승용자동차 이외 자동차 통행금지 08:00~20:00
④ 이륜자동차 및 원동기장치자전거 08:00~20:00 통행금지

해설 이륜자동차 및 원동기장치자전거의 통행을 금지하는 규제표지이며, 이륜자동차 및 원동기장치자전거 통행금지표지(규제표지 206번), 통행을 금지하는 구역, 도로의 구간 또는 장소의 전면 또는 도로의 중앙에 설치

451 다음의 안전표지에 따라 견인되는 경우가 아닌 것은?

① 운전자가 차에서 떠나 4분 동안 짐을 내리고 있는 경우
② 운전자가 차에서 떠나 10분 동안 화장실에 다녀올 경우
③ 운전자가 차를 정지시키고 운전석에 4분 동안 앉아 있는 경우
④ 운전자가 차를 정지시키고 운전석에 10분 동안 앉아 있는 경우

해설 도로교통법 제2조(정의) 주·정차금지 안전표지가 설치된 곳에서는 주차는 물론 정차도 할 수 없으며, 주차와 정차의 정의는 다음과 같다. 주차란 운전자가 승객을 기다리거나 화물을 싣거나 차가 고장나거나 그 밖의 사유로 차를 계속 정지 상태에 두는 것 또는 운전자가 차에서 떠나서 즉시 그 차를 운전할 수 없는 상태에 두는 것을 말한다. 정차란 운전자가 5분을 초과하지 아니하고 차를 정지시키는 것으로서 주차 외의 정지 상태를 말한다.

452 다음 그림의 교통안전시설 중 자동장치가 아닌 것은?

· 녹색등

① 정동 또는 차로변경이 있을 시에는 교통안전표지가 설치된 지역(구간)은 도로상의 위험이 없다.
② 녹색등이 설치된 지점으로부터 4.73km 전방의 도로공사 예정지점임을 알리는 것이다.
③ 녹색등이 설치된 지점으로부터 40.73km 지점이 공사 중이라는 기점표지이다.
④ 기점표지이며 설치된 지점으로 기점으로부터 해당 노선의 경과 거리를 나타낸 기점표지이다.

해설 기점표지(기점표지, 소로표지·도로번호표, 도로명표, 위치표지 등)는 로로 이용자에게 공사진행상황 및 기점으로부터의 거리를 알려주는 시설물이다.

453 다음 안전표지에 대한 설명으로 맞는 것은?

① 일련번호, 건설년월 및 차로주변을 통하여 할 수 있는 표지판이다.
② 일련번호, 차로주변 및 운영상태를 통하여 알 수 있는 표지판이다.
③ 지점 안내를 위한 자전거도로 구간 번호를 알 수 있는 표지판이다.
④ 일련번호, 설치종류별 및 차로수와 같은 구간 가지번호를 알 수 있는 표지판이다.

해설 시점표는 도로의 차로공사구역 및 공사지점 등을 안내하는 표지를 의미한다.

454 다음 안전표지에 대한 설명으로 바르지 않은 것은?

① 어린이 보호구역에서 어린이 이동안전을 위해 표지판 주변 일정 시간 동안 정지시켜 놓을 수 있다.
② 어린이 보호구역에서 어린이 이동안전을 위해 표지판 주변 일정 시간 동안 주차할 수 있다.
③ 어린이 보호구역에서 어린이 이동안전을 위해 자동차의 일시정지 할 수 있다.
④ 어린이 보호구역에서 어린이 이동안전을 위해 자동차의 일시정지 및 주차할 수 있다.

해설 도로교통법 시행규칙 별표6 어린이승하차 320의4. 어린이 일시정지 및 주차를 위해 지정된 구역을 의미한다.

455 도로표지규칙상 다음 도로표지의 명칭으로 맞는 것은?

① 이정표지
② 속도제한표지
③ 입체교차로 유도표지
④ 출구감속 유도표지

해설 도로표지규칙(국토교통부령) 별표 426-3항 출구감속유도표지는 고속도로의 본선 출구분기점의 입구에서 300m, 200m, 100m 지점에 각각 설치한다.

456 다음 도로명판에 대한 설명으로 맞는 것은?

① 왼쪽과 오른쪽 양방향 도로구간이다.
② "1→" 이 위치는 강남대로 시작점이다.
③ 강남대로 699미터이다.
④ "강남대로"는 도로 이름을 나타낸다.

해설 강남대로의 넓은 길 시작점을 의미하며 "1→" 이 사작지점 강남도로의 시작점을 의미하고 강남대로는 6,99킬로미터를 의미한다.

457 다음과 같은 기점 표지판의 의미는?

① 국도와 고속도로 10지점을 알리는 기점 표지
② 고속도로와 시가지의 거리가 얼마나 남았는지 알리는 기점표지
③ 고속도로 종점까지의 거리를 알리는 기점표지
④ 톨게이트까지의 거리를 알리는 기점 표지

해설 고속도로가 시작지점에서 현재 시점까지의 거리를 알리는 표지
- 후방에 써있는 숫자: 기점부터 현재까지의 거리(km)
- 전면에 써있는 숫자: 고속국도 노선번호 가지번호(km)

458 다음 안전표지에 대한 설명으로 잘못된 것은?

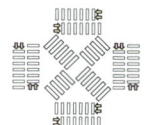

① 대각선횡단보도표시를 나타낸다.
② 모든 방향으로 통행이 가능한 횡단보도이다.
③ 보도 통행량이 많거나 어린이 보호구역 등 보행자 안전과 편리를 확보할 수 있는 지점에 설치한다.
④ 횡단보도 표시 사이 빈 공간은 횡단보도에 포함되지 않는다.

해설 도로교통법 시행규칙 별표6. 532의 2. 대각선횡단보도표시 모든 방향으로 통행이 가능한 횡단보도(횡단보도 표시 사이 빈 공간도 횡단보도에 포함한다)임을 표시하는 것.
보도 통행량이 많거나 어린이 보호구역 등 보행자 안전과 편리를 확보할 수 있는 지점에 설치한다.

459 다음 중에서 관공서용 건물번호판은?

ⓐ    ⓑ
ⓒ    ⓓ

해설 ⓐ와 ⓑ은 일반용 건물번호판이고, ⓒ는 문화재 및 관광용 건물번호판, ⓓ는 관공서용 건물번호판이다.(도로명 주소 안내시스템 http://www.juso.go.kr)

460 다음 건물번호판에 대한 설명으로 맞는 것은?

① 평촌길은 도로명, 30은 건물번호이다.
② 평촌길은 주 출입구, 30은 기초번호이다.
③ 평촌길은 도로시작점, 30은 건물주소이다.
④ 평촌길은 도로별 구분기준, 30은 상세주소이다.

해설

461 다음 3방향 도로명 예고표지에 대한 설명으로 맞는 것은?

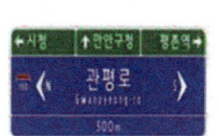

① 좌회전하면 300미터 전방에 시청이 나온다.
② '관평로'는 북에서 남으로 도로구간이 설정되어 있다.
③ 우회전하면 300미터 전방에 평촌역이 나온다.
④ 직진하면 300미터 전방에 '관평로'가 나온다.

해설 도로구간은 서→동, 남→북으로 설정되며, 도로의 시작지점에서 끝지점으로 갈수록 건물번호가 커진다.

462 다음 영상을 보고 확인되는 가장 위험한 상황은? (홈페이지 참조)

① 우측 정차 중인 대형차량이 출발하려고 하는 상황
② 반대방향 노란색 승용차가 신호위반을 하는 상황
③ 우측도로에서 우회전하는 검은색 승용차가 1차로로 진입하는 상황
④ 반대방향 하얀색 승용차가 외륜차를 고려하지 않고 우회전하는 상황

해설 우회전하려는 자동차가 직진하는 차의 속도를 느림으로 추정하는 경우 주차된 차들을 피해서 1차로로 한 번에 진입하는 사례가 많다. 따라서 우회전하는 자동차가 있는 경우 직진이 우선이라는 절대적 판단을 삼가고 우회전 자동차 운전자가 무리하게 진입하는 경우를 예측하며 운전할 필요성이 있다.

사진형 5지 2답 문제 (3점)

463 다음 중 장애인·노인·임산부 등의 편의증진 보장에 관한 법령상 '장애인전용주차구역 주차 방해 행위'로 바르지 않은 2가지는?

① 장애인전용주차구역 내에 물건 등을 쌓아 주차를 방해하는 행위
② 장애인전용주차구역 앞이나 뒤, 양 측면에 물건 등을 쌓거나 주차하는 행위
③ 장애인전용주차구역 주차표지가 붙어 있지 아니한 자동차를 장애인전용주차구역에 주차하는 행위
④ 장애인전용주차구역 선과 장애인전용표시 등을 지우거나 훼손하여 주차를 방해하는 행위
⑤ 장애인전용주차구역 주차표지가 붙어 있지만 보행에 장애가 있는 사람이 타지 아니한 자동차를 장애인전용주차구역에 주차하는 행위

해설 1. 장애인전용주차구역 내에 물건 등을 쌓아 주차를 방해하는 행위
2. 장애인전용주차구역 앞이나 뒤, 양 측면에 물건 등을 쌓거나 주차하는 행위
3. 장애인전용주차구역 진입로에 물건 등을 쌓거나 주차하는 행위
4. 장애인전용주차구역 선과 장애인전용표시 등을 지우거나 훼손하여 주차를 방해하는 행위
5. 그 밖에 장애인전용주차구역에 주차를 방해하는 행위

464 다음과 같은 상황에서 가장 안전한 운전방법 2가지는?

• 어린이 보호구역

① 진행방향에 차량이 없으므로 도로 우측에 정차할 수 있다.
② 어린이 보호구역이라도 어린이가 없을 경우에는 최고 제한속도를 준수하지 않아도 된다.
③ 안전표지가 표시하는 최고 제한속도를 준수하며 진행한다.
④ 어린이가 갑자기 나올 수 있으므로 주위를 잘 살피며 진행한다.
⑤ 어린이 보호구역으로 지정된 구간은 최대한 속도를 내어 신속하게 통과한다.

해설 어린이 보호구역 내이므로 최고속도는 30km/h이내를 준수하고, 어린이를 발견할 때에는 어린이의 움직임에 주의하면서 전방을 잘 살펴야 한다. 어린이 보호구역내 사고는 안전운전 불이행, 보행자 보호의무위반, 불법 주.정차, 신호위반 등 법규를 지키지 않는 것이 원인이다. 그리고 보행자가 횡단할 때에는 반드시 일시정지한 후 보행자의 횡단이 끝나면 안전을 확인하고 통과하여야 한다.

465 다음과 같은 상황에서 가장 안전한 운전방법 2가지는?

• 노인 보호구역

① 경음기를 계속 울리며 빠르게 주행한다.
② 미리 충분히 감속하여 안전에 주의한다.
③ 보행하는 노인이 보이지 않더라도 서행으로 주행한다.
④ 가급적 앞 차의 후미를 바싹 따라 주행한다.
⑤ 전방에 횡단보도가 있으므로 속도를 높여 신속히 노인보호구역을 벗어난다.

해설 노인보호구역은 노인이 없어 보이더라도 서행으로 통과한다.

정답 458.④ 459.④ 460.① 461.④ 462.③ 463.③,⑤ 464.③,④ 465.②,③

466 다음과 같은 상황에서 가장 안전한 운전방법 2가지는?

- 어린이 보호구역 내 횡단보도 중

① 시속 30킬로미터 이내로 서행한다.
② 횡단보도 신호등이 없으므로 빨리 통과한다.
③ 주차는 할 수 있으나 정차는 금지된다.
④ 횡단보도를 통과할 때에는 유아나 어린이가 갑자기 뛰어 나올 수 있으므로 주의해야 한다.
⑤ 보도와 차도가 분리되지 않은 도로에서는 보행자의 옆을 지날 때 안전한 거리를 두고 서행해야 한다.

467 다음과 같은 어린이 보호구역을 통과할 때 운전자의 올바른 자세로 맞는 2가지는?

- 어린이 보호구역 내 신호교차로

해설 어린이 보호구역의 제한속도는 시속 30km/h 이내로 준수하여야 하고, 어린이가 언제 어디서 뛰어나올지 알 수 없으므로 주위를 잘 살피며 운전하여야 한다. 그리고 횡단보도 앞에서는 일시정지 혹은 서행하여 횡단보도를 통해 도로를 횡단하는 어린이가 있는지 확인하여야 한다.

① 어린이 보호구역 내이므로 시속 30킬로미터 이내로 운전하여야 한다.
② 횡단보도를 통행할 때는 정지선에 일시정지 하여 보행자의 횡단이 끝나기를 기다린다.
③ 속도를 높여 신속히 지나간다.
④ 어린이가 보이지 않더라도 방심하지 않고 주위를 잘 살피면서 감속 운행한다.
⑤ 어린이가 갑자기 뛰어 나올 수 있으므로 경음기를 계속 사용하며 주행한다.

468 다음과 같은 어린이 보호구역에서 대응할 수 있는 가장 적절한 운전방법은?

- 어린이 보호구역

해설 어린이 보호구역에서 최고 시속 30킬로미터 이내로 서행하여야 하며, 어린이가 무단횡단 하거나 갑자기 나타나 충돌사고가 발생하는 경우가 많으므로 제한속도 이내로 서행하고 주정차 금지구역에 주 정차하지 않아야 한다.

① 반드시 제한속도 시속 30킬로미터 이내로 서행하여야 한다.
② 어린이 보호구역이므로 서행한다.
③ 차량의 운전자는 어린이의 안전을 위해 일시정지 하여야 한다.
④ 어린이 및 영유아의 안전에 유의하여야 한다.
⑤ 주 · 정차를 할 수 있다.

469 다음과 같은 상황에서 가장 안전한 운전방법 2가지는?

- 어린이 보호구역
- 이면도로 일방통행 도로
- 불법 주·정차 차량

① 좌우측 보도에서 어린이나 보행자가 갑자기 나올 수 있으므로 서행한다.
② 우측에 주차된 차량을 피해 재빨리 중앙선을 넘어 통과한다.
③ 승용차는 어린이보호구역 내 주·정차가 가능하다.
④ 어린이 보호구역을 알리는 표지판과 노면표시가 있으므로 제한속도가 시속 30킬로미터 이내이다.
⑤ 전방의 차량을 앞지르기 하기 위해 속도를 높인다.

470 다음과 같은 상황에서 가장 안전한 운전방법 2가지는?

- 야간 운전 중
- 눈이 쌓이지 않는 이면도로

해설 야간에 눈이 녹지 않은 이면도로에서는 가시거리가 짧고, 노면이 미끄러워 안전거리를 충분히 확보하여 감속 운행해야 하며, 시각기기 어려운 사람이나 자전거, 보행자 등 통행이 많은 주택가 및 어린이 보호구역에서는 더욱 감속운전하여야 한다.

① 어린이 보호구역이 시작되는 곳이므로 속도를 줄여 진입한다.
② 대형차 옆을 통과하는 경우 서행으로 주의하며 진행한다.
③ 눈이 있는 내리막길이므로 가급적 중앙선 쪽으로 붙어 주행한다.
④ 한적한 야간에는 속도를 높여 운행한다.
⑤ 전방 보행자와의 안전거리가 충분하므로 서행할 필요가 없다.

471 다음 상황에서 가장 안전한 운전방법 2가지는?

- 어린이 보호구역
- 전방 불법 주정차 차량
- 편도 1차로 도로

① 어린이 보호구역이므로 제한속도를 준수하며 주행한다.
② 주정차 금지구역에 주차된 차량으로 인해 보행자의 시야가 가려져 있음을 주의한다.
③ 횡단 중인 보행자로 인해 정차할 경우 경음기를 울려 주의를 준다.
④ 앞쪽에서 진행 중인 차가 있으므로 앞지르기 금지 장소이지만 속도를 줄이지 않고 통과한다.
⑤ 어린이 보행자가 갑자기 나타날 수 있으므로 제한속도 내로 서행하여야 한다.

정답 466. ①, ⑤ 467. ①, ④ 468. ①, ④ 469. ①, ④ 470. ②, ③ 471. ②, ⑤

해설 정당한 사유 없이 계속 경음기를 울리며 진행하면 안 되며, 좌측 진입로로 진행하고자 하더라도 중앙선이 있으므로 넘어가서 진행하면 안 된다. 어린이 보호구역 내 과속방지턱은 횡단보도의 역할을 하는 것이 아니다. 중앙선을 넘어 진행하는 차량이 있는 경우 속도를 낮춰 사고의 위험을 피하는 것이 안전하며, 좌측 버스로 인하여 시야 확보가 곤란하므로 보행자의 안전에 특히 유의하며 진행한다. 어린이 보호구역에서는 허용된 구간을 제외하고는 주정차가 금지된다.

472 다음 상황에서 가장 안전한 운전방법 2가지는?

- 어린이 보호구역
- 전방 차량 삼색신호등 적색등화
- 우측 횡단보도 보행신호
- "T"자형 교차로(삼거리)

① 전방 차량신호등 적색등화에서 우회전하려는 경우 일시정지 없이 전방 횡단보도를 통과할 수 있다.
② 우측 보행신호가 녹색등화이고 보행자가 있으므로 우회전하려는 경우 횡단보도 전에 일시정지한다.
③ 보행신호가 적색등화로 바뀐 후에도 보행자가 횡단보도를 보행 중인 경우 경음기를 울려 보행을 재촉한다.
④ 우측 보행신호가 녹색등화이므로 차량신호등 등화와 관계없이 좌회전할 수 있다.
⑤ 뒤늦게 횡단하는 보행자가 있을 수 있으므로 안전에 더욱 주의하며 운전한다.

해설 어린이 보호구역 내 횡단보도가 설치된 곳은 보행자의 안전을 위해 더욱 주의하며 운전해야 하며, 삼색신호등 적색등화에서 우회전하려면 전방 횡단보도 진입 전에 일시정지 후 우회전이 가능하다. 우회전하면 나타나는 횡단보도 보행신호에 보행자가 있는 경우 그 안전을 위해 일시정지하고 대기하며 경음기를 울려 보행을 재촉해서는 안 된다. 차량 신호등이 적색등화일 때 좌회전하는 경우 신호위반이 성립한다.

473 다음 상황에서 가장 안전한 운전방법 2가지는?

- 어린이 보호구역
- 신호기 없는 횡단보도
- 우측 골목으로 이어지는 교차로
- 고임목을 괴고 주차 중인 소방차
- 좌로 굽은 오르막 편도 1차로 도로

① 우측 골목길에서 나타나는 차량이 있을 수 있으므로 빠르게 교차로를 통과한다.
② 전방 좌측에 주차된 소방차로 인하여 시야 확보가 곤란한 상황이므로 속도를 낮추고 전방 상황을 잘 살핀다.
③ 어린이 보호구역 내에서는 횡단보도에 보행자가 있는 경우에만 일시정지 후 진행한다.
④ 우회전하려는 경우 우측 골목길에서 나오는 차량이나 보행자를 잘 살피며 진행한다.
⑤ 어린이 보호구역은 모두 최고 제한속도가 시속 30 킬로미터이므로 최고 제한속도 이내로 주행하면 된다.

해설 어린이 보호구역 내 신호가 없는 횡단보도에서는 보행자 유무에 관계없이 반드시 일시정지하여야 하며, 전방에 주차된 소방차를 넘어 진행하는 차량에 대비하여 운전할 필요가 있다. 시야가 확보되지 아니한 도로에서 속도를 높여 주행하는 것은 위험하며, 우회전하려는 경우 보행자나 다른 차량을 잘 살피고 운전해야 안전하다.

474 다음 상황에서 가장 안전한 운전방법 2가지는?

- 비 오는 날 등굣길
- 중앙선이 없는 이면도로
- 교통안전 활동 중인 봉사자
- 신호기 없는 교차로
- 우측 학교 정문

① 우산을 쓴 보행자 안전에 더욱 주의하며 운전한다.
② 주위에 보행자가 많으므로 속도를 높여 빠르게 통과한다.
③ 어린이 보호구역이 아닌 곳이라 하더라도 학교 앞이므로 보행자의 안전에 주의하며 진행한다.
④ 신호기 없는 교차로가 전방에 있고 좌우측 시야 확보가 불가한 상황이므로 서행하며 진행한다.
⑤ 주차된 차량 사이로 보행자가 나타날 수 있으므로 경음기를 계속 울리고 경고하며 진행한다.

해설 어린이 보호구역이 아니더라도 보행자가 많은 도로와 특히 비 오는 날은 우산으로 인해 보행자의 시야가 제한되므로 운전자가 보행자의 안전에 더욱 주의해야 하며, 신호기가 없는 교차로에서 주위에 주차 차량으로 시야 확보가 안 되는 경우 서행이 아니라 일시정지 후 진입하고, 정당한 사유 없이 경음기를 계속 울리며 주행하는 것은 지양해야 한다.

475 다음 상황에서 가장 안전한 운전방법 2가지는?

- 어린이 보호구역
- 좌측 도로 진입로 및 우측 골목길
- 전방 신호기 없는 횡단보도

① 보행자가 없더라도 경음기를 계속 울리며 진행한다.
② 우측 주차된 화물차량 뒤로 골목길이 있어 보행자나 차량의 상황을 잘 살피기 위해 일시정지 후 교차로에 진입한다.
③ 횡단보도에 신호기가 없으므로 보행자가 없는 경우 서행하며 그대로 진행한다.
④ 전방에 중앙선을 넘어 진행하는 차량이 있으므로 속도를 낮춰 사고의 위험을 줄인다.
⑤ 우회전하려는 경우 우측 "정지"표지가 있으나 차량신호기가 없으므로 일시정지하지 않고 그대로 우회전한다.

해설 좌우 확인이 불가한 신호 없는 교차로는 일시정지 후 진입하여야 하고, 어린이 보호구역 내 신호기 없는 횡단보도는 보행자 유무와 관계없이 일시정지하여야 한다. 전방에 중앙선을 넘는 차량이 있으므로 사고가 발생치 않도록 속도를 줄이고, 정당한 사유 없이 경음기를 계속 울리며 진행하는 것은 지양해야 한다. "정지"표지가 있는 경우 우회전하려면 반드시 일시정지 후 진입해야 한다.

476 다음 중 소방기본법령상 소방자동차 전용구역에 대한 설명으로 옳지 않은 2가지는?

- 출입구 차단막이 있는 공동주택

① 소방활동의 원활한 수행을 위하여 공동주택에 설치한다.
② 누구든지 전용구역에 차를 주차하거나 전용구역에의 진입을 가로막는 등 방해행위를 하여서는 아니 된다.
③ 공동주택의 건축주는 예외 없이 각 동별로 1개소 이상 설치해야 한다.
④ 사진과 같이 주차하였을 경우 과태료 부과대상이다.
⑤ 전용구역 표지를 지우거나 훼손하는 행위는 전용구역 방해행위에 해당되지 않는다.

해설 ①,② 소방기본법 제21조의2(소방자동차 전용구역 등)
③ 소방기본법 시행령 제7조의13(소방자동차 전용구역의 설치 기준·방법)
④ 소방기본법 시행령 제19조(과태료 부과기준) 별표 3
⑤ 소방기본법 시행령 제7조의14(전용구역 방해행위의 기준)

정답 472. ②, ⑤ 473. ②, ④ 474. ①, ③ 475. ②, ④ 476. ③, ⑤

477 승용자동차 긴급자동차 중 통행 방향 자전거의 긴급자동차의 진행을 원활하게 하기 위한 2가지는?

- 초저녁 이륜자동차
- 회전 진입등 켜고 운행 중인 긴급자동차

① 속도를 줄여 도로의 우측 가장자리로 피양하여 이동한다.
② 해당 차로에 정지하여 긴급자동차가 먼저 진행하도록 한다.
③ 급제동하여 긴급자동차가 빠르게 통과하도록 한다.
④ 속도를 올려 다음 교차로에서 우회전 또는 좌회전하여 진행 방향을 바꾼다.
⑤ 추월을 원하는 긴급자동차의 진행을 위해 속도를 내어 진행한다.

해설 주행 중인 차량은 긴급자동차의 원활한 진행을 위하여 그 자동차의 진로를 양보하여야 한다.

---

478 다음 상황에서 바람직한 운전방법 2가지는?

- A - 긴급자동차, B - 승용차
- 시가지 A시 앞 정지 신호를 받고서 B 승용차
- 전방 300 미터 앞에서 사거리 교차로 일시 정지
- 1차로를 주행하다가 방향을 오른쪽으로 바꿔 진행
- 제한 시속

① B 승용차 - 시속 100 킬로미터로 주행했다.
② A 승용차 - 시속 70 킬로미터로 주행했다.
③ B 승용차 - 교차로에서 일시정지했다.
④ A 승용차 - 교차로에서 일시정지했다.
⑤ B 승용차 - 일시정지 안전지대를 통과하지 않았다.

해설 1. 제11조에 따르면 자동차등의 속도 규정. 다음. 제12조에 따라 긴급자동차에 대한 속도를 제외한다. 긴급자동차 등의 사용을 허용한다. 2. 제12조에 따라 일시정지·안전지대에 따른 적용을 받는다.

---

479 다음 상황에서 가장 안전하게 운전해야는 2가지는?

- 겨울 2차로 도로
- 승용자동차 앞서가고 있음
- 2차로 시가지 교통 중

① 긴급자동차가 진행을 위해 정지한 다음 바로 진행한다.
② 안전운전을 지속해야 한다.
③ 긴급자동차가 먼저 지나가는 다른 상황들에 맞춰 속도를 제한하여 진행한다.
④ 긴급자동차가 앞서가고 있는 마지막으로 진행은 강화된다.
⑤ 긴급자동차가 빠르게 지나가지 못하게 하여 급차동차를 공격하지 못한다.

해설 통행 중 긴급자동차를 만난 일시정지에 따라 피양하지 않은 이 중 긴급자동차가 우선 통행을 저방하면, 긴급자동차의 운행에 지장을 주지 않도록 속도를 피양하여 진행을 금한다.

---

480 다음 상황에서 가장 안전한 운전방법 2가지는?

- 편도 2차로 도로
- 주측 사이드미러로 2차로에서 통행 중
- 주변 통행차 많이 없는 상황

① 진행 방향으로 2차로에서 저속운행 차량에 진한 경우 앞차의 진로를 양보한다.
② 경찰차 앞에서 주행 중인 경우 급차로를 피해 우회전한다.
③ 2차로 밖에 긴급자동차를 피해 교차로로 진입한다.
④ 긴급자동차가 진행 통행해 우측 차로에 피해 정지한다.
⑤ 긴급자동차가 진로를 양보받기 어려운 경우 2차로 가장자리로 피해 진로를 양보하여 진행한다.

해설 통행 중 긴급자동차를 만난 경우 긴급자동차의 원활한 진행을 위하여 차로를 피양하여야 하며, 교차로 부근인 경우 교차로를 피하여 우측으로 피양한다.

---

481 다음 상황에서 교통신호체계가 이에 따라 통행으로 가장 옳은 것 2가지는?

- 시가지 교차로 진입
- 동시 신호등 등 차량 신호등등 있음
- 반대 차선에서 자동차 타고 진행하고 있는 상황

① 정지선이 없이 자전거를 이용할 수 있다.
② 자전거도로 - 자전거가 안에 있는 우측 도로로 빠른 속도로 통행할 수 있다.
③ 자전거도로 - 녹색등화가 경찰 지원자의 통행 경우 멈춰 정지하여야 한다.
④ 자전거도로 경우 신호등이 있지 않은 경우 자전거는 빠른 속도로 통행한다.
⑤ 자전거도로 경우 신호등이 있지 않은 경우 자전거는 통행할 수 없다.

해설 자전거도로 경우 중앙은 자전거도로에 진행하여 자전거도로와 진행에 따른다. 자전거도로에 따른다. 자전거도로에 자전거등 신호등이 없으며 자전거등이 교차에 따른다.

---

482 다음 상황에서 가장 옳은 운전방법 2가지는?

- 시가지 도로
- 편도 3차로
- 도로에서 개천로 이동공간을 타는 사람

① 우회전하는 긴급자동차의 원활한 통행을 위하여 사용하여야 정지하여야 한다.
② 우회전하는 때에는 미리 도로의 우측 가장자리로 피양하여야 한다.
③ 우회전하는 공사의 마련 신호에 따라 직진하거나 적정한 속도로 회전하여야 한다.
④ 우회전 정차 중인 자동차가 있는 경우 정지하여야 한다.
⑤ 시가지에서는 야간이라도 전기 때문에 경동 없이 필요 없다.

해설 모든 차의 운전자는 교차로에서 우회전을 하려는 경우에는 미리 도로의 우측 가장자리를 서행하면서 우회전하여야 한다. 이 경우 우회전하는 차의 운전자는 신호에 따라 정지하거나 진행하는 보행자 또는 자전거 등에 주의하여야한다(도로교통법 제25조 제1항).

483 다음 상황에서 가장 잘못된 운전방법 2가지는?

- 자전거 운전자
- 주차 중인 어린이통학버스

① 자전거 운전자는 횡단보도를 통행할 수 있다.
② 자전거 운전자가 어린이라면 보도를 통행할 수 있다.
③ 자전거 운전자는 안전모를 착용해야 한다.
④ 자전거 운전자는 밤에 도로를 통행하는 때에는 전조등과 미등을 켜거나 야광띠 등 발광장치를 착용하여야 한다.
⑤ 어린이통학버스는 어린이의 승하차 편의를 위해 도로의 좌측에 주차하거나 정차할 수 있다.

해설 자전거 등의 운전자는 자전거도로(제15조제1항에 따라 자전거만 통행할 수 있도록 설치된 전용차로를 포함한다. 이하 이 조에서 같다)가 따로 있는 곳에서는 그 자전거도로로 통행하여야 한다.

484 다음 상황에서 가장 안전한 운전방법 2가지는?

- 농어촌도로

① 농기계가 주행 중이 아니라면 운전자는 특별히 주의할 것은 없다.
② 농어촌도로는 제한속도 규정이 없으므로 가속하여 운전한다.
③ 노면에 모래와 먼지가 많으므로 이를 주의하면서 운전한다.
④ 농기계에 이르기 전부터 일시정지하거나 감속하는 등 농기계와 안전거리를 확보한다.
⑤ 농기계 운전자에게 방해가 되지 않도록 경음기는 절대 작동하지 않는다.

해설 농어촌도로도 도로교통법상 도로에 해당한다(도로교통법 제2조 제1호 다목). 제한속도 표지가 없더라도 일반도로의 최고속도는 시속 60 킬로미터 이다(도로교통법 시행규칙 제19조 제1항 제1호 나목).

485 다음 상황에서 가장 안전한 운전방법 2가지는?

- 농어촌도로
- 흰색 자동차 주행 중

① 농어촌도로는 제한속도 규정이 없으므로 가속하여 진행한다.
② 승용차와 농기계 사이에 진행공간이 있다 하더라도 경운기에 탑승하는 사람의 안전을 위해 일시정지 한다.
③ 농기계에 이르기 전부터 일시정지하거나 감속하는 등 농기계와 안전거리를 확보한다.
④ 농기계 운전자에게 방해가 되지 않도록 경음기는 절대 작동하지 않는다.
⑤ 도로 좌우측 길가장자리구역은 정차는 금지되나 주차는 허용되므로 주차할 수 있다.

해설 농어촌도로도 도로교통법상 도로에 해당한다(도로교통법 제2조 제1호 다목). 농어촌도로도 도로교통법상 도로에 해당한다(도로교통법 제2조 제1호 다목). 제한속도 표지가 없더라도 일반도로의 최고속도는 시속 60 킬로미터 이다

486 다음 상황에서 가장 안전한 운전방법 2가지는?

- 편도 3차로 도로
- 신호기가 작동하지 않는 교차로
- 전방에서 진행하는 경운기

① 신호기가 작동하지 않기 때문에 교차로 진입 시 교차로 상황을 잘 살피고 진입한다.
② 우회전하려는 경우 경운기 좌측으로 경음기를 울리며 경운기를 앞지르기한다.
③ 경운기는 운행속도가 느리기 때문에 속도를 올려 먼저 우회전한다.
④ 3차로에서 직진하려는 경우 경운기의 진행상태를 정확히 확인하고 진행한다.
⑤ 경운기가 직진할 수 있으므로 미리 예상하고 2차로로 급히 차로변경하여 직진한다.

해설 전방에 속도가 느린 경운기와 같은 농기계가 있는 경우 속도가 자동차에 비해 느리므로 경운기의 상태를 잘 살펴 운전하여야 한다. 미리 예상하고 급차로 변경하여 운전하거나 앞지르기하려는 것은 위험하다.

487 다음 상황에서 가장 안전한 운전방법 2가지는?

- 편도 2차로 도로
- 2차로 주차 중인 차량
- 맞은편 진행하는 차량 없음

① 경운기를 앞지르기하기 위해 중앙선을 넘어 주행해도 된다.
② 경운기가 주차된 차량을 통과하면 우측 공간을 이용하여 빠른 속도로 앞지르기한다.
③ 경운기 운전자가 먼저 가라는 손짓을 하더라도 안전거리를 유지하며 안전하게 뒤따른다.
④ 경운기가 2차로로 차로변경하며 양보하는 경우 중앙선을 넘지 않는 범위에서 경운기 좌측으로 진행한다.
⑤ 주차된 차량 앞으로 보행자가 나타날 것까지 예상하며 진행할 필요는 없다.

해설 전방에 속도가 느린 경운기와 같은 농기계가 있는 경우 속도가 자동차에 비해 느리므로 경운기의 상태를 잘 살펴운전하여야 한다. 미리 예상하고 운전하거나 앞지르기하려는 것은 위험하다. 경운기 운전자가 손짓으로 앞지르기를 요청한다 하더라도 중앙선을 넘어 앞지르기해서는 안 된다. 우측 공간을 통해 앞지르기하는 것은 앞지르기의 올바른 방법이 아니다.

488 다음 상황에서 가장 안전한 운전방법 2가지는?

- 편도 4차로 도로
- 차량신호등 적색등화
- 1차로 좌회전 및 유턴, 2·3차로 직진, 4차로 우회전 차로

① 직진하려는 경우 전방 차량신호등이 적색등화이므로 서행하며 안전하게 선행차량 뒤편에 정차한다.
② 차량신호등이 녹색등화로 바뀌면 일단 현재 차로에서 진행하다가 충분한 거리가 확보된 후 안전하게 차로변경한다.
③ 좌회전차로로 차로를 변경하여 차량신호등이 녹색등화로 바뀌면 재빨리 맞은편 차로를 이용하여 진행한다.
④ 트랙터를 따라 후행하는 경우 트랙터의 우측으로 앞지르기할 수 있다.
⑤ 유턴하려는 경우 차량 신호등이 적색등화에 유턴이 가능하다.

정답 483. ①, ⑤ 484. ③, ④ 485. ②, ③ 486. ①, ④ 487. ③, ④ 488. ①, ②

정답 489.③, 490.①, 491.②, ④

489 다음 상황에서 가장 안전한 운전방법은?

· 편도 1차로 곡선 구간 도로
· 우측으로 붙어 주행 중인 승용차
· 전방 추돌 위험 중

① 터널에 진입하기 전 남은 거리를 확인 후 드레이크로 감속하여 진입한다.
② 터널 안의 상황이 어떠한지 알 수 없으므로 터널에 진입하기 전에 최대한 감속한다.
③ 터널 진입 시 전방이 잘 보이지 않으므로 상향등을 켜고 진입한다.
④ 터널 진입 전 서행하며 교통 흐름에 따라 이용한다.
⑤ 자동차의 피로를 줄이기 위해 트레이크를 자주 밟지 않는다.

해설 야간에 주행하는 운전자는 터널에 진입하기 전에 터널 내부의 상황을 잘 파악할 수 없다. 미리 감속하여야 하며, 승용차량이 많이 사용하는 것은 안전을 위해 교통 흐름에 따라 시기를 준수해야 한다.

490 다음 상황에서 가장 안전한 운전방법은?

· 편도 1차로 곡선 도로
· 전방 우측에 편의점이 있는 지점
· 전방 횡단보도

① 편의점에서 나오는 사람이 전방으로 갑자기 나올 수 있다.
② 전방 횡단보도에 보행자가 많을 경우 미리 속도를 줄여서 진행한다.
③ 전방 편의점에 대한 사람이 있을 수 있으므로 마차 전방에 진입하기 전에 속도를 줄여서 지나간다.
④ 편의점에서 나오는 차량이 자동차의 주행 흐름을 방해하지 않도록 경적을 울려 진행한다.
⑤ 마차 편의점이 있고 사람이 많으므로 경적을 울리며 진행한다.

해설 편의점에서 주차되어 있거나 보행자가 없는 경우가 이동할 수 있으며, 전방 횡단보도 앞에서 마차 발생하여 진입 중 기타 상황을 예상하고 주의하여야 한다.

491 다음 상황에서 운전자가 운전자가 취하여야 하는 것은 안전한 방법 2가지는?

【도로상황】
· 동쪽에서 서쪽 신호등 : 차량 녹색 신호등
· 동쪽에서 서쪽 사용차로 : 본로와 직진 구간

① 녹색신호로 점진하는 승용차이며 진입한 후 D 방향에서 B 방향으로 진행한다.
② 녹색신호로 점진하는 승용차가 신호 진입한 후 B 방향에서 D 방향으로 진행한다.
③ 녹색신호로 점진하는 승용차가 신호 진입한 후 교차로 중앙에서 일시 정지 한 후 D 방향으로 진행한다.
④ 녹색신호로 점진하는 승용차가 신호 진입한 후 A 방향에서 D 방향으로 진행한다.
⑤ 녹색신호로 점진하는 승용차가 신호 진입 후 A 방향에서 B 방향으로 진행한다.

해설 도로교통법 제25조 제2항, 자전거 등의 운전자가 교차로에서 좌회전하려는 경우에는 미리 도로의 우측 가장자리로 서행하면서 교차로의 가장자리 부분을 이용하여 좌회전하여야 한다.

(별첨) 운전면허 시험 동영상(애니메이션) 문제

1 다음 영상을 보고 확인되는 가장 위험한 상황은?

① 우측 정차 중인 대형차량이 출발하려고 하는 상황
② 반대방향 노란색 승용차가 신호위반을 하는 상황
③ 우측도로에서 우회전하는 검은색 승용차가 1차로로 진입하는 상황
④ 반대방향 하얀색 승용차가 외륜차를 고려하지 않고 우회전하는 상황

2 다음 영상을 보고 확인되는 가장 위험한 상황은?

① 앞쪽에서 선행하는 회색 승용차가 급정지하는 상황
② 반대방향 노란색 승용차가 중앙선 침범하여 유턴하려는 상황
③ 좌회전 대기 중인 버스가 직진하기 위해 갑자기 출발하는 상황
④ 오른쪽 차로에서 흰색 승용차가 내 차 앞으로 진입하는 상황

해설) 교차로에 진입하여 통행하는 차마의 운전자는 진입한 위치를 기준으로 진출하기 위한 진행경로를 따라 안전하게 교차로를 통과해야 한다. 그러나 문제의 영상처럼 교차로의 유도선이 없는 경우 또는 유도선이 있는 경우라 하더라도 예상되는 경로를 벗어나는 경우가 빈번하다. 따라서 교차로를 통과하는 경우 앞쪽 자동차는 물론 옆쪽 자동차의 진행경로에 주의하며 운전할 필요성이 있다.

3 다음 영상을 보고 확인되는 가장 위험한 상황은?

① 반대방향 1차로를 통행하는 자동차가 중앙선을 침범하는 상황
② 우측의 보행자가 갑자기 차도로 진입하려는 상황
③ 반대방향 자동차가 전조등을 켜서 경고하는 상황
④ 교차로 우측도로의 자동차가 신호위반을 하면서 교차로에 진입하는 상황

해설) 교차로 좌우측의 교통상황이 건조물 등에 의해 확인이 불가한 상황이다. 이 경우 좌우측의 자동차들은 황색등화나 적색등화가 확인되어도 정지하지 못하고 신호 및 지시위반으로 연결되어 교통사고를 일으킬 가능성이 농후하다. 따라서 진행방향 신호가 녹색등화라 할지라도 교차로 접근 시에는 감속하는 운전태도가 필요하다.

4 다음 중 어린이 보호구역에서 횡단하는 어린이를 보호하기 위해 도로교통법규를 준수하는 차는?

① 붉은색 승용차   ② 흰색 화물차
③ 청색 화물차   ④ 주황색 택시

해설) 도로교통법 제27조(보행자보호), 도로교통법 제49조(모든 운전자의 준수사항 등) 어린이 보호구역에서는 어린이가 언제 어느 순간에 나타날지 몰라 속도를 줄이고 서행하여야 한다. 갑자기 나타난 어린이로 인해 앞차가 급제동하면 뒤따르는 차가 추돌할 수 있기 때문에 안전거리를 확보하여야 한다. 어린이 옆을 통과할 때에는 충분한 간격을 유지하면서 반드시 서행하여야 한다.

5 다음 영상을 보고 확인되는 가장 위험한 상황은?

① 교차로에 대기 중이던 1차로의 승용자동차가 좌회전하는 상황
② 2차로로 진로변경 하는 중 2차로로 주행하는 자동차와 부딪치게 될 상황
③ 입간판 뒤에서 보행자가 무단횡단하기 위해 갑자기 도로로 나오는 상황
④ 횡단보도에 대기 중이던 보행자가 신호등 없는 횡단보도에 진입하려는 상황

해설) 입간판이나 표지판 뒤에 있는 보행자는 장애물에 의한 사각지대에 있으므로 운전자가 확인하기 어렵다. 이때 보행자는 멀리에서 오는 자동차의 존재에 관심이 없거나 또는 그 자동차를 발견했을지라도 상당히 먼 거리이므로 횡단을 할 수 있다고 오판하여 무단횡단을 할 가능성이 있다. 또한 횡단보도의 앞뒤에서 무단횡단이 많다는 점도 방어운전을 위해 기억해야 하겠다.

6 다음 영상을 보고 확인되는 가장 위험한 상황은?

① 주차금지 장소에 주차된 차가 1차로에서 통행하는 상황
② 역방향으로 주차한 차의 문이 열리는 상황
③ 진행방향에서 역방향으로 통행하는 자전거를 충돌하는 상황
④ 횡단 중인 보행자가 넘어지는 상황

해설) 편도1차로의 도로에 불법으로 주차된 차량들로 인해 중앙선을 넘어 주행할 수밖에 없다. 이 경우 운전자는 진행방향이나 반대방향에서 주행하는 차마에 주의하면서 운전하여야 한다. 특히 어린이 보호구역에서는 도로교통법을 위반하는 어린이 및 청소년이 운전하는 자전거 등에 유의할 필요성이 있다.

7 다음 중 교차로에서 횡단하는 보행자 보호를 위해 도로교통법규를 준수하는 차는?

① 갈색 SUV차   ② 노란색 승용차
③ 주황색 택시   ④ 검정색 승용차

해설) 도로교통법 제27조(보행자의 보호) 제2항, 도로교통법 시행규칙 별표2(신호기가 표시하는 신호의 종류 및 신호의 뜻) 보행 녹색신호를 지키지 않거나 신호를 예측하여 미리 출발하는 보행자에 주의하여야 한다. 보행 녹색신호가 점멸할 때 갑자기 뛰기 시작하여 횡단하는 보행자에 주의하여야 한다. 우회전할 때에는 횡단보도에 내려서서 대기하는 보행자가 말려드는 현상에 주의하여야 한다. 우회전할 때 반대편에서 직진하는 차량에 주의하여야 한다.

8 다음 영상에서 운전자가 해야할 조치로 맞는 것은?

① 앞쪽 자동차 운전자에게 상향등을 작동하여 대응한다.
② 비상점멸등을 작동하며 갓길에 정차한 후 시시비비를 다툰다.
③ 경음기와 방향지시기를 작동하여 앞지르기 한 후 급제동한다.
④ 고속도로 밖으로 진출하여 안전한 장소에 도착한 후 경찰관서에 신고한다.

해설) 불특정 운전자가 지그재그 운전을 하거나, 내가 통행하는 차로에서 고의로 제동을 하면서 진로를 막는 행위를 하는 경우 그 운전자에게 직접 대응하지 않고 도로의 진출로로 회피 및 우회하거나, 휴게소 등으로 진입하여 자동차 문을 잠그고 즉시 신고하여 대응하는 것이 바람직하다.

정답 (별첨) 운전면허 시험 동영상(애니메이션) 문제   1. ③   2. ④   3. ④   4. ③   5. ③   6. ③   7. ④   8. ④

9 다음 영상에서 공주자가 해야 할 행동으로 맞는 것은?

① 경음기를 단속으로 울렸다.
② 보행자의 안전을 위하여 일시정지 한다.
③ 보행자가 통행하고 있으므로 서행으로 진행한다.
④ 보행자의 옆을 지나갈 때는 서행으로 진행한다.

해설 보행자가 횡단보도를 통과하고 있으므로 일시정지 하여야 하며, 이 때 경음기나 전조등을 사용하여 보행자의 길을 재촉하거나 위협을 주어서는 아니 된다. 또한, 다른 자동차 운전자에게 보행자가 횡단 중임을 알리기 위해 정지 중인 차에 다가가 서행으로 통과해야 한다.

10 다음 영상에서 나타나는 가장 위험한 상황은?

① 안전지대에 진입한 자동차의 갑작스러운 우회전
② 내 차량 우측에 근접한 자동차의 좌회전
③ 안전지대에 정차한 자동차의 갑작스러운 출발
④ 진행방향 전방 차량의 급정지

해설 도로의 공사 구간 또는 사고 구간 부근에서는 자동차 동선이 매우 유동적이며, 안전지대 등 통행하지 않아야 하는 공간에 자동차가 대기하는 경우 다른 차량이 상당한 대응이 어려워 교통사고의 위험이 높아진다.

11 다음 영상에서 가장 위험한 상황으로 맞는 것은?

① 교차로에서 우회전 시 차체 왼쪽으로 접근하는 자전거
② 차량 우측에서 좌측으로 진행하는 수륜차
③ 반대편에서 좌회전 대기 중인 차량이 수동차 중 차량
④ 전방에서 우회전 시도하는 노란색 차량

해설 영상 속 우회전 자동차는 우회전시 차체 측면에 접근하는 자전거를 확인하지 않고 있다. 따라서 우회전하는 차량은 측면 및 후방에 접근하는 자전거 등에 주의하여야 한다. 특히 아파트 단지 등에서 우회전할 경우 인접한 자전거가 있을 시 정지 후 주의를 살피고 안전하게 우회전해야 한다. 그리고 우회전 시 차선을 이용해 생각하고 있는 자전거 등 이륜차가 있을 경우 다음 차로로 진로변경을 하고 우회전 하는 것이 안전한 자전거 운전자를 보호할 수 있는 방법이다.

12 다음 영상에서 나타나는 상황 중 가장 위험한 경우는?

① 횡단보도에서 우회전 자동차와 충돌 가능성
② 횡단보도 좌우측에서 갑자기 뛰어오는 보행자와의 충돌 가능성
③ 반대편에서 좌회전하는 차량과의 충돌 가능성
④ 우측에 정지한 차량과의 추돌 가능성

13 다음 영상에서 예측되는 위험상황으로 틀린 것은? (버스전용차로 중앙차로임)

① 반대편 중앙차로의 승용차량
② 우측 도로 중앙차로로 가는 차량
③ 중앙차로의 정지해 있는 버스
④ 버스에서 내려 길을 건너는 보행자 통행

해설 중앙버스정류장 근처에서는 버스에서 내린 승객이 버스 앞 또는 뒤로 뛰어나오는 경우가 많아 사고위험이 높다. 그리고 정차는 중앙버스정류장 부근 횡단보도에서 대기하는 보행자가 있을 수 있다. 이때에 무단횡단을 하기 위해 도로에 뛰어들어 나오는 보행자가 있을 수 있음에 주의해야 한다.

14 다음 영상에서 공주자가 우선적으로 예측해야 할 위험 상황으로 가장 올바른 것은?

① 반대편 자동차 전조등으로 인한 눈부심 현상
② 내 앞쪽에 차가 있는지 보이지 않아 충돌 가능성
③ 마주 오는 개인형 이동장치 운전자가 나를 보지 못할 가능성
④ 전조등 불빛으로 인한 마주 오는 자전거 운전자의 혼란 가능성

해설 주간에 비해 야간에는 시야가 전조등 불빛의 범위로 한정되어 교차로에서 접근하는 개인형 이동장치를 변경하기가 어려우므로 대비할 수 있는 전조등을 경계리로 비추어 주의를 환기시키는 것이 중요하다.

15 다음 영상에서 예측되는 가장 위험한 상황으로 맞는 것은?

① 정차된 승용차량이 도로로 진입하는 상황
② 1차로로 주행 중인 승용자동차가 우회전하는 상황
③ 역주행하는 자동차와 마주 오는 상황
④ 3차로의 자동차가 차로변경 하는 상황

해설 아간에는 운전자의 주의 시야가 좁고 사물 인지능력이 야간에 비해 매우 떨어진다. 이러한 아건에 대비하여 노면에 차선이나 경계석 등에 빛이 반사되도록 되어 있는 것이다. 자동차의 전조등을 이용하여 경계석이나 차선이 어느 쪽에 있는지 확인하면서 주행해야 한다.

정답 9. ① 10. ① 11. ① 12. ③ 13. ④ 14. ③ 15. ②

16 운전자의 행위 중 도로교통법 위반은? (홈페이지 참조)

① 횡단보도 예고 노면표시를 확인하고 서행했다.
② 횡단보도를 횡단하려는 보행자를 보호하기 위해 정지했다.
③ 우회전차로에서 방향지시등 점등을 했다.
④ 우회전과 동시에 왼쪽 직진차로로 신속하게 진입했다.

해설 도로교통법 제27조(보행자의 보호). 도로교통법 시행규칙 [별표6] 안전표지의 종류, 만드는 방식 및 설치·관리기준. 노면표시 529번. 횡단보도예고표시.
제38조(차의 신호) ① 모든 차의 운전자는 좌회전·우회전·횡단·유턴·서행·정지 또는 후진을 하거나 같은 방향으로 진행하면서 진로를 바꾸려고 하는 경우와 회전교차로에 진입하거나 회전교차로에서 진출하는 경우에는 손이나 방향지시기 또는 등화로써 그 행위가 끝날 때까지 신호를 하여야 한다.
주인공 운전자는 횡단보도예고표시를 확인하고 서행하였으며, 횡단보도 직전에 설치된 정지선에 이르기 전 일시정지하였다. 또 도로교통법 제38조에 따라 방향지시기를 이용하여 신호를 하였다.

17 운전자의 행위 중 도로교통법 위반은? (홈페이지 참조)

① 방향지시등을 켜서 진행방향을 알렸다.
② 미리 도로의 우측 가장자리를 통행하여 우회전을 진입하였다.
③ 앞쪽 자동차와 추돌을 피하기 위하여 주의를 하였다.
④ 전방 신호기 등화에 따라 우회전 하였다.

해설 주인공 운전자는 도로교통법에 따라 방향전환 신호를 이행하였다. 또 교차로 통행 방법에 따라 우회전하기 위해 미리 도로의 우측차로를 통행하였다. 물론 앞쪽 차와의 추돌을 예방하기 위해 서행하는 동시에 적절한 차간거리를 확보하였으며, 충돌하지 않았다.
그러나, 주인공 운전자는 차의 신호기 적색등화에서 횡단보도 직전 정지선에서 정지해야 했으나, 앞쪽에서 먼저 우회전하는 차를 그대로 뒤따랐다. 이는 도로교통법 제5조 신호 및 지시에 따를 의무를 위반한 것이다.
우회전하려는 차량이 연이어 있는 경우, 첫 번째 차량이 일시정지한 때에, 두 번째 차량도 일시정지를 해야하는지 여부는 다음과 같다.
경찰청 질의회신(2023.6.8.)에 따르면 도로교통법 제27조 제1항과 도로교통법 시행규칙 [별표2]에 따라 모든 차량은 전방이 적색등화인 경우 정지의무가 있다.

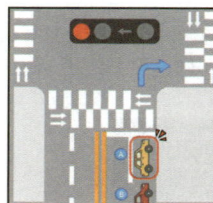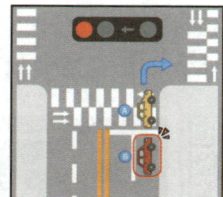

18 운전자의 행위 중 도로교통법 위반은?(홈페이지 참조)

① 도로구간의 제한최고속도를 준수하였다.
② 진로변경이 가능한 장소에서 안전하게 진로변경하였다.
③ 횡단보도를 통행하는 보행자를 보호하기 위해 정지하였다.
④ 횡단보도 신호등이 적색등화로 변경되어 교차로 직전 정지선으로 이동하여 정지하였다.

해설 횡단보도 신호등이 녹색등화에서 적색등화로 바뀌어도 차의 신호기는 적색등화이므로 횡단보도 직전의 정지선에서 멈춰있어야 했다. 이 영상에서 확인되는 모든 자동차 운전자가 신호위반을 한 것이다. (경찰청 2023년 11월 16일 하달 공문)
횡단보도 정지선과 교차로 정지선이 가까이 있는 상황에서 두 개의 차량 신호등이 하나의 신호체계를 따르고 있는 경우, 횡단보도 신호에 따라 보행자 횡단 후 차량신호가 적색인 상황에서 횡단보도 앞 제1정지선을 지나 제2정지선 앞으로 진행하였다면, 도로교통법 제5조 신호 및 지시위반인지 여부는 다음과 같다.
주신호등 2개가 연동되어 있으며 운영 중인 이중 정지선에 있어, 횡단보도 앞 제1정지선에 적색신호에 따라 정지하였다가 보행자가 횡단을 완료한 뒤에 차량 신호등이 아직 적색인 상태에서 교차로 앞 제2정지선까지 전진하는 것은 출발신호인 녹색신호가 없이 출발한 것이므로 신호 및 지시위반에 해당한다.

19 다음 중 도로교통법을 준수한 차로 짝지어진 것은? (홈페이지 참조)

① 검은색 이륜차, 흰색 승용차
② 주인공 차, 흰색 승용차
③ 검은색 이륜차, 검은색 승용차
④ 주인공 차, 검은색 이륜차

해설 도로교통법 제5조. 도로교통법 시행규칙 [별표6] 안전표지의 종류, 만드는 방식 및 설치·관리기준.
교차로에 접근하려는 중 녹색등화를 확인하고 교차로에 진입하려는 욕구가 가속으로 연결되어 빠른 속도가 되면 황색등화를 확인하였더라도 교차로 직전에서 정지할 수 없다. 이는 곧 도로교통법 제5조(신호 및 지시에 따를 의무)의 중대한 위반으로 연결된다. 따라서 운전자는 녹색등화가 점등되어 유지되어 있는 시간이 길수록 곧 황색등화로 바뀔 것을 예상하여 교차로 접근 시 속도를 줄이고 황색등화 시 정지할 수 있도록 준비해야만 한다.

20 영상에서 확인되는 주인공 운전자의 도로교통법 위반으로 바르게 짝지어진 것은? (홈페이지 참조)

① 보행자보호의무위반, 신호 위반, 지정차로 위반, 주정차금지위반
② 주정차금지위반, 신호 위반, 지정차로 위반, 보행자보호의무위반
③ 진로변경금지장소 위반, 앞지르기 방법위반, 보행자보호의무위반, 신호 위반
④ 진로변경금지장소 위반, 주정차금지위반, 보행자보호의무위반, 신호 위반

해설 도로교통법 제5조. 제1항. 도로를 통행하는 보행자, 차마 또는 노면전차의 운전자는 교통안전시설이 표시하는 신호 또는 지시와 다음 각 호의 어느 하나에 해당하는 사람이 하는 신호 또는 지시를 따라야 한다. ('호'생략).
도로교통법 제27조. 제1항. 모든 차 또는 노면전차의 운전자는 보행자(제13조의2제6항에 따라 자전거등에서 내려서 자전거등을 끌거나 들고 통행하는 자전거등의 운전자를 포함한다)가 횡단보도를 통행하고 있거나 통행하려고 하는 때에는 보행자의 횡단을 방해하거나 위험을 주지 아니하도록 그 횡단보도 앞(정지선이 설치되어 있는 곳에서는 그 정지선을 말한다)에서 일시정지하여야 한다.
제19조(안전거리 확보 등) 제3항. 모든 차의 운전자는 차의 진로를 변경하려는 경우에 그 변경하려는 방향으로 오고 있는 다른 차의 정상적인 통행에 장애를 줄 우려가 있을 때에는 진로를 변경하여서는 아니 된다.
도로교통법 제2조 "주차"란 운전자가 승객을 기다리거나 화물을 싣거나 차가 고장 나거나 그 밖의 사유로 차를 계속 정지 상태에 두는 것 또는 운전자가 차에서 떠나서 즉시 그 차를 운전할 수 없는 상태에 두는 것을 말한다.
"정차"란 운전자가 5분을 초과하지 아니하고 차를 정지시키는 것으로서 주차 외의 정지 상태를 말한다.
도로교통법 시행규칙 [별표6] 안전표지의 종류, 만드는 방식 및 설치·관리기준 노면표시 516의2 정차·주차금지표시. 영상 속 주인공 차가 정차한 곳은 노면표시가 노랑복선으로 설치된 도로구간이므로 주정차를 할 수 없는 구간이다.

21 주거지역을 통행중이다. 운전 중 주의해야 할 대상 및 장소와 가장 거리가 먼 것은? (윤창호 사건)

① 불법으로 주차된 자동차
② 반대편 도로에서 통행하는 자동차
③ 신호등 없는 횡단보도
④ 왼쪽 보도에서 대화하는 보행자

해설 야간운전을 하는 경우 불법으로 주차된 차의 앞이나 뒤에서 보행자나 자전거의 갑작스러운 진입이 있을 수 있다. 반대편 도로에서 통행하는 자동차의 전조등에 의해 순간적으로 시력을 상실할 수 있으므로 주의할 필요성이 있다. 신호등 없는 횡단보도에서 횡단하는 보행자가 마주보는 자동차의 빛에 의해 보이지 않을 수 있으므로 신호등이 없는 횡단보도에 접근할 때에는 감속해야 진입하기 전에 횡단보도를 확인하고 보행자가 횡단중이거나 횡단하려는 경우에는 정지해야 한다. 동영상에서 확인되는 왼쪽 보도의 보행자는 위험요소가 크다고 할 수는 없다.

정답 16. ④ 17. ④ 18. ④ 19. ③ 20. ④ 21. ④

22. 다음 영상에서 가장 올바른 운전행동으로 맞는 것은?

① 1차로로 주행 중인 승용차 운전자는 직진할 수 있다.
② 2차로로 주행 중인 화물차 운전자는 좌회전 할 수 있다.
③ 3차로 승용차 운전자는 우회전 시 방향지시등을 켜고 회전해야 한다.
④ 3차로 승용차 운전자는 좌회전이 가능하여 교차로에 진입해 선회 중이다.

해설 교차로에 진입할 때는 서행하여야 하며, 교차로에서는 정차하거나 주차하여서는 아니 된다. 또한 차마의 운전자는 교통정리가 없는 교차로에 들어가려고 하는 경우에 이미 교차로에 들어가 있는 다른 차가 있을 때에는 그 차에 진로를 양보하여야 한다.

23. 영상에서 보행자 교통사고를 예방하기 위해 가장 주의가 필요한 상황은? (블랙박스 영상)

① 교차로를 지나 버스 정류장에서 갑자기 보행자가 뛰어나오는 경우
② 우측의 골목길에서 자전거가 갑자기 나오는 경우
③ 누워있던 사람이 일어나 갑자기 도로를 건너는 경우
④ 주차된 차량 사이에서 아이가 달려나오는 경우

해설 교차로 부근에서는 갑작스러운 보행자의 출현에 주의하여야 하며, 특히 어린이들이 많은 지역에서는 더욱 주의 깊게 관찰하여야 한다.

24. 교차로에 진입하여 통과중이다. 운전자로서 올바른 운전방법 2가지는? (좌우측 본선 진입교차로 교차)

① 진출 시 방향지시등을 켜야 한다.
② 진입 시 방향지시등을 켜지 않는다.
③ 진출 시 교차로에서 직진방향 옆에 있는 차로에서 진출하여 직진한다.
④ 진입 시 교차로에서 직진방향 옆에 있는 차로에서 진출하지 그대로 직진한다.

해설 회전교차로(roundabout) 중 2개 차로의 진입하는 경우에는 진입 및 진출 시 방향지시등을 켜야 한다. 도로교통법 제25조(교차로 통행방법)에 따라 진입 시 회전교차로 내에 있는 차에 진로를 양보하여야 하며, 2차로로 진입한 경우에는 진입한 차로를 따라 주행하여야 한다. 2차로로 진입하여 교차로에 바로 인접한 교차로(1차로)에서 진출할 때에는 2차로로 주행하여 진출하여야 한다.

25. 교차로에 최우측으로 진입하였다. 통과하는 상황으로 맞는 것은? (블랙박스 영상)

① 우회전 신호가 적색이므로 신호에 따라 좌회전한다.
② 우회전 신호가 녹색이므로 신호에 따라 우회전한다.
③ 우회전 시 비보호 신호에 따라 우회전한다.
④ 적색신호 시 정지선 전에 일시정지 후 보행자 및 좌우 교통상황 등을 확인 후 우회전한다.

해설 도로교통법 사용법, 제2조, 제5조, 제25조(교차로 통행방법), 차마의 운전자는 교차로에서 우회전하려는 경우에는 미리 도로의 우측 가장자리를 서행하면서 우회전하여야 한다. (중략) 이 경우 우회전하는 차의 운전자는 신호에 따라 정지 또는 진행하는 보행자 또는 자전거 등에 주의하여야 한다. 교차로에 진입하여 우회전 시 정지선 전에 일시정지 하여 보행자 및 좌우 교통상황을 확인 후 안전에 유의하여 우회전하여야 한다.

26. 영상과 같은 어린이보호구역 통행에 대한 설명이다. 잘못된 것은?

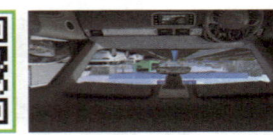

① 단속 중이 아니므로 시속 30킬로미터 이상으로 주행해도 된다.
② 방향지시등을 켜지 않고 진로를 변경하는 경우에는 범칙금을 부과할 수 있다.
③ 어린이보호구역 내 설치된 신호기의 보조등을 통해 신호가 곧 변경됨을 알 수 있다.
④ 어린이보호구역 내 설치된 보행신호등의 녹색등화 시간은 어린이 평균보행속도를 기준으로 설정되어 있다.

해설 어린이보호구역의 제한속도는 시속 30킬로미터 이내로 제한되어 있고, 제한속도 위반 시에는 일반도로의 2배 범칙금이 부과되고 벌점도 2배이다. 수동보행신호기의 보행등의 녹색등이 점멸할 경우 잔여 시간을 100%를 알 수 있다. (도로교통법 시행규칙 제4조 5항)

27. 다음 중 이면도로에서 자동차를 예측할 때 가장 주의하여야 하는 것은?

① 정차 중인 차 사이로 뛰어나올 수 있는 어린이
② 정차 차량에 놓인 자전거의 이동
③ 이륜차 탑승자의 안전모 착용
④ 정차 중인 차량의 움직임

해설 이면도로 제2조 1호, 도로교통법시행령 제49조(도로 공사장의 표시 등) 이면도로를 차 사이로 갑자기 뛰어나올 수 있는 나무나 차 사이에 움직이는 물체가 있는지 주의해야 한다. 이면도로는 중앙선이 없는 경우가 많고 보행자와 차량이 혼재하여 통행하므로, 주정차된 차량에 의해 시야가 가려지거나 차량이 갑자기 출현할 수 있는 상황 등에 주의하여야 한다.

28 편도 1차로를 통행하고 있다. 이용할 수 있는 차로로 맞는 것은?

① 앞지르기 금지장소를 제외하고 백선이든 황색 실선이든 앞지르기를 할 수 있다.
② 긴급자동차에 한하여 백선이든 황색 실선이든 자동차의 앞지르기를 할 수 있다.
③ 지방경찰청장이 통행방법을 따로 지정한 경우에는 그 지정에 따른다.
④ 반대편 자동차의 앞지르기만 인정한다.

해설 도로교통법 제13조 제③항「자동차의 운전자는 도로(보도와 차도가 구분된 도로에서는 차도)의 중앙(중앙선이 설치되어 있는 경우에는 그 중앙선) 우측 부분을 통행하여야 한다.」고 규정되어 있다. 그러나 예외적으로 중앙선을 넘어 앞지르기할 수 있는 경우도 있다. 이러한 경우에는 반대편에서 마주 오는 자동차가 있을 경우 추돌사고의 위험이 크므로 주의해서 운전해야 한다.

29 다음 영상에서 우회전하고자 경운기를 앞지르기 하는 상황에서 예측되는 가장 위험한 상황은?

① 우측도로의 화물차가 교차로를 통과하기 위하여 속도를 높일 수 있다.
② 좌측도로의 승용차가 우회전을 하기 위하여 속도를 낮출 수 있다.
③ 경운기가 우회전하는 도중 우측도로의 하얀색 승용차가 화물차를 교차로에서 앞지르기 할 수 있다.
④ 경운기가 우회전하기 위하여 정지선에 일시정지 할 수 있다.

해설 이 영상에서는 우회전하려는 경운기가 이미 좌측으로 진로를 변경하고 있고, 승용차가 이미 좌측으로 진로를 변경해서 경운기를 앞지르기하려고 하고 있다. 이때 좌측도로의 하얀색 승용차가 우회전을 하기 위하여 속도를 낮출 수 있고, 흰색 승용차 뒤에 가려진 차가 보이지 않을 수 있다. 주변에 보행자가 있을 경우 안전사고가 발생할 수 있기에 주의하여야 한다.

30 고속도로에서 진입하고 있다. 올바른 운전방법으로 가장 적절한 것은?

① 신속하게 진입하기 위하여 가속차로에서 속도를 높인다.
② 진입을 위하여 가속차로 직전에 정지한다.
③ 감속차로에서부터 속도를 줄여 진입한다.
④ 감속차로의 안전을 확인하고 서서히 진입한다.

해설 고속도로로 진입할 때는 가속으로 인한 후방 교통상황을 확인할 수 없다. 따라서 진입하기 전 감속차로에서 충분히 가속하여 진입로와 가속차로가 만나는 지점에서 안전하게 본선에 진입하지 않고 속도를 줄여 진입해야 한다.

31 영상에서 확인되는 상황으로 옳은 것은 어느 것인가 볼 수 있는 것은?
(블랙박스 영상)

① 터널 안이 밝아 이상이 없다.
② 터널 진입 시 라이트를 켜야 한다.
③ 터널을 나올 때 급정지할 수 있다.
④ 터널 밖이 어두워 빠져나올 때 눈이 부실 수 있다.

해설 영상에서와 같이 어두운 곳에서 밝은 곳으로 나올 때 순간적으로 시력이 급격히 떨어질 수 있으므로 운전자는 가속페달을 이용하여 터널 밖으로 나오면서 가속페달을 이용하여 가속하는 느낌으로 운전해야 하며, 터널 진입전 헤드라이트 등을 이용하여 전방을 확보하여 대응할 수 있다.

32 영상에서 보이는 운전자의 행동으로 올바르지 않은 것은?

① 지그재그 운전하였다.
② 안전운전 방해하기를 하였다.
③ 앞지르기 시 가속하기 등을 위반하였다.
④ 속도 위반이 되지 않는 조건이었다.

해설 이와 같은 경우는 크게 앞지르기 금지장소에서 앞지르기 위반 1. 최고속도가 100km인 곳에서 20km인 곳을 통행하는 경우, 2. 최고속도가 100km인 곳에서 50km인 것 등으로 속도와 교통의 흐름이 유지되는 정상 주변 차량의 흐름을 보고 앞지르기를 해야 한다. 그러나 앞지르기 이러한 방법으로는 신호등과 주변 안전에도 주변 차량과 보행자 안전을 위협하는 사고를 야기할 수 있으며, 또한 도로교통법 제17조에서 정하여진 속도를 준수해야 한다.

33 야간에 가다 정지 자동차의 진입자가 꼬리 물림 수 있다. 어떤 재해야 하는가?

① 도로의 우측가장자리를 따른다.
② 별도의 안내가 없을 시 가장자리를 따른다.
③ 중앙선을 따라 운전한다.
④ 도로의 좌측가장자리를 따른다.

해설 도로교통법 제19조(진로양보의 의무), 도로교통법 제37조(차의 등화)의 이유로 야간의 교통사고는 불빛의 밝기가 교통사고가 발생하기 쉬우므로 운전하는 사람과 대향하는 자동차 운전자 눈부심현상으로 인한 대응이 매우 곤란하다.

34 다음 중 신호없는 횡단보도를 횡단하는 보행자를 보호하기 위해 도로교통법규를 준수하는 차는?

① 흰색 승용차　　② 흰색 화물차
③ 갈색 승용차　　④ 적색 승용차

해설 도로교통법 제27조(보행자보호)
신호등이 없는 횡단보도에서는 보행자가 있음에도 불구하고 보행자들 사이로 지나가 버리는 차량에 주의하여야 한다. 횡단보도 내 불법으로 주차된 차량으로 인해 보행자를 미처 발견하지 못할 수 있기 때문에 주의하여야 한다. 갑자기 뛰기 시작하여 횡단하는 보행자에 주의하여야 한다. 횡단보도를 횡단할 때는 당연히 차가 일시정지할 것으로 생각하고 횡단하는 보행자에 주의하여야 한다.

35 동영상에서 확인되는 도로교통법 위반으로 맞는 것은? (실외이동로봇 포함)

① 보행자보호의무 위반, 신호 및 지시 위반, 중앙선 침범
② 보행자보호의무 위반, 신호 및 지시 위반, 속도위반
③ 신호 및 지시 위반, 어린이통학버스 특별보호의무 위반, 속도위반
④ 신호 및 지시 위반, 어린이통학버스 특별보호의무 위반, 보행자보호의무위반

해설 도로교통법 제5조(신호 및 지시에 따를 의무), 제27조(보행자의 보호), 제17조(자동차등과 노면전차의 속도)
문제에 제시된 영상에서 운전자는 위 도로교통법을 위반한 것으로 확인된다.

정답　34. ①　35. ②